湖南省雷电区划手册

万协成　邓战满 等　编著

气象出版社
China Meteorological Press

内容简介

本书是一本针对省、市、县三级气象部门和安全监管部门、被服务行业或单位的湖南省雷电区划使用手册，包括湖南省、市、县(区)三级的雷电强度区划、地闪密度区划、平均雷电流强度区划以及全省的雷电灾害风险区划共计804幅图，可清晰地反映湖南省雷电灾害的空间分布规律与地区差异，并为气象及安全监管等部门提供科学的雷电灾害防御决策依据。

图书在版编目(CIP)数据

湖南省雷电区划手册 / 万协成等编著. — 北京 : 气象出版社，2020.11

ISBN 978-7-5029-7306-3

Ⅰ.①湖… Ⅱ.①万… Ⅲ.①雷-气象灾害-气候区划-湖南-手册②闪电-气象灾害-气候区划-湖南-手册 Ⅳ.①P427.32-62②P468.264-62

中国版本图书馆CIP数据核字(2020)第205108号

湖南省雷电区划手册

Hunan Sheng Leidian Quhua Shouce

出版发行： 气象出版社

地　　址： 北京市海淀区中关村南大街46号　　**邮政编码：** 100081

电　　话： 010-68407112(总编室)　010-68408042(发行部)

网　　址： http://www.qxcbs.com　　**E-mail：** qxcbs@cma.gov.cn

责任编辑： 张　斌　　**终　　审：** 吴晓鹏

责任校对： 张硕杰　　**责任技编：** 赵相宁

封面设计： 博雅锦

印　　刷： 北京地大彩印有限公司

开　　本： 787 mm×1092 mm　1/16　　**印　　张：** 19

字　　数： 480千字

版　　次： 2020年11月第1版　　**印　　次：** 2020年11月第1次印刷

定　　价： 160.00元

《湖南省雷电区划手册》
编委会

主　任： 曾建辉

副主任： 万协成　孙星明

委　员： 贾绽云　邓战满　王道平　刘凤姣　刘　林
汤　宇　刘越屿　唐　瑶　刘景洪　左　涛
曾庆云　韩　进

编写组

组　长： 万协成

副组长： 邓战满

成　员： 刘越屿　杨加艳　唐　瑶　王道平　刘凤姣
韩　进　张　炎　赵景昭　贺秋艳　谢　露
王少娟　吴亚昊　黄　浩　田　慧　周明薇
王耀悉　蔡　啸　郭　斌

序 言

党的十八大以来，以习近平同志为核心的党中央高度重视防灾减灾救灾工作，提出要“坚持以防为主、防抗救相结合，坚持常态减灾和非常态救灾相统一，努力实现从注重灾后救助向注重灾前预防转变，从应对单一灾种向综合减灾转变，从减少灾害损失向减轻灾害风险转变，全面提升全社会抵御自然灾害的综合防范能力”。在新中国气象事业70周年之际，习近平总书记强调“气象工作关系生命安全、生产发展、生活富裕、生态良好”，要求气象部门“加快科技创新，做到监测精密、预报精准、服务精细”“提高气象服务保障能力，发挥气象防灾减灾第一道防线作用”。

为深入贯彻落实习近平总书记关于防灾减灾救灾“两个坚持”“三个转变”的重要论述和对气象工作的重要指示精神，湖南气象部门紧紧围绕防灾减灾的新形势，以及社会经济发展对气象服务保障的新需求，开展了一系列有意义的工作，湖南省雷电区划工作便是其中之一。由于特定的地理位置、特殊的地形地貌和气候特征，湖南是全国雷电多发省份之一。为进一步掌握湖南雷电活动的特点，湖南省气象灾害防御技术中心联合南京信息工程大学，依据《雷电强度区划技术指南》，在统计分析湖南多年雷电数据的基础上，汇集804幅细粒度图像，制作了省、市、县(区)三级行政区域雷电区划图，从平均雷电流强度、地闪密度、雷电强度三个角度展现了湖南各行政区域的雷电活动情况及主要特征，并编制了湖南雷电灾害风险区划。

本书的出版可为湖南不同区域开展雷电防护，特别是保障重点区域雷电灾害防御工作提供指导，是科学开展防雷减灾服务的有力支撑，可供各规划、住建、安监、应急、林业、气象、消防等部门和单位的安全管理人员、防雷技术从业人员参考。

湖南省气象局局长

2020年9月15日

目　录

第1章 雷电区划概述

1.1 雷电区划定义

雷电区划是指对一定范围内表征雷电活动频繁程度的数据进行处理和分析，并将该地区划分为不同风险高低值区域的过程。

根据处理数据的不同，雷电区划可分为雷电强度区划、地闪密度区划、平均雷电流强度区划等。

1.2 雷电区划目的与意义

雷电在放电时产生的高温、猛烈的冲击波以及强烈的电磁辐射等物理效应，能在瞬间产生巨大的破坏作用，常常会造成人员伤亡，击毁建筑物、供配电系统、通信设备，引起森林火灾，造成计算机信息系统中断，石油化工等燃烧甚至爆炸，严重危害人民财产和人身安全。湖南省属于雷电多发省份，每年雷电灾害造成的经济损失和人员伤亡较多。随着社会经济的不断发展，因雷击造成的损害事件的发生次数、人员伤亡和财物损失呈现逐年上升趋势，雷电灾害造成的经济损失仅次于干旱和洪涝灾害，是公共安全大敌，已成为湖南经济持续发展的重要制约因素。

雷电灾害频发，对防雷减灾工作提出了更高的要求。雷电发生具有瞬时性、分散性、频繁性，以及明显的季节性和地域性等特点。从灾害区划的角度出发，科学分析雷电活动的长期分布规律，进行雷电区划研究对防雷减灾有着重要的意义。

雷电区划工作是经济发展的需要。在大力促进经济发展的同时，以《气象灾害防御条例》为准则，科学编制具有湖南特色的雷电区划手册，对加强雷电等气象灾害的科学预测和预防，建立健全气象防灾减灾体系，最大限度减少雷电等气象灾害造成的损失，以及湖南全省雷电风险管理工作具有重要的现实意义，可促进全省气象综合减灾事业可持续发展，增强社会防御雷电灾害的能力。

雷电区划是民生保障的当务之急。湖南省属于雷电多发省份，每年雷电灾害造成的经济损失和人员伤亡较多。雷电区划为不同区域提供了风险值，为雷电研究提供基础数据，为城市规划、项目选址、功能分区和布局、制定防雷减灾应急方案等决策时提供更具有针对性、可操作性及实用性的指导意见（图1.1）。

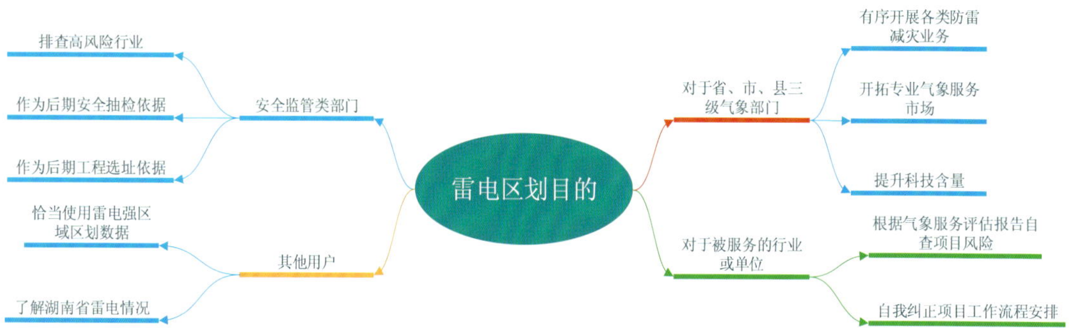

图 1.1　各种用户使用雷电区划的用途

1.3　雷电区划编制依据

本书依据中国气象局发布的中华人民共和国气象行业标准《雷电灾害风险区划技术指南》(QX/T 405—2017)规定的雷电区划原则、技术方法以及术语定义等内容,收集并运用相关数据与资料,完成湖南省各地(市、州)雷电区划的制作,为政府管理部门、安全监管部门及气象部门开展雷电防御及气象专项服务提供依据与支撑。

1.4　雷电区划使用术语

闪电:积雨云中正负不同极性电荷中心之间的放电过程,或云中电荷中心与大地和地物之间的放电过程,或云中电荷中心与云外相反极性的电荷中心之间的放电过程。

正闪电(击)和负闪电(击):袭击地面的云地闪电,云中正电荷对地的放电称为正闪电,云中负电荷对地的放电称为负闪电。正闪电是电流由云流向地面,负闪电是电流由地面流向云,即正闪电是正电荷由云流向地球,负闪电是负电荷由云流向地球。在云地闪电中,绝大多数是负闪电,负闪电其电流峰值以 20～50 kA 居多,正闪电比负闪电猛烈,其电流幅值往往在 100 kA 以上。

地闪:发生在雷暴云体与大地和地物之间的闪电放电过程。

回击:闪电放电过程中的瞬时大电流放电现象。

雷电流陡度(闪电陡度):指雷电流随时间上升的变化率。波头是指电流上升到幅值的时间;波长(波尾)是指脉冲电流的持续时间。相同雷电流幅值的闪电,雷电流波头陡度越大,构成的灾害越严重。

雷电流的幅值:指脉冲电流所达到的最高值。幅值和波头决定了雷电流的陡度。

平均雷电流强度:指定时间段、指定区域内回击的雷电流强度平均值(单位:kA)

地闪密度:指定时间段、指定区域内单位面积上平均地闪回击次数(单位:次/(km^2 · a))

雷电强度:雷电强度是由长期资料分析得到的统计量,由平均雷电流强度、地闪密度等多种统计分布来综合描述,可用于反映不同区域内闪电活动的特征、强弱,以及可能带来的危害情况(单位:kA · 次/(km^2 · a))

雷电区划:按照雷电活动的频繁程度以及危险系数,对一定范围内的雷电历史分布情况进行分析和归纳后，将该地区按照雷电风险从低到高划分为多个不同的区域。根据处理数据的不同，雷电区划可分为雷电强度区划、地闪密度区划、平均雷电流强度区划等。

雷电强度区划：将雷电强度值划分为高、中、低3个等级，叠加到行政区划图上，绘制成雷电强度分布图。

地闪密度区划：为揭示地闪密度空间分布规律，计算每个格网内的地闪密度值，并将地闪密度划分为高、中、低三个等级，叠加到行政区划图上，绘制成地闪密度分布图。

平均雷电流强度区划：为揭示平均雷电流强度空间分布规律，计算每个格网内的雷电流强度平均值，并将雷电流强度平均值划分为高、中、低3个等级，叠加到行政区划图上，绘制成平均雷电流强度分布图。

闪电定位系统：利用多种闪电定位技术和方法，通过探测闪电放电过程中一些特定放电事件产生的电磁辐射信号来确定该事件发生的时间和位置，用来监测闪电时空演变和特征的设备系统。

雷电灾害风险区划：根据雷电灾害风险指数大小，对雷电灾害风险的空间范围进行区域划分。

雷电灾害风险评估：根据雷电特征及其致灾机理，分析雷电对评估对象的影响，提出降低风险措施的评价和估算过程。

致灾因子：可能造成人员伤亡、财产损失、资源与环境破坏、社会系统混乱的异变因子。

雷电灾害风险指数：根据致灾因子危险性和承灾体易损性对雷电灾害风险进行评定的量化指标。

生命损失程度：单位面积上年平均雷电灾害次数与雷击造成人员伤亡数的加权平均指数。

经济损失指数：单位面积上年平均雷电灾害次数与雷击造成直接经济损失的加权平均指数。

2000国家大地坐标系：我国当前最新的国家大地坐标系，其英文名称为China Geodetic Coordinate System 2000，英文缩写为CGCS2000。2000国家大地坐标系的原点为包括海洋和大气的整个地球的质量中心，采用广义相对论意义下的尺度。

1985国家高程基准：1985年以青岛验潮站1952—1979年的潮汐观测资料为计算依据，规定以黄海（青岛）的多年平均海平面作为统一基面。

shapefile数据格式：shapefile是一种用于存储地理要素的几何位置和属性信息的非拓扑简单格式。shapefile中的地理要素可通过点、线或面（区域）来表示。包含shapefile的工作空间还可以包含dBASE表，它们用于存储可连接到shapefile的要素的附加属性。

机器学习：机器学习是一门多学科交叉专业，涵盖概率论知识，统计学知识，近似理论知识和复杂算法知识，使用计算机作为工具致力于真实实时地模拟人类学习方式，并将现有内容进行知识结构划分来有效提高学习效率。

神经网络：神经网络是一种模仿动物神经网络行为特征，进行分布式并行信息处理的算法数学模型。这种网络依靠系统的复杂程度，通过调整内部大量节点之间相互连接的关系，从而达到处理信息的目的。

第 2 章　湖南省雷电概述

2.1　湖南省地理及气候特征

2.1.1　自然地理概况

湖南省位于长江中游，地处 108°47′～114°15′E，24°38′～30°08′N，东以幕阜、武功诸山系与江西交界，西以云贵高原东缘连贵州，西北以武陵山脉毗邻重庆，南枕南岭与广东、广西相邻，北以滨湖平原与湖北接壤。省境绝大部分在洞庭湖以南，故称湖南，湘江贯穿省境南北，故简称湘。

湖南的地形特征，东、南、西三面山地围绕，中部丘岗起伏，北部平原、湖泊广布，呈西高东低、南高北低、朝东北开口的不对称马蹄形盆地，湖南的水系整体呈扇形汇入洞庭湖。

湖南的地貌形态有平原、岗地、丘陵，山地和山原五大类，平原面积占 13.12%，岗地面积占 13.87%，丘陵面积占 15.4%，山地面积占 49.56%，山原面积占 1.66%，还有湖泊水面，面积占 6.39%。总体概略而言，湖南的地貌组合特点是五分山地、三分丘岗、二分平原和水面，是以山丘为主的地貌格局。

2.1.2　气候环境概况

湖南省位于欧亚大陆东部，纬度较低，受东亚季风影响很大，属亚热带季风湿润气候。冬季湖南多为欧亚大陆干冷气团控制，北方寒流频频南下，造成雨雪冰冻，气候湿冷；夏季多为低纬海洋暖湿气团影响，温高湿重；而在盛夏期间，因副热带高压脊常控制湘东、湘中一带，酿成高温酷热；在春夏之交，湖南正处在冷暖气团交替的过渡地带，锋面、切变线和气旋活动频繁，造成阴湿多雨，天气多变。

根据各地气象资料统计，省内各地年平均气温一般为 16～19 ℃，冬季最冷月(1 月)平均气温都在 4 ℃以上，日平均气温在 0 ℃以下的天数平均每年不到 10 d。春、秋两季平均气温大多在 16～19 ℃之间，秋季略高于春季。夏季平均气温大多在 26～29 ℃之间，衡阳一带可高达 30 ℃左右。湖南热量充足，大部分地区日平均气温稳定通过 0 ℃以上的活动积温为 5600～6800 ℃·d；10 ℃以上的活动积温为 5000～5840 ℃·d，可持续 238～256 d；15 ℃以上的活动积温为 4100～5100 ℃·d，可持续 180～208 d；无霜期 253～311 d。湖南雨水丰沛，年平均降雨量在 1200～1700 mm 之间，但时空分布很不均匀。一年中降雨量明显地集中于一段时间内，这段时间称为雨季，雨季一般只有 3 个月，却集中了全年降雨量的 50%～60%。

概括湖南气候的特点，除具有与长江中下游地区相同的雨热同季、暖湿多雨的特征外，还具有气候温暖、四季分明，热量充足、雨水集中，春温多变、夏秋多旱，严寒期短、暑热期长的特点。

2.1.3 雷电环境概况

湖南省雷电特征不仅与所处的大气环境密切相关，同时也与湖南省特殊的地理和气候特征密不可分。总的来说，湖南省雷电环境有以下几个特点：

(1)湖南雷电活动有明显的季节性特征。春季冷暖空气交绥频繁且剧烈，夏季晴热高温，多午后局地热对流，雷暴天气因而大部分集中在春夏两季。秋季是从夏入冬的过渡季节，副热带高压势力逐步南撤，偏北气流渐次控制全境，全省气层垂直结构十分稳定，雷暴和阴雨天气发生较少。冬季，控制湖南区域的暖气团南撤，大陆性冷气团逐渐占据主导地位，由于湖南省的独特地形，冷空气在南岭地区受阻，在湖南上空形成冷空气垫，经常出现阴冷天气，但由于冷空气入侵频繁，湖南区域与入侵冷气团温差相对较小，气团上升活动不剧烈，难以形成大强度的降水和雷暴天气。

(2)湖南雷电活动有较明显的方向来源。湖南处于西风带气流区，高层大部分时间由偏西气流控制，欧亚大陆冷气团经常从偏西或偏北方向入侵湖南区域，导致地面暖气团抬升而引起降水和雷暴天气的发生，雷暴方向大部分是偏西或偏北路径。5—6月，随着副热带高压增强和北方冷空气减弱，常在湖南区域形成准静止锋，造成连续阴雨，由于冷暖空气活动剧烈，往往雷电现象频发，该段时间的雷电来向，往往伴随着准静止锋的北抬和南压而呈现不规律的现象。7—8月，在副热带高压加强、北抬之后，副热带高压完全控制湖南区域，在赤道附近低纬地区所产生的热带气旋，经常沿副热带高压南侧外围气流入侵我国大陆，在华东或华南地区登陆扩散，在热带气旋减弱扩散时，经常引起湖南省雷暴天气的发生，此种因素的雷暴方向来源，经常是偏东或偏南方向的。

(3)雷电灾害发生区域也具有一定的规律性。由于湖南境内河流众多，河网密布，整体地形依山畔水、多丘陵、盆地，雷击位置经常出现在土壤电阻率较小的土壤上，有金属矿床的地区、河岸、地下水出口处、山坡与稻田接壤的地上和具有不同电阻率土壤的交界地段，湖沼、低洼地区和地下水位高的地方等都容易遭受雷击。

2.2 湖南省雷电活动特征

2.2.1 雷暴活动特征

据湖南省1956—2013年的地面观测资料(2013年后没有观测记录)，年均雷暴日数为49.9 d，年雷暴日数在30.3 d(2011年)至71.3 d(1973年)之间变化，总体上呈现出缓慢的递减趋势，每10年减少约3.5 d(图2.1)。

湖南省雷暴日空间分布总体上湘南多于湘北，湘西多于湘东，湘北最低年均雷暴日34.3 d，湘南最高达70.3 d。根据湖南省行政区域分析，郴州、永州、邵阳、怀化等地雷暴日数较高，多于全省年均雷暴日数，常德、益阳、岳阳、湘潭、湘西州等地雷暴日数较低，少于全省年均雷暴日数(图2.2)。

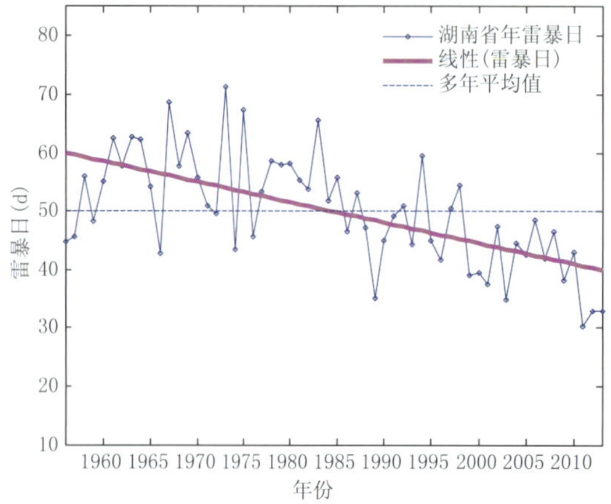

图 2.1　湖南省年雷暴日变化趋势

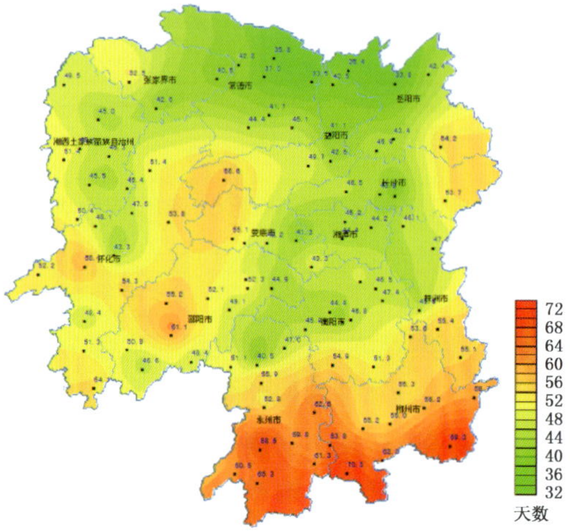

图 2.2　湖南省年雷暴日空间分布

2.2.2　地闪活动特征

根据湖南省 2010—2019 年闪电监测资料，近 10 年观测到的闪电回击频次年际变化明显，全省每年观测到的地闪频次平均为 24 万次，其中 2014 年最多，近 43 万次，2010 年最少，约 17 万次(图 2.3)。全省地闪活动特征如下：

(1)一年中每个月均有雷电活动发生，3 月开始雷电活动逐步加强，5—8 月为雷电多发时段，其中 7、8 月是雷电活动高峰期，9 月后雷电骤然减少，1 月、10—12 月较少发生(图 2.4)。

(2)春、冬两季雷电活动在午夜加强，凌晨明显减弱；夏季和秋季的雷电活动主要集中在午后，傍晚最强，夜间减弱(图 2.5)。

(3)闪电强度主要集中在 20～60 kA 之间，约占总地闪数量的 80%(图 2.6)。

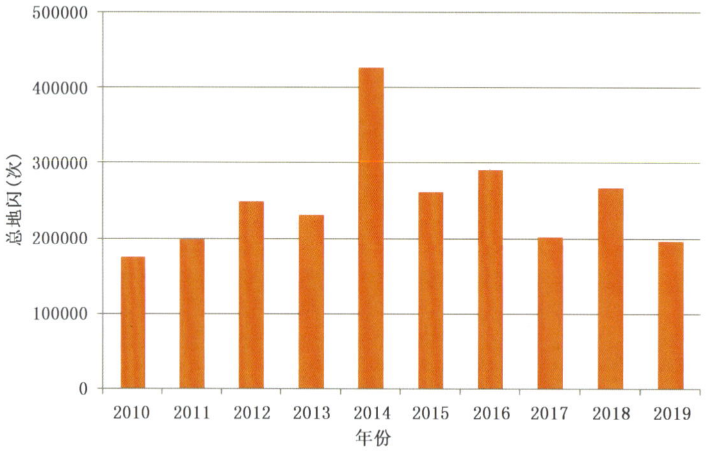

图 2.3　湖南省地闪频次逐年分布

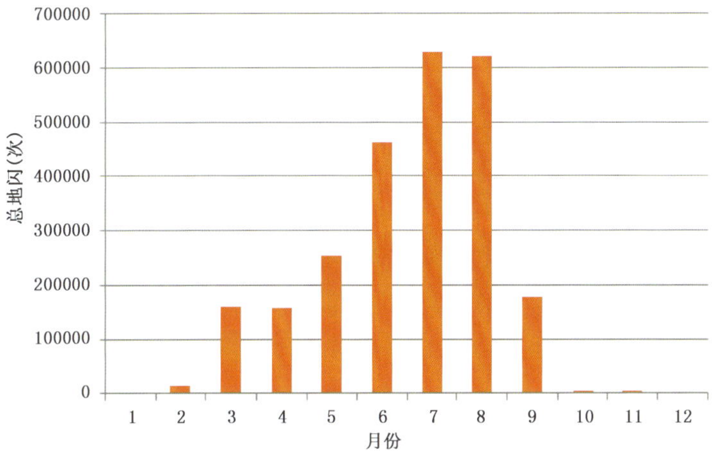

图 2.4 湖南省地闪频次逐月分布

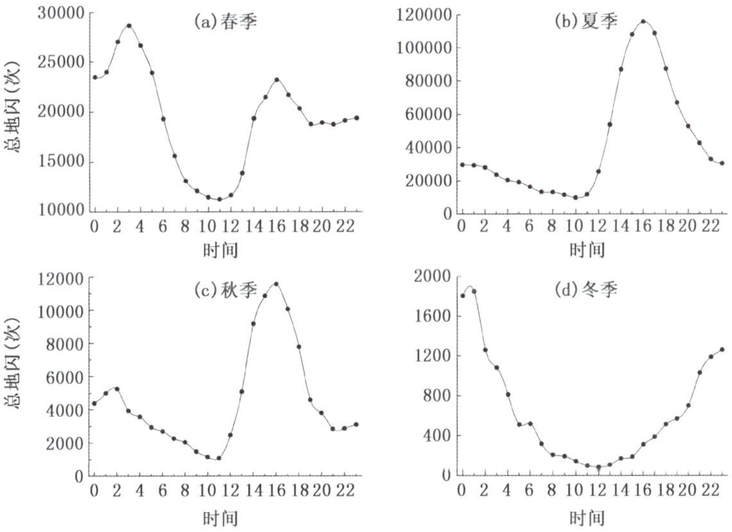

图 2.5 湖南省地闪频次逐时分布

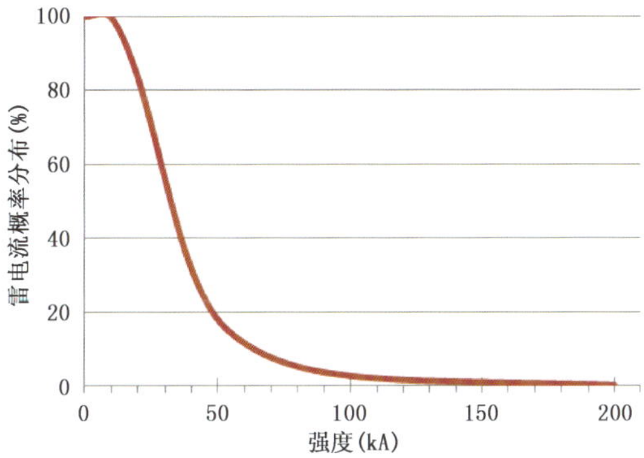

图 2.6 湖南省雷电流强度概率分布

2.2.3 雷电灾害分布特征

据不完全统计，2002—2019 年湖南省共计发生雷电灾害事故 11726 起，造成 570 人伤亡（死亡 265 人，受伤 305 人），直接经济损失达 2.2 亿元。其中，2004 年发生雷电灾害事故最多，达 2075 起，共造成 65 人伤亡，直接经济损失 3168 万元（图 2.7）。全省雷电灾害分布特征如下：

（1）从地区分布情况而言，岳阳、长沙、怀化及邵阳发生的雷电灾害事故偏多，湘潭市、湘西州发生的雷电灾害事故相对较少（图 2.8）。

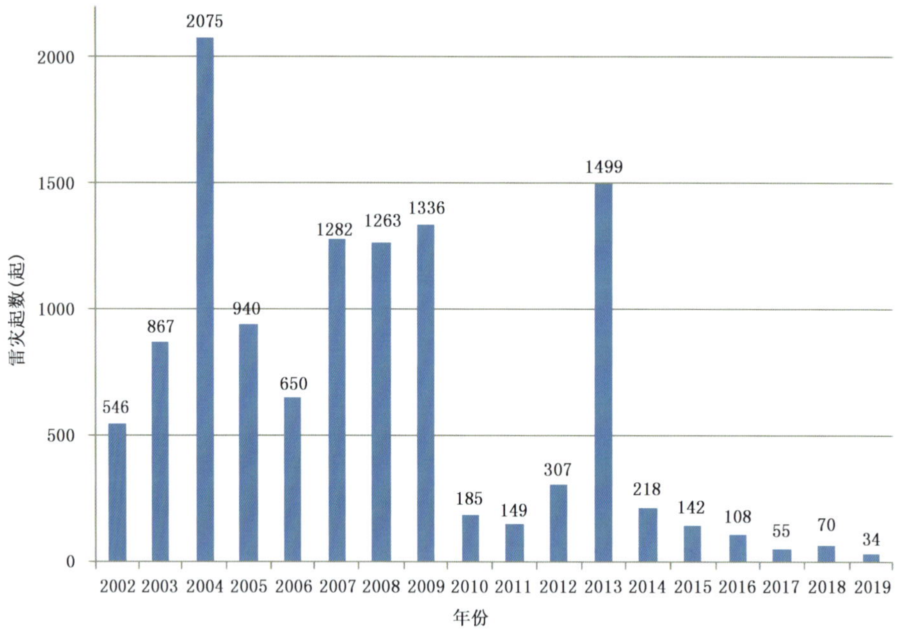

图 2.7 湖南省 2002—2019 年雷电灾害统计

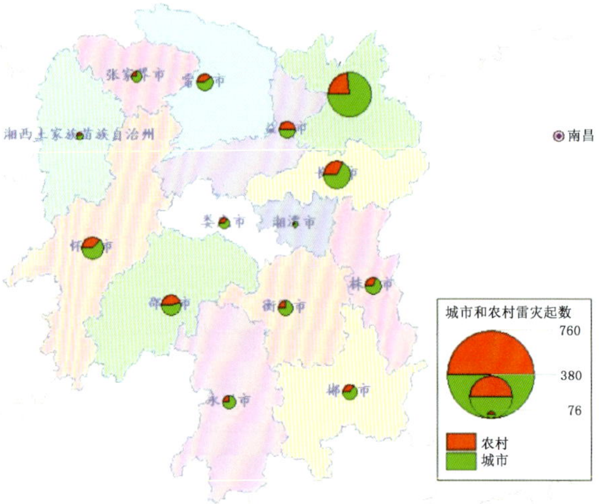

图 2.8 湖南省城市和农村雷电灾害起数分布

(2)从城乡分布情况而言,雷电灾害多发生在城市,其事故起数及经济损失远超过农村(图2.8);然而,因雷电灾害造成的人员伤亡大多发生在农村地区,约占全省雷击人员伤亡总数的70%(图2.9)。

(3)从行业分布情况而言,全省雷电灾害较为严重的前3个行业分别是住宅、易燃易爆行业、电力业(图2.10)。

(4)从时间分布情况而言,全省雷电灾害造成人员伤亡在各个时段均有发生,发生的高峰期在午后至傍晚。

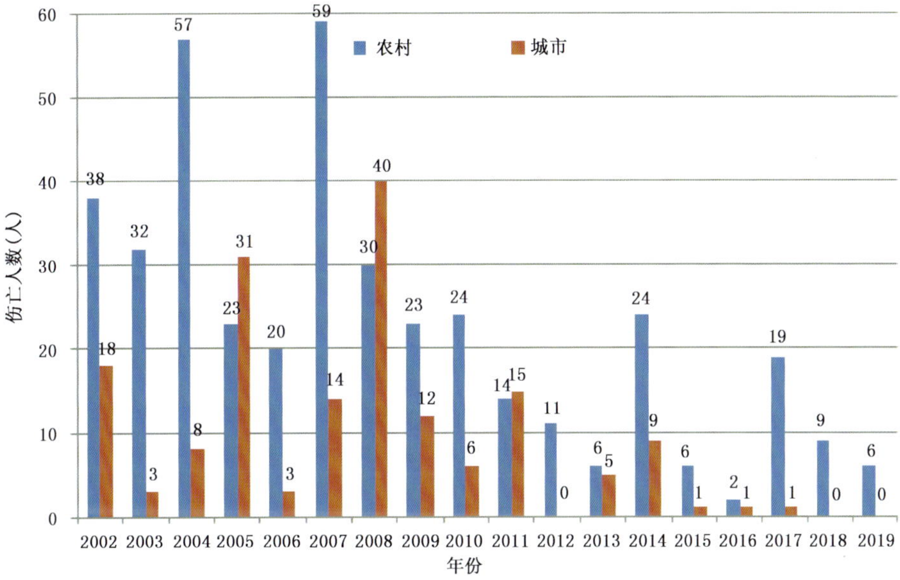

图2.9 湖南省城市和农村雷击伤亡人数对比

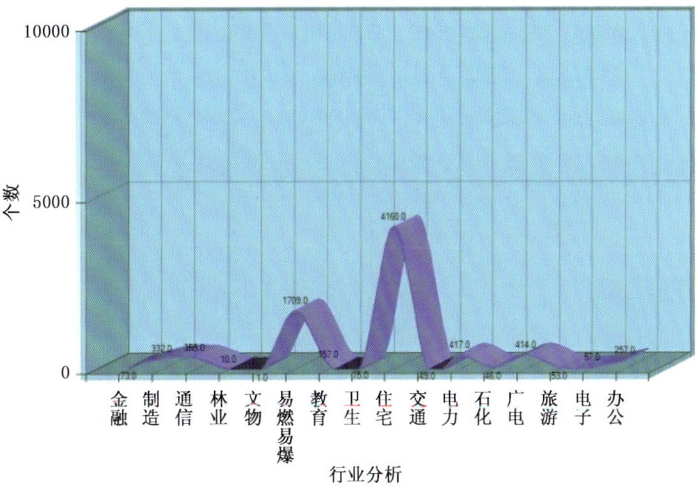

图2.10 湖南省雷电灾害起数行业分布

2.3 湖南省闪电监测网络

湖南省于2008年初完成基本覆盖全省的闪电定位仪建设。10台闪电定位仪分别布设在张家界、常德、岳阳、怀化、益阳、长沙、邵阳、永州、衡阳、郴州(图2.11),站点与站点间相隔距离最远179 km、最近89 km(图2.12)。

图2.11 闪电定位仪分布
(红色标注为闪电定位仪所处位置)

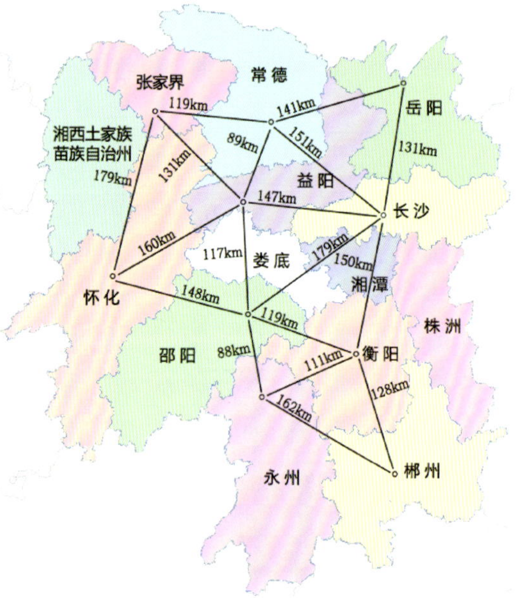

图2.12 定位仪间的直线距离

布设在不同地理位置上的两台以上闪电定位仪,可以构成一个雷击探测定位系统网,通过中心数据处理站对接收到的闪电回击数据实时进行计算处理后,可以定位出精确到纳秒的闪电回击时间,闪电落地的经纬度、强度、陡度等特征值。

现有的闪电定位系统能对全省雷电发生情况进行实时监测,定位数据有效率在80%左右,是全国闪电定位系统的重要组成部分。

第3章 雷电区划方法

3.1 雷电区划数据处理方法

3.1.1 数据栅格化

为研究小区域的雷电相关特性，可将行政区域按照经纬度大小切分为若干个细小的地理栅格。本书在雷电区划过程中，将湖南省按照 1 km×1 km 的地理栅格进行切分，并结合 ADTD 型闪电监测网获取闪电数据中的经纬度信息，将闪电数据投放到对应栅格中，从而确定每条闪电数据所属的地理栅格编号。

3.1.2 雷电流强度等级划分

经过上述数据栅格化后，每个栅格会对应多条闪电数据，每条闪电数据信息不尽相同。为确定栅格的雷电流强度、制作雷电强度区划，在数据处理阶段，应将闪电数据进行雷电流强度等级划分。

将闪电数据按照雷电流强度从小到大排列，并按照表 3.1 所示的百分位数区间求取每个等级的雷电流强度阈值，确定每条闪电数据所属的雷电流强度值等级，为后续计算栅格的雷电流强度值提供科学数据。

表 3.1 雷电流强度等级划分表

等级	百分位数(P)区间
1 级	$P\leqslant 60\%$
2 级	$60\%<P\leqslant 80\%$
3 级	$80\%<P\leqslant 90\%$
4 级	$90\%<P\leqslant 95\%$
5 级	$P>95\%$

3.1.3 人口和经济数据处理方法

本书除雷电区划外，还做了雷电灾害风险区划。中国气象局于 2017 年 12 月 29 日发布的《雷电灾害风险区划指南》，将雷电灾害风险定义为“雷电灾害发生的可能性及其可能损失”。雷电灾害发生造成的可能损失可分为人口损失和经济损失两个方面。经济发达程度和人口密集程度对于雷电灾害的发生有一定的关联，是造成雷电灾害发生的可能影响因子。为此还需对人口数据、经济数据及雷电灾害数据进行一定处理分析。

然而，针对人口和经济的相关统计数据，往往只以省、市、县(区)为基本单元，并不能直观地统计出 5 km×5 km 甚至 1 km×1 km 地理栅格细小区域的人口和经济数据。为了充分考虑栅格化的闪电数据以及对应的栅格人口和经济等相关因子给雷电灾害发生造成的影响，湖南省气象灾害防御技术中心联合南京信息工程大学共同研究，提出了一种基于统计学的栅格化经济与人口数据的评估方法。

1. 数据准备

首先，收集关键词数据。研究发现，关键词与人口和经济数据有着较大的关联。地理栅格中的关键词(例如:医院、学校、酒店、步行街)所对应的实体都是由地理栅格内人口的经济社会活动形成的，关键词对应的实体数量与人口数量、经济是紧密相关的。为此，可通过与人口数量、经济紧密相关的关键词数量来实现对地理栅格人口和经济的数量评估。表 3.2 列出了部分基于百度地图的 5 km×5 km 地理栅格内的关键词数量。

表 3.2　5 km×5 km 地理栅格内关键词数量示例

栅格号	医院	小区	餐馆	大学	学校	商场
3981	2	243	24	8	72	1
3982	36	720	193	6	108	5
3983	5	104	30	1	27	1

然后，通过湖南省政府网站开源数据获取并收集 2019 年湖南省各地级市人口数据。该部分数据作为数学模型的一部分，参与模型的建立与计算。

2. 模型建立与计算

设 A_m 为人口与关键词 m 的关联度，即每个个人产生相关关键词的概率，则有

$$P(N_{mj}=k)=C_{P_j}^{k}\cdot A_m^{k}\cdot(1-A_m)^{P_j-k} \tag{3.1}$$

式中，A_m 代表关键词 m 对应的人口与关键词的线性相关系数；P_j 代表 j 地级市的实际人口数；N_{mj} 为 j 地级市内关键词 m 的理论数量。

利用极大似然估计法求 A_m：

$$L_m=\prod_j P(N_{mjr}=N_{mj},A_m) \tag{3.2}$$

式中，L_m 为似然函数；N_{mjr} 为 j 地级市内关键词 m 的实际数量。

对式(3.2)取对数，得到

$$\ln L_m=\sum_j \ln C_{P_j}^{N_{mjr}}+N_{mjr}\ln A_m+(P_j-N_{mjr})\ln(1-A_m)$$

并求导，令导数 $\sum_j \frac{N_{mjr}}{A_m}+\frac{P_j-N_{mjr}}{A_m-1}=0$，进而求得

$$A_m=\frac{\sum_j N_{mjr}}{\sum_j P_j} \tag{3.3}$$

于是，可以得到每个栅格的人口评估数为：

$$P_{jr}=\frac{N_{mr}}{A_m} \tag{3.4}$$

同理,可按以上方法计算出栅格内的经济数据。

3.1.4 雷电灾害数据处理方法

将历年雷电灾害数据进行栅格化处理、分析,可知发生过雷电灾害的地理栅格与未发生过雷电灾害的地理栅格其比值约为 59∶1。因此,雷电灾害数据属于极度不平衡数据。同时,据不完全统计的雷电灾害数据相对于闪电数据来说,其占比非常小,这给雷电灾害与雷电灾害风险区划研究带来了不少困难。

首先,将雷电灾害数据无量纲化处理,即发生过雷电灾害的栅格标为 1,定义为负样本;没有发生过雷电灾害的栅格标为 0,定义为正样本。其次,采用机器学习算法中 K-means 聚类算法,并根据实验情况逐步改进,以消除正负样本数据的不平衡。其中,对负样本进行 K-means 聚类,假设正样本有 150 条,则在实验中将负样本也聚成 150 类,使得正负样本数量相同。在每个类簇中,挑选距离该类簇中心点最近的真实闪电数据点。在给定 K 值和 K 个初始类簇中心点的情况下,把每个栅格的数据想像成一个 n 维空间中的点 x_i,n 代表了模型中所用到的影响因子的个数。将每个点 x_i 分到离其最近的类簇中心点所代表的类簇中,即满足如下公式:

$$D_{(x_i)} = \operatorname{argmin} \| x_i - u_r \|_2^2, \quad r = 1,2,3,\cdots,K \tag{3.5}$$

式中,u_r 表示每个类簇的簇中心。

所有点分配完毕之后,根据一个类簇内的所有点重新计算该类簇的中心点(取平均值),然后再迭代进行分配点和更新类簇中心点的步骤,直至类簇中心点的变化很小,或者达到指定的迭代次数。正负样本数据经过神经网络训练后,在神经网络的输出层中运用 Softmax 函数,计算出每一个栅格的雷电灾害风险概率值,从而为每一个地理栅格给出了一个量化的雷电灾害风险值。

3.2 雷电区划核心算法

3.2.1 Kriging 插值算法

Kriging 插值法是基于样本点形状、大小和空间方法,考虑与未知样本的空间相关性,以及变异函数提供的结构信息,对未知样点进行的线性无偏最优估计,无偏是偏差的数学期望为 0,最优指估计值与实际值之差的平方和最小,是依据协方差函数对随机过程/随机场进行空间建模和预测(插值)的回归算法。与传统插值方法相比,Kriging 插值算法的优势表现为数据网格化过程中考虑了描述对象的空间相关性质,能给出插值误差,使插值结果更接近实际情况。这种插值方法对于气象要素场插值的球形模拟效果较好,既考虑了储层参数的随机性,又考虑了储层参数的相关性,在满足插值方差最小的条件下,给出最佳线性无偏插值与插值方差。在处理栅格文件时最好使用插值半径这个参数,即将要插值栅格周围插值半径以内的栅格数据进行插入,可大大提高插值效率。

假设研究区域 A 上研究变量 $Z(x)$,在点 $x_i \in A(i=1,2,\cdots,n)$ 处属性值为 $Z(x_i)$,则待插点 $x_0 \in A$ 处的属性值 $Z(x_i)$ 的 Kriging 插值结果 $Z^*(x_0)$ 是已知采样点属性值 $Z(x_i)(i=1,2,\cdots,n)$ 的加权和,即

$$Z^*(x_0) = \sum\nolimits_{i=1}^{n} \lambda_i Z(x_i) \tag{3.6}$$

式中，λ_i 是待定权重系数。$Z(x_i)$之间存在一定的相关关系，这种相关性除与距离有关外，还与其相对方向变化有关，Kriging 插值方法将研究的对象称“区域化变量”。

针对 Kriging 方法无偏、最小方差条件，可得到无偏条件。待定权系数 $\lambda_i(i=1,2,\cdots,n)$ 满足关系式：

$$\sum_{i=1}^{n}\lambda_i = 1 \tag{3.7}$$

以无偏为前提，Kriging 方差为最小可得到求解待定权系数 λ_i 的方程组：

$$\begin{cases}\sum_{i=1}^{n}\lambda_i C(x_i,y_j)+\mu = C(x_0,x_j),\ j=1,2,\cdots,n \\ \sum_{i=1}^{n}\lambda_i = 1\end{cases} \tag{3.8}$$

式中，$C(x_i,x_j)$是 $Z(x_i)$和 $Z(x_j)$的协方差函数。

3.2.2 Jenks 自然断点算法

Jenks 自然断点算法是基于数据中固有的自然分组对分类间隔加以识别，对相似值进行分组，使各类元素间的差异最大化。

其计算方法：

$$SSD_{i-j} = \sum_{k=1}^{j}A[k]^2 - \frac{\left(\sum_{k=1}^{j}A[k]\right)^2}{j-i+1} \tag{3.9}$$

式中，SSD 表示方差；i、j 表示第 i、j 个元素；A 表示长度为 N 的数组；k 表为 i、j 中间的数，表示 A 组中的第 k 个元素。

3.3 雷电灾害风险区划方法

3.3.1 神经网络数据建模

本书提出的雷电灾害风险区划模型大致可分为数据处理层、数据平衡层和数据训练层，原始数据依次通过上述三层的计算与处理，得到最终的雷电灾害风险区划模型。为了得到构建神经网络模型需要的数据形式，首先将原始数据传入数据处理层进行处理。数据栅格化是指将各项数据根据经纬度定位计入对应的栅格；栅格数据平均化是指将栅格内存在的多条雷电数据进行平均处理操作；标签栅格是指根据雷电灾害发生的栅格进行定位，发生过雷电灾害的栅格标为 1，没有发生过雷电灾害的栅格标为 0，最后对数据进行无量纲化。经过上述一系列处理操作后，得到了建模所需的规范数据。

数据经过数据处理层处理之后，进入数据平衡层，目的是消除正负样本的不平衡性，最终用来进行神经网络模型训练。此时，神经网络模型的建立可以理解为求解机器学习中的二分类问题。正负样本数据经过神经网络训练后，在神经网络的输出层中运用 Softmax 函数，计算出每一个栅格的雷电灾害风险概率值，从而为每一个地理栅格给出一个量化的雷电灾害风险值。雷电灾害风险区划模型如图 3.1 所示。

在数据训练层中，主要运用机器学习神经网络模型，神经网络主要分为输入层、隐藏层、输出层，模型架构如图 3.2 所示。输出层可以有多个，每层的神经元也可以是多个，具体数目视情况而定。神经网络大致可分为前向传播和后向传播两个过程。通过前向传播到输出层与真

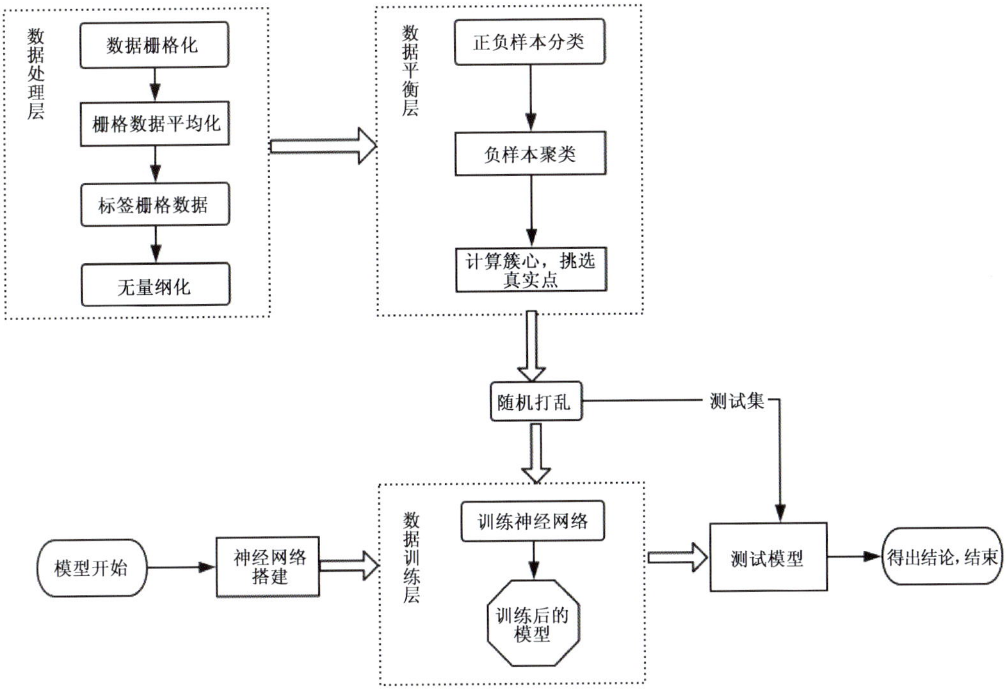

图 3.1　雷电灾害风险区划模型

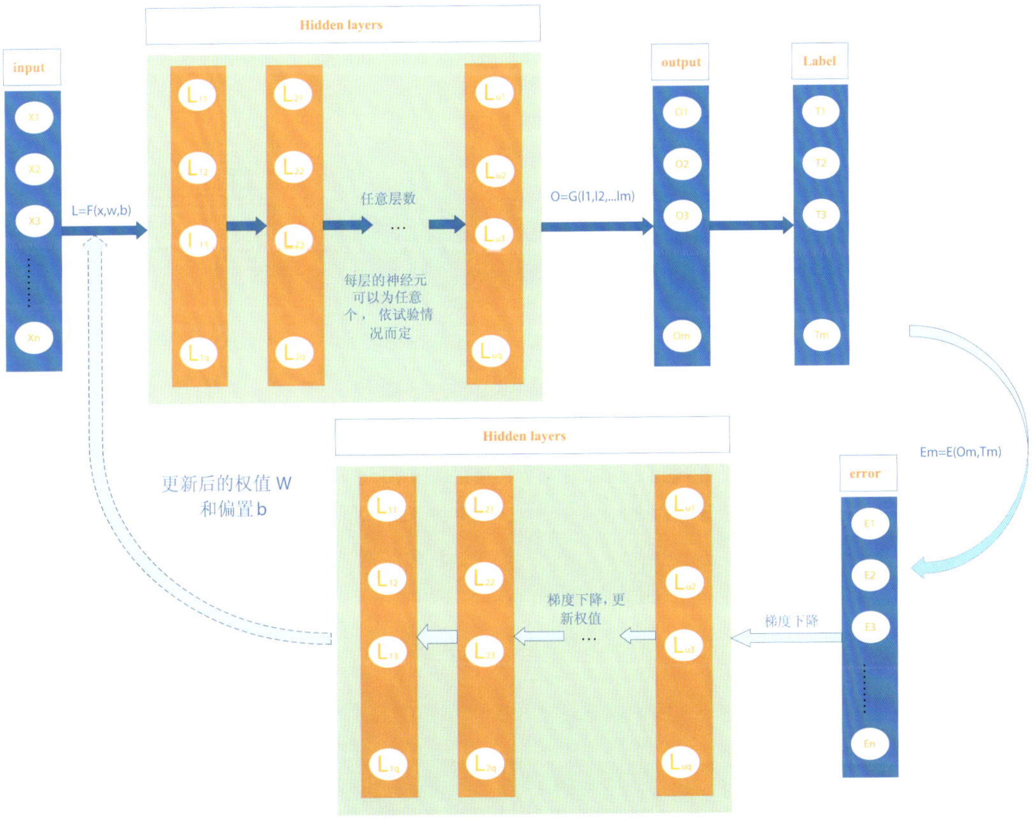

图 3.2　神经网络模型结构

实标签比较误差，再通过后向传播梯度下降的方式(从输出层→隐藏层→输入层)以最小化误差来更新每个连接的权重，从而学习到每一个因子之间的内在关联，使得权重的设定更加具有科学性。

隐藏层以 Sigmoid 函数为激活函数。Sigmoid 函数记为 $F(z)$，神经元的计算公式(以第一个隐藏层为例)如下所示：

$$L_q = F(z) = \frac{1}{1+e^{-z}} \tag{3.10}$$

$$z(x,w,b) = \sum\nolimits_{i=1}^{n} x_i * w_{iq} + b \tag{3.11}$$

式中，w_{iq} 代表两层神经元之间，前一层中第 i 个神经元与后一层中第 q 个神经元之间的连接权重；x 表示神经元的值；b 表示偏置。

对于输出层，实验中输出层设置了 2 个神经元，分别代表发生雷电灾害的概率与不发生雷电灾害的概率。因为要将数据最终表示成概率值，所以输出的激活函数采用 Softmax 函数。输出层 O_i 计算公式如下所示：

$$O_i = G(l_i, l_2, \cdots, l_m) = \frac{l_i}{\sum\nolimits_{j=1}^{m} l_j} \tag{3.12}$$

式中，l_j 表示输出层某一神经元的值。

在模型训练阶段，输出层数据会和栅格真实数据进行误差比较(若此栅格发生过雷电灾害，数值为 1，否则为 0)，求解出误差后通过梯度下降的方式，不断调整连接权重，反复多次后，使得输出层尽可能接近真实数据值。一般会事先设定训练次数，可根据结果不断调整。至此，模型训练完成，可以通过测试集测试该模型的性能。

3.3.2 二值化处理及评判标准

通过 3.3.1 节中所述雷电灾害风险区划模型的计算，会得出每个栅格发生雷电灾害的风险评估值 P_{ki} 和不会发生雷电灾害的评估值 P_{kj}，其中，k 表示栅格编号。为了验证模型的准确性，对每个栅格进行二值化处理：

$$R_k = F(P_{ki}, P_{kj}) = \begin{cases} 0, & P_{ki} < P_{kj} \\ 1, & P_{ki} \geqslant P_{kj} \end{cases} \tag{3.13}$$

式中，R_k 为 k 栅格的最终模型准确率评判值，F 为二值化函数。

在得出栅格的模型准确率评判值 R_k 后，与栅格的真实雷电灾害数据进行比较。在 3.3.1 节给出的模型中，已将雷电灾害数据与栅格对应，发生过雷电灾害的栅格标记为 1，未发生雷电灾害的栅格标记为 0。因此，可以给出一个大致的评判标准：若 R_k 值与该栅格真实的标签值相同，则代表模型评估正确，反之错误。将评估正确的栅格总数记为 m，t 代表进行模型测试的数据总个数。模型准确率 P_m 计算公式如下：

$$P_m = \frac{m}{t} \times 100\% \tag{3.14}$$

第 4 章　湖南省雷电区划编制

4.1　湖南省雷电区划编制流程

与《雷电风险区划技术指南》不同的是，本书在写作过程中收集了 2010—2019 年的湖南省雷电数据，丰富了数据量，能够更加准确地分析雷电活动的分布规律。

在《雷电风险区划技术指南》中明确规定了制作雷电强度区划、地闪密度区划以及平均雷电流强度区划所用的数据和计算方式，并针对雷电区划相关术语进行了详细解释说明，也对雷电强度区划技术进行了全面详细的阐述。雷电强度区划技术与制作流程可以分为三大模块：数据收集、数据处理、等级区划（图 4.1）。

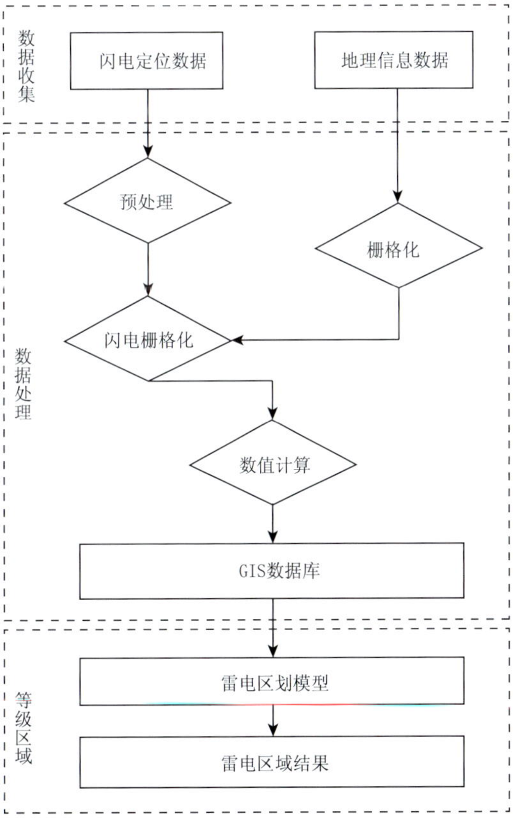

图 4.1　雷电强度区划制作流程

1. 资料收集模块。《雷电风险区划技术指南》要求，应当收集研究区域范围内近 5 年的 ADTD 全国雷电探测网的地闪数据，为后续计算分析提供数据支持。

2. 数据处理模块。数据处理模块包括：

(1)对观测数据的筛选和过滤，根据实际情况剔除误差较大的数据，提高数据的质量；

(2)对 ADTD 数据进行栅格化处理，根据经纬度将统计区域切分为若干个边长为 1 km×1 km 的地理栅格，再将数据按经纬度坐标统计到对应地理栅格中。

3. 等级区划包括雷电强度、地闪密度、平均雷电流强度计算及插值：

(1)根据栅格化的 ADTD 统计数据，计算雷电流强度等级，确定每一强度等级的区间范围，计算雷电强度、地闪密度、平均雷电流强度；

(2)使用 Kriging 插值算法进行数据插值，根据插值所得结果使用 Jenks 自然断点算法对数据进行分级，确定栅格所属的等级，完成雷电强度区划制作。

4.2 湖南省雷电数据来源及处理

4.2.1 数据来源

本书使用的闪电定位数据来源于湖南省气象部门 ADTD 闪电定位系统。ADTD 型闪电定位仪是一种监测雷电发生的气象探测仪器，它通过监测云地闪辐射的甚低频信号，再经波形判断给出闪电信号并将其送达传感器，可全天候、长期连续运行，可详细记录雷电发生时间、位置、强度和极性等各项数据，主要由天线罩、电磁场天线、GPS 模块、电子舱、电源盒、通信模块和配电等系统组成。它以 MOXA 的 5110 模块作为通信传输单元，通过 RS233 串口将数据通过数据线传至值班室内的 NPORT 模块，另一端用 RJ45 网线接网络交换机，最后将数据传输到中心服务站，实现了可不使用计算机终端直接进行点到点的连接。

闪电发生后，多站定位仪采集到信号后通过定向时差联合法进行定位，获取闪电发生的相关信息，包括日期、时间、纬度、经度、闪电强度、闪电陡度以及闪电位置所属行政区域等参数(表 4.1)。定位方式主要有 2 站混合、2 站振幅、3 站混合、4 站算法。

表 4.1 ADTD 闪电定位数据示例表

日期	时间	纬度	经度	雷电强度(kA)	雷电流陡度(kA/μs)	误差	定位方式	省	市	县
2015/03/22	21:35:21	28.2°N	110.4°E	−23.7	−6	0	三站时差测向法	湖南省	怀化市	沅陵县
2015/03/22	22:48:22	28.8°N	112.5°E	−40.7	−15.3	74	三站时差测向法	湖南省	益阳市	沅江市

4.2.2 数据计算

湖南省雷电区划以 24.68°～30.12°N、108.78°～114.22°E 为区间，按照 1 km×1 km 规格进行栅格切分，对每个栅格进行编号和记录经纬度范围，基于这个地理栅格，将闪电数据对应到相应的栅格，确定每条闪电数据的地理栅格编号。数据栅格化后，每个栅格会对应多条闪电数据。将雷电数据按照雷电流强度从小到大排列，并按照表3.1的百分比区间求取每个区间的雷电流强度阈值。

1. 雷电强度的计算

首先分别计算每个格网内5个不同雷电流强度等级的地闪密度值，不同雷电流强度等级的范围划分已在3.1.2节中给出，再按照下式对各等级的地闪密度值进行加权平均，得出每个格网的雷电强度值：

$$L_n = \sum_{i=1}^{5}\left(\frac{i}{15} \times F_i\right) \tag{4.1}$$

式中，L_n 为雷电强度；i 为雷电流强度等级；F_i 是雷电流强度为 i 等级的闪电密度。

然后采用Kriging插值法对雷电强度值进行处理，并利用Jenks自然间断点分级法，将雷电强度值划分为高、中、低三个等级。最后按照《预报与网络司关于开展规范使用地图和2000国家大地坐标系推广应用专项检查的通知》(气预函〔2018〕42号)(以下简称《通知》)相关要求，叠加到行政区划中绘制成雷电强度分布图。

2. 地闪密度的计算

统计落在每个格网内地闪总次数，将总次数除以对应格网的面积，得到该格网的地闪密度值，计算公式如下：

$$G = \frac{N}{S} \tag{4.2}$$

式中，G 为地闪密度；N 为地闪总次数；S 为对应网格的面积。

之后采用Kriging插值法对密度值进行处理，并利用Jenks自然间断点分级法，将地闪密度划分为高、中、低3个等级。最后按照《通知》相关要求，叠加到行政区划中绘制成地闪密度分布图。

3. 平均雷电流强度的计算

筛选出雷电流强度值达到2级以上的数据，利用这些数据计算每个格网内的雷电流强度平均值，计算公式如下：

$$A = \frac{\sum_{i=1}^{n} C_i}{N} \tag{4.3}$$

式中，A 为平均雷电流强度；C 为雷电流强度；N 为地闪总次数。

之后采用Kriging插值法对平均值进行处理，并利用Jenks自然间断点分级法，将雷电流强度平均值划分为高、中、低3个等级。最后按照《通知》相关要求，叠加到行政区划中绘制成平均雷电流强度分布图。

4.3 湖南省区划制作模型

根据《雷电风险区划技术指南》要求，本书的区划图制作分为数据预处理阶段、数据计算阶段以及最终的上色阶段。在数据预处理阶段(具体方法在第3.1节中给出)主要进行了3个操作：(1)数据剔除；(2)雷电流强度等级划分；(3)数据栅格化。

数据处理完成后，根据第4.2节中所给的3个计算公式，分别计算出制图区域的平均雷电流强度、地闪密度和雷电强度数据，进而对这些数据分别进行Kriging插值和分级操作(具体算法在第 3.2 节中给出)，最后根据不同的等级进行上色，叠加到行政区划中制成区划图。区划制作的具体模型如图 4.2 所示。

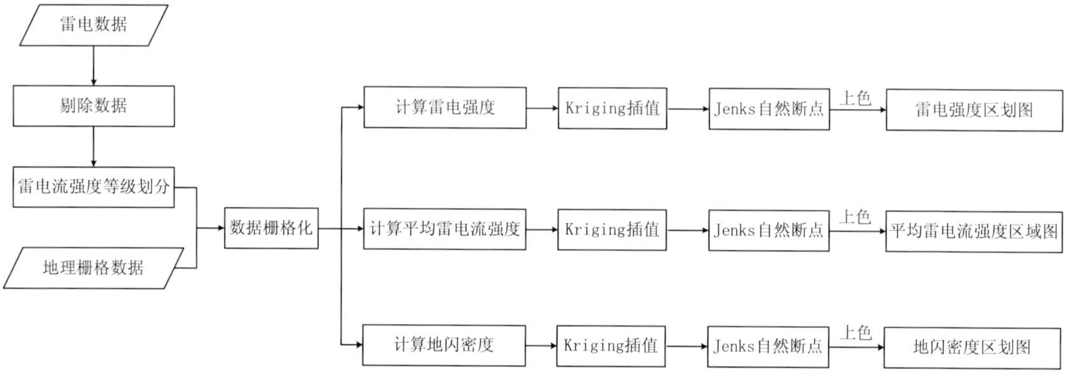

图 4.2　湖南省雷电区划制作模型

第5章　湖南省雷电区划

针对湖南全省、14个地级市以及地级市内的县，分别制作地闪密度、雷电强度和平均雷电流强度3种数据图，每张图中包含主图、图例和小图3个模块。本章所有插图不再编图号。

下面以长沙市地闪密度分布图为例说明：

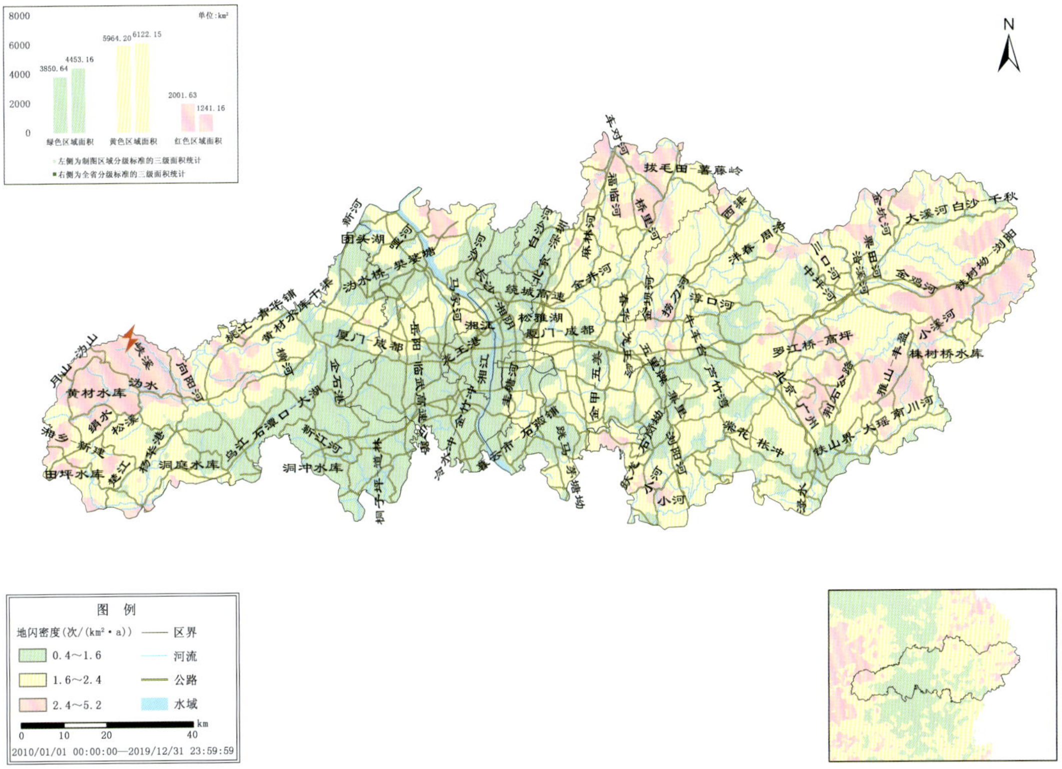

长沙市地闪密度分布

中间大图描绘的是长沙市地闪密度分布情况，在图上标注了地名、河流、铁路及其他相关地理信息。红色区域地闪密度相对较大，黄色部分次之，绿色部分数值相对较小。

左下角为图例，标注了图中采用的色标以及各个图例的样式，并给出了大图的比例尺和数据的时间跨度。

右下角小图标注了长沙市相对于省内周边区域的地闪密度分布情况。

左上图为柱状统计图，给出了制图区域分级标准的三级面积统计和全省分级标准的三级面积统计。

5.1 湖南省域雷电区划

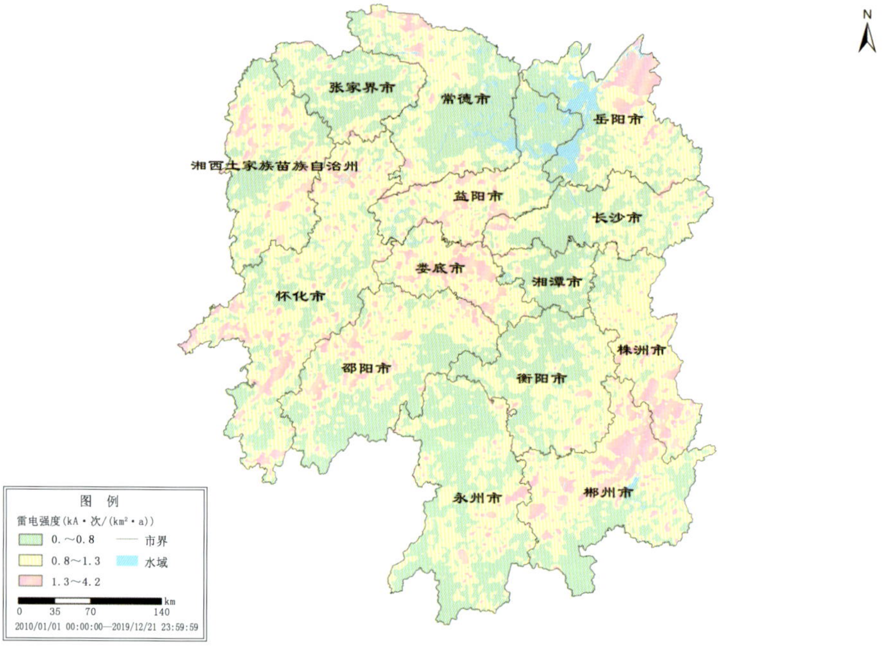

湖南省雷电强度分布图

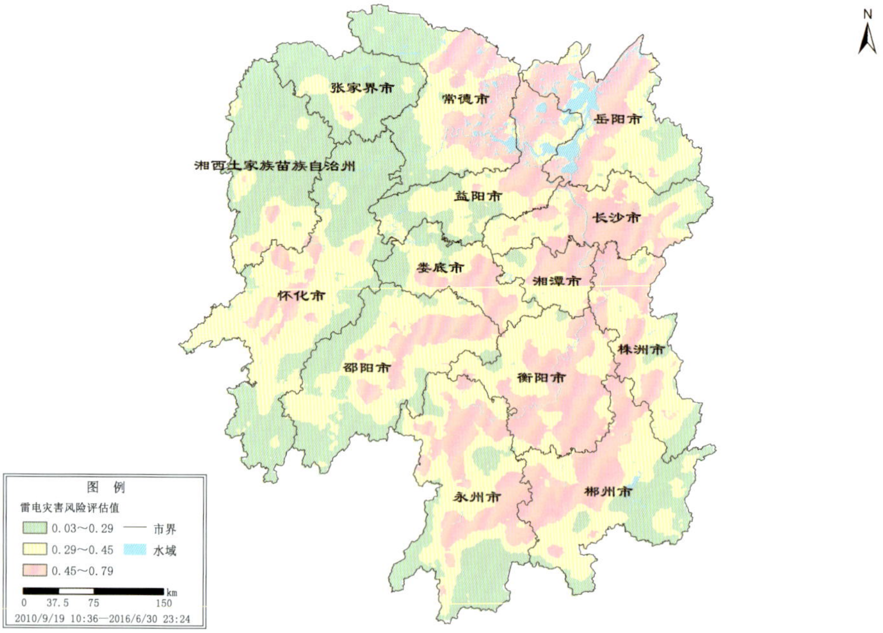

湖南省雷电灾害风险评估分布图

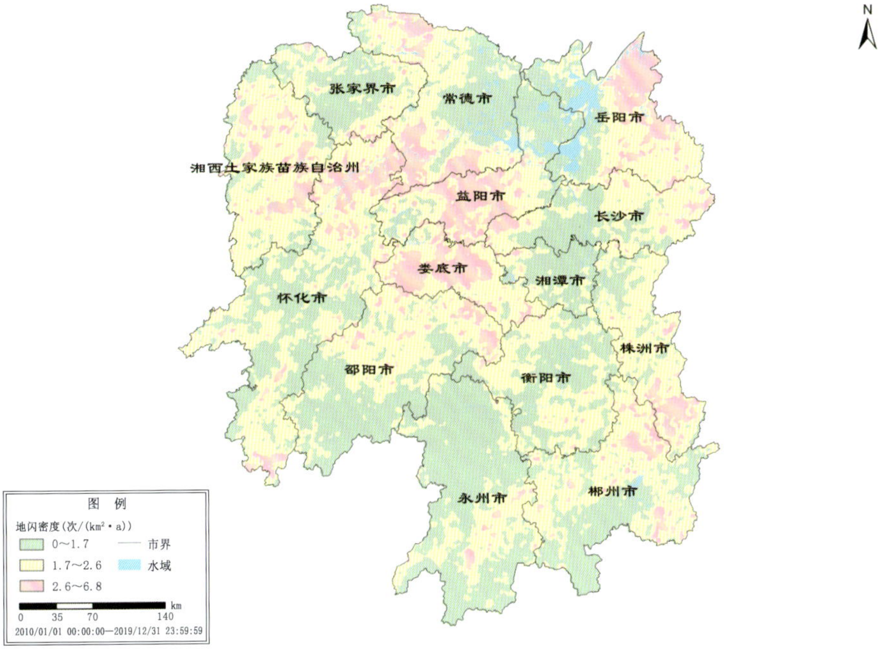

湖南省地闪密度分布图

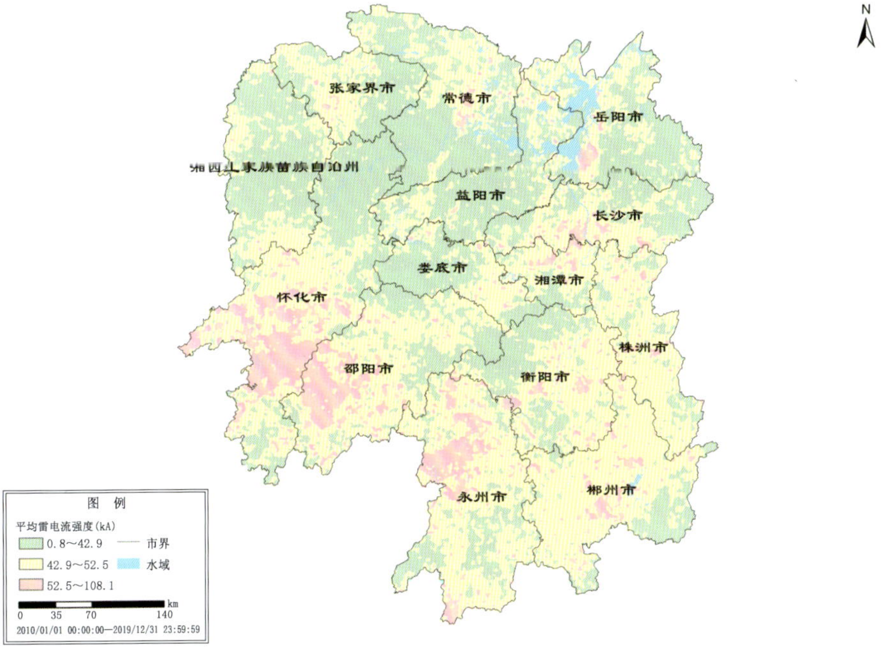

湖南省平均雷电流强度分布图

5.2 长沙地区雷电区划

长沙市

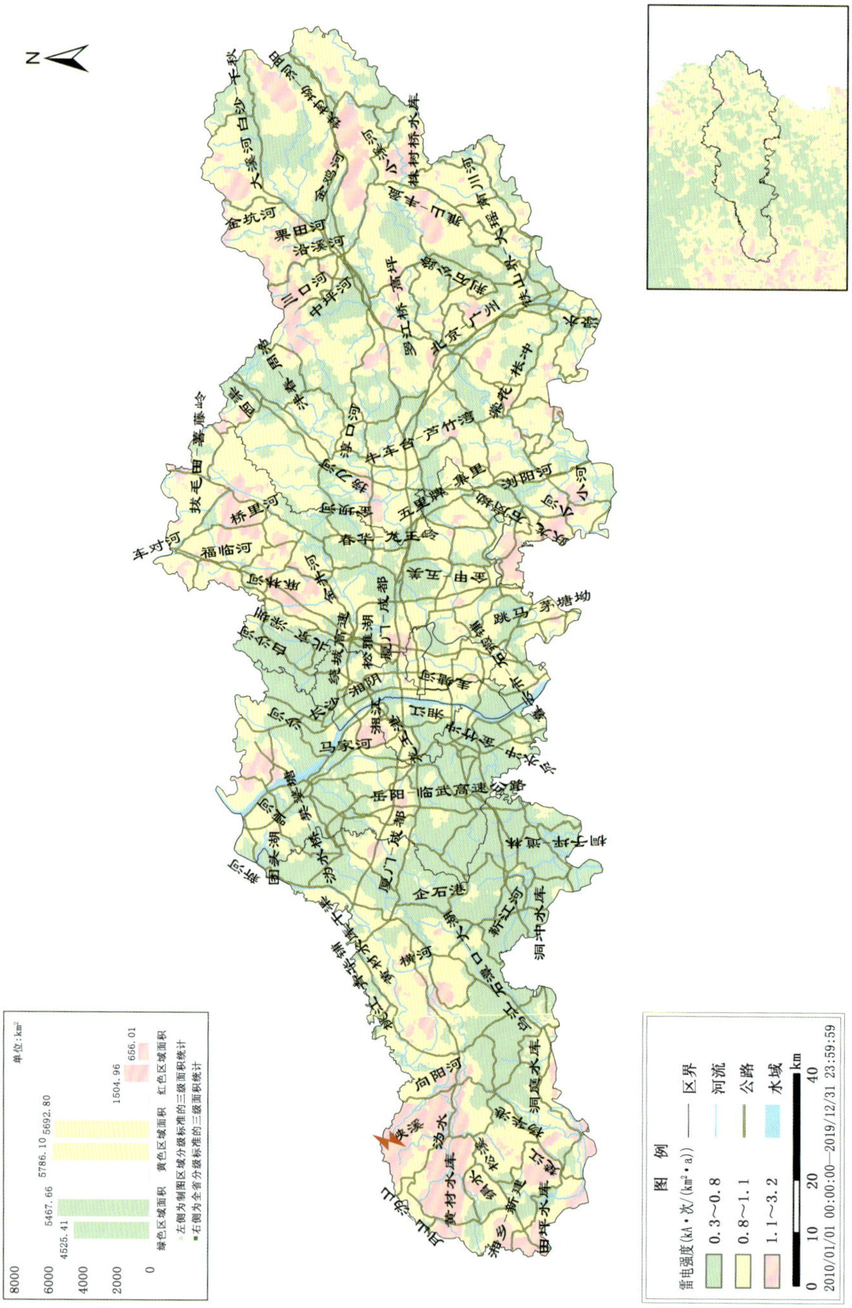

长沙市雷电强度分布图

长沙市雷电强度平均值为0.88 kA·次/(km²·a)，低于全省雷电强度平均值，最高雷电强度值为6.20 kA·次/(km²·a)，位于长沙市宁乡市，经纬度为(112.13°E,28.27°N)。

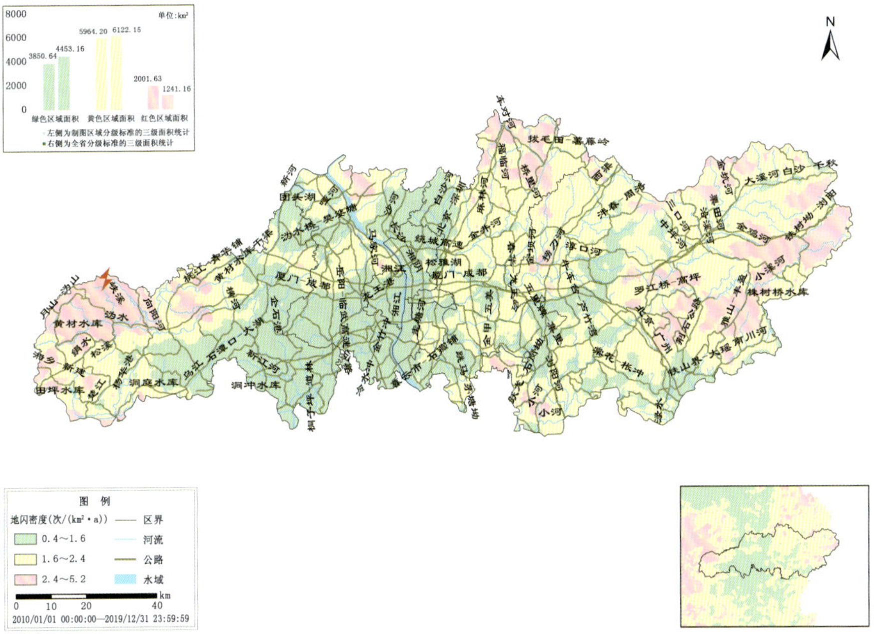

长沙市地闪密度分布图

长沙市地闪密度平均值为 1.87 次/(km^2·a),低于全省地闪密度平均值,最高地闪密度值为 9.10 次/(km^2·a),位于长沙市宁乡市,经纬度为(112.13°E,28.27°N)。

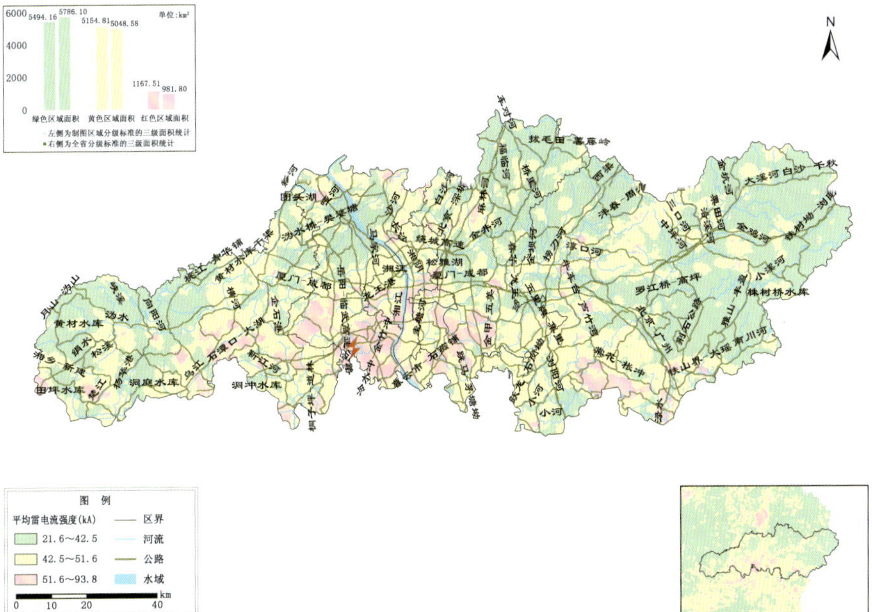

长沙市平均雷电流强度分布图

长沙市平均雷电流强度平均值为 43.87 kA,低于全省平均雷电流强度平均值,最高平均雷电流强度值为 322.37 kA,位于长沙市望城区,经纬度为(112.82°E,28.07°N)。

芙蓉区

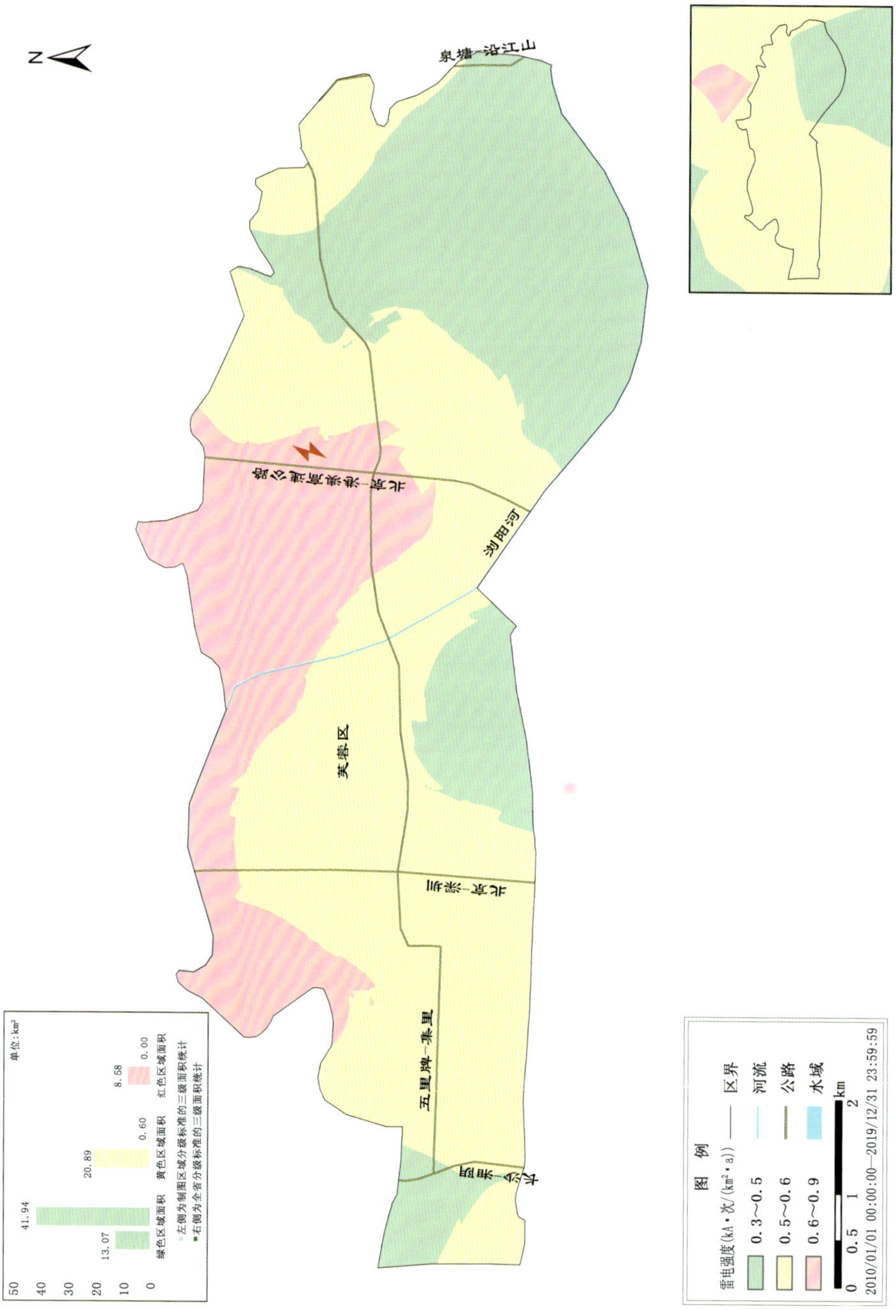

芙蓉区雷电强度分布图

芙蓉区雷电强度平均值为 0.87 kA·次/(km²·a)，低于全省雷电强度平均值，最高雷电强度值为 1.80 kA·次/(km²·a)，位于芙蓉区东北部，经纬度为(113.07°E，28.22°N)。

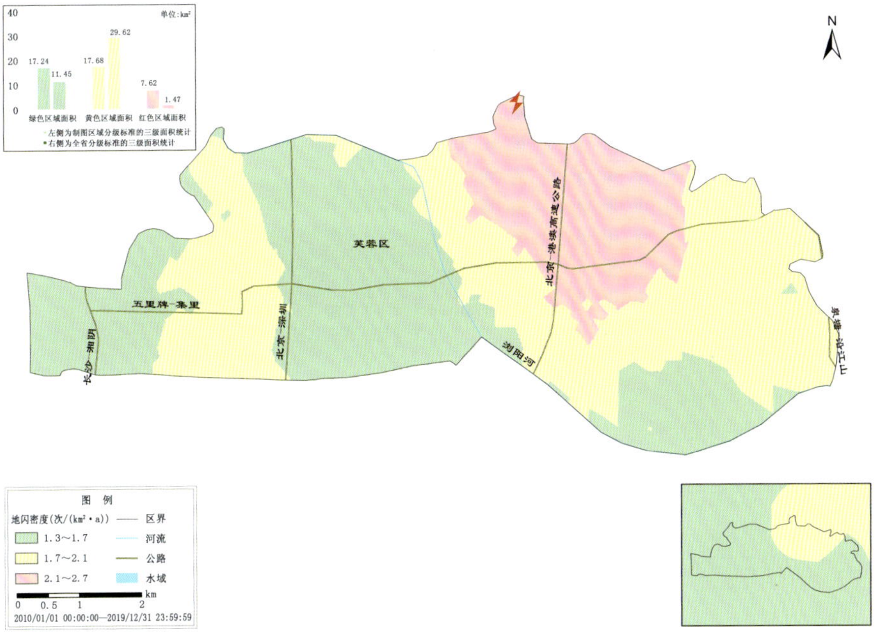

芙蓉区地闪密度分布图

芙蓉区地闪密度平均值为 1.52 次/(km^2·a),低于全省地闪密度平均值,最高地闪密度值为 2.50 次/(km^2·a),位于芙蓉区中北部,经纬度为(113.05°E,28.23°N)。

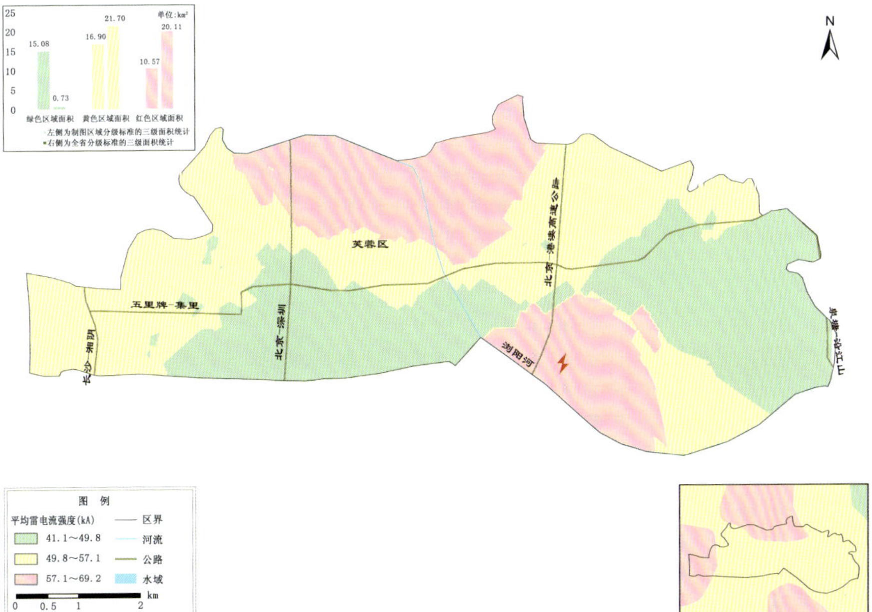

芙蓉区平均雷电流强度分布图

芙蓉区平均雷电流强度平均值为 50.05 kA,高于全省平均雷电流强度平均值,最高平均雷电流强度值为 146.96 kA,位于芙蓉区南部,经纬度为(113.06°E,28.18°N)。

天心区

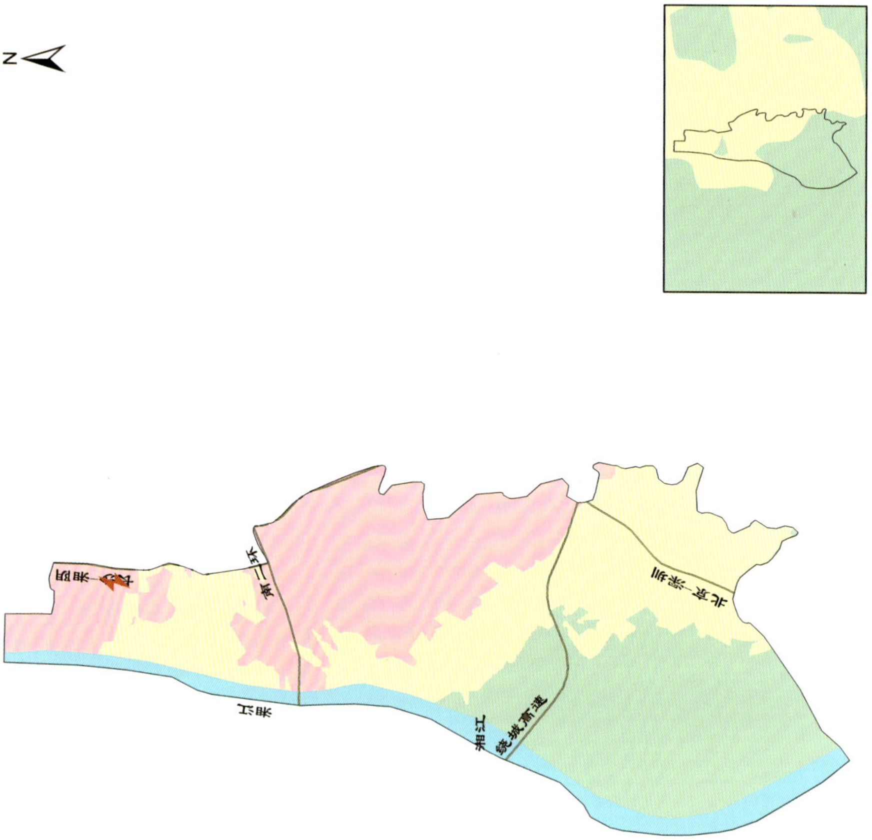

天心区雷电强度分布图

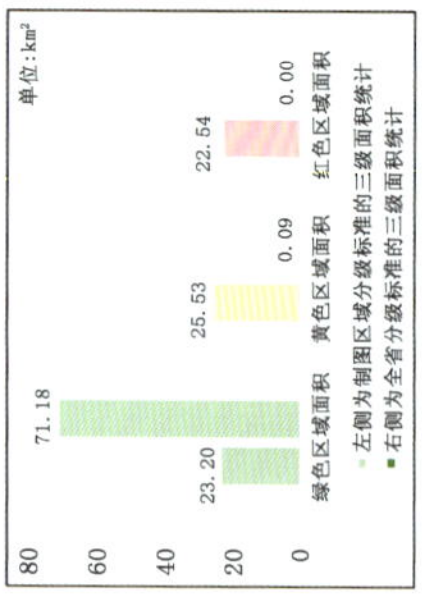

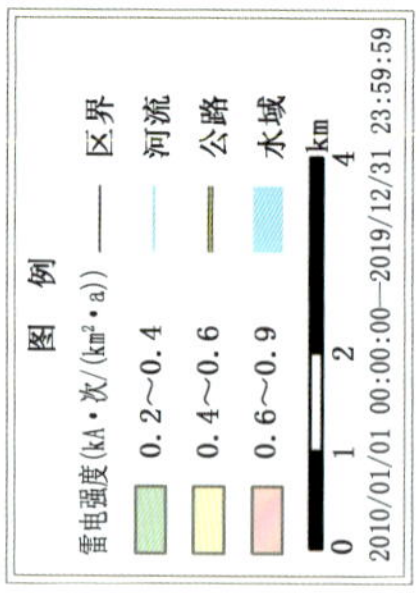

天心区雷电强度平均值为 0.80 kA·次/(km²·a)，低于全省雷电强度平均值，最高雷电强度值为 2.13 kA·次/(km²·a)，位于天心区北部，经纬度为(112.98°E,28.18°N)。

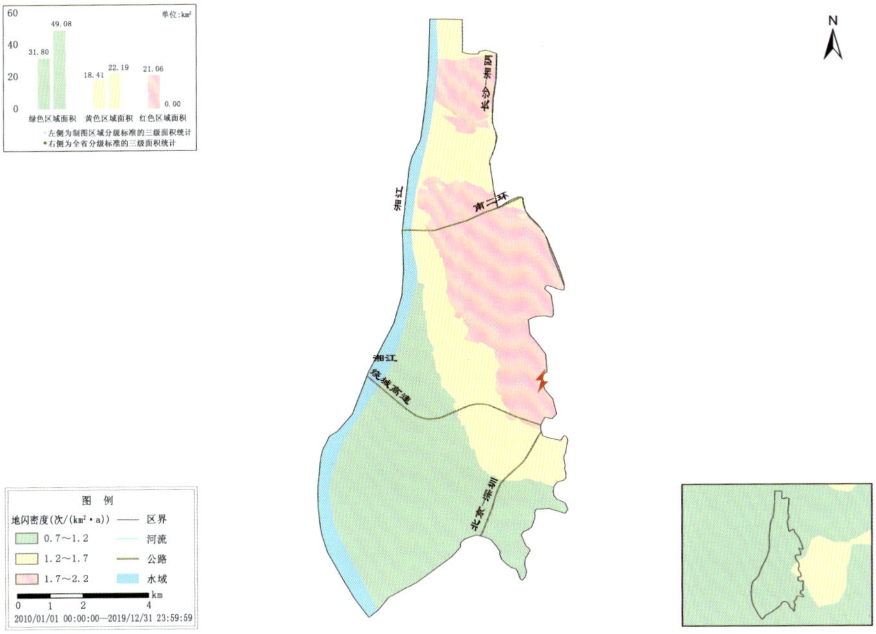

天心区地闪密度分布图

天心区地闪密度平均值为 1.20 次/(km^2·a)，低于全省地闪密度平均值，最高地闪密度值为 2.70 次/(km^2·a)，位于天心区东部，经纬度为(113.00°E，28.10°N)。

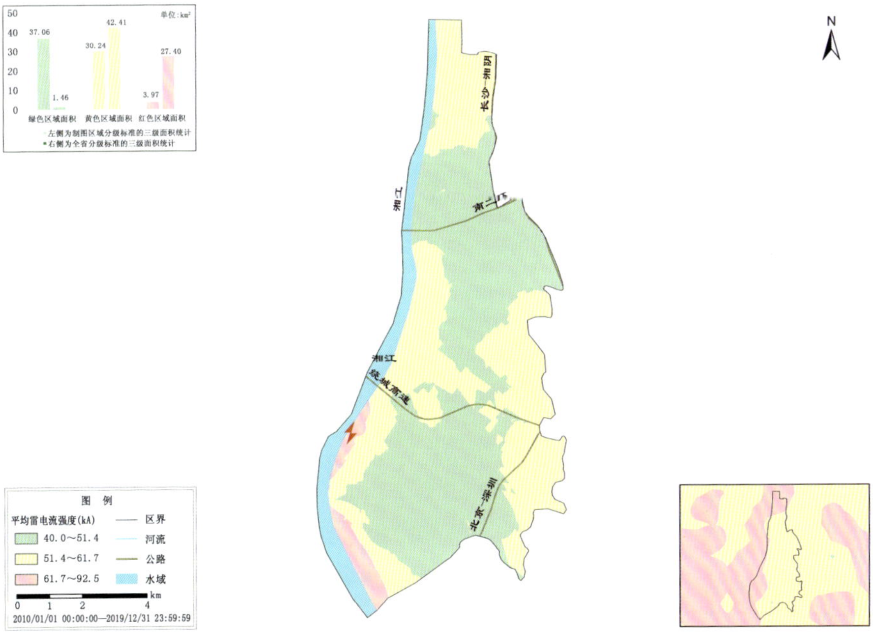

天心区平均雷电流强度分布图

天心区平均雷电流强度平均值为 50.96 kA，高于全省平均雷电流强度平均值，最高平均雷电流强度值为 126.67 kA，位于天心区西南部，经纬度为(112.93°E，28.09°N)。

岳麓区

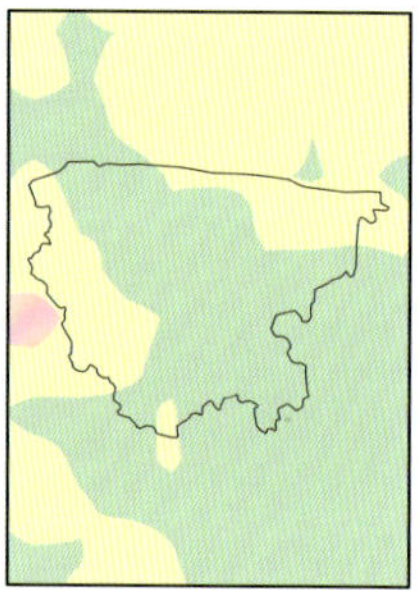

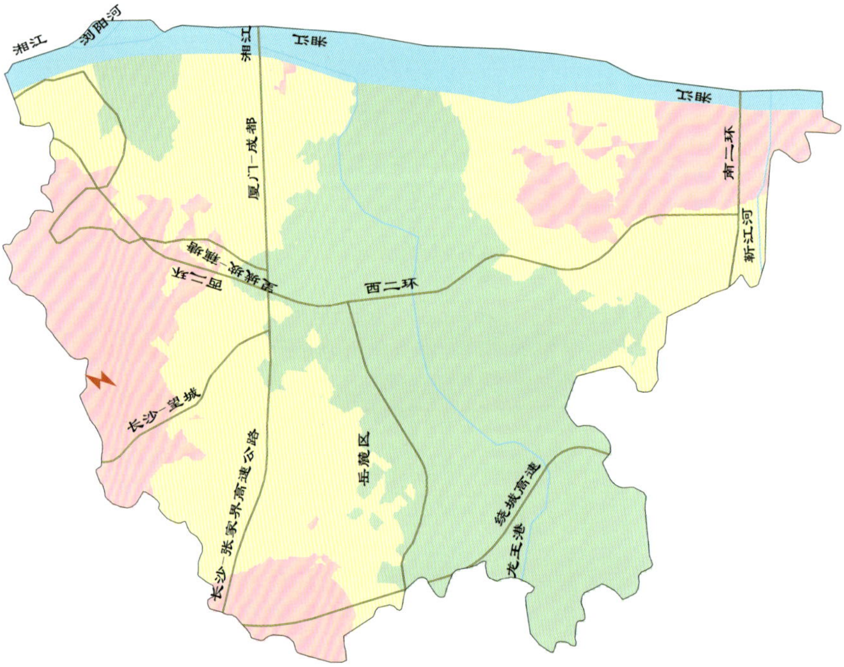

岳麓区雷电强度分布图

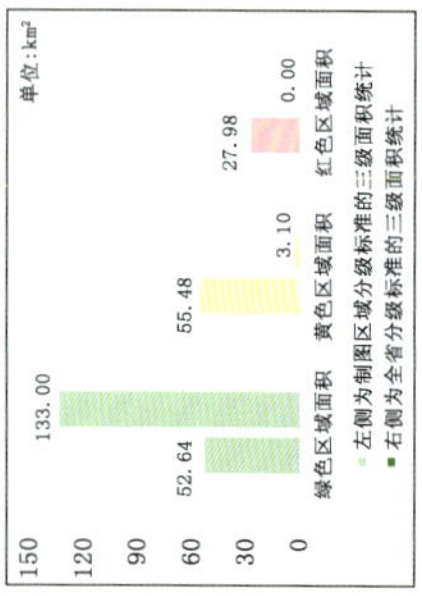

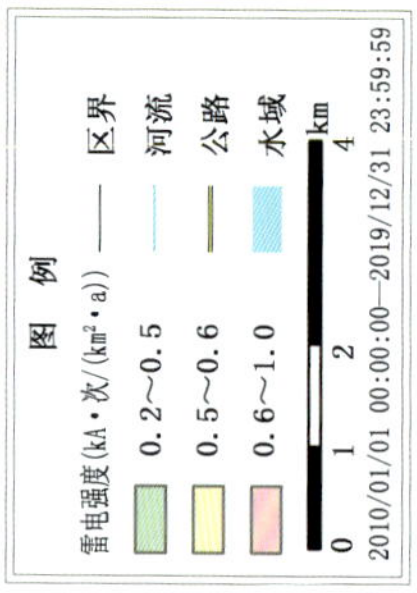

岳麓区雷电强度平均值为 0.79 kA·次/(km²·a)，低于全省雷电强度平均值，最高雷电强度值为 2.53 kA·次/(km²·a)，位于岳麓区西北部，经纬度为(112.89°E,28.26°N)。

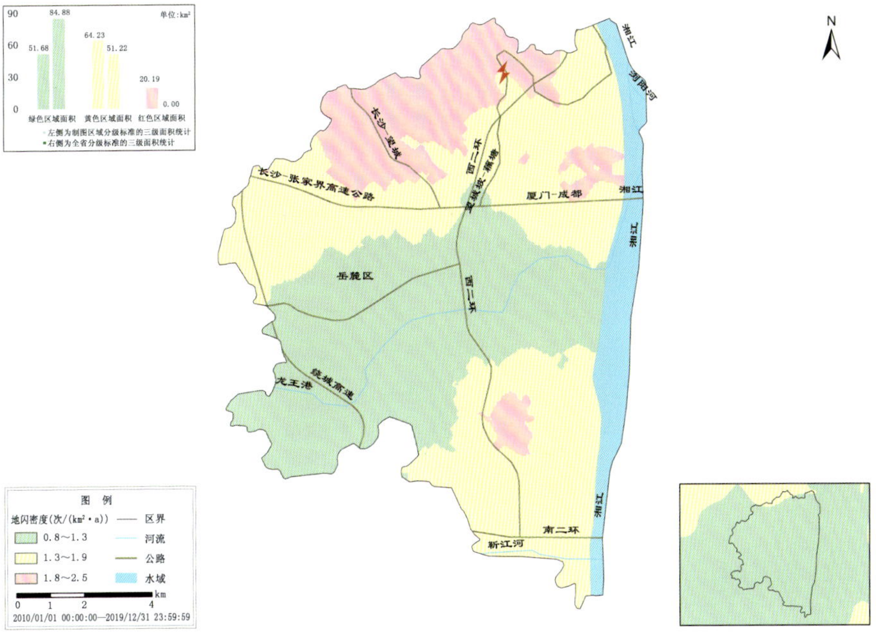

岳麓区地闪密度分布图

岳麓区地闪密度平均值为 1.19 次/(km^2·a),低于全省地闪密度平均值,最高地闪密度值为 2.60 次/(km^2·a),位于岳麓区北部,经纬度为(112.92°E,28.26°N)。

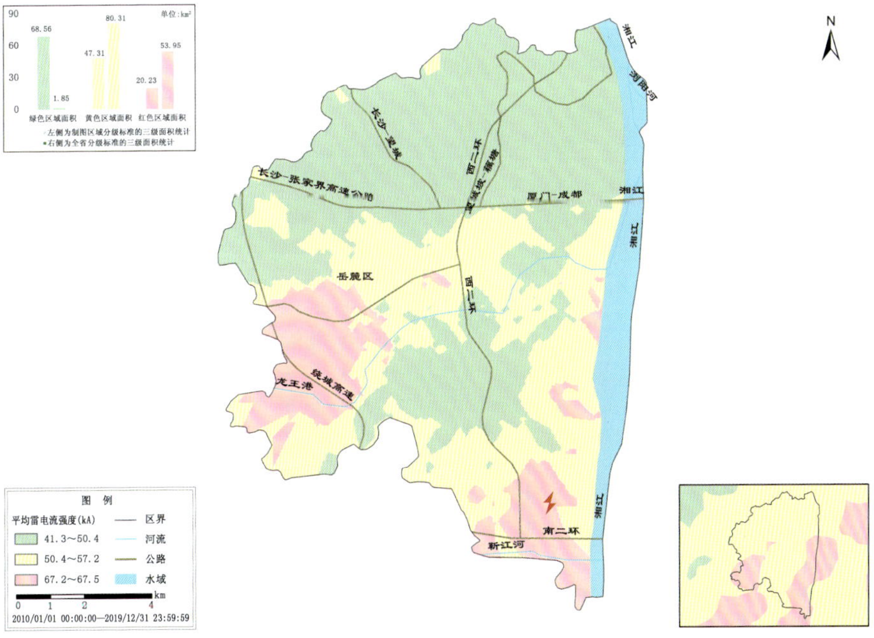

岳麓区平均雷电流强度分布图

岳麓区平均雷电流强度平均值为 50.69 kA,高于全省平均雷电流强度平均值,最高平均雷电流强度值为 96.64 kA,位于岳麓区南部,经纬度为(112.94°E,28.16°N)。

雨花区

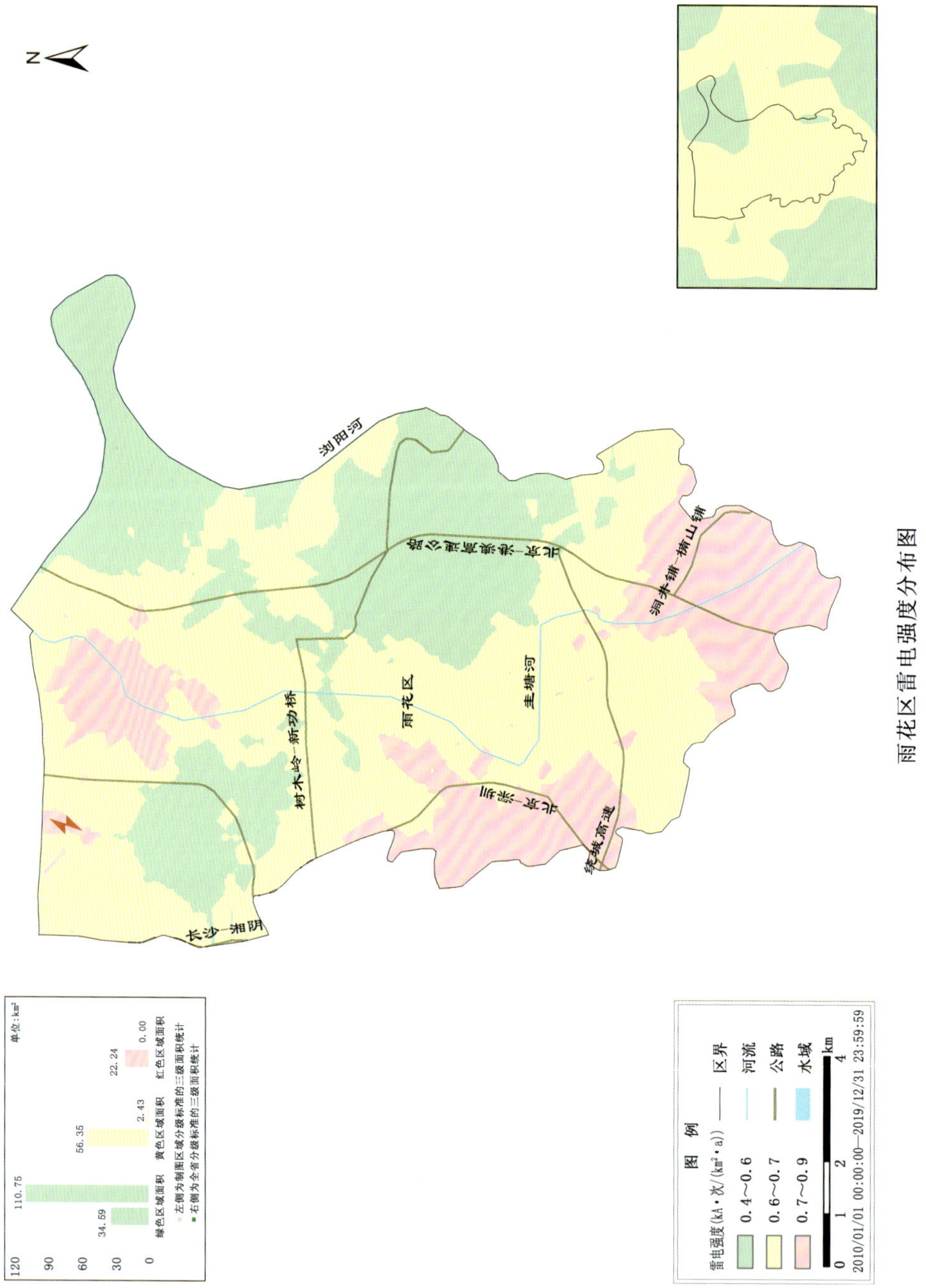

雨花区雷电强度平均值为 0.93 kA·次/(km^2·a)，低于全省雷电强度平均值，最高雷电强度值为 2.13 kA·次/(km^2·a)，位于雨花区西北部，经纬度为(112.98°E，28.18°N)。

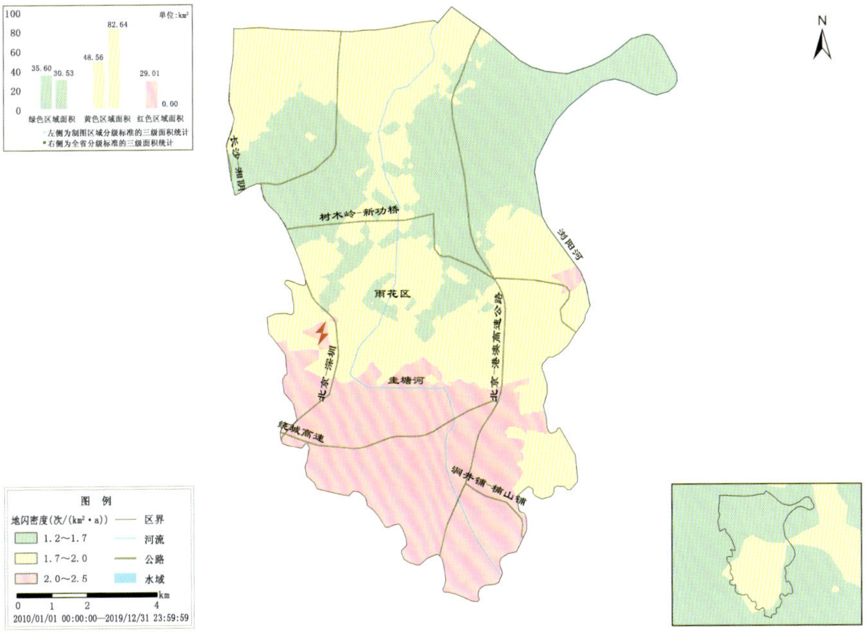

雨花区地闪密度分布图

雨花区地闪密度平均值为 1.64 次/(km^2·a)，低于全省地闪密度平均值，最高地闪密度值为 2.90 次/(km^2·a)，位于雨花区西部，经纬度为(113.01°E,28.09°N)。

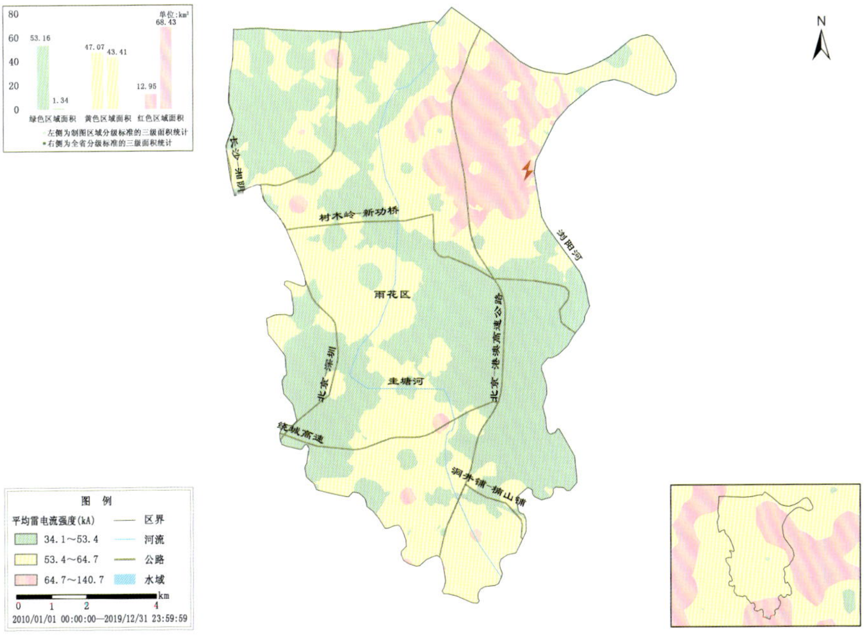

雨花区平均雷电流强度分布图

雨花区平均雷电流强度平均值为 49.40 kA，高于全省平均雷电流强度平均值，最高平均雷电流强度值为 149.30 kA，位于雨花区东北部，经纬度为(113.06°E,28.14°N)。

开福区

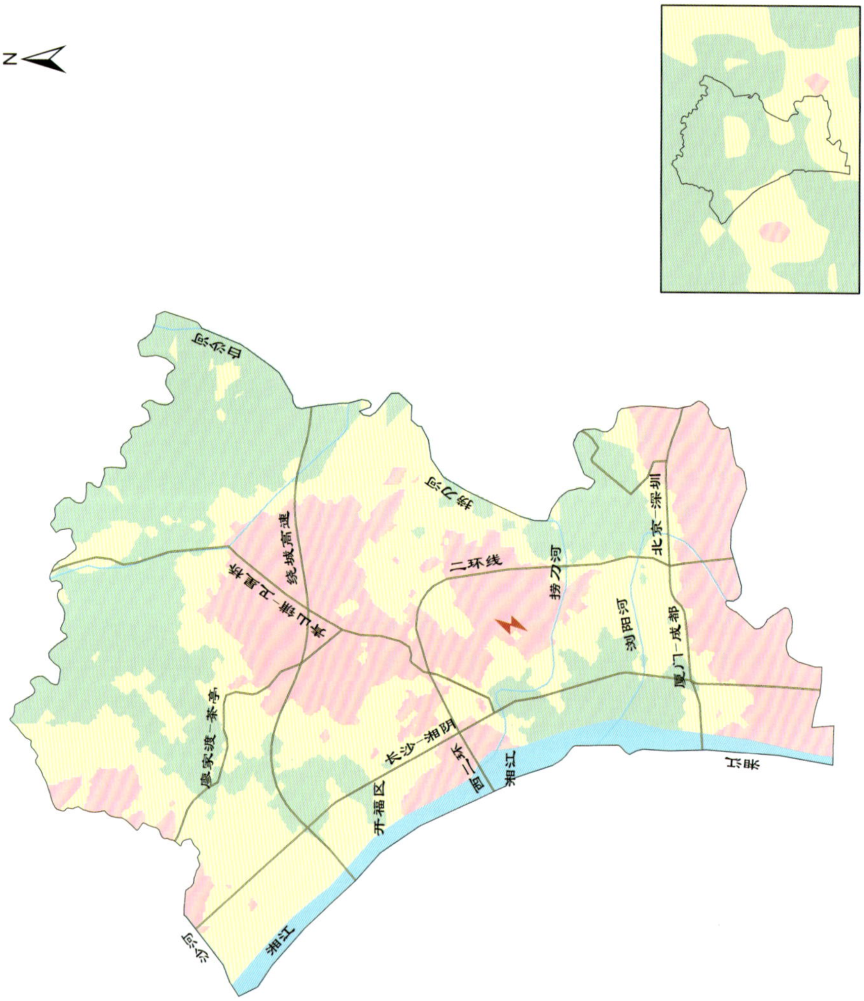

开福区雷电强度分布图

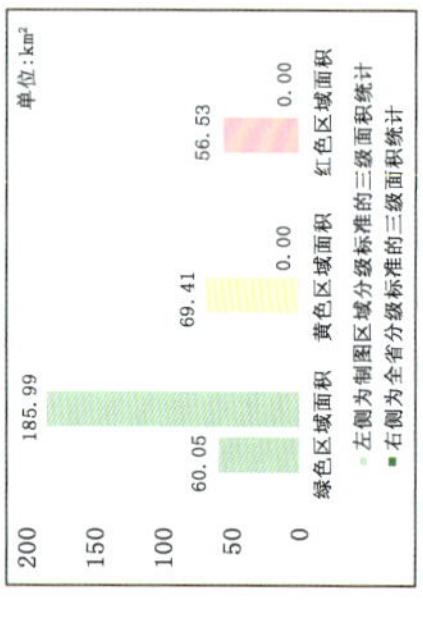

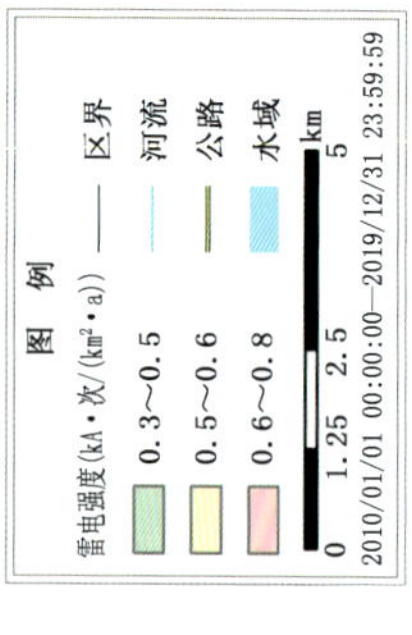

开福区雷电强度平均值为 0.78 kA·次/(km^2·a),低于全省雷电强度平均值,最高雷电强度值为 2.00 kA·次/(km^2·a),位于开福区中部,经纬度为(113.00°E,28.28°N)。

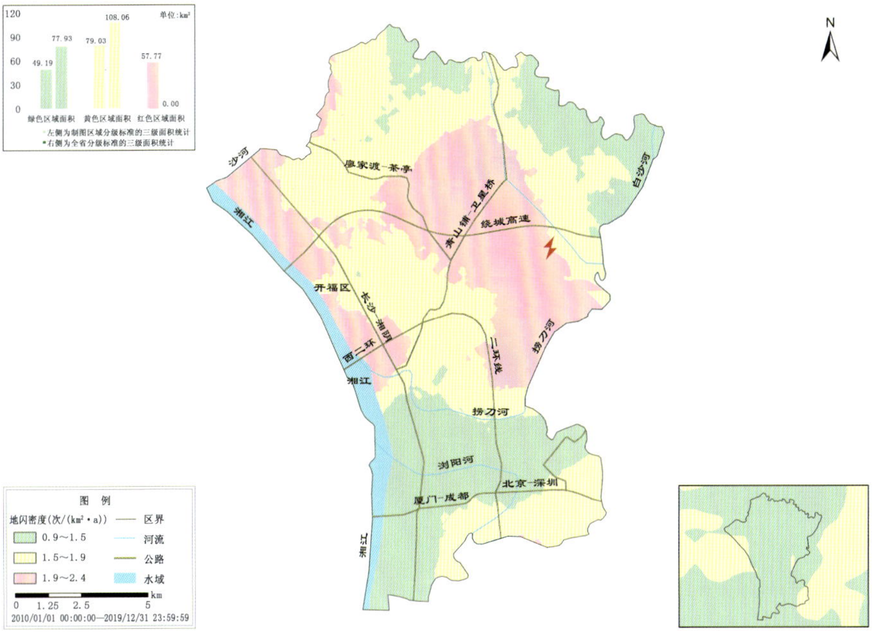

开福区地闪密度分布图

开福区地闪密度平均值为1.37次/(km^2·a)，低于全省地闪密度平均值，最高地闪密度值为3.00次/(km^2·a)，位于开福区东北部，经纬度为(113.04°E，28.32°N)。

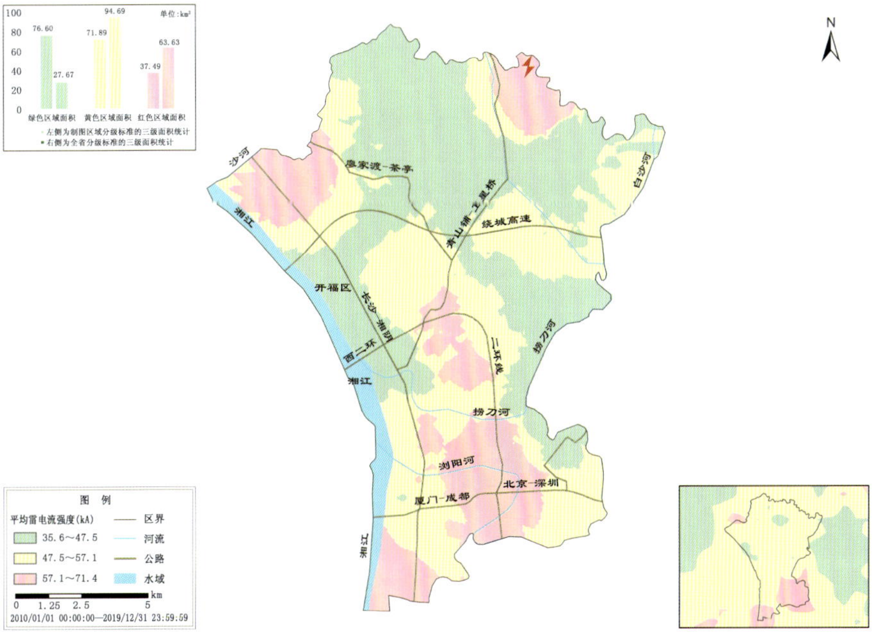

开福区平均雷电流强度分布图

开福区平均雷电流强度平均值为47.63 kA，高于全省平均雷电流强度平均值，最高平均雷电流强度值为132.13 kA，位于开福区北部，经纬度为(113.03°E，28.37°N)。

望城区

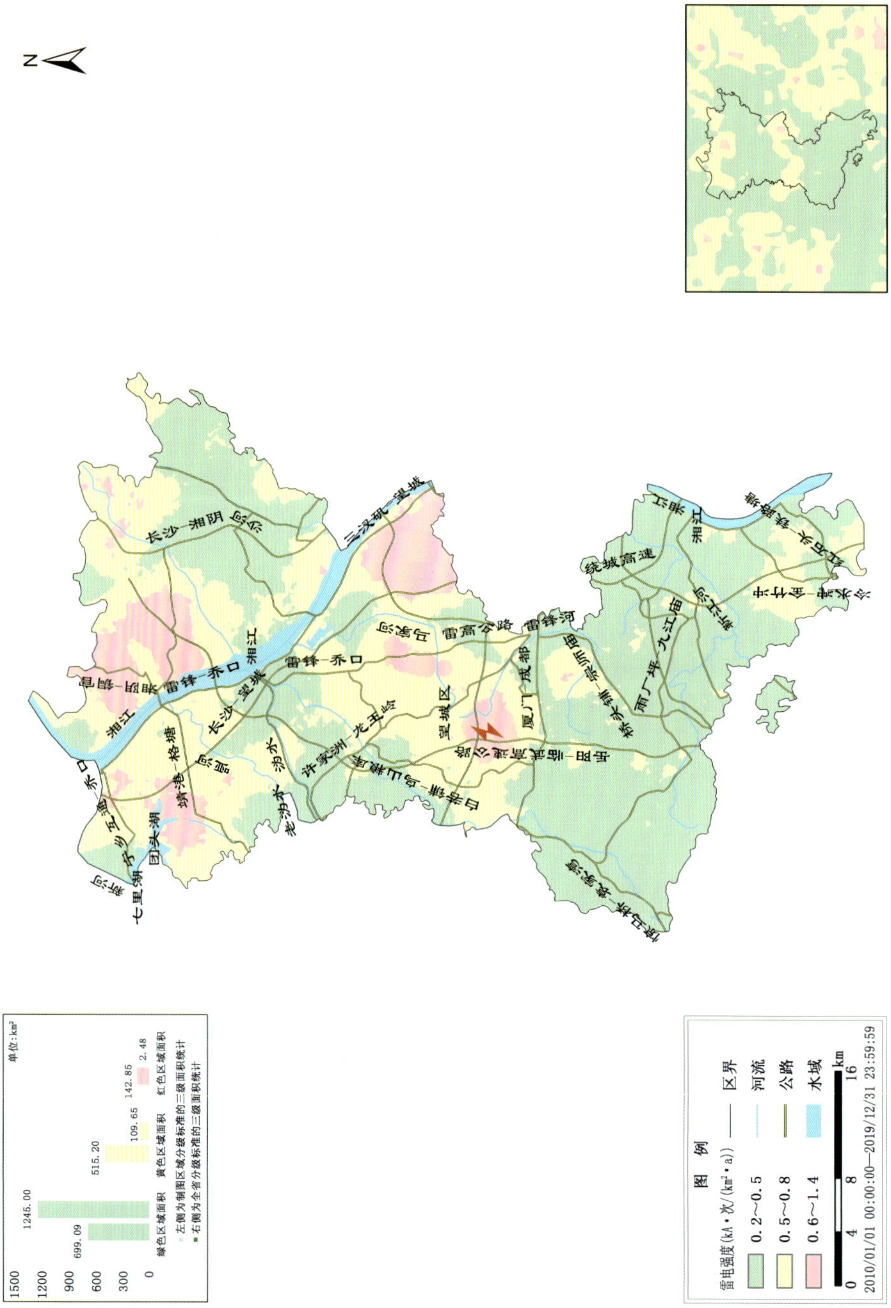

望城区雷电强度分布图

望城区雷电强度平均值为 0.75 kA · 次/(km² · a)，低于全省雷电强度平均值，最高雷电强度值为 3.47 kA · 次/(km² · a)，位于望城区中部，经纬度为(112.77°E，28.24°N)。

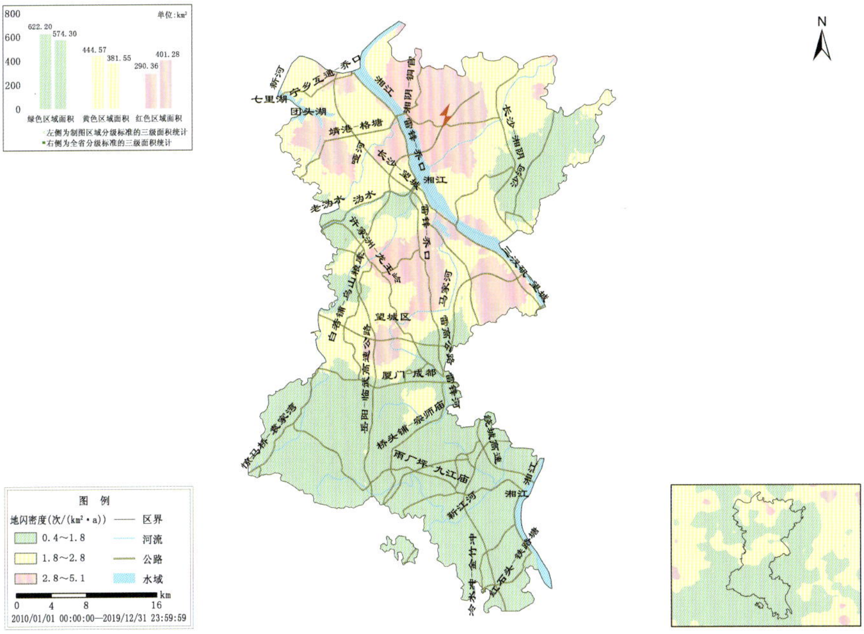

望城区地闪密度分布图

望城区地闪密度平均值为 1.41 次/(km^2·a),低于全省地闪密度平均值,最高地闪密度值为 4.70 次/(km^2·a),位于望城区北部,经纬度为(112.86°E,28.46°N)。

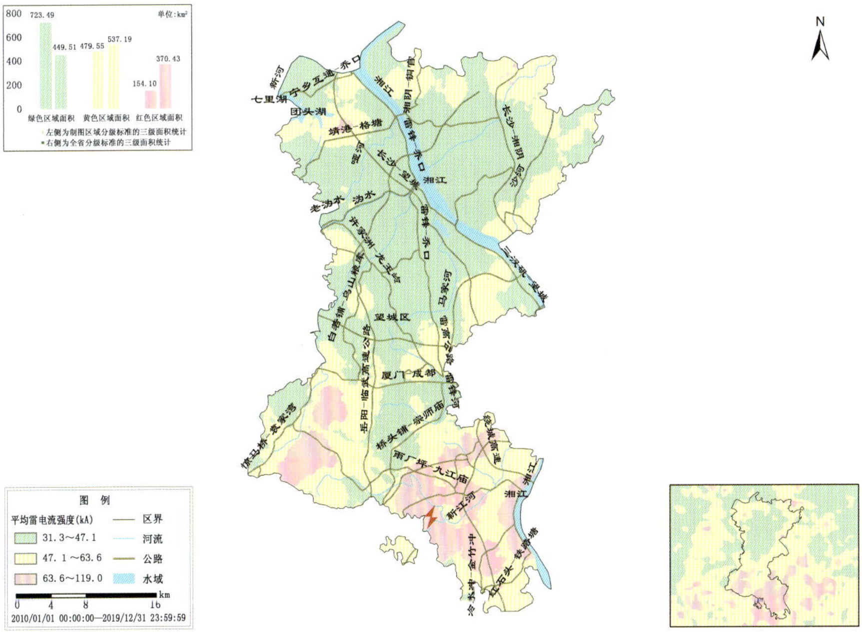

望城区平均雷电流强度分布图

望城区平均雷电流强度平均值为 47.65 kA,高于全省平均雷电流强度平均值,最高平均雷电流强度值为 322.37 kA,位于望城区南部,经纬度为(112.82°E,28.07°N)。

浏阳市

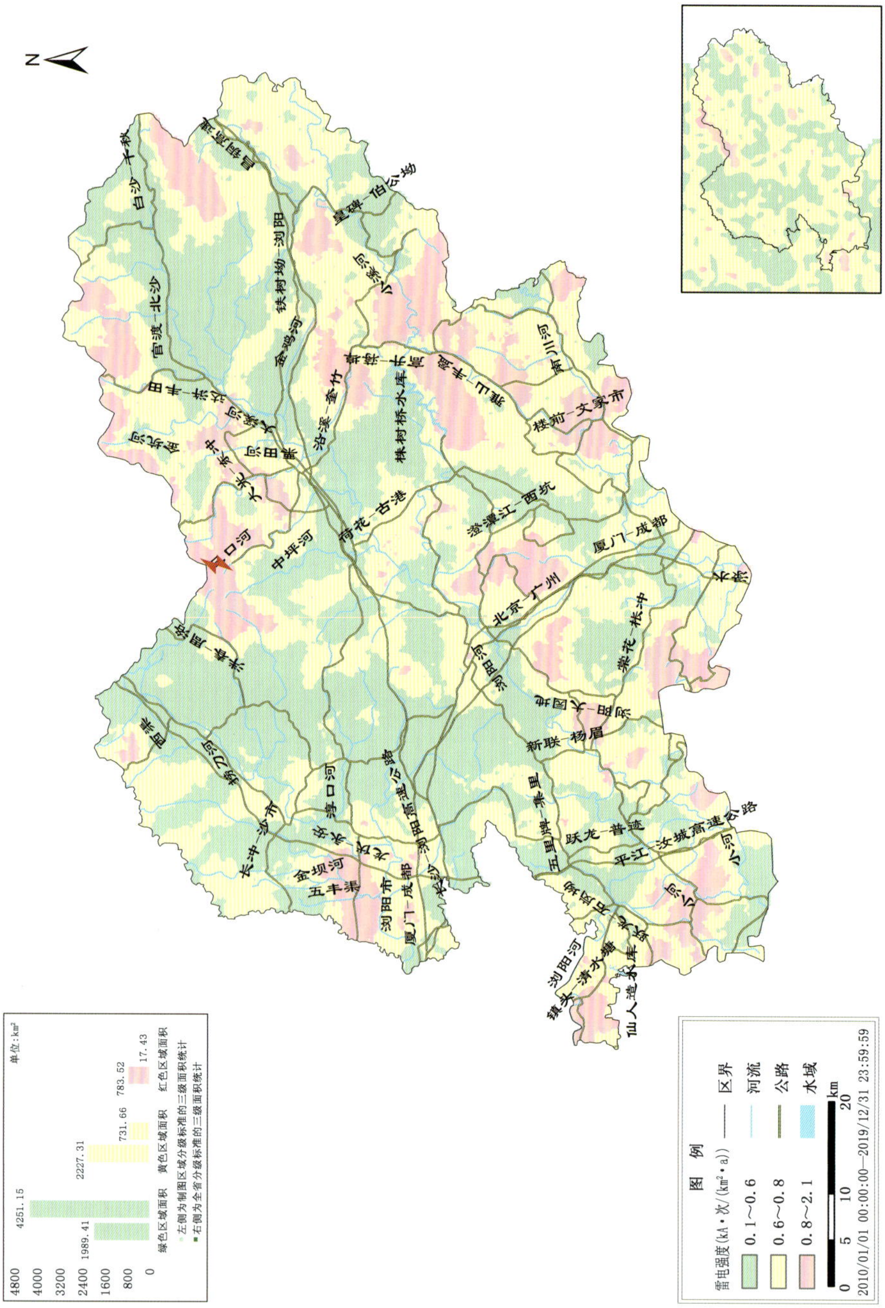

浏阳市雷电强度分布图

浏阳市雷电强度平均值为 0.92 kA·次/(km^2·a)，低于全省雷电强度平均值，最高雷电强度值为 5.27 kA·次/(km^2·a)，位于浏阳市北部，经纬度为(113.72°E，28.44°N)。

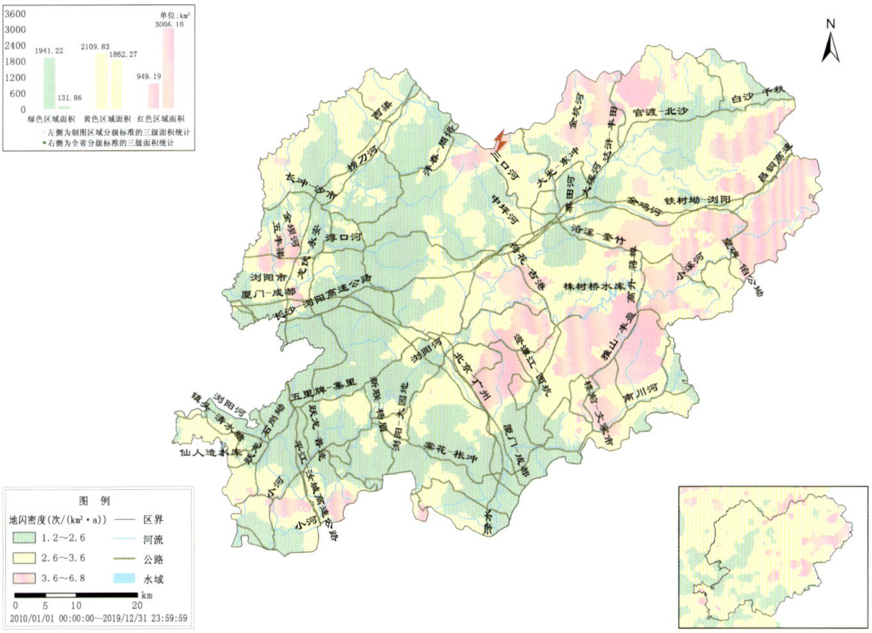

浏阳市地闪密度分布图

浏阳市地闪密度平均值为 2.05 次/(km² · a),高于全省地闪密度平均值,最高地闪密度值为 7.80 次/(km² · a),位于浏阳市北部,经纬度为(113.72°E,28.44°N)。

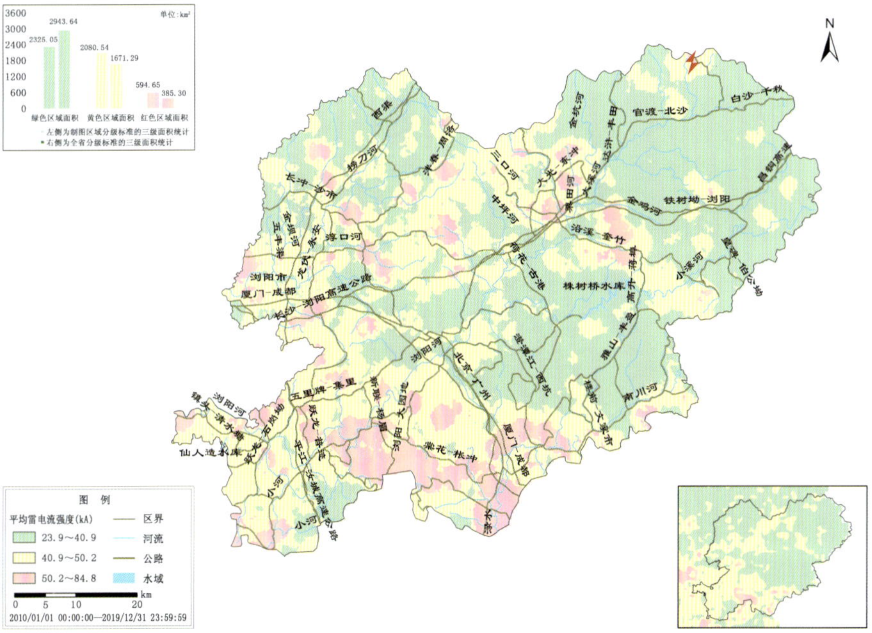

浏阳市平均雷电流强度分布图

浏阳市平均雷电流强度平均值为 42.13 kA,低于全省平均雷电流强度平均值,最高平均雷电流强度值为 211.70 kA,位于浏阳市东北部,经纬度为(114.20°E,28.50°N)。

宁乡市

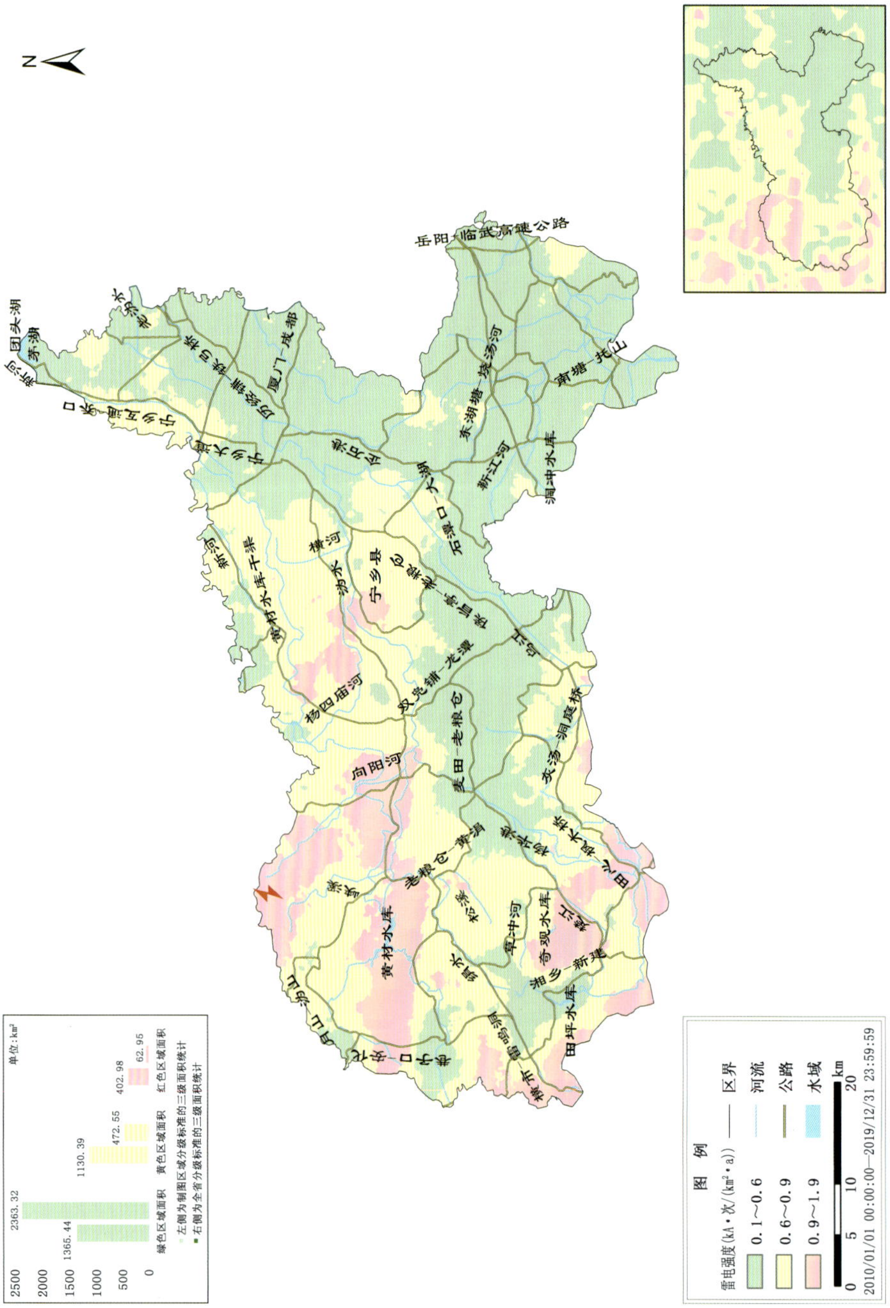

宁乡市雷电强度分布图

宁乡市雷电强度平均值为 0.90 kA·次/(km^2·a)，低于全省雷电强度平均值，最高雷电强度值为 6.20 kA·次/(km^2·a)，位于长沙市宁乡市西北部，经纬度为(112.13°E,28.27°N)。

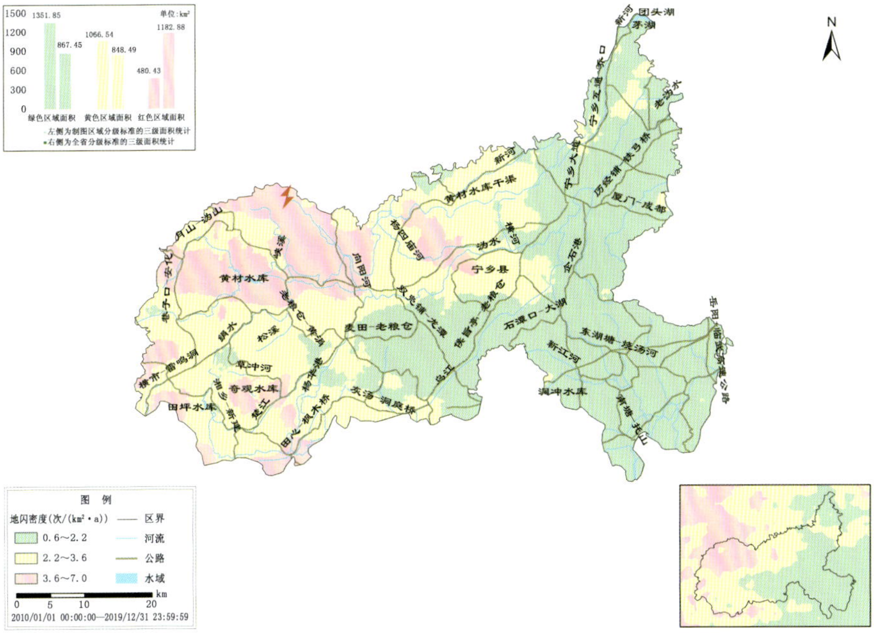

宁乡市地闪密度分布图

宁乡市地闪密度平均值为1.88次/(km^2·a)，低于全省地闪密度平均值，最高地闪密度值为9.10次/(km^2·a)，位于宁乡市西北部，经纬度为(112.13°E,28.27°N)。

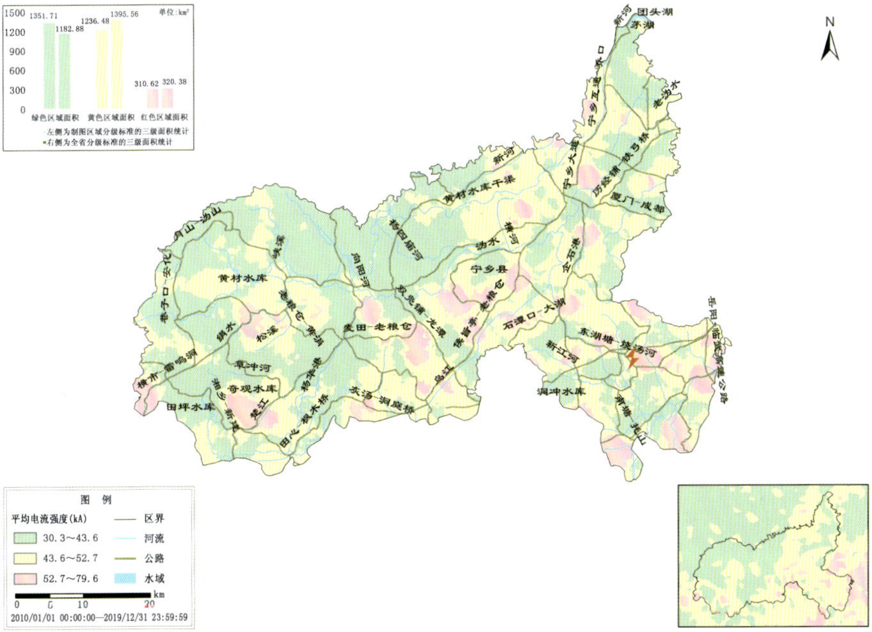

宁乡市平均雷电流强度分布图

宁乡市平均雷电流强度平均值为44.36 kA，低于全省平均雷电流强度平均值，最高平均雷电流强度值为150.33 kA，位于宁乡市东南部，经纬度为(112.66°E,28.04°N)。

长沙县

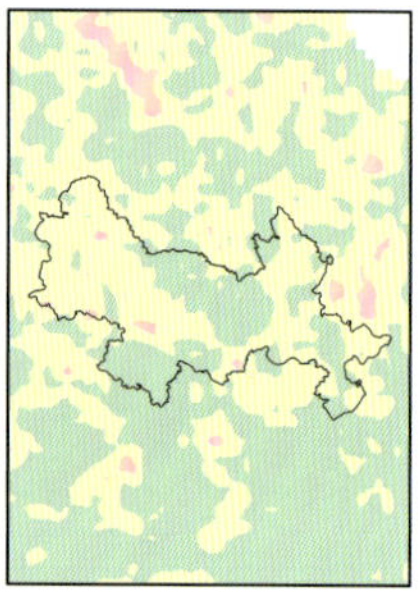

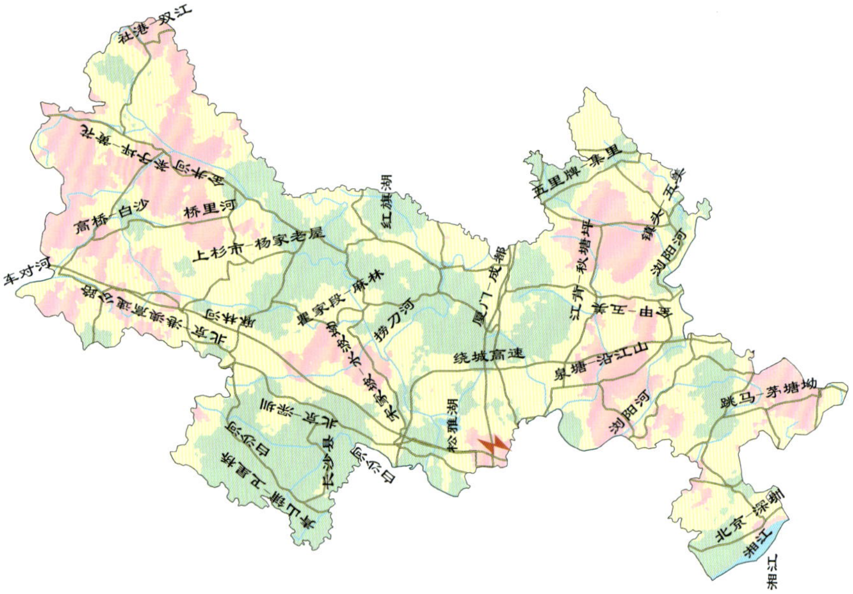

长沙县雷电强度分布图

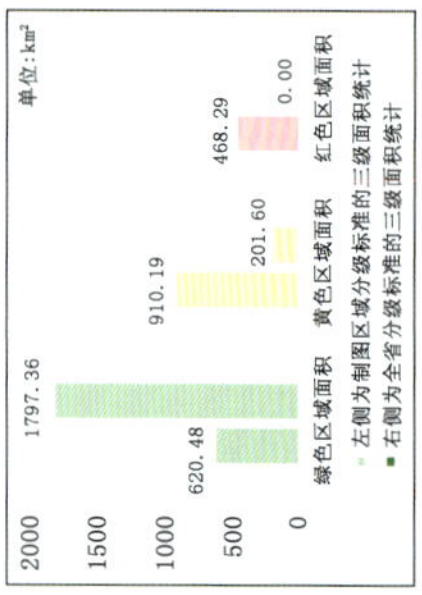

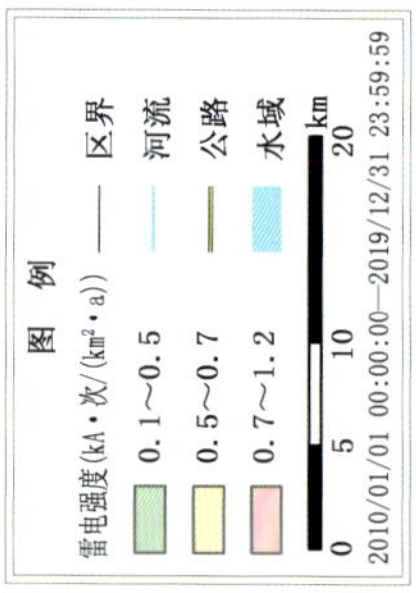

长沙县雷电强度平均值为 0.89 kA·次/(km^2·a)，低于全省雷电强度平均值，最高雷电强度值为 3.07 kA·次/(km^2·a)，位于长沙县西南部，经纬度为(113.32°E，28.53°N)。

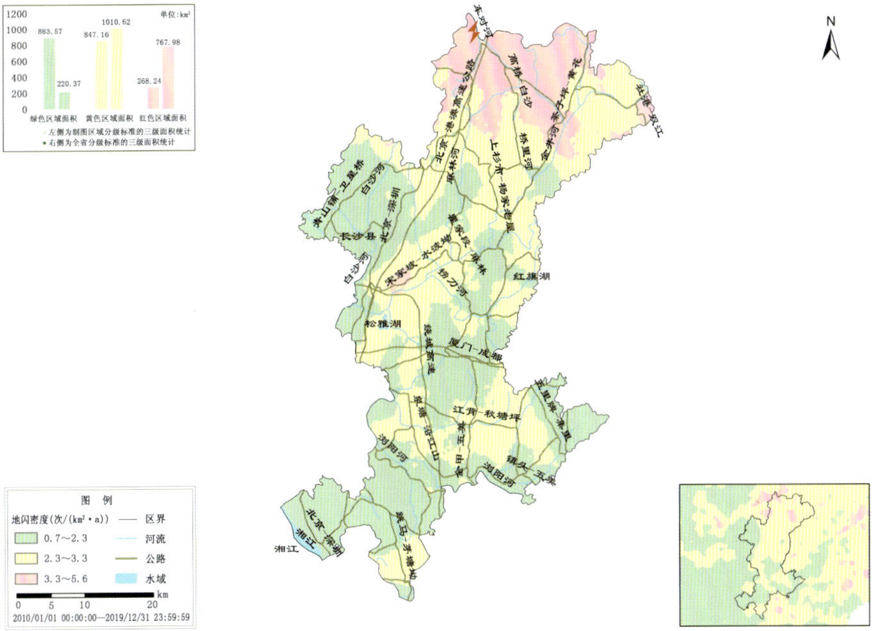

长沙县地闪密度分布图

长沙县地闪密度平均值为 1.85 次/(km^2·a)，低于全省地闪密度平均值，最高地闪密度值为 5.40 次/(km^2·a)，位于长沙县北部，经纬度为(113.25°E，28.64°N)。

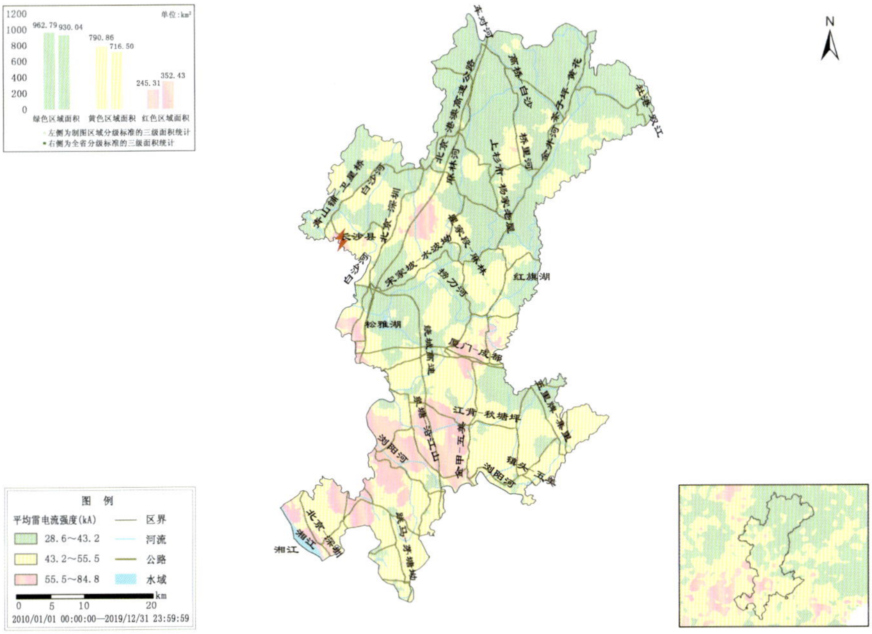

长沙县平均雷电流强度分布图

长沙县平均雷电流强度平均值为 44.01 kA，低于全省平均雷电流强度平均值，最高平均雷电流强度值为 149.30 kA，位于长沙县西部，经纬度为(113.06°E，28.14°N)。

5.3 株洲地区雷电区划

株洲市

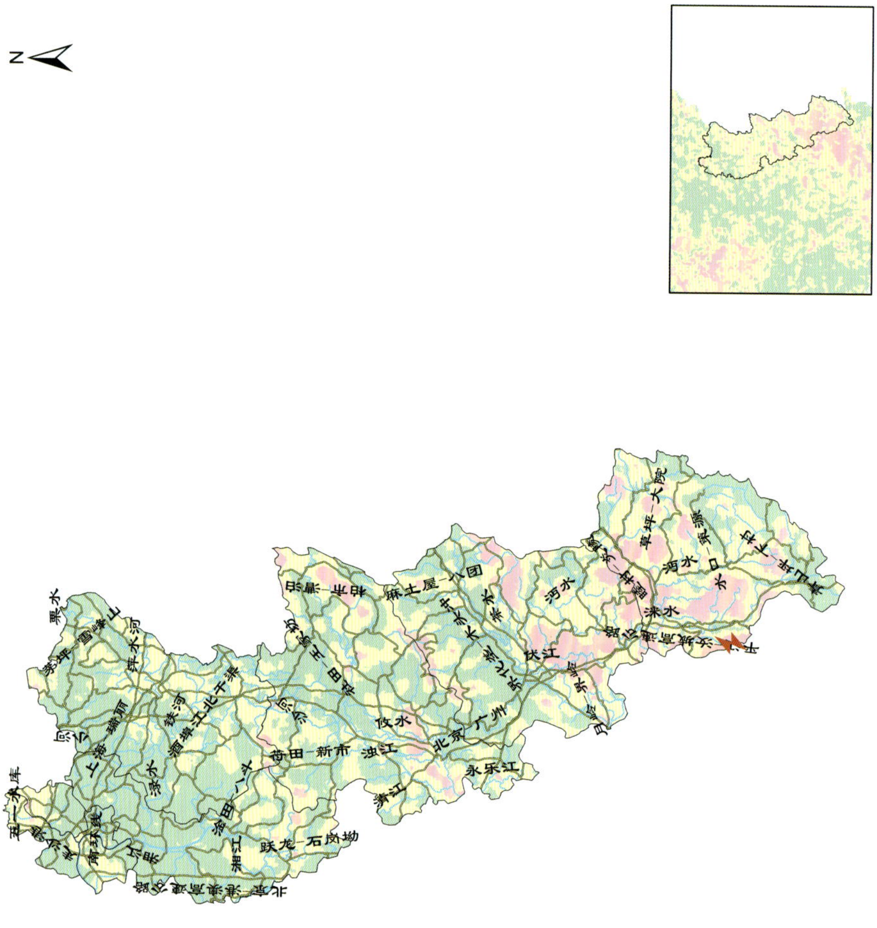

株洲市雷电强度分布图

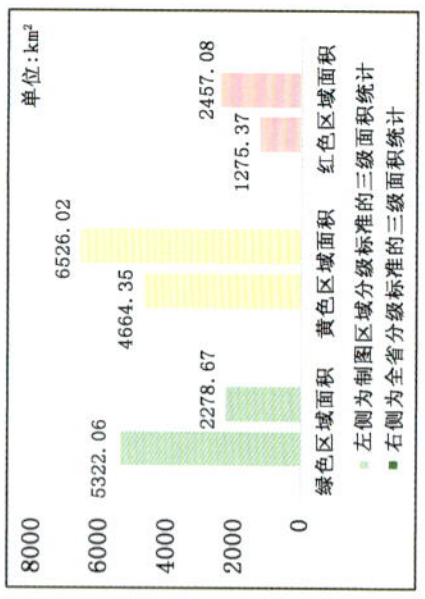

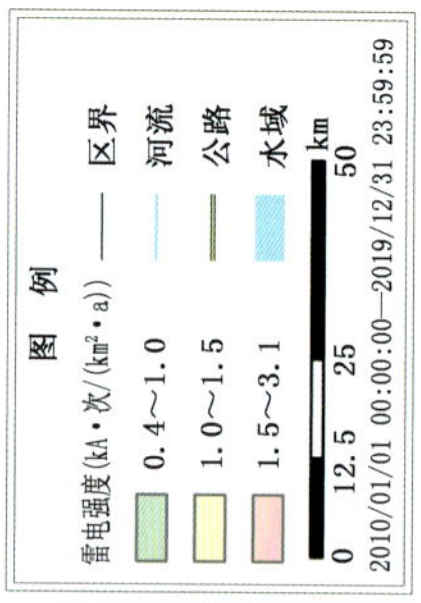

株洲市雷电强度平均值为 1.10 kA·次/(km^2·a),高于全省雷电强度平均值,最高雷电强度值为 7.33 kA·次/(km^2·a),位于株洲市炎陵县,经纬度为(113.61°E,26.31°N)。

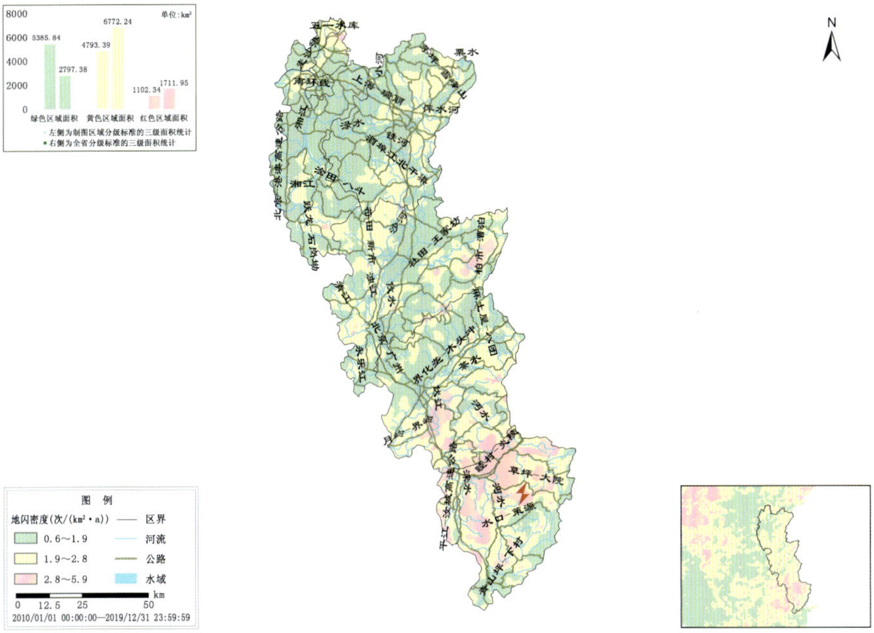

株洲市地闪密度分布图

株洲市地闪密度平均值为 2.07 次/(km^2 · a),高于全省地闪密度平均值,最高地闪密度值为 10.80 次/(km^2 · a),位于株洲市炎陵县,经纬度为(113.89°E,26.42°N)。

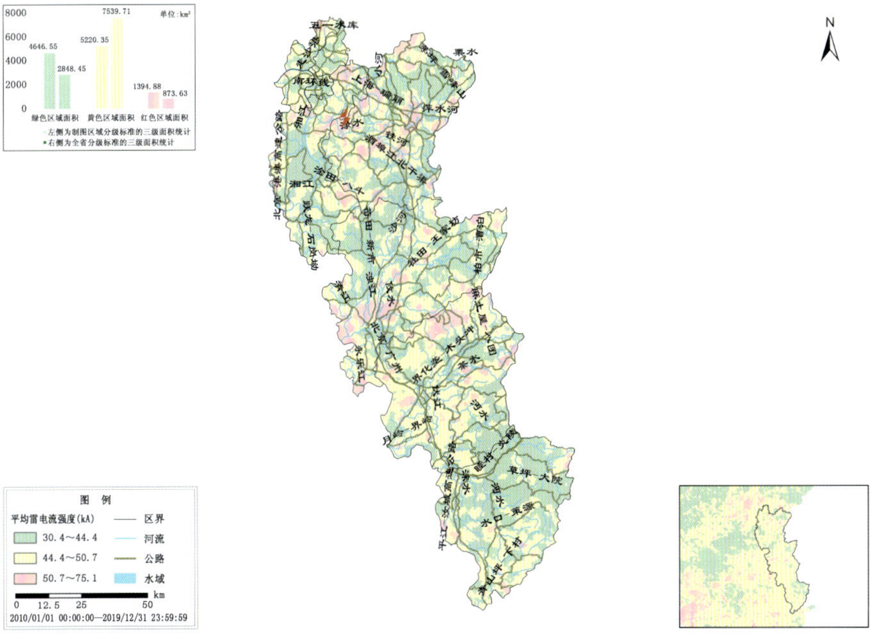

株洲市平均雷电流强度分布图

株洲市平均雷电流强度平均值为 45.85 kA,高于全省平均雷电流强度平均值,最高平均雷电流强度值为 197.52 kA,位于株洲市渌口区,经纬度为(113.20°E,27.68°N)。

天元区

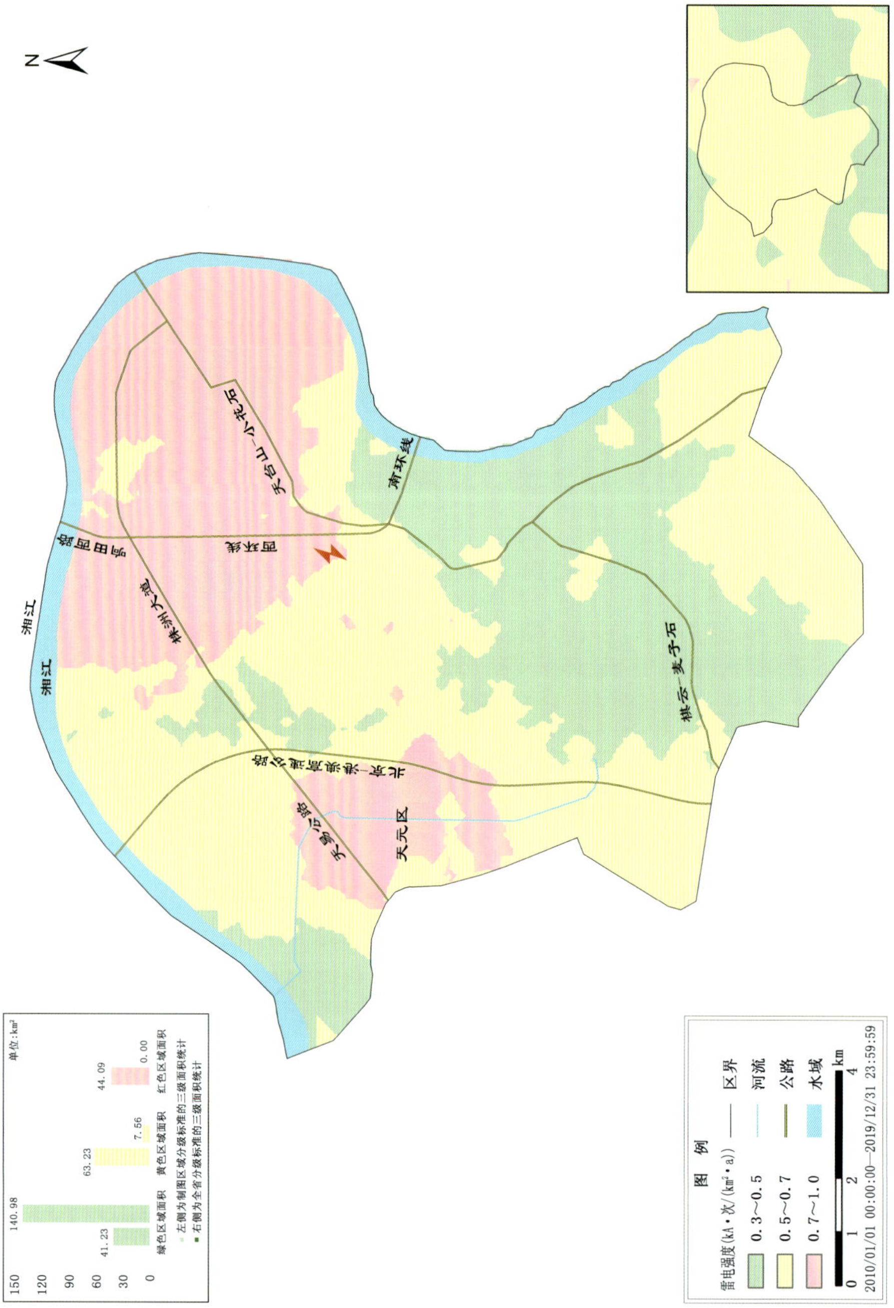

天元区雷电强度分布图

天元区雷电强度平均值为 1.01 kA·次/(km² ·a),高于全省雷电强度平均值,最高雷电强度值为 2.93 kA·次/(km² ·a),位于天元区中部,经纬度为(113.08°E,27.80°N)。

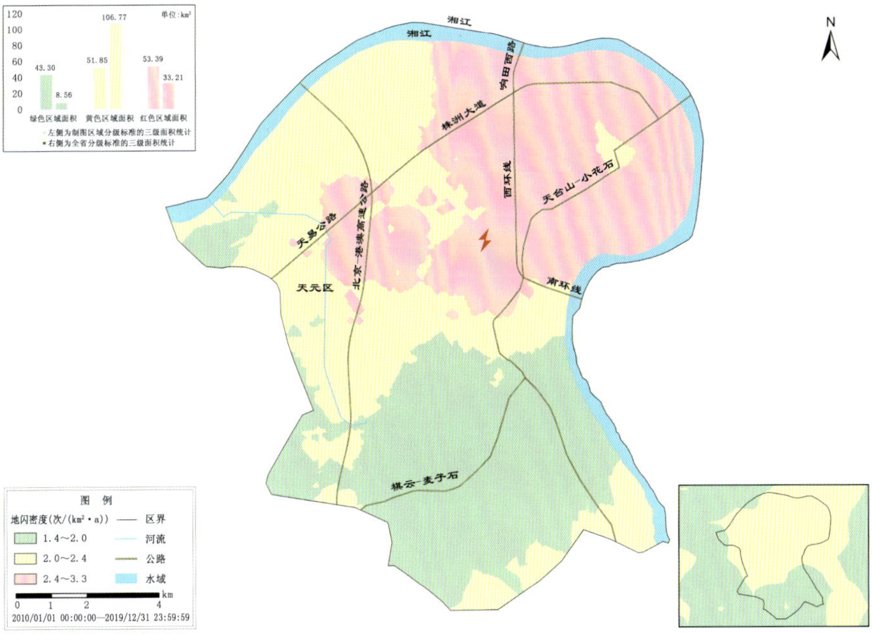

天元区地闪密度分布图

天元区地闪密度平均值为1.84次/(km²·a)，低于全省地闪密度平均值，最高地闪密度值为3.70次/(km²·a)，位于天元区中部，经纬度为(113.08°E,27.80°N)。

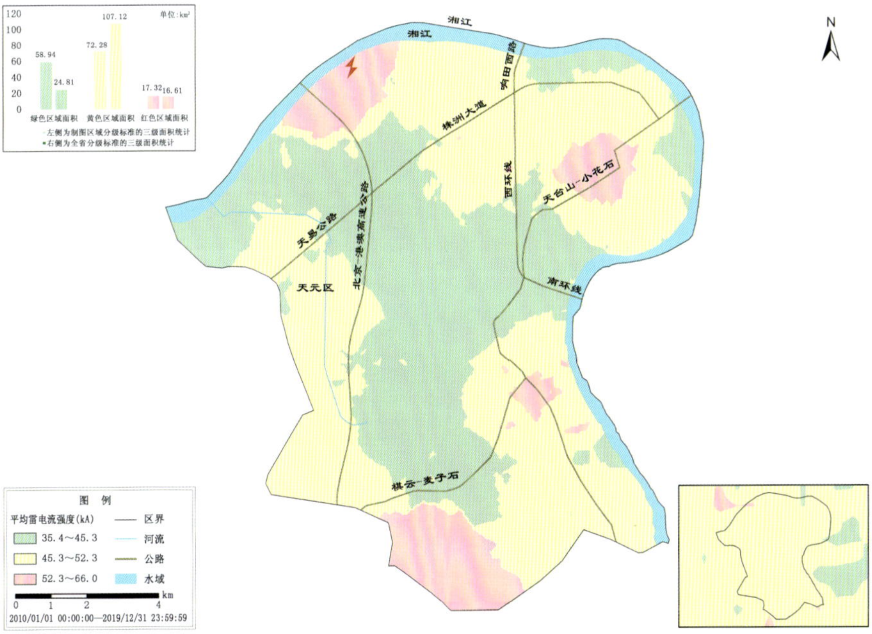

天元区平均雷电流强度分布图

天元区平均雷电流强度平均值为46.32 kA，高于全省平均雷电流强度平均值，最高平均雷电流强度值为122.85 kA，位于天元区西北部，经纬度为(113.04°E,27.85°N)。

荷塘区

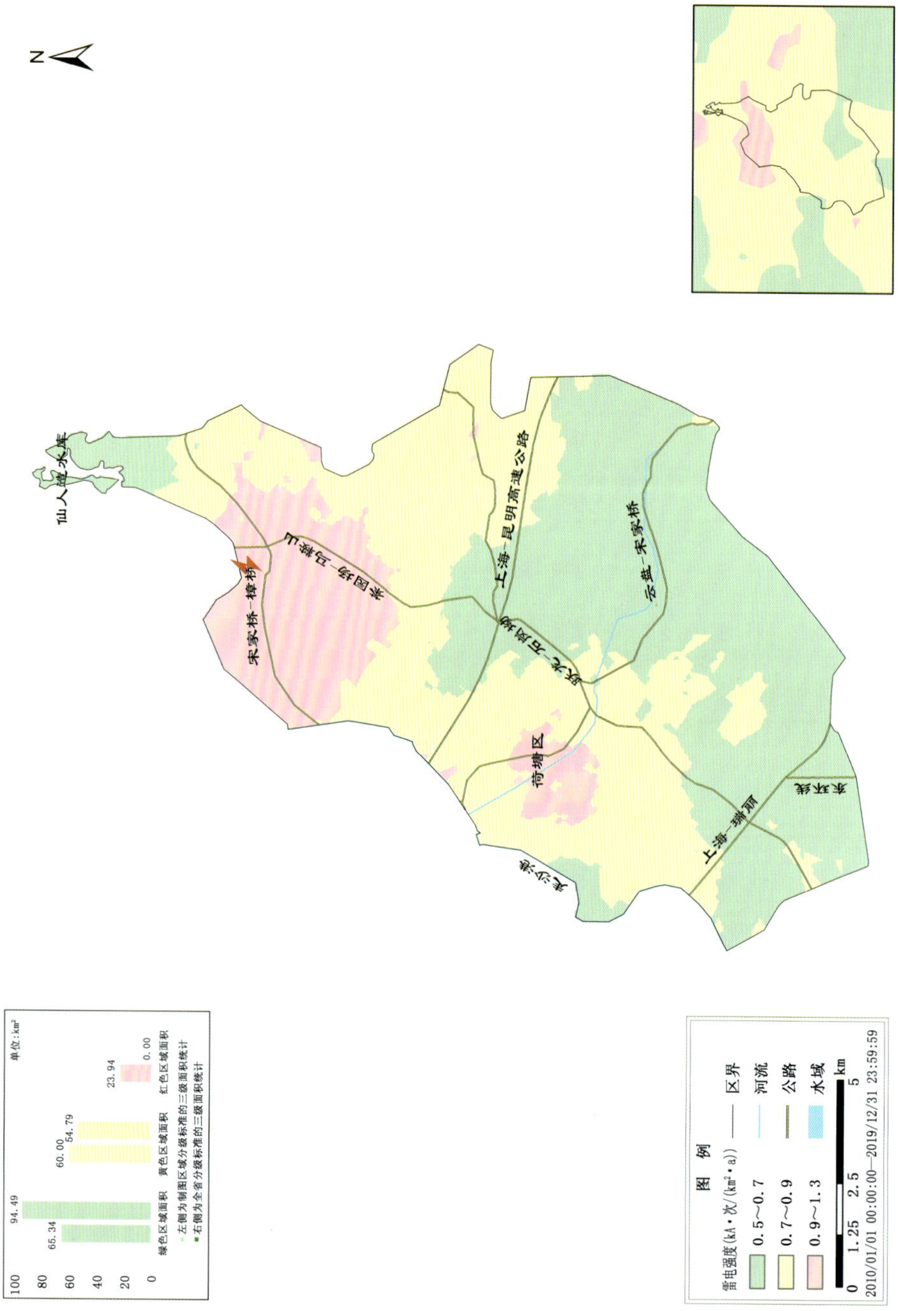

荷塘区雷电强度分布图

荷塘区雷电强度平均值为 1.03 kA·次/(km^2·a),高于全省雷电强度平均值,最高雷电强度值为 2.07 kA·次/(km^2·a),位于荷塘区北部,经纬度为(113.23°E,27.97°N)。

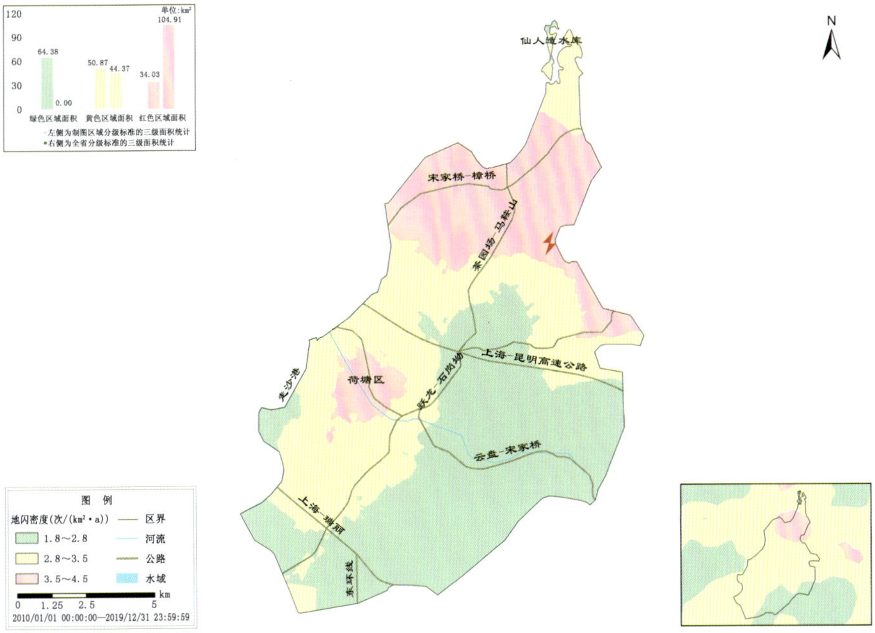

荷塘区地闪密度分布图

荷塘区地闪密度平均值为 2.09 次/(km² · a),高于全省地闪密度平均值,最高地闪密度值为 4.10 次/(km² · a),位于荷塘区东北部,经纬度为(113.25°E,27.94°N)。

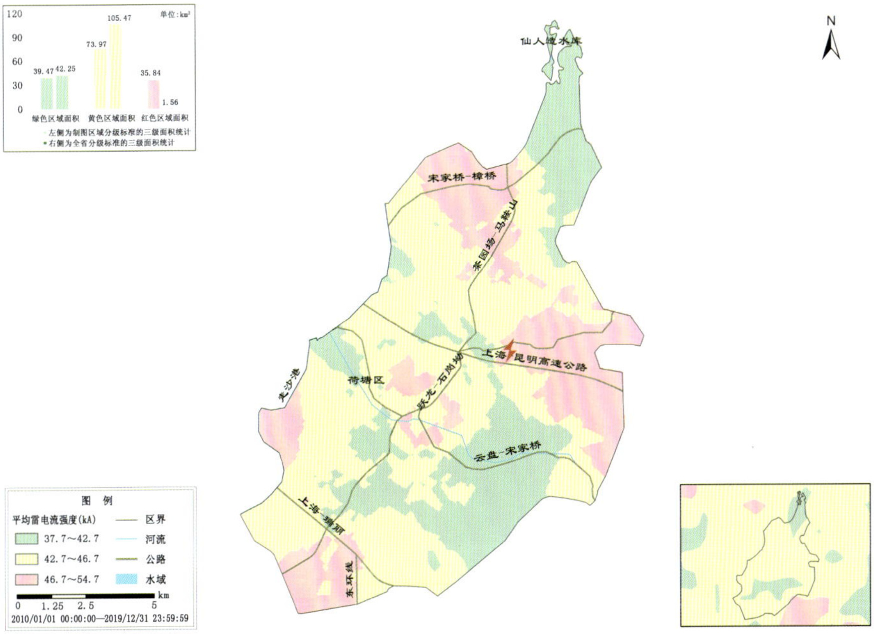

荷塘区平均雷电流强度分布图

荷塘区平均雷电流强度平均值为 44.09 kA,低于全省平均雷电流强度平均值,最高平均雷电流强度值为 89.99 kA,位于荷塘区中部,经纬度为(113.25°E,27.91°N)。

芦淞区

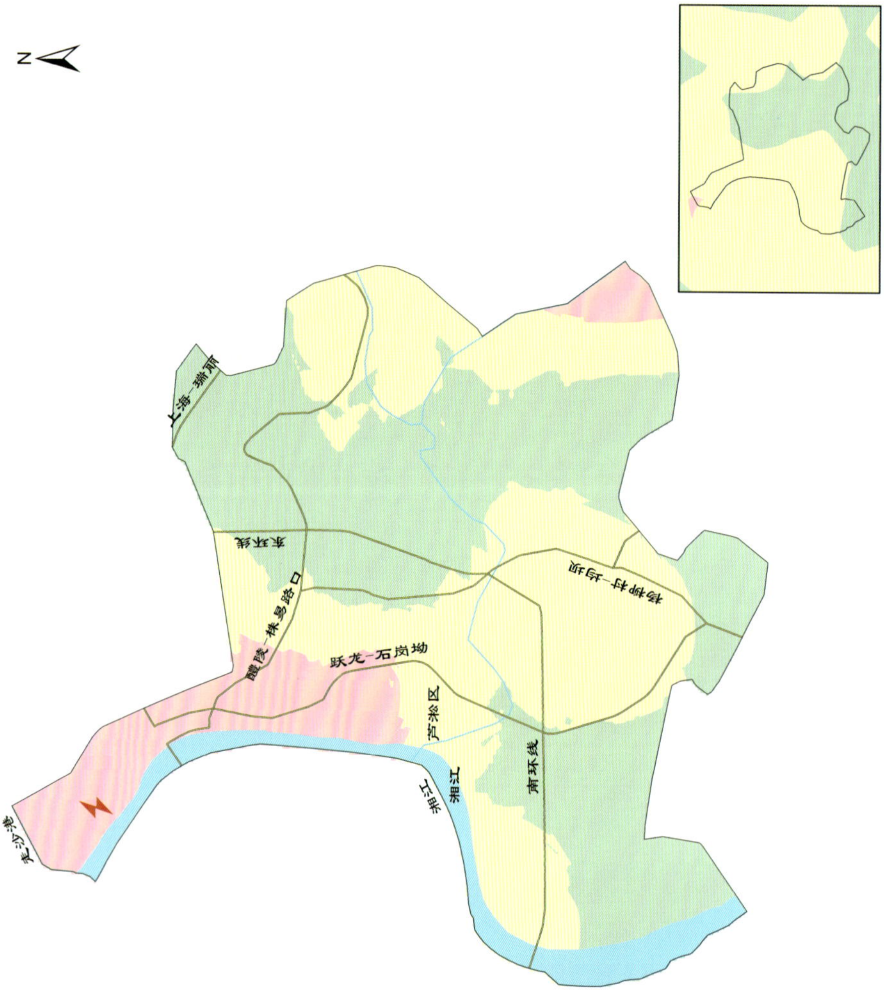

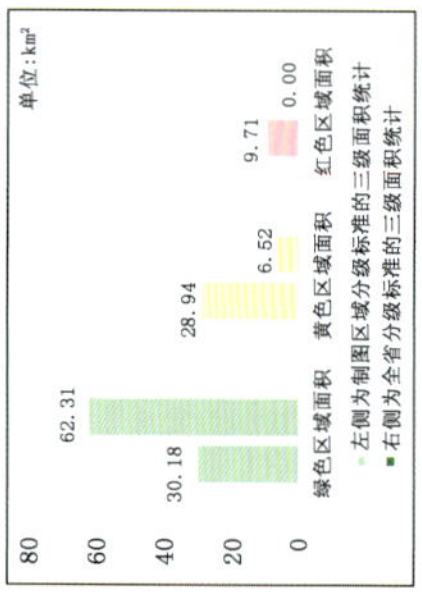

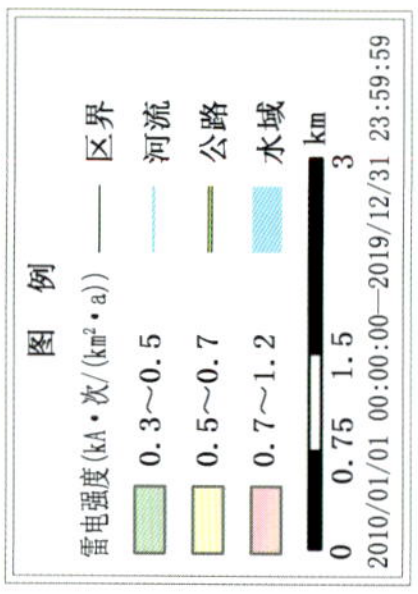

芦淞区雷电强度分布图

芦淞区雷电强度平均值为 0.91 kA·次/(km²·a),低于全省雷电强度平均值,最高雷电强度值为 2.53 kA·次/(km²·a),位于芦淞区北部,经纬度为(113.13°E,27.85°N)。

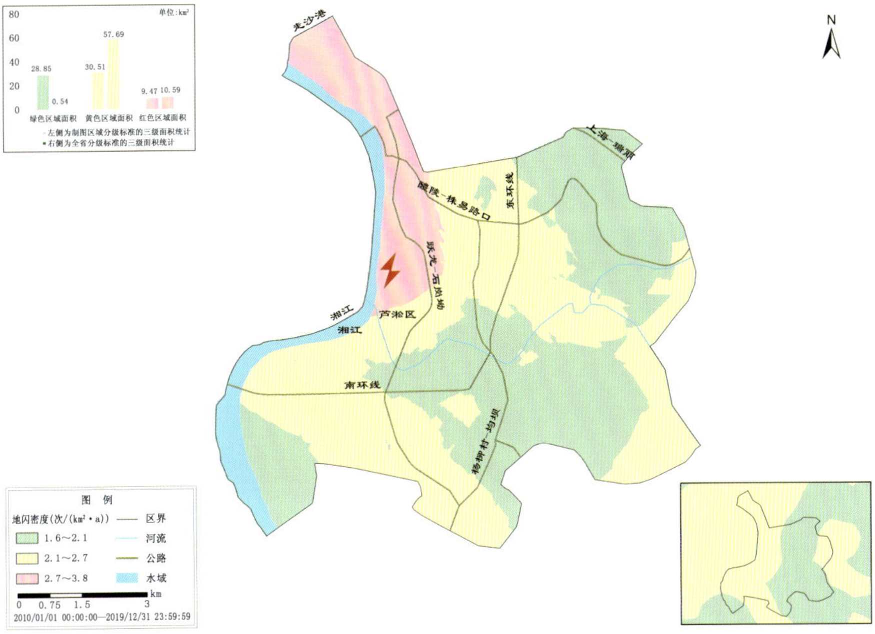

芦淞区地闪密度分布图

芦淞区地闪密度平均值为 1.73 次/(km² · a),低于全省地闪密度平均值,最高地闪密度值为 3.30 次/(km² · a),位于芦淞区西部,经纬度为(113.15°E,27.81°N)。

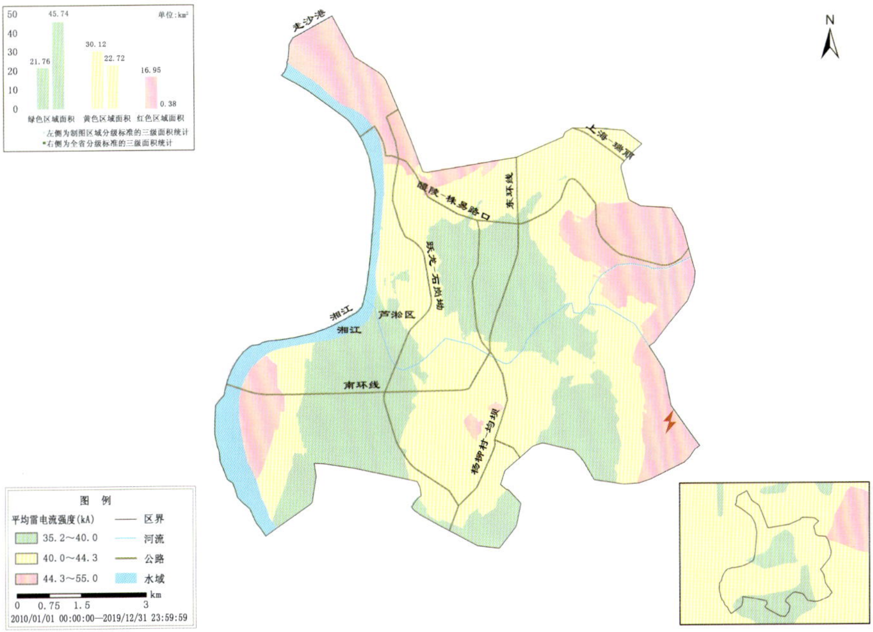

芦淞区平均雷电流强度分布图

芦淞区平均雷电流强度平均值为 44.49 kA,低于全省平均雷电流强度平均值,最高平均雷电流强度值为 74.83 kA,位于芦淞区东南部,经纬度为(113.22°E,27.78°N)。

石峰区

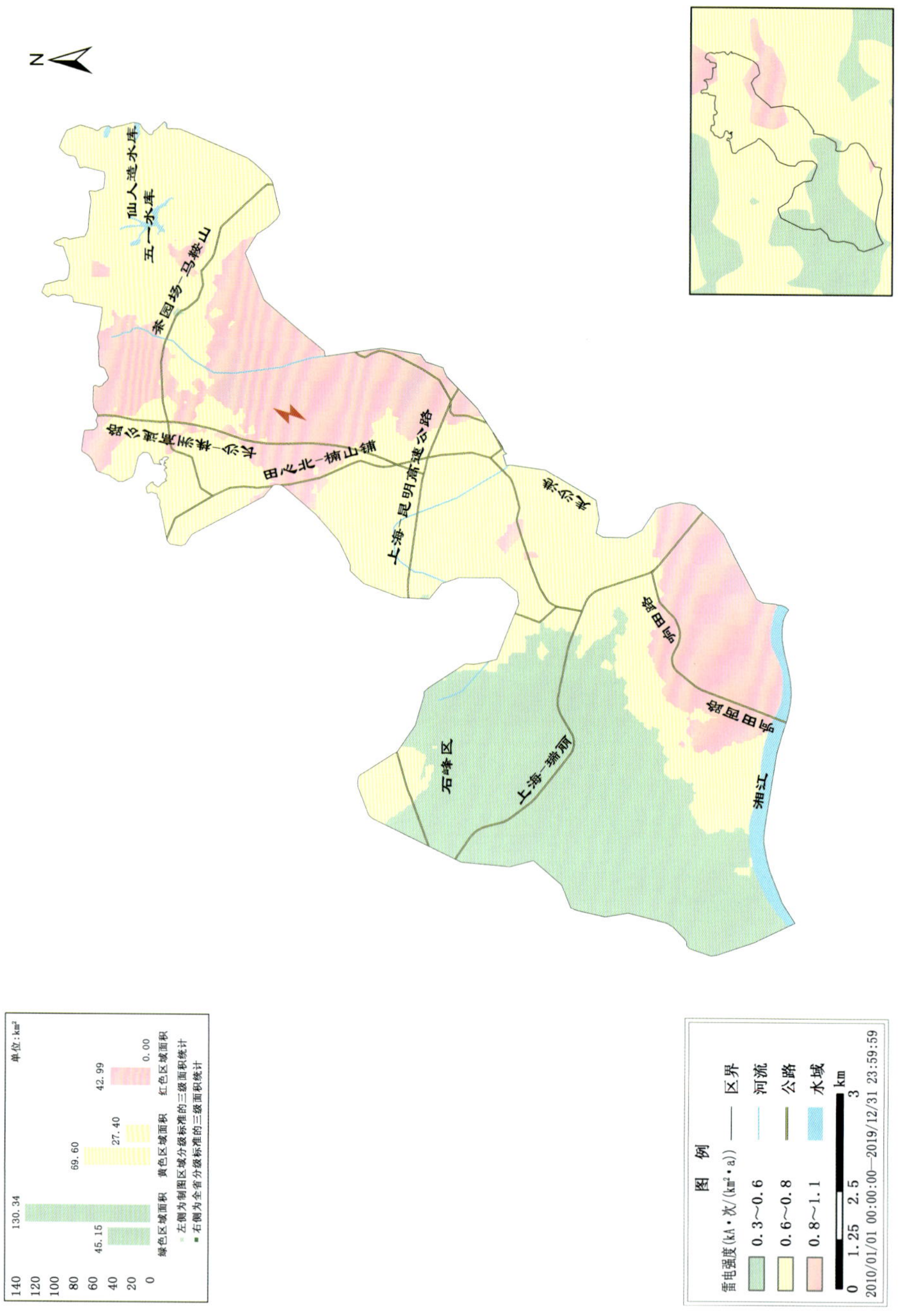

石峰区雷电强度分布图

石峰区雷电强度平均值为 1.01 kA·次/(km^2·a)，高于全省雷电强度平均值，最高雷电强度值为 2.47 kA·次/(km^2·a)，位于石峰区东北部，经纬度为(113.18°E，27.97°N)。

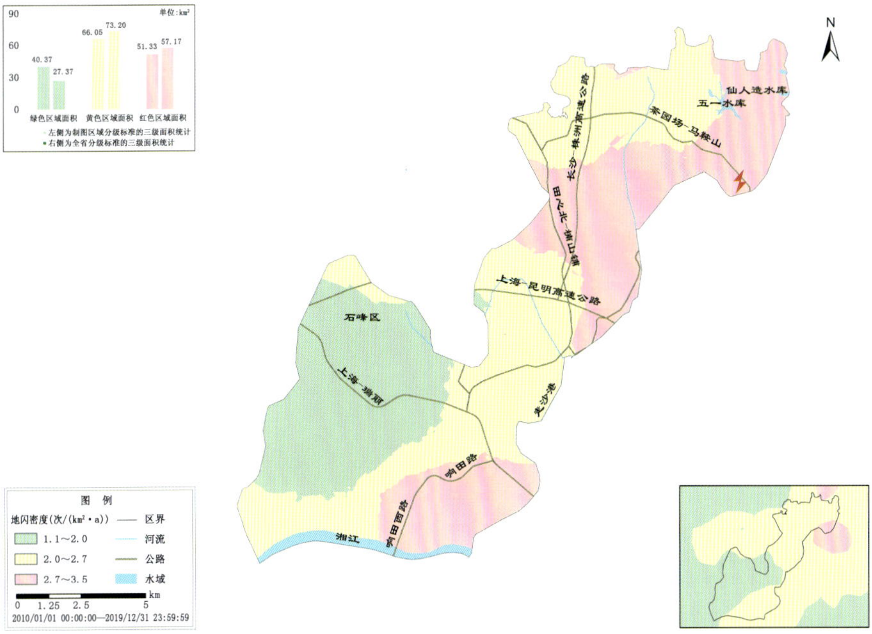

石峰区地闪密度分布图

石峰区地闪密度平均值为 1.87 次/(km² · a)，低于全省地闪密度平均值，最高地闪密度值为 3.30 次/(km² · a)，位于石峰区东北部，经纬度为(113.23°E，27.98°N)。

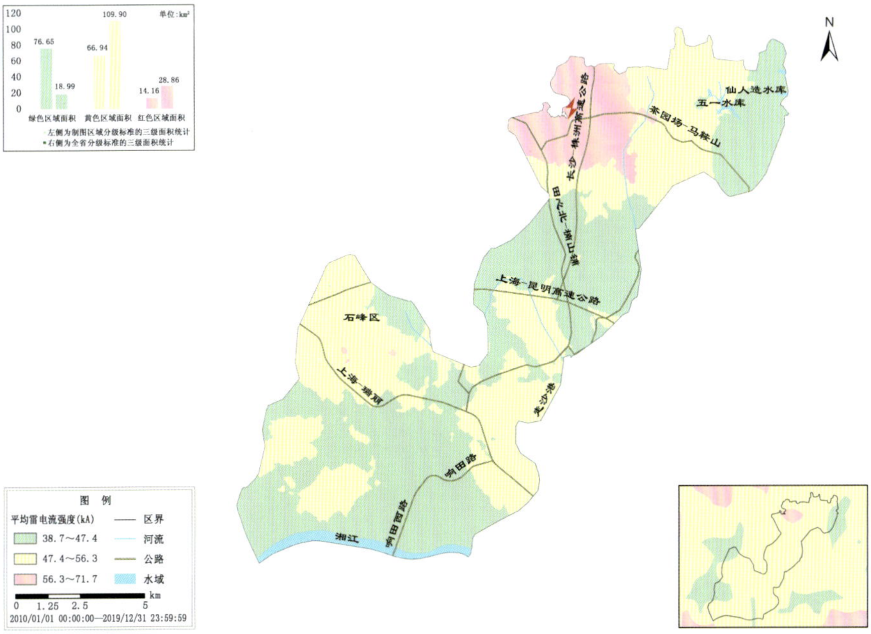

石峰区平均雷电流强度分布图

石峰区平均雷电流强度平均值为 46.41 kA，高于全省平均雷电流强度平均值，最高平均雷电流强度值为 109.83 kA，位于石峰区北部，经纬度为(113.17°E，28.00°N)。

渌口区

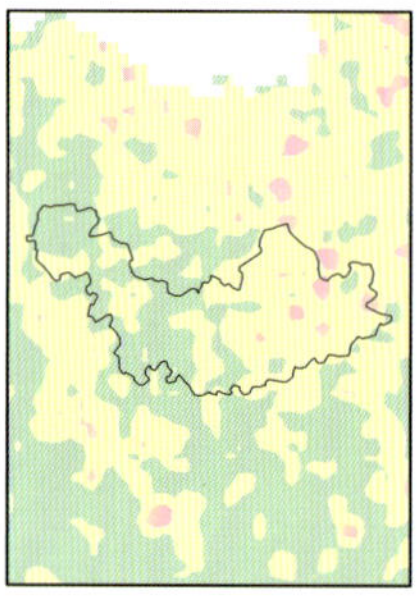

渌口区雷电强度分布图

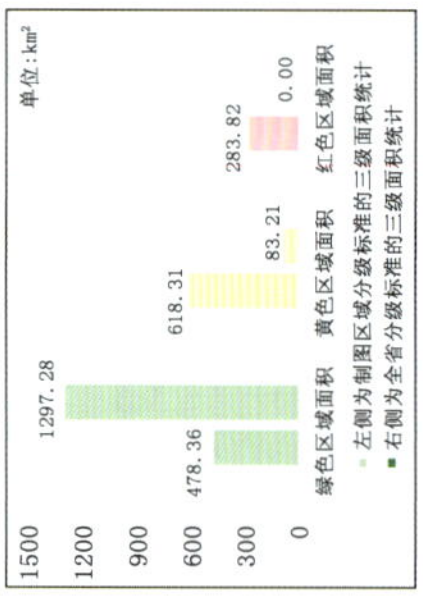

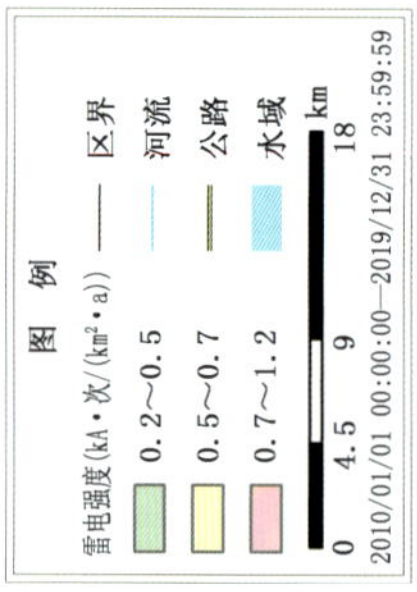

渌口区雷电强度平均值为 0.92 kA·次/(km^2·a)，低于全省雷电强度平均值，最高雷电强度值为 3.40 kA·次/(km^2·a)，位于渌口区东南部，经纬度为(113.31°E，27.40°N)。

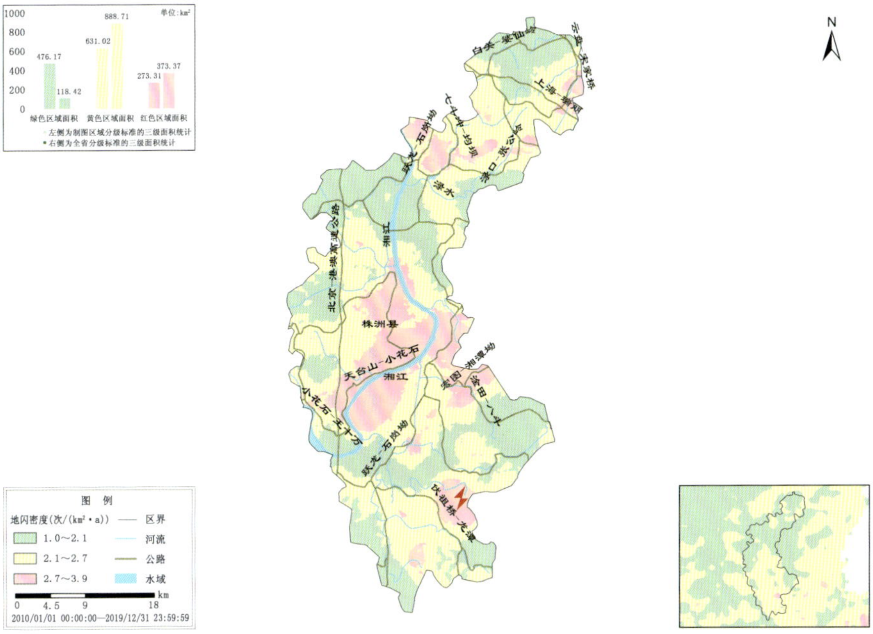

渌口区地闪密度分布图

渌口区地闪密度平均值为 1.7 次/(km^2·a),低于全省地闪密度平均值,最高地闪密度值为 4.60 次/(km^2·a),位于渌口区南部,经纬度为(113.18°E,27.33°N)。

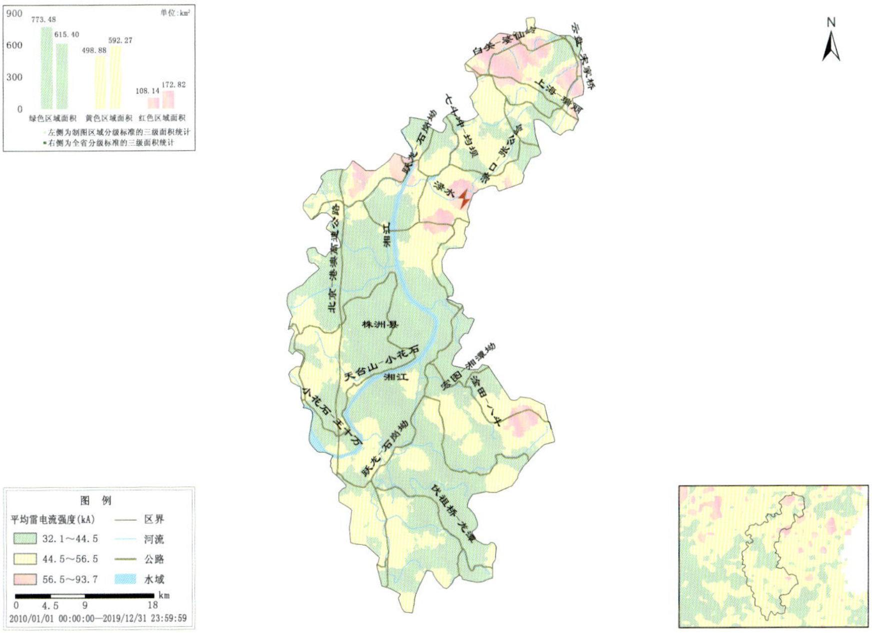

渌口区平均雷电流强度分布图

渌口区平均雷电流强度平均值为 45.62 kA,高于全省平均雷电流强度平均值,最高平均雷电流强度值为 197.52 kA,位于渌口区东北部,经纬度为(113.20°E,27.68°N)。

醴陵市

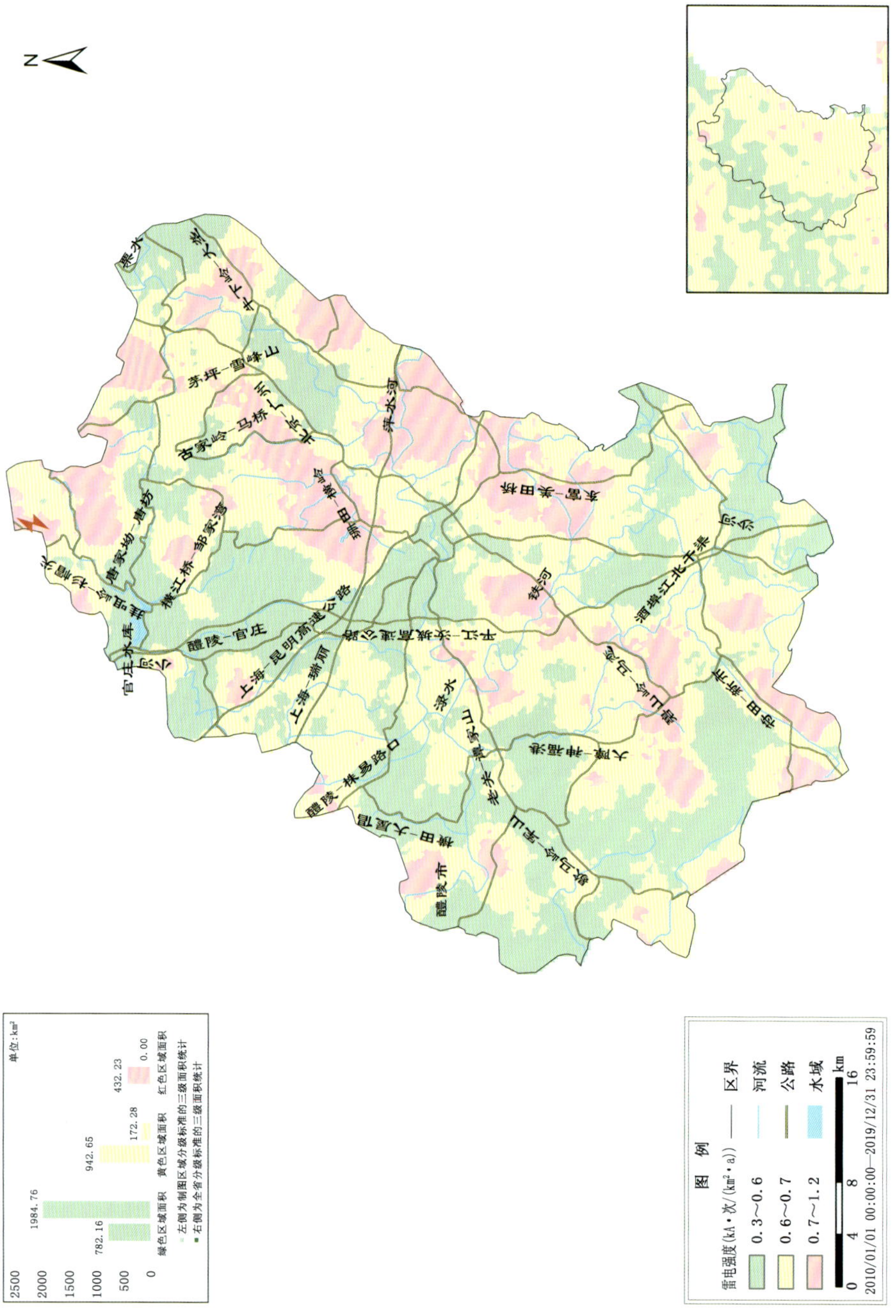

醴陵市雷电强度分布图

醴陵市雷电强度平均值为 0.96 kA·次/(km^2·a)，高于全省雷电强度平均值，最高雷电强度值为 4.33 kA·次/(km^2·a)，位于醴陵市北部，经纬度为(113.52°E,27.95°N)。

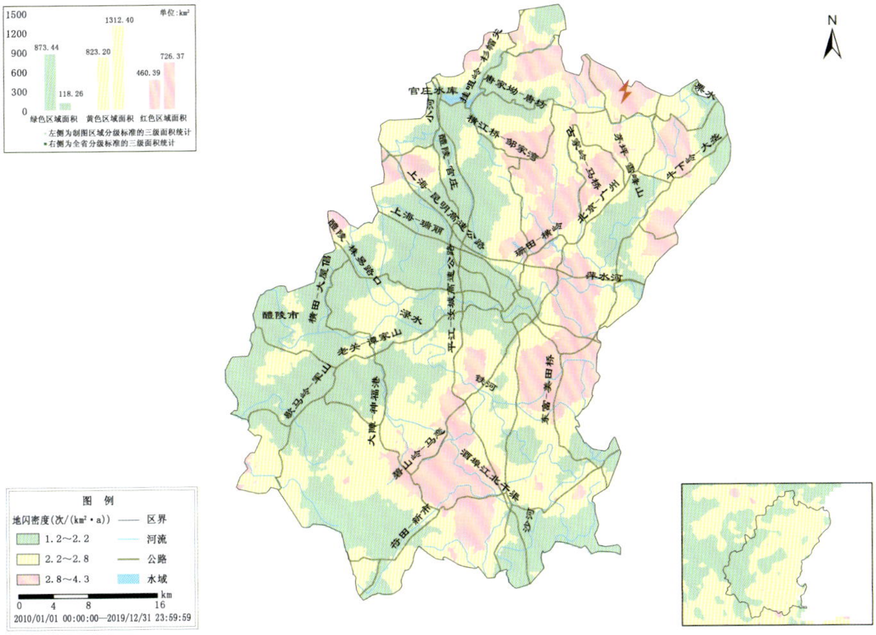

醴陵市地闪密度分布图

醴陵市地闪密度平均值为 1.84 次/(km^2·a),低于全省地闪密度平均值,最高地闪密度值为 4.60 次/(km^2·a),位于醴陵市东北部,经纬度为(113.65°E,27.87°N)。

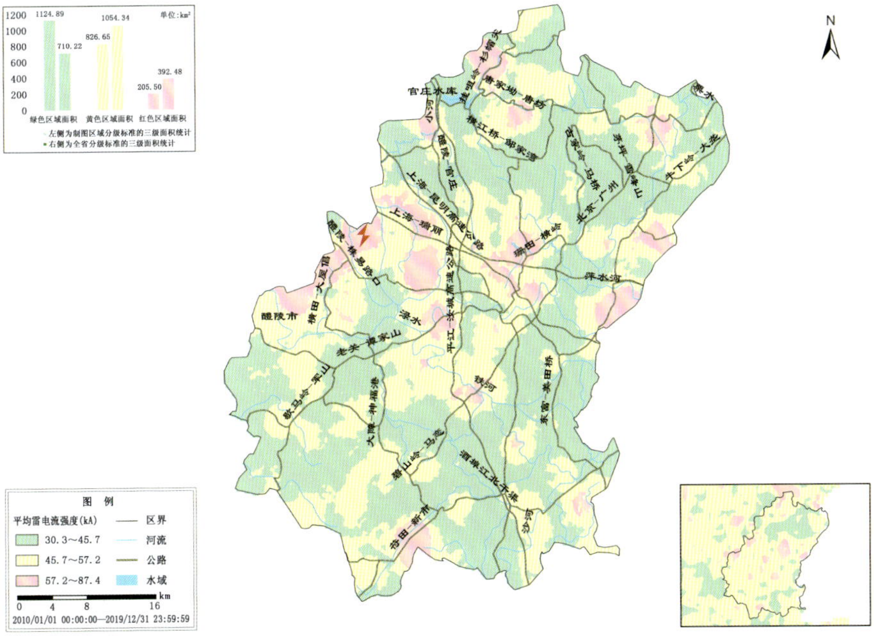

醴陵市平均雷电流强度分布图

醴陵市平均雷电流强度平均值为 46.41 kA,高于全省平均雷电流强度平均值,最高平均雷电流强度值为 188.91 kA,位于醴陵市西部,经纬度为(113.33°E,27.74°N)。

攸县

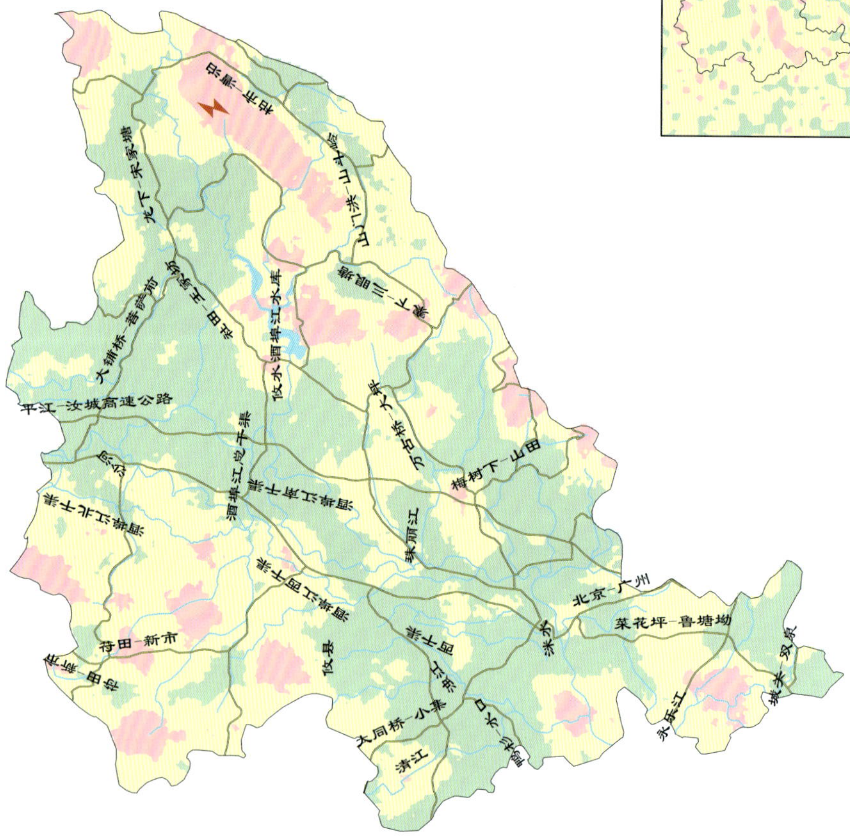

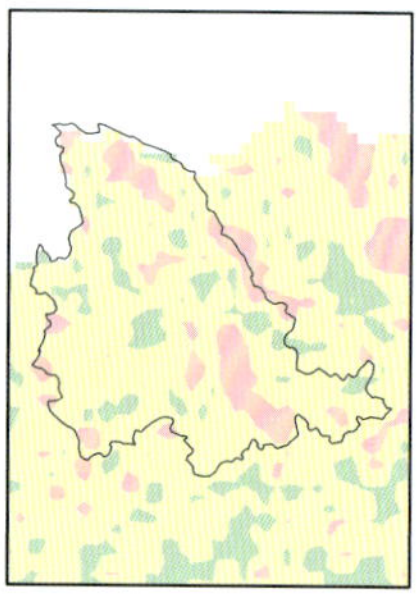

攸县雷电强度分布图

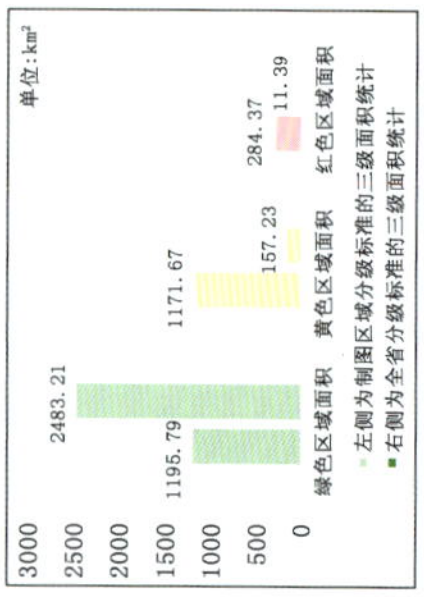

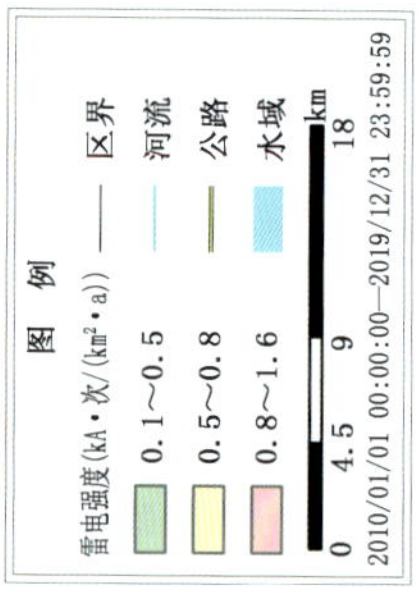

攸县雷电强度平均值为 1.10 kA·次/(km^2·a),高于全省雷电强度平均值,最高雷电强度值为 5.53 kA·次/(km^2·a),位于攸县东北部,经纬度为(113.79°E,27.26°N)。

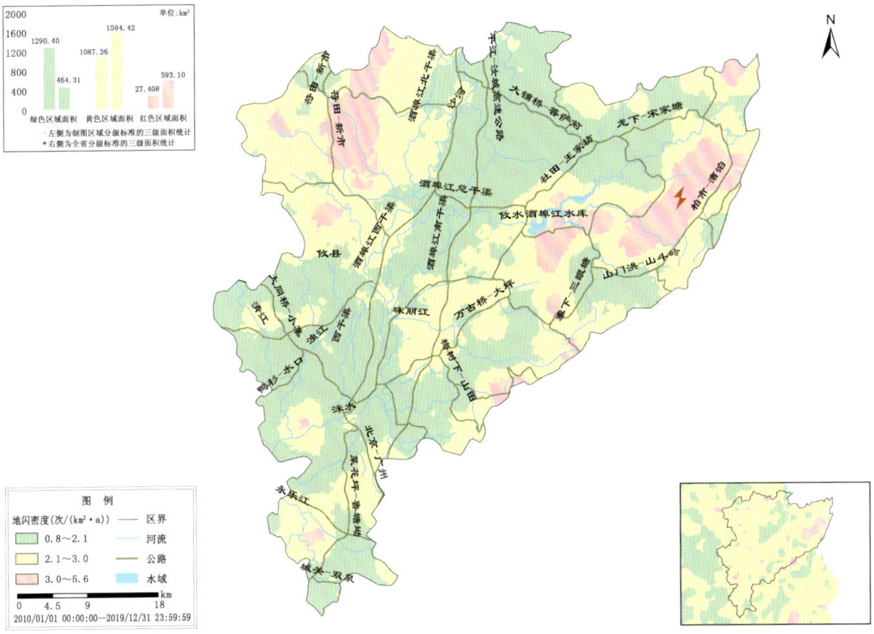

攸县地闪密度分布图

攸县地闪密度平均值为 2.02 次/(km^2 ・a)，高于全省地闪密度平均值，最高地闪密度值为 7.30 次/(k km^2 ・a)，位于攸县东北部，经纬度为(113.76°E，27.22°N)。

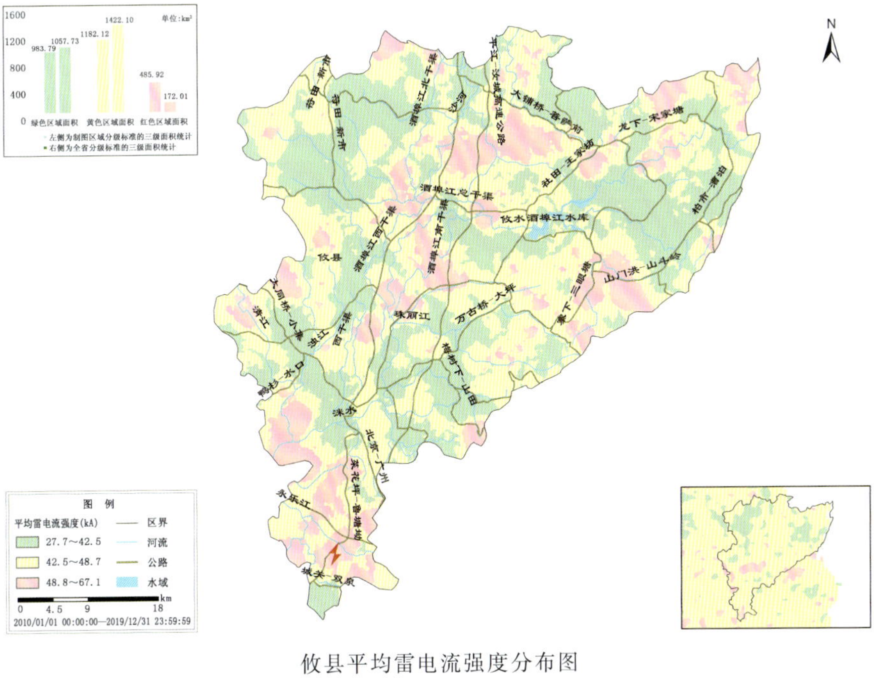

攸县平均雷电流强度分布图

攸县平均雷电流强度平均值为 46.09 kA，高于全省平均雷电流强度平均值，最高平均雷电流强度值为 130.46 kA，位于攸县南部，经纬度为(113.32°E，26.85°N)。

茶陵县

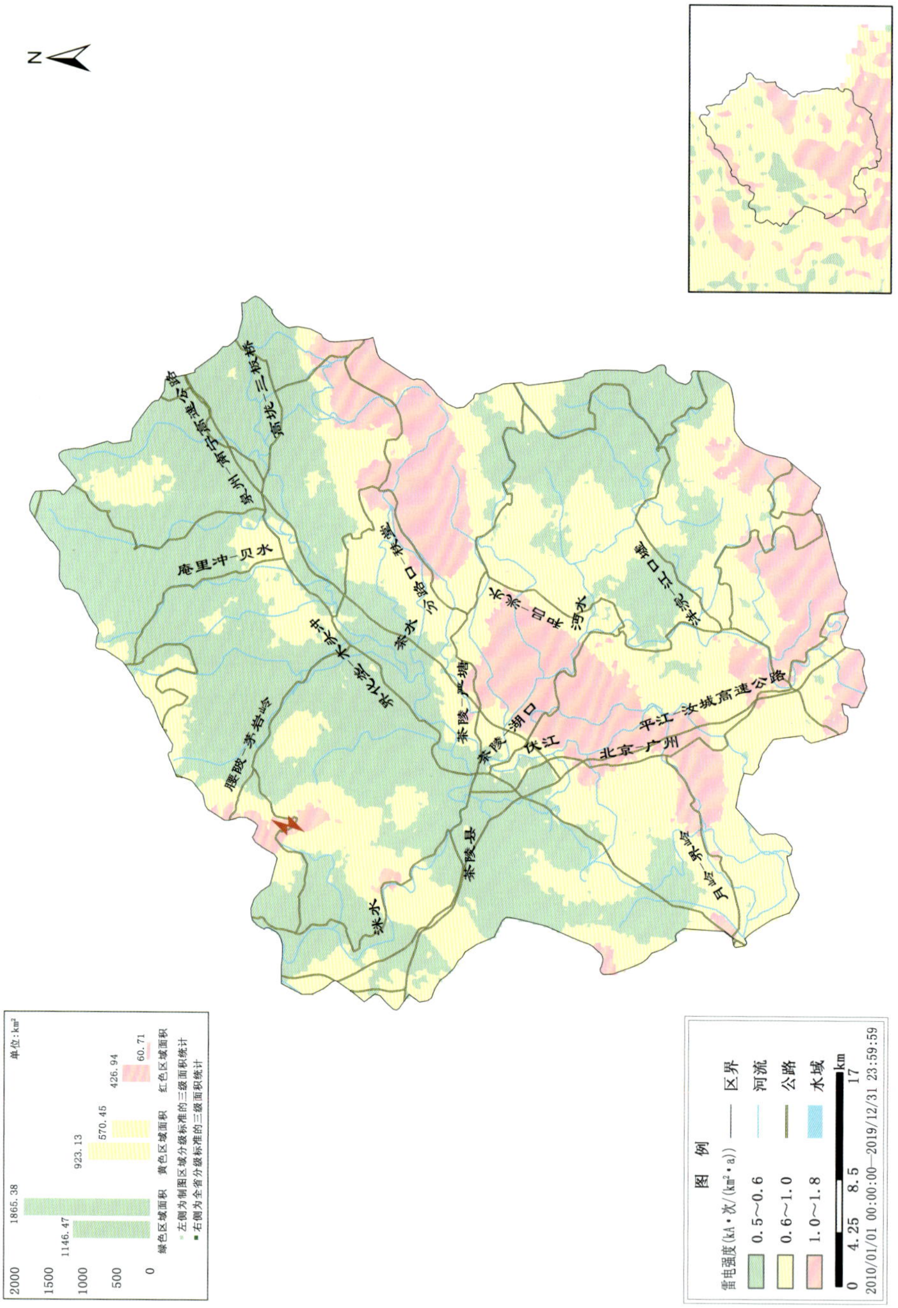

茶陵县雷电强度分布图

茶陵县雷电强度平均值为 1.21 kA·次/(km^2·a)，高于全省雷电强度平均值，最高雷电强度值为 6.33 kA·次/(km^2·a)，位于茶陵县西北部，经纬度为(113.63°E，27.05°N)。

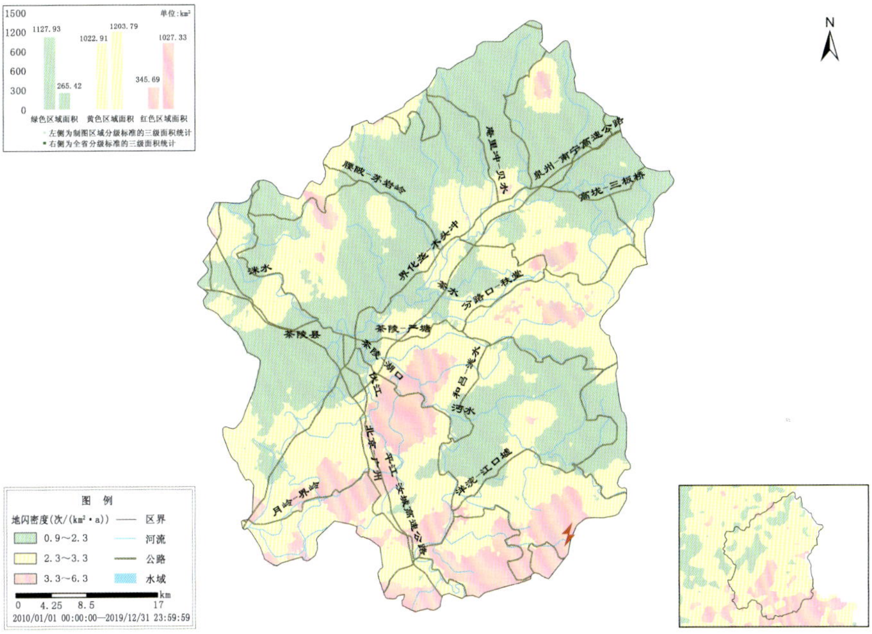

茶陵县地闪密度分布图

茶陵县地闪密度平均值为 2.18 次/(km^2 · a)，高于全省地闪密度平均值，最高地闪密度值为 9.40 次/(km^2 · a)，位于茶陵县东南部，经纬度为(113.79°E,26.58°N)。

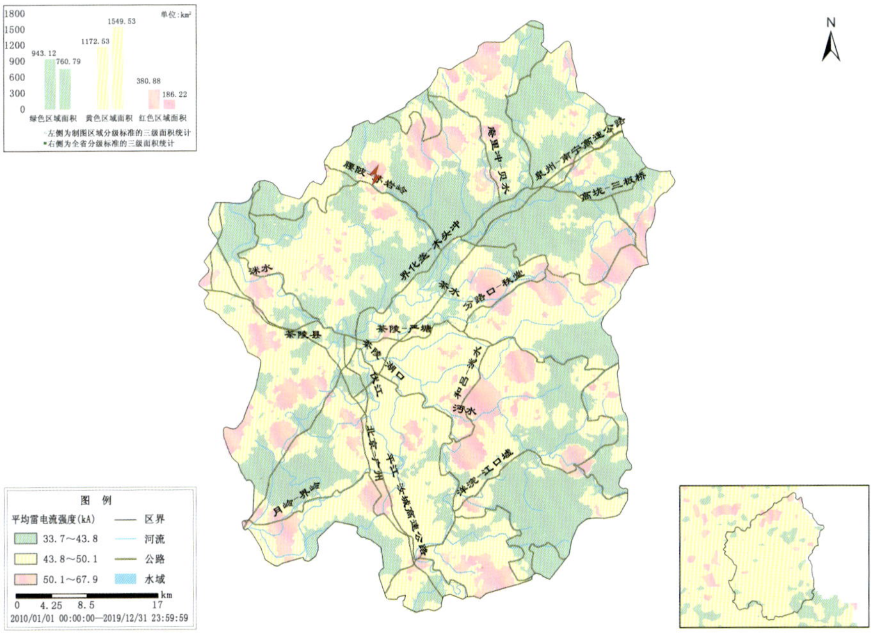

茶陵县平均雷电流强度分布图

茶陵县平均雷电流强度平均值为 46.62 kA，高于全省平均雷电流强度平均值，最高平均雷电流强度值为 113.64 kA，位于茶陵县西北部，经纬度为(113.56°E,26.96°N)。

炎陵县

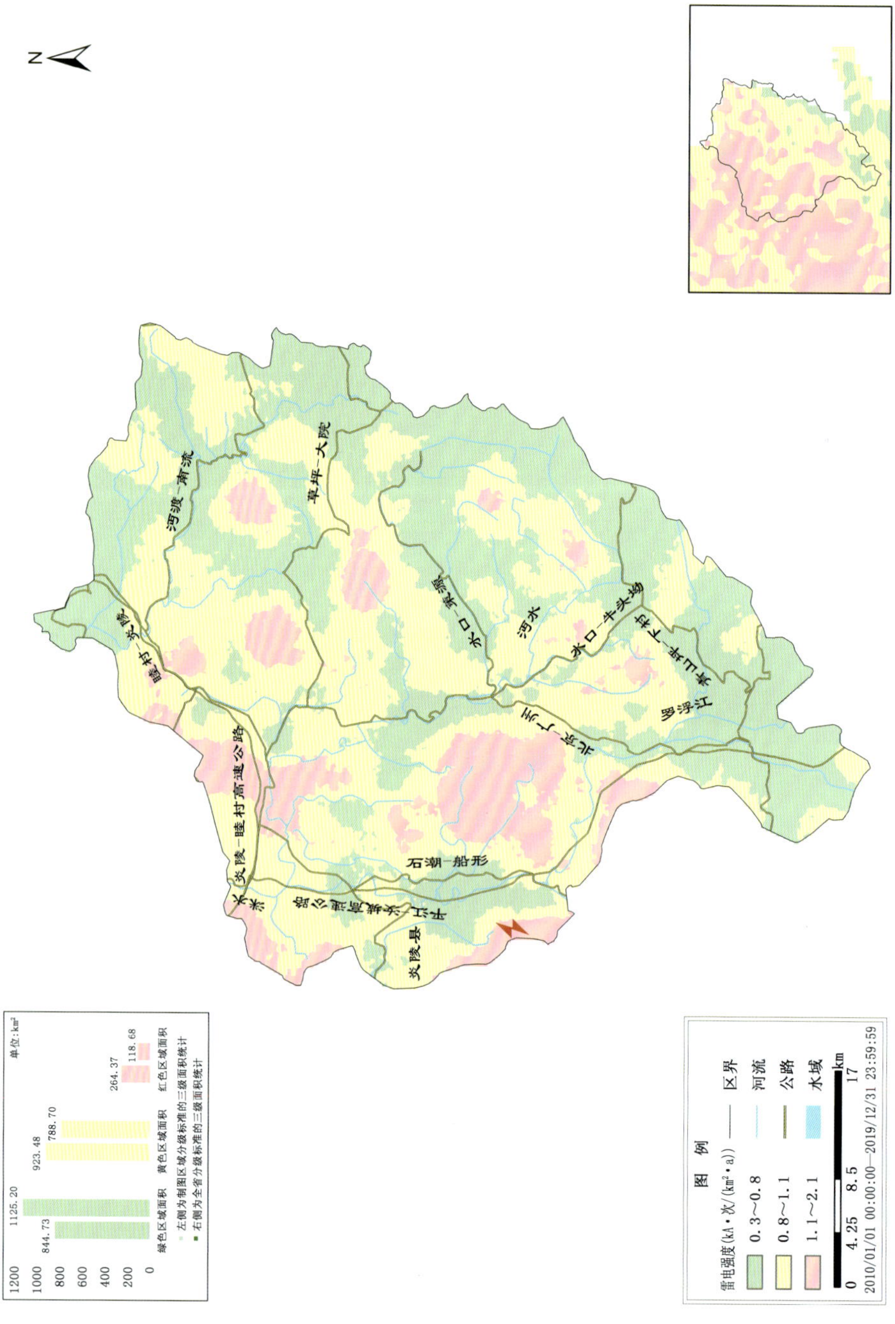

炎陵县雷电强度分布图

炎陵县雷电强度平均值为 1.31 kA·次/(km^2·a)，高于全省雷电强度平均值，最高雷电强度值为 7.33 kA·次/(km^2·a)，位于炎陵县西部，经纬度为(113.61°E，26.31°N)。

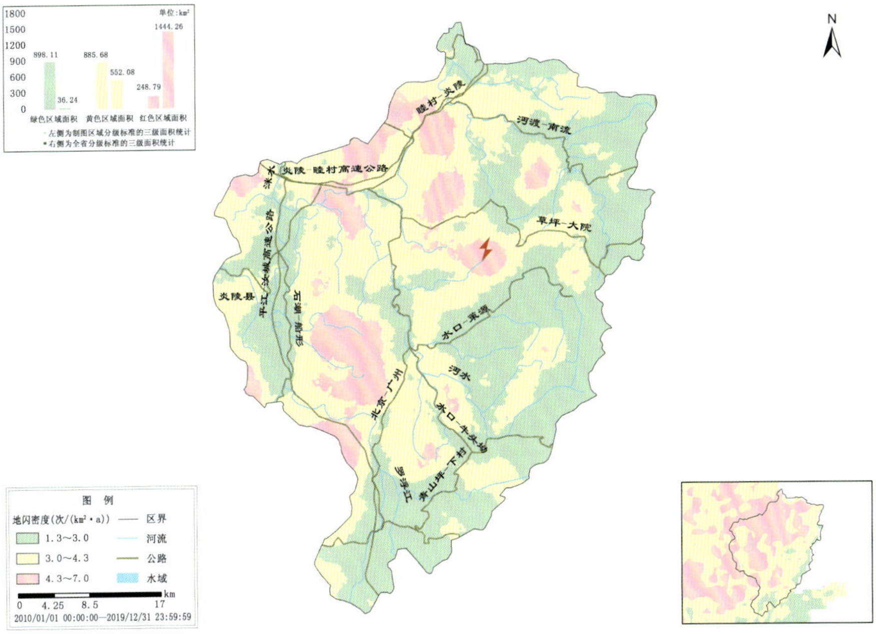

炎陵县地闪密度分布图

炎陵县地闪密度平均值为 2.59 次/(km^2·a),高于全省地闪密度平均值,最高地闪密度值为 10.80 次/(km^2·a),位于炎陵县中部,经纬度为(113.89°E,26.42°N)。

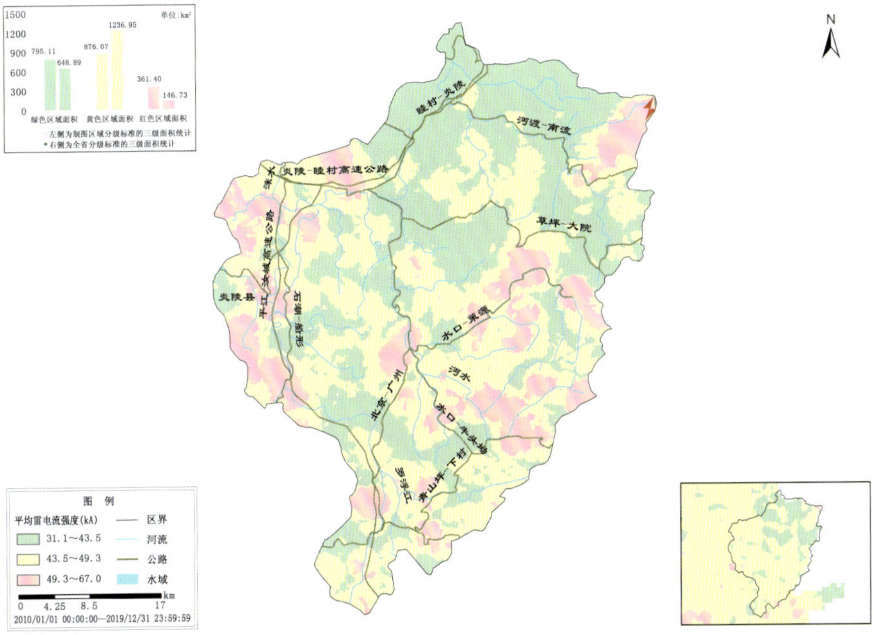

炎陵县平均雷电流强度分布图

炎陵县平均雷电流强度平均值为 44.55 kA,低于全省平均雷电流强度平均值,最高平均雷电流强度值为 152.75 kA,位于炎陵县东北部,经纬度为(114.06°E,26.58°N)。

5.4 湘潭地区雷电区划

湘潭市

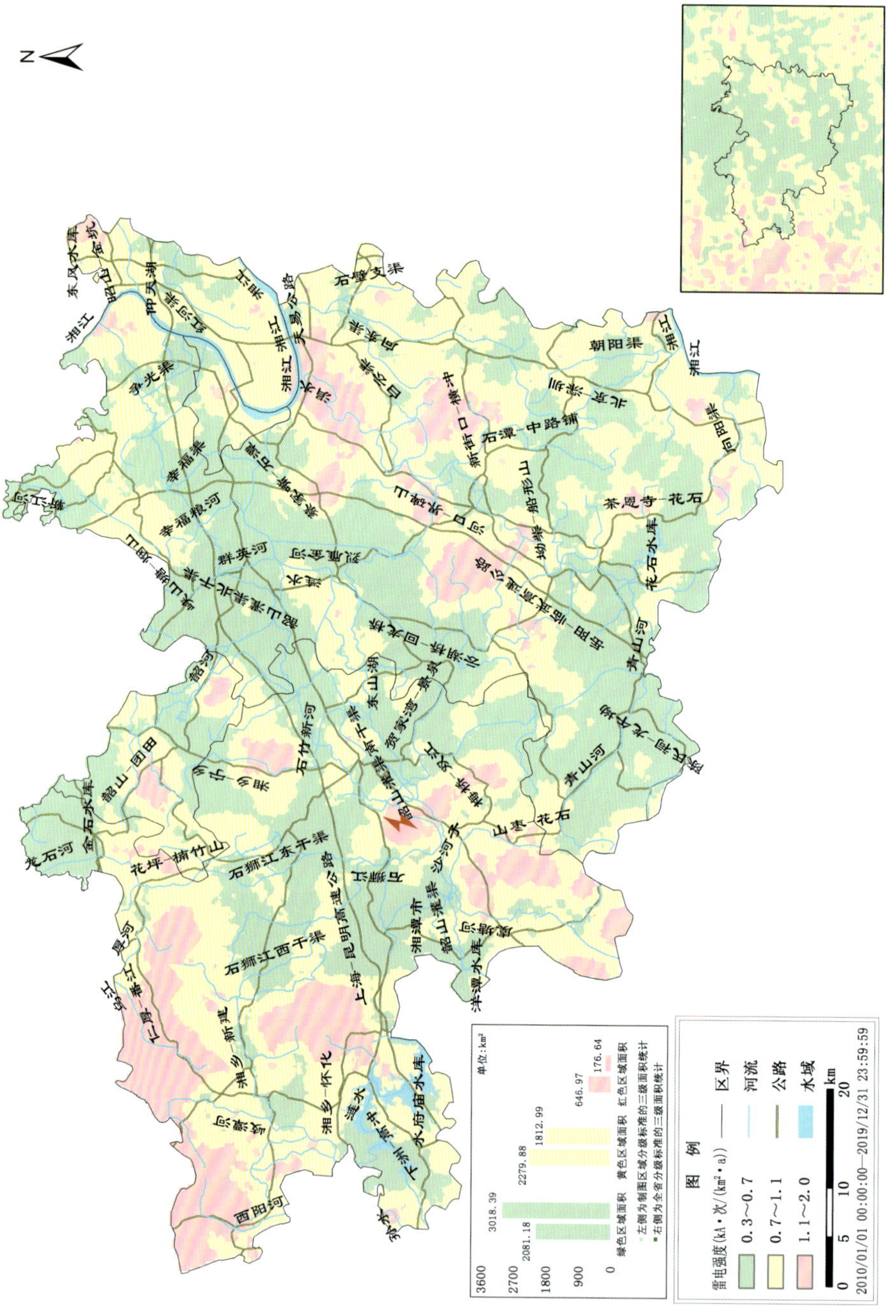

湘潭市雷电强度分布图

湘潭市雷电强度平均值为 0.81 kA·次/(km^2·a)，低于全省雷电强度平均值，最高雷电强度值为 5.93 kA·次/(km^2·a)，位于湘潭市湘乡市，经纬度为(112.46°E，27.70°N)。

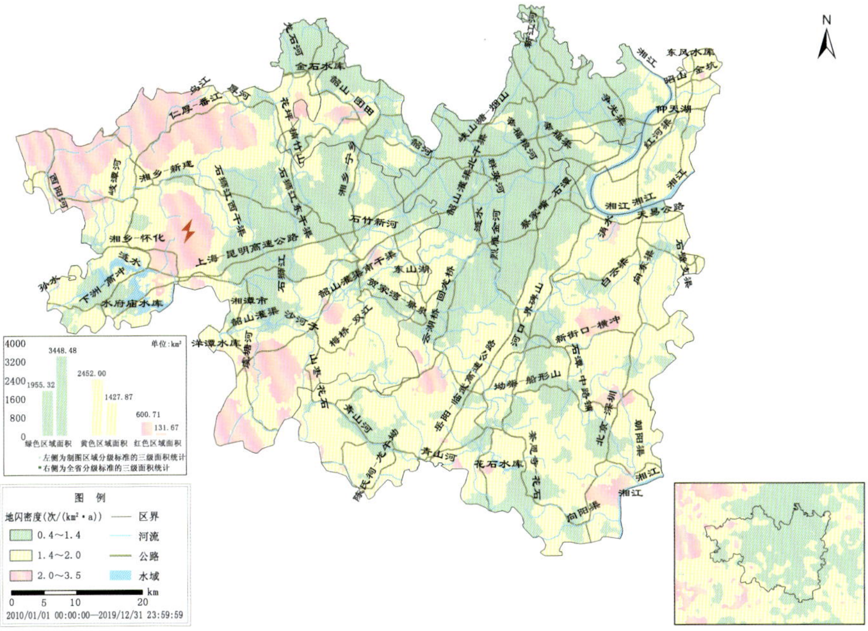

湘潭市地闪密度分布图

湘潭市地闪密度平均值为 1.55 次/(km^2 · a)，低于全省地闪密度平均值，最高地闪密度值为 5.60 次/(km^2 · a)，位于湘潭市湘乡市，经纬度为(112.25°E，27.76°N)。

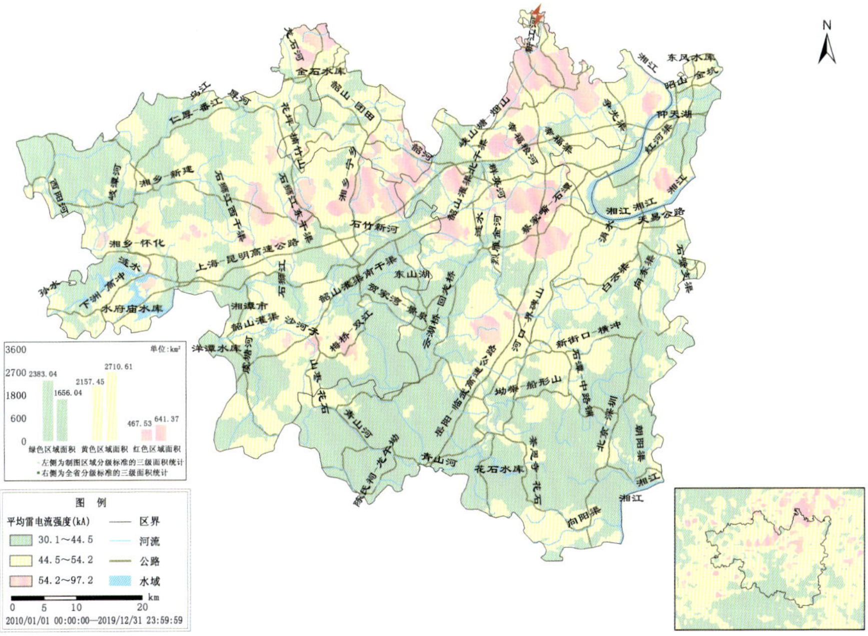

湘潭市平均雷电流强度分布图

湘潭市平均雷电流强度平均值为 46.00 kA，高于全省平均雷电流强度平均值，最高平均雷电流强度值为 322.37 kA，位于湘潭市湘潭县，经纬度为(112.82°E，28.07°N)。

雨湖区

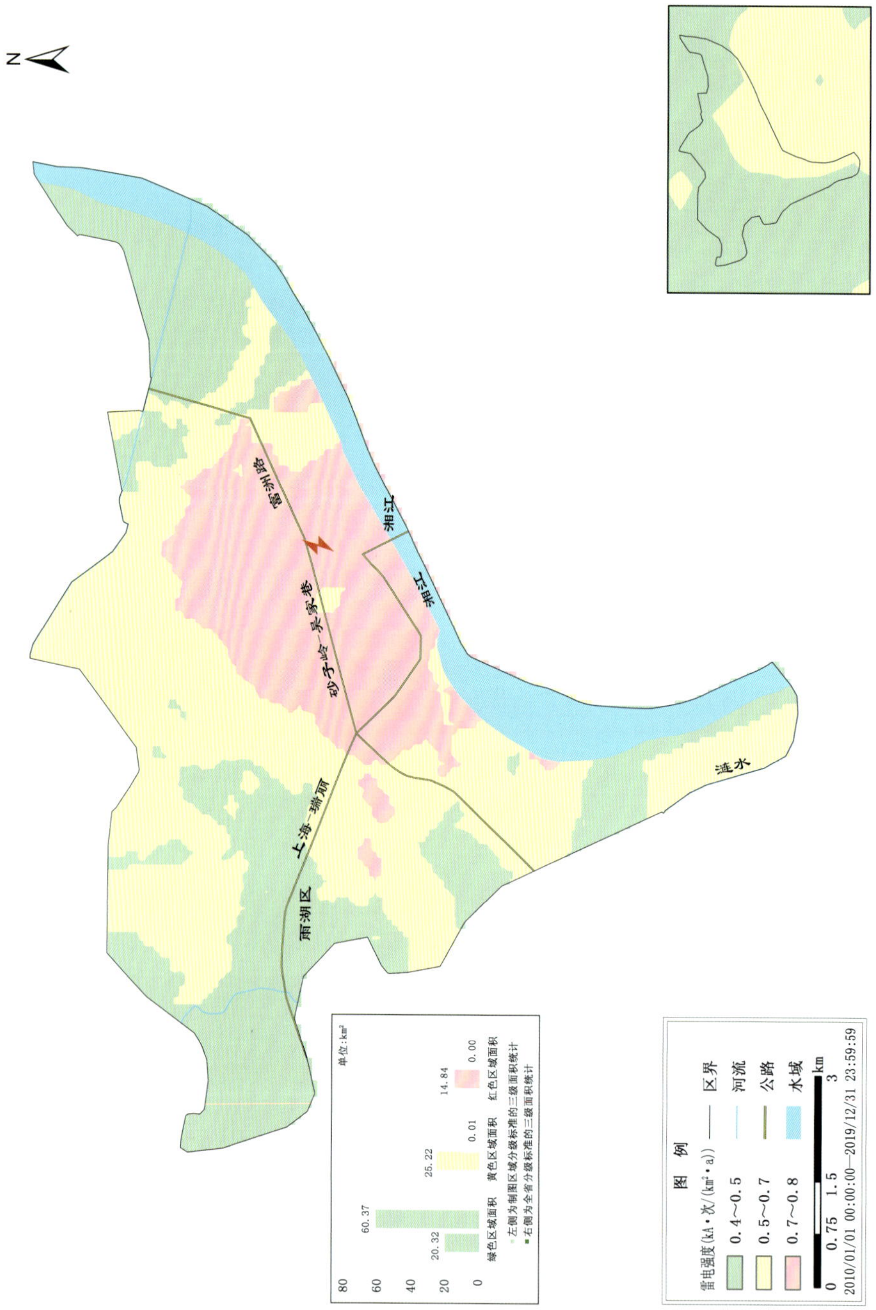

雨湖区雷电强度分布图

雨湖区雷电强度平均值为 0.74 kA·次/(km^2·a)，低于全省雷电强度平均值，最高雷电强度值为 2.47 kA·次/(km^2·a)，位于雨湖区中东部，经纬度为(112.90°E,27.87°N)。

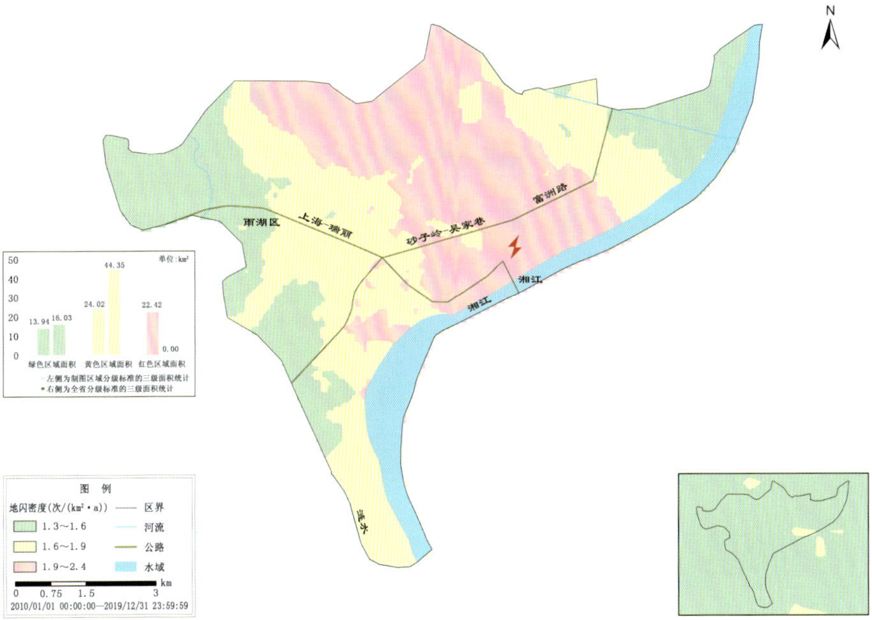

雨湖区地闪密度分布图

雨湖区地闪密度平均值为 1.29 次/(km^2 · a)，低于全省地闪密度平均值，最高地闪密度值为 2.80 次/(km^2 · a)，位于雨湖区中东部，经纬度为(112.90°E，27.87°N)。

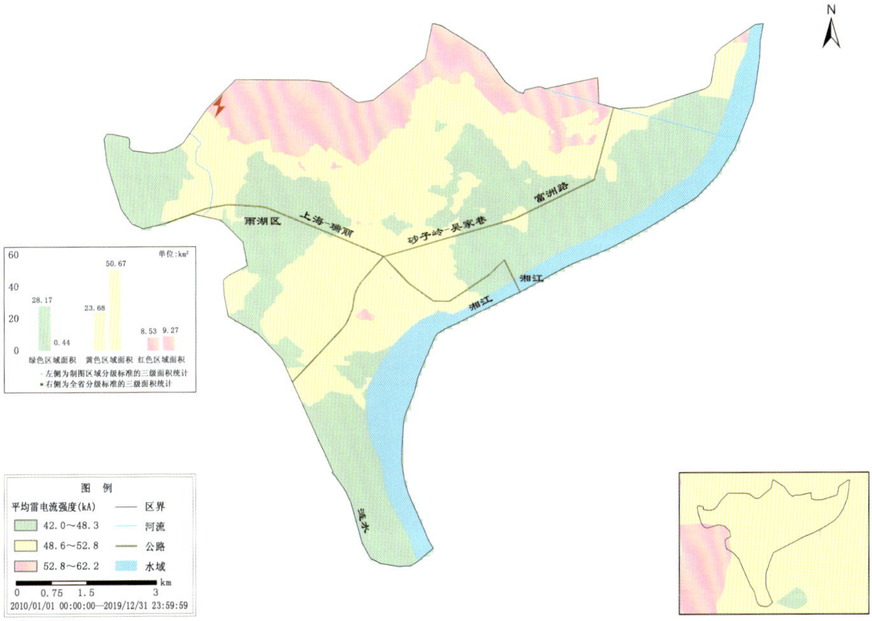

雨湖区平均雷电流强度分布图

雨湖区平均雷电流强度平均值为 49.30 kA，高于全省平均雷电流强度平均值，最高平均雷电流强度值为 103.12 kA，位于雨湖区西北部，经纬度为(112.83°E，27.87°N)。

岳塘区

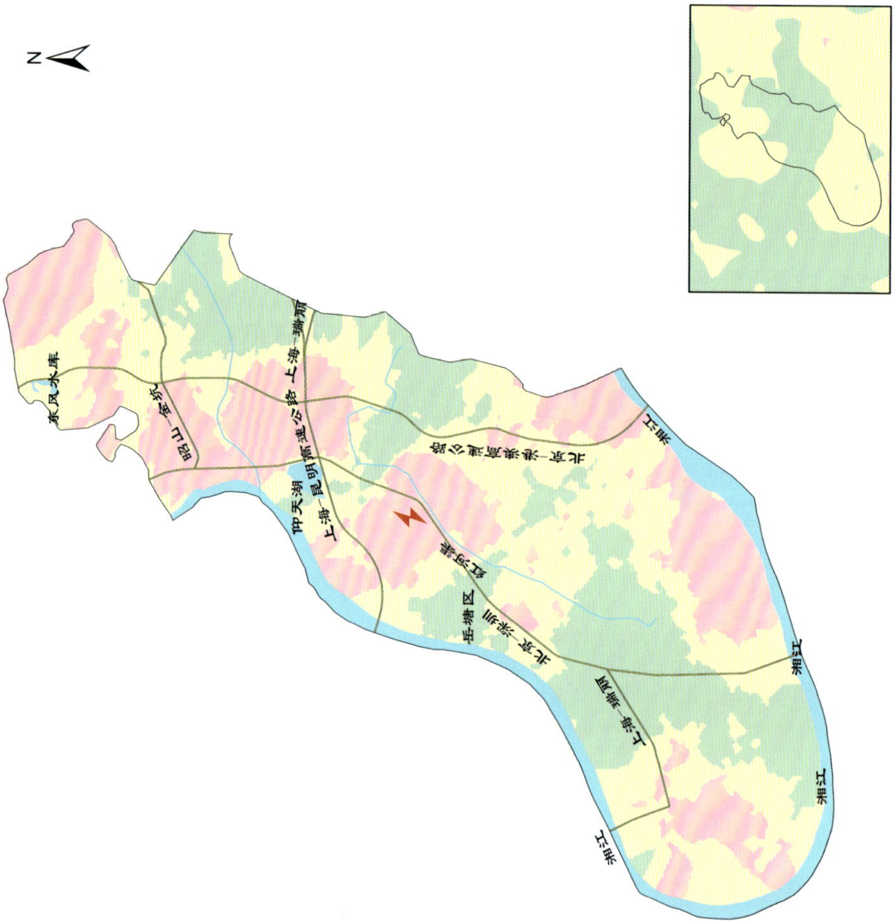

岳塘区雷电强度分布图

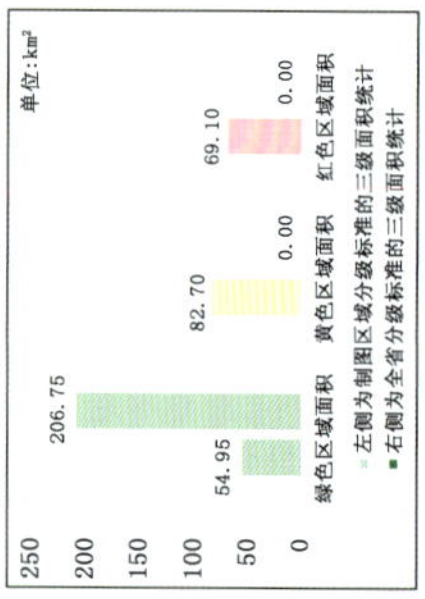

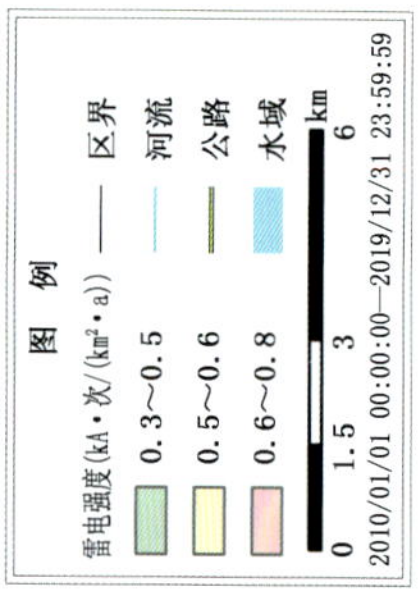

岳塘区雷电强度平均值为 0.88 kA·次/(km^2·a),低于全省雷电强度平均值,最高雷电强度值为 2.20 kA·次/(km^2·a),位于岳塘区中部,经纬度为(113.00°E,27.90°N)。

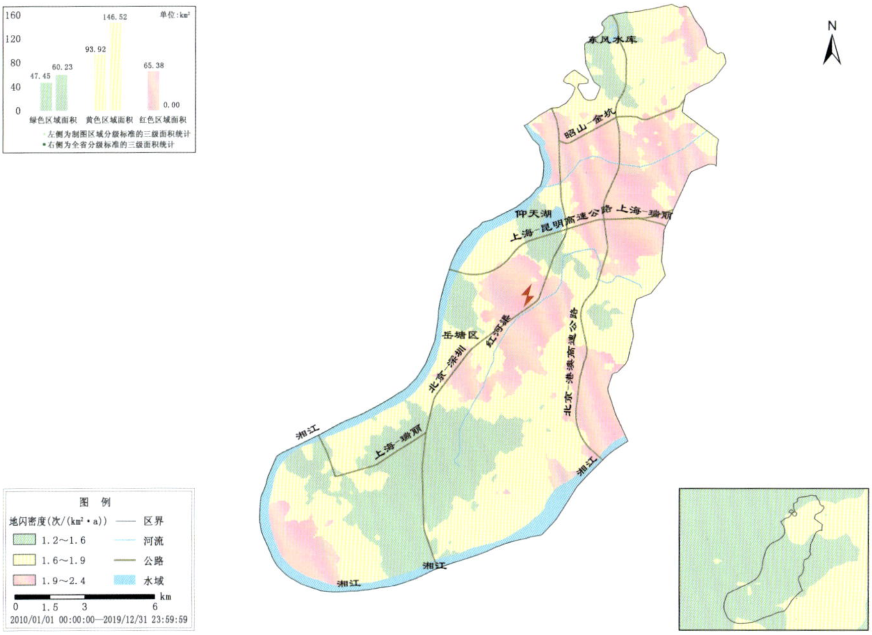

岳塘区地闪密度分布图

岳塘区地闪密度平均值为 1.6 次/(km^2·a)，低于全省地闪密度平均值，最高地闪密度值为 3.40 次/(km^2·a)，位于岳塘区中部，经纬度为(113.00°E,27.90°N)。

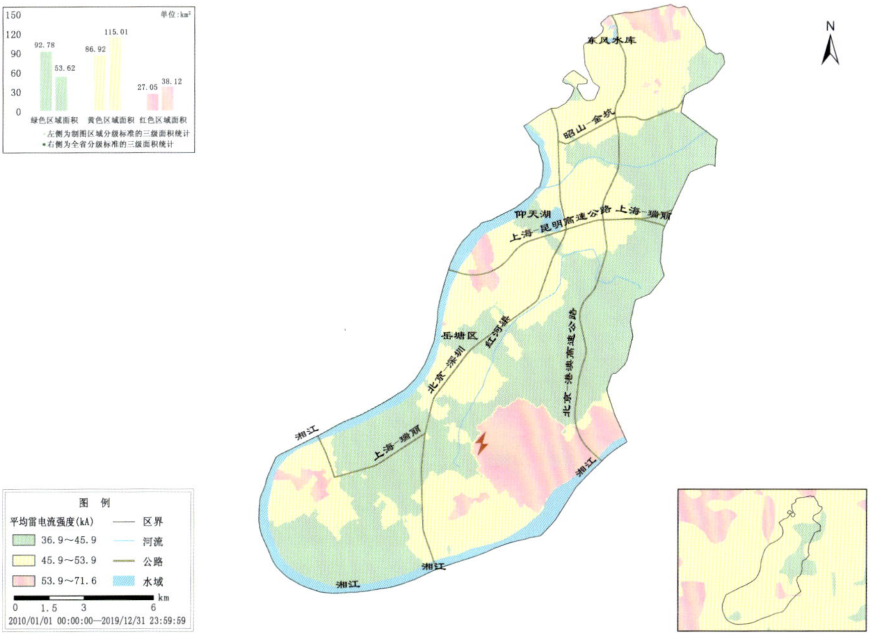

岳塘区平均雷电流强度分布图

岳塘区平均雷电流强度平均值为 45.98 kA，高于全省平均雷电流强度平均值，最高平均雷电流强度值为 163.44 kA，位于岳塘区南部，经纬度为(113.00°E,27.85°N)。

湘乡市

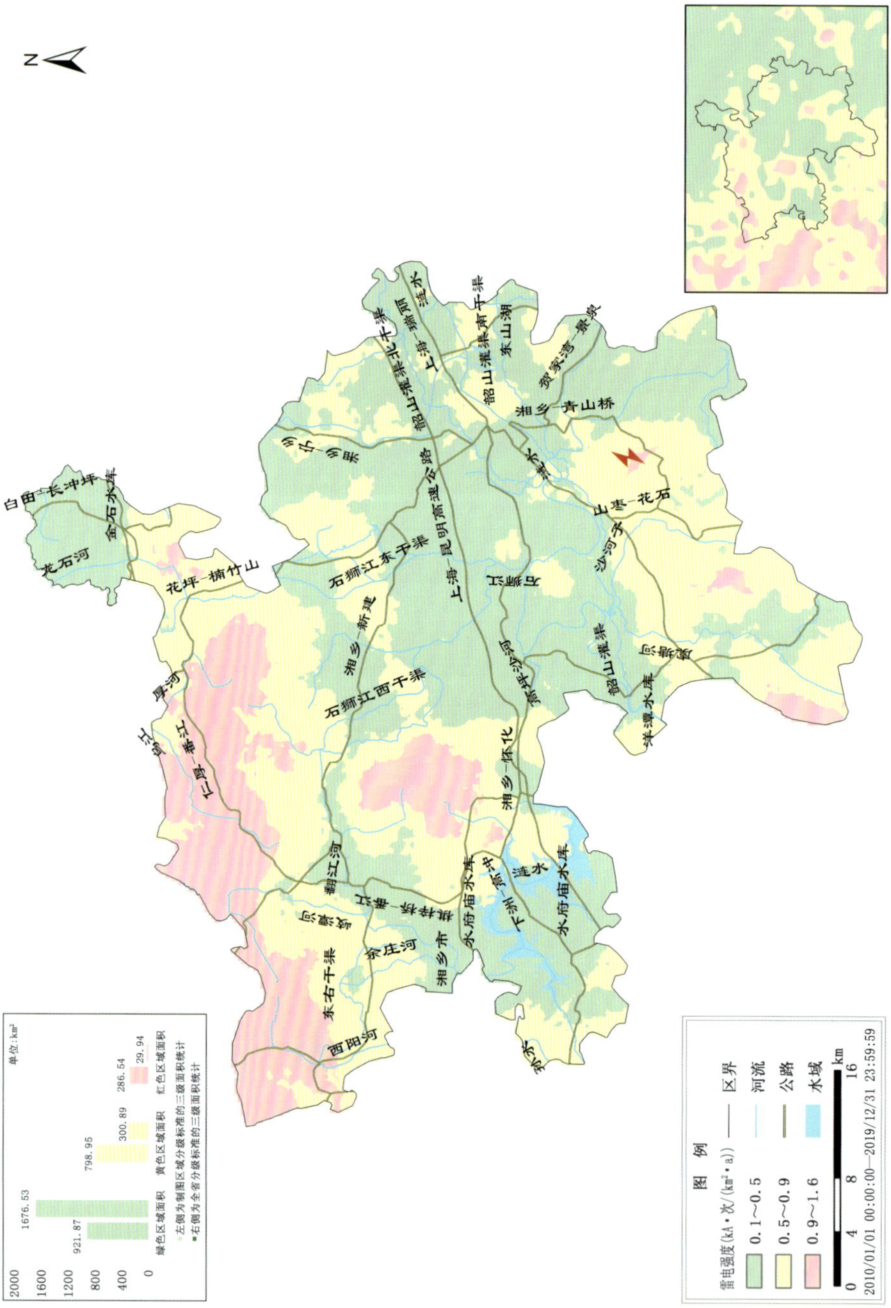

湘乡市雷电强度分布图

湘乡市雷电强度平均值为 0.87 kA·次/(km^2·a),低于全省雷电强度平均值,最高雷电强度值为 5.93 kA·次/(km^2·a),位于湘乡市东南部,经纬度为(112.46°E,27.70°N)。

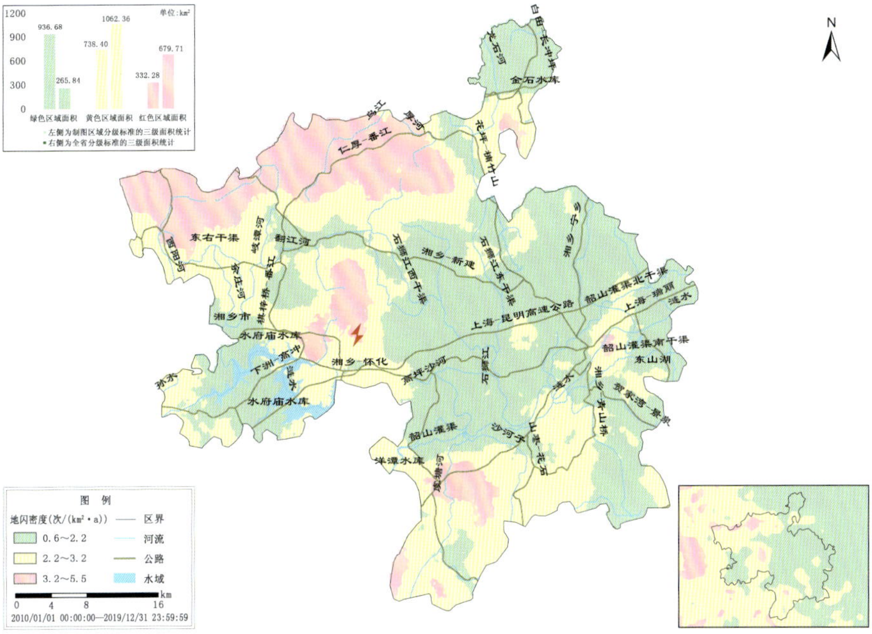

湘乡市地闪密度分布图

湘乡市地闪密度平均值为 1.71 次/(km²·a)，低于全省地闪密度平均值，最高地闪密度值为 5.60 次/(km²·a)，位于湘乡市中部，经纬度为(112.25°E，27.76°N)。

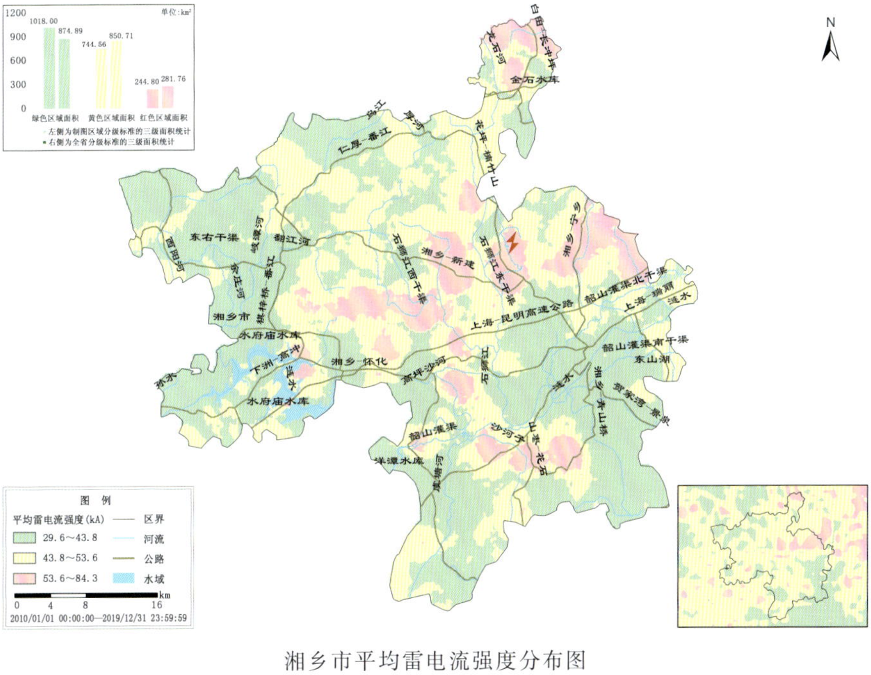

湘乡市平均雷电流强度分布图

湘乡市平均雷电流强度平均值为 45.83 kA，高于全省平均雷电流强度平均值，最高平均雷电流强度值为 209.30 kA，位于湘乡市东北部，经纬度为(112.44°E，27.81°N)。

韶山市

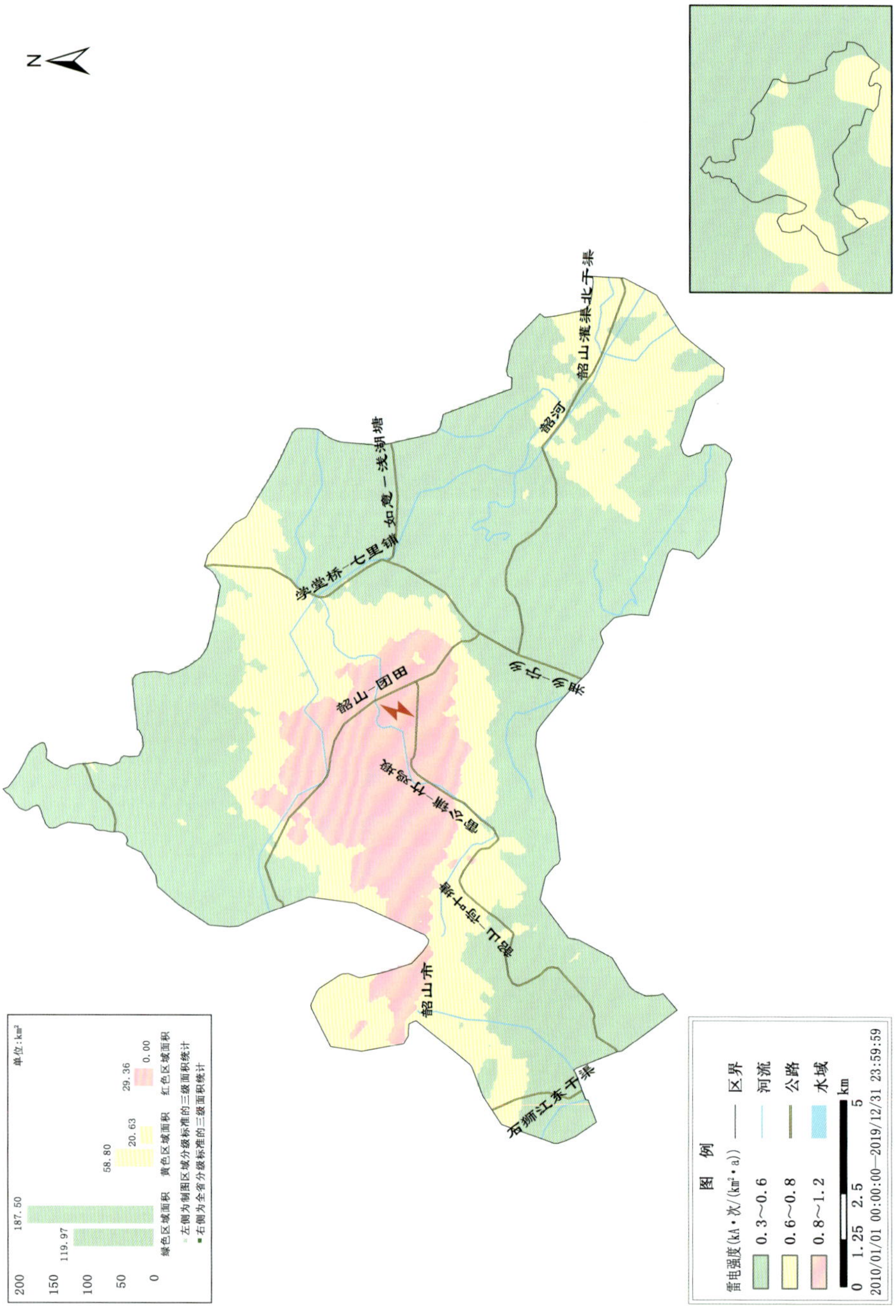

韶山市雷电强度分布图

韶山市雷电强度平均值为 0.80 kA·次/(km^2·a),低于全省雷电强度平均值,最高雷电强度值为 2.13 kA·次/(km^2·a),位于韶山市中部,经纬度为(112.62°E,27.87°N)。

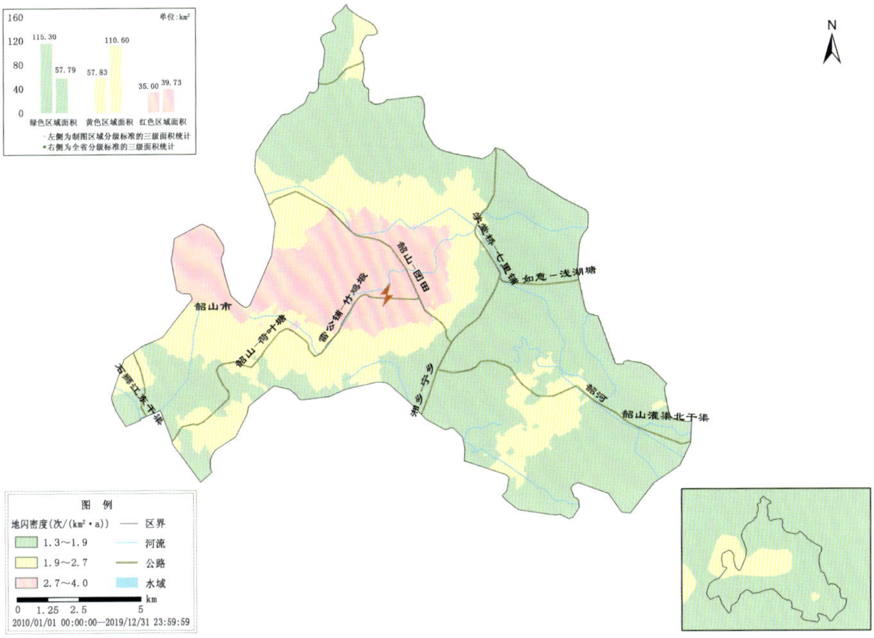

韶山市地闪密度分布图

韶山市地闪密度平均值为 1.45 次/(km^2·a),低于全省地闪密度平均值,最高地闪密度值为 3.60 次/(km^2·a),位于韶山市中部,经纬度为(112.52°E,27.93°N)。

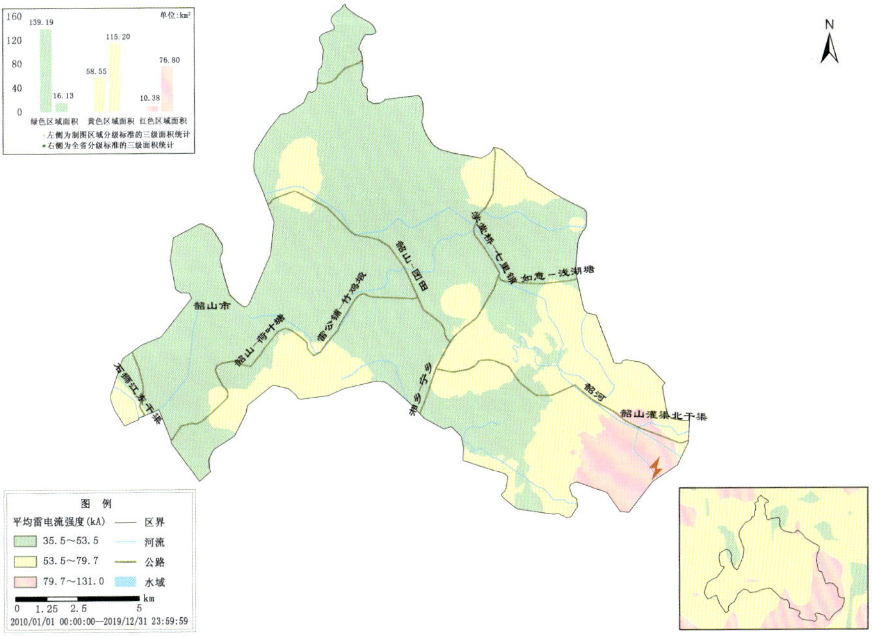

韶山市平均雷电流强度分布图

韶山市平均雷电流强度平均值为 50.55 kA,高于全省平均雷电流强度平均值,最高平均雷电流强度值为 159.62 kA,位于韶山市东南部,经纬度为(112.62°E,27.87°N)。

湘潭县

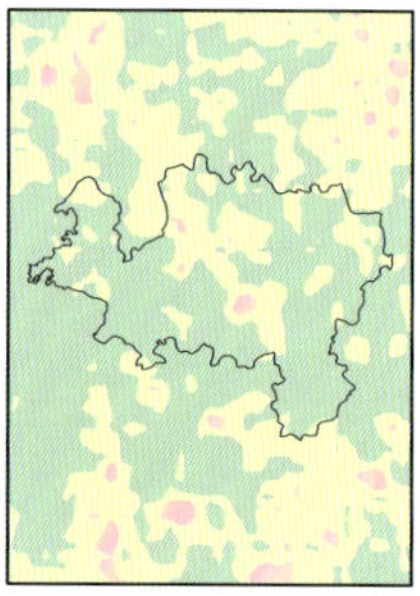

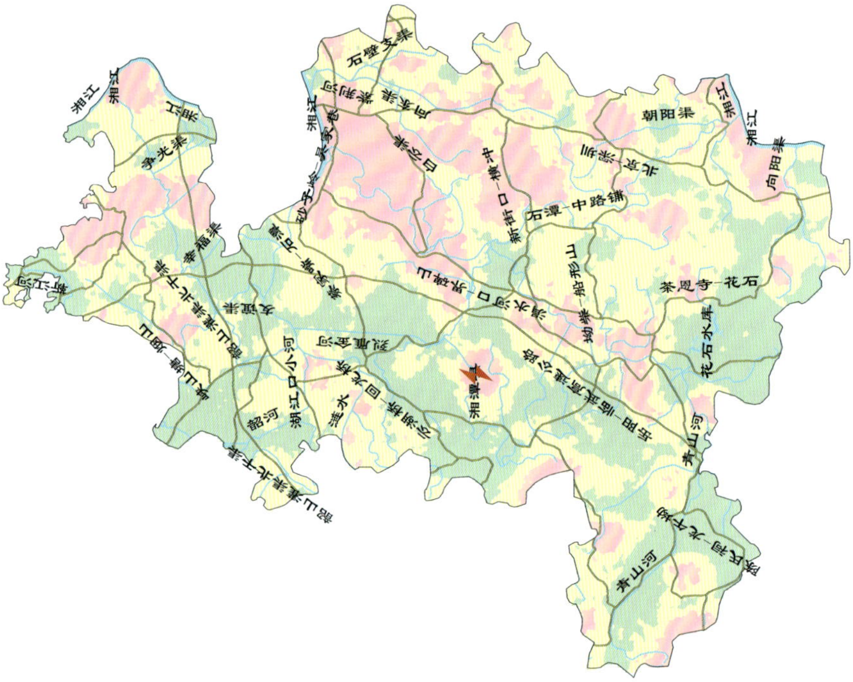

湘潭县雷电强度分布图

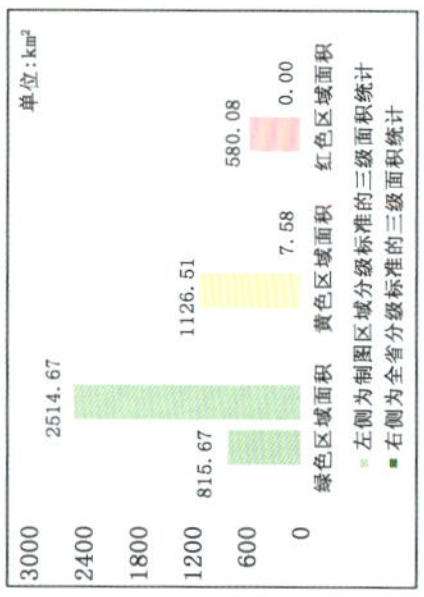

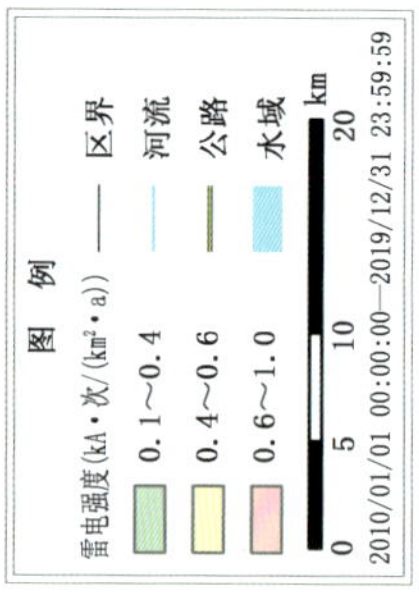

湘潭县雷电强度平均值为 0.76 kA·次/(km^2·a)，低于全省雷电强度平均值，最高雷电强度值为 3.33 kA·次/(km^2·a)，位于湘潭县西部，经纬度为(112.73°E，27.63°N)。

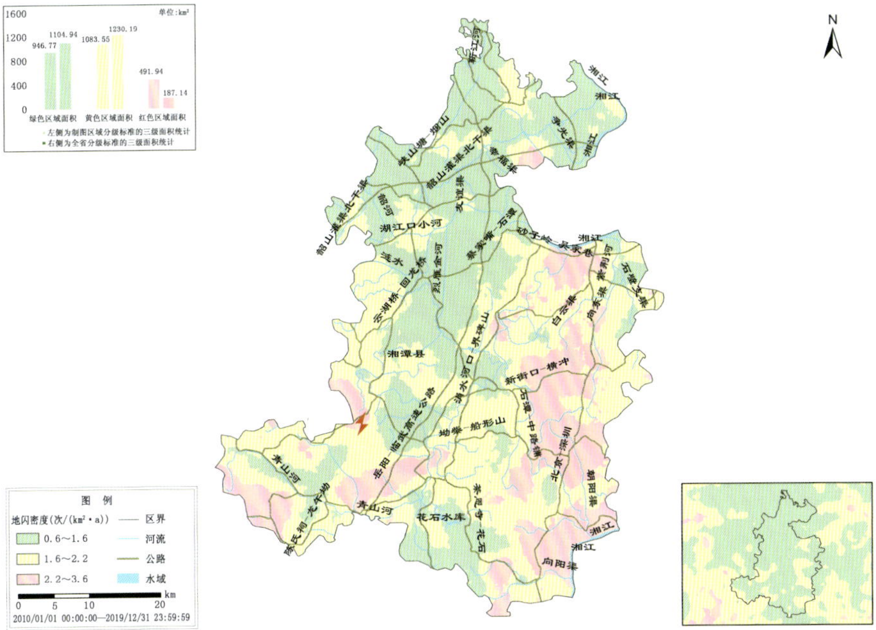

湘潭县地闪密度分布图

湘潭县地闪密度平均值为 1.44 次/(km^2 · a),低于全省地闪密度平均值,最高地闪密度值为 3.80 次/(km^2 · a),位于湘潭县西部,经纬度为(112.64°E,27.57°N)。

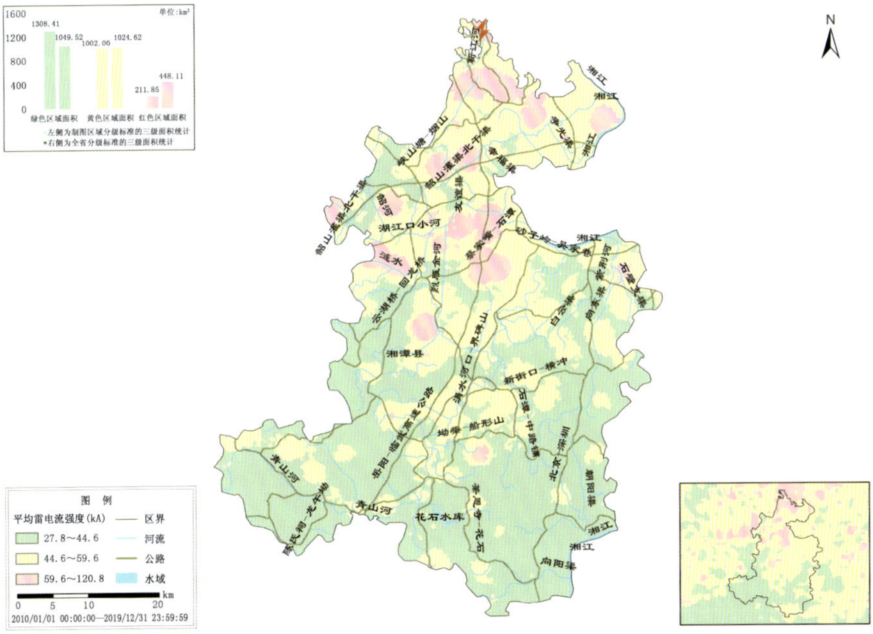

湘潭县平均雷电流强度分布图

湘潭县平均雷电流强度平均值为 45.62 kA,高于全省平均雷电流强度平均值,最高平均雷电流强度值为 322.37 kA,位于湘潭县北部,经纬度为(112.82°E,28.07°N)。

5.5 衡阳地区雷电区划

衡阳市

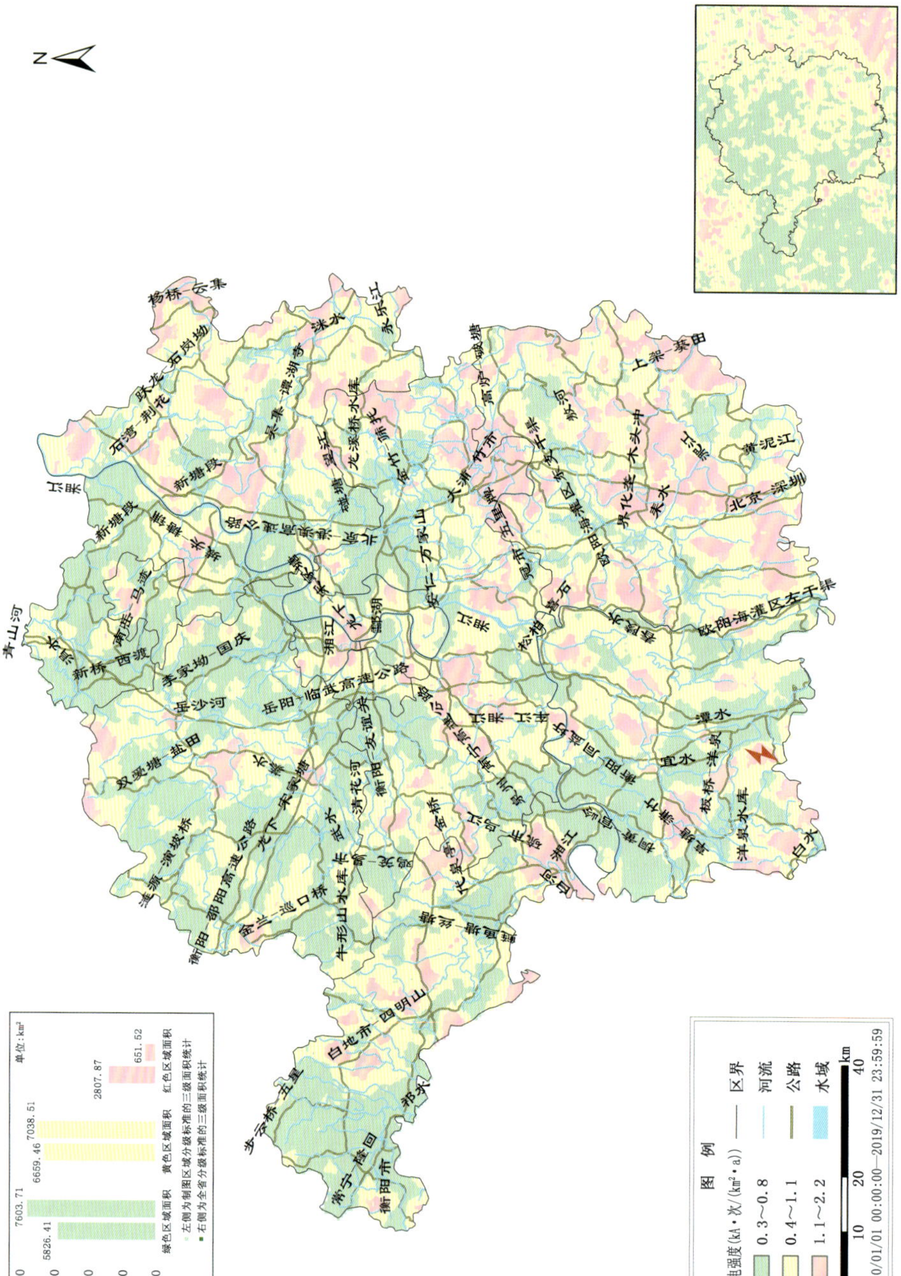

衡阳市雷电强度分布图

衡阳市雷电强度平均值为 0.87 kA·次/(km²·a)，低于全省雷电强度平均值，最高雷电强度值为 4.00 kA·次/(km²·a)，位于衡阳市常宁市，经纬度为(112.41°E，26.23°N)。

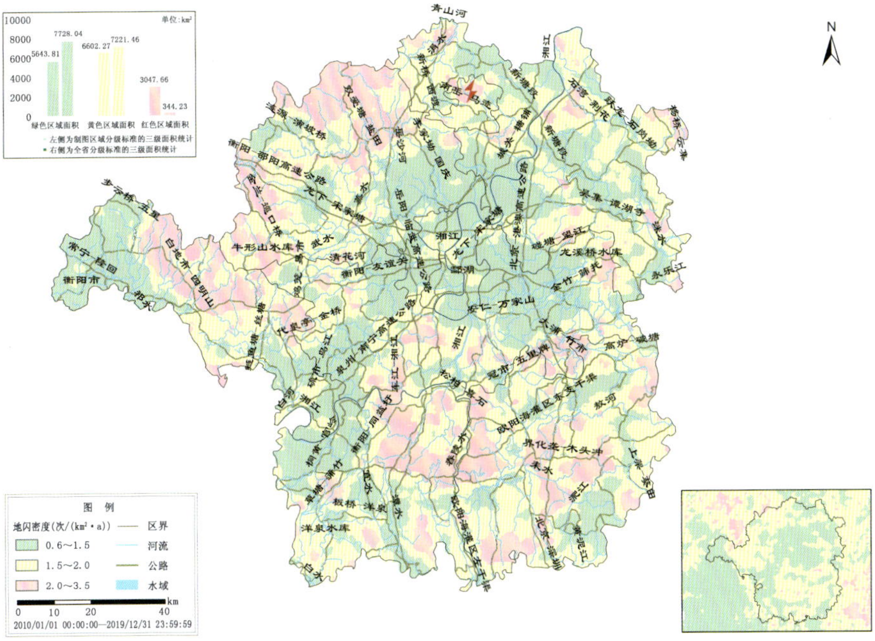

衡阳市地闪密度分布图

衡阳市地闪密度平均值为 1.69 次/(km^2·a)，低于全省地闪密度平均值，最高地闪密度值为 6.10 次/(km^2·a)，位于衡阳市南岳区，经纬度为(112.69°E,27.30°N)。

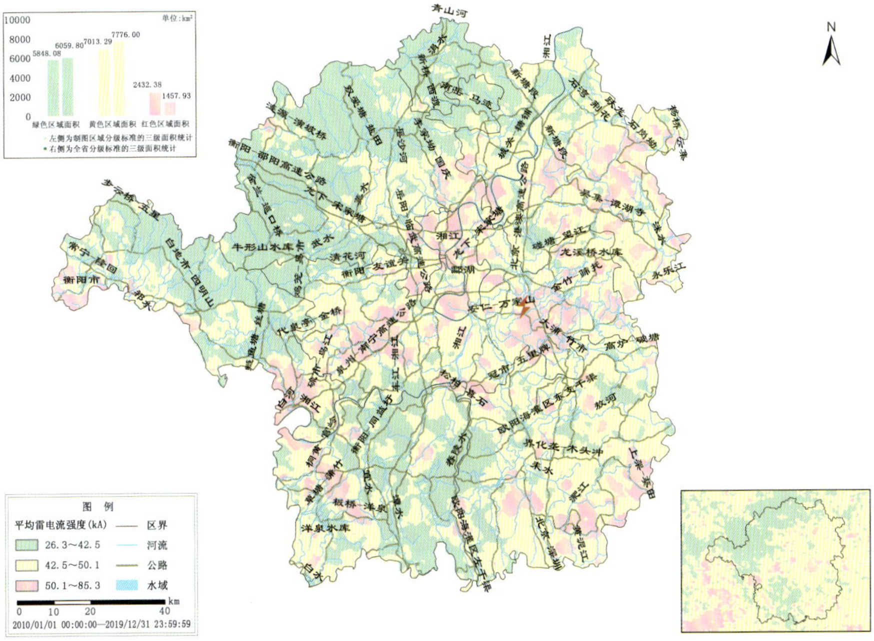

衡阳市平均雷电流强度分布图

衡阳市平均雷电流强度平均值为 44.86 kA，高于全省平均雷电流强度平均值，最高平均雷电流强度值为 268.99 kA，位于衡阳市衡南县，经纬度为(112.82°E,26.75°N)。

蒸湘区

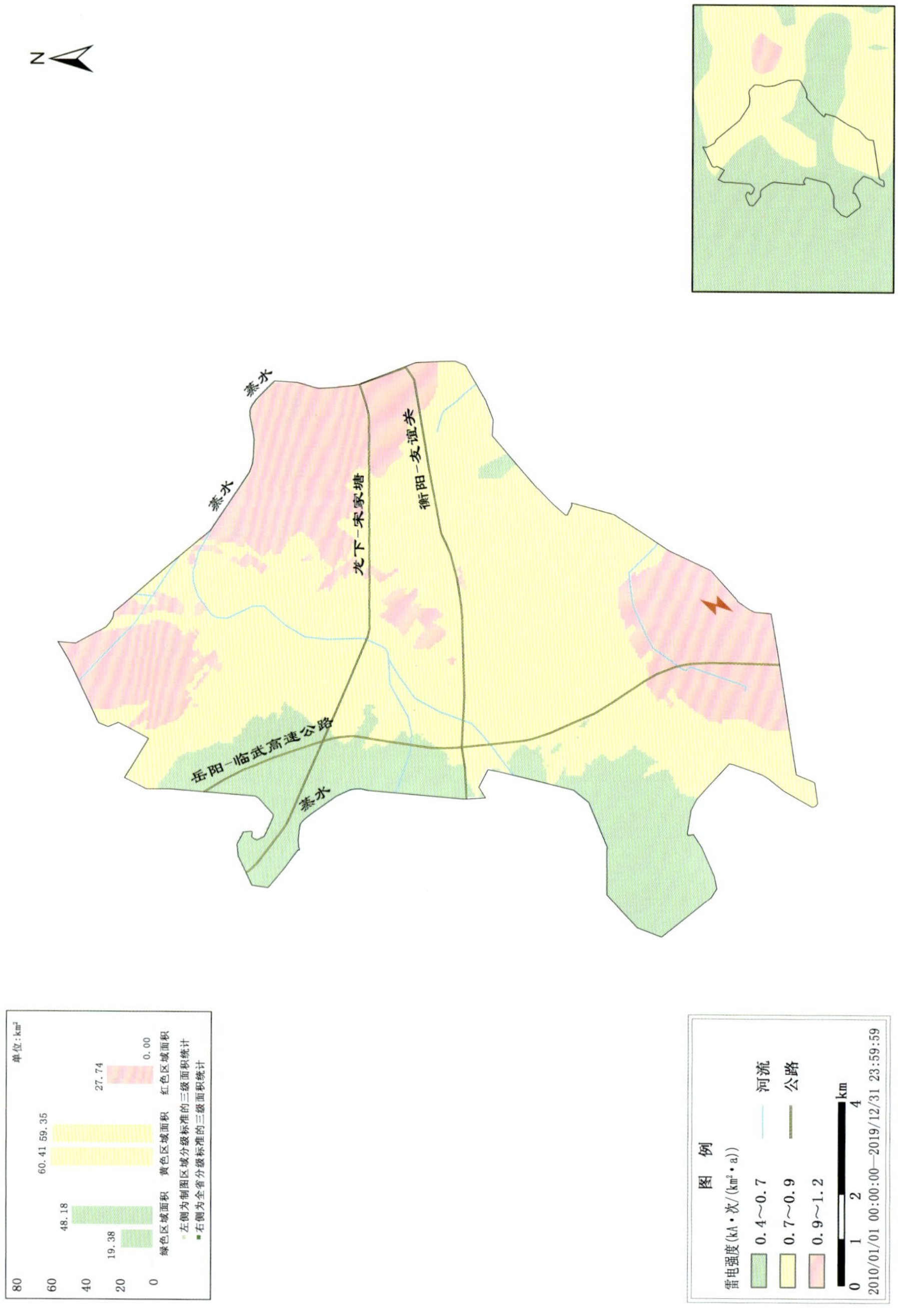

蒸湘区雷电强度分布图

蒸湘区雷电强度平均值为 0.83 kA·次/(km²·a),低于全省雷电强度平均值,最高雷电强度值为 1.87 kA·次/(km²·a),位于蒸湘区南部,经纬度为(112.59°E,26.92°N)。

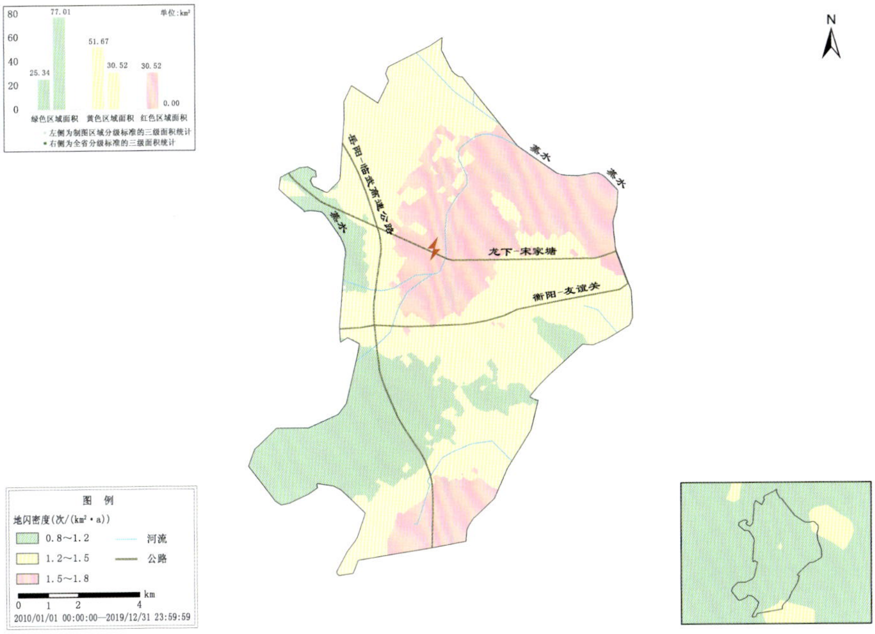

蒸湘区地闪密度分布图

蒸湘区地闪密度平均值为 1.35 次/(km² · a)，低于全省地闪密度平均值，最高地闪密度值为 2.80 次/(km² · a)，位于蒸湘区中部，经纬度为(112.54°E,26.90°N)。

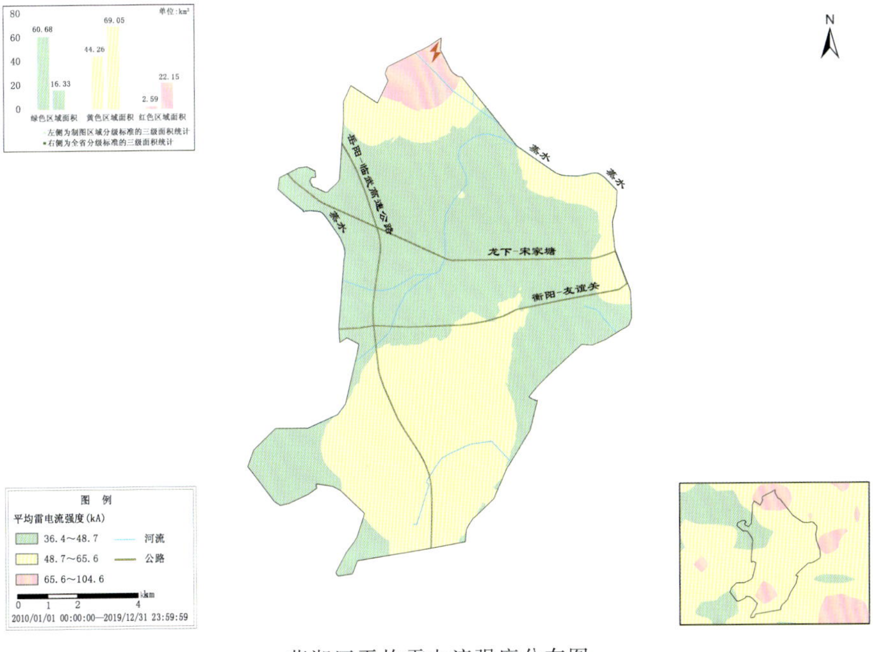

蒸湘区平均雷电流强度分布图

蒸湘区平均雷电流强度平均值为 48.68 kA，高于全省平均雷电流强度平均值，最高平均雷电流强度值为 182.55 kA，位于蒸湘区北部，经纬度为(112.54°E,26.95°N)。

石鼓区

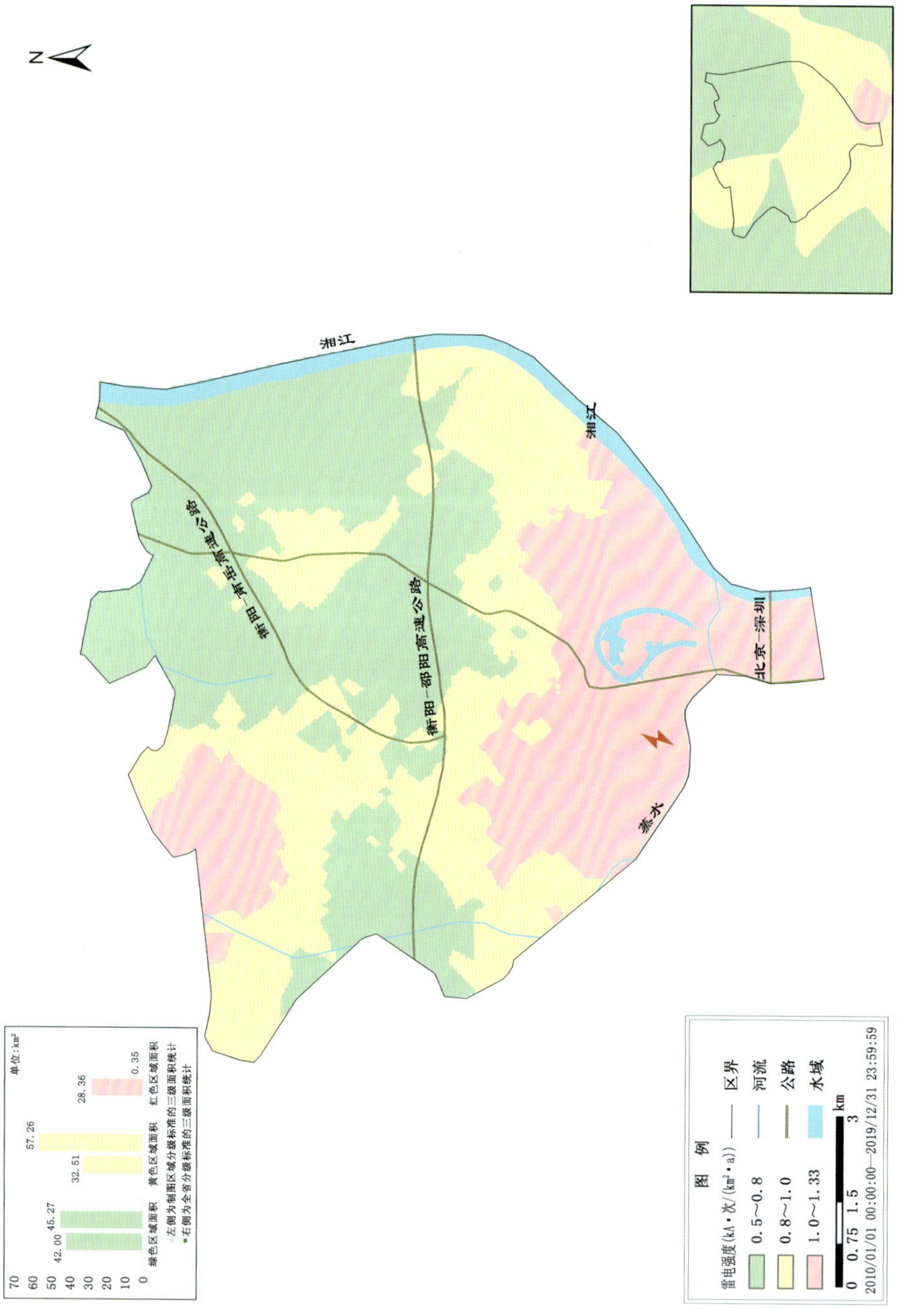

石鼓区雷电强度分布图

石鼓区雷电强度平均值为 0.89 kA·次/(km² ·a),低于全省雷电强度平均值,最高雷电强度值为 1.87 kA·次/(km² ·a),位于石鼓区西南部,经纬度为(112.59°E,26.92°N)。

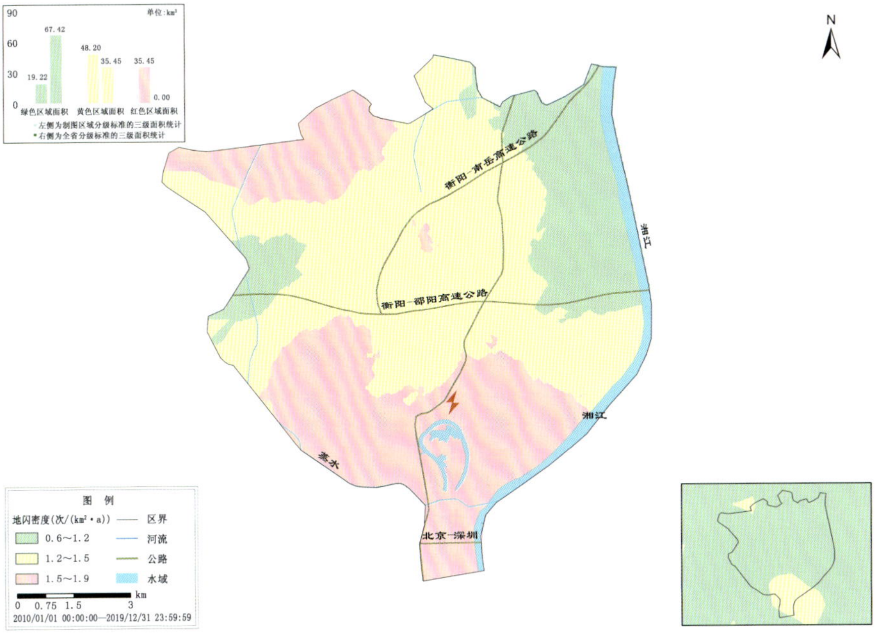

石鼓区地闪密度分布图

石鼓区地闪密度平均值为 1.41 次/(km^2 · a)，低于全省地闪密度平均值，最高地闪密度值为 2.70 次/(km^2 · a)，位于石鼓区南部，经纬度为(112.61°E，26.94°N)。

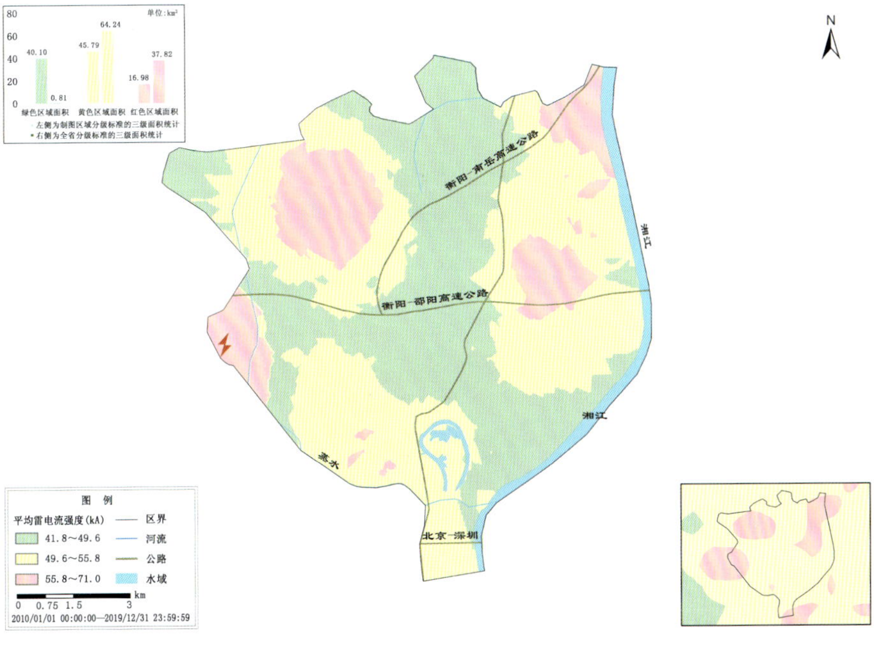

石鼓区平均雷电流强度分布图

石鼓区平均雷电流强度平均值为 51.66 kA，高于全省平均雷电流强度平均值，最高平均雷电流强度值为 182.55 kA，位于石鼓区西南部，经纬度为(112.54°E，26.95°N)。

雁峰区

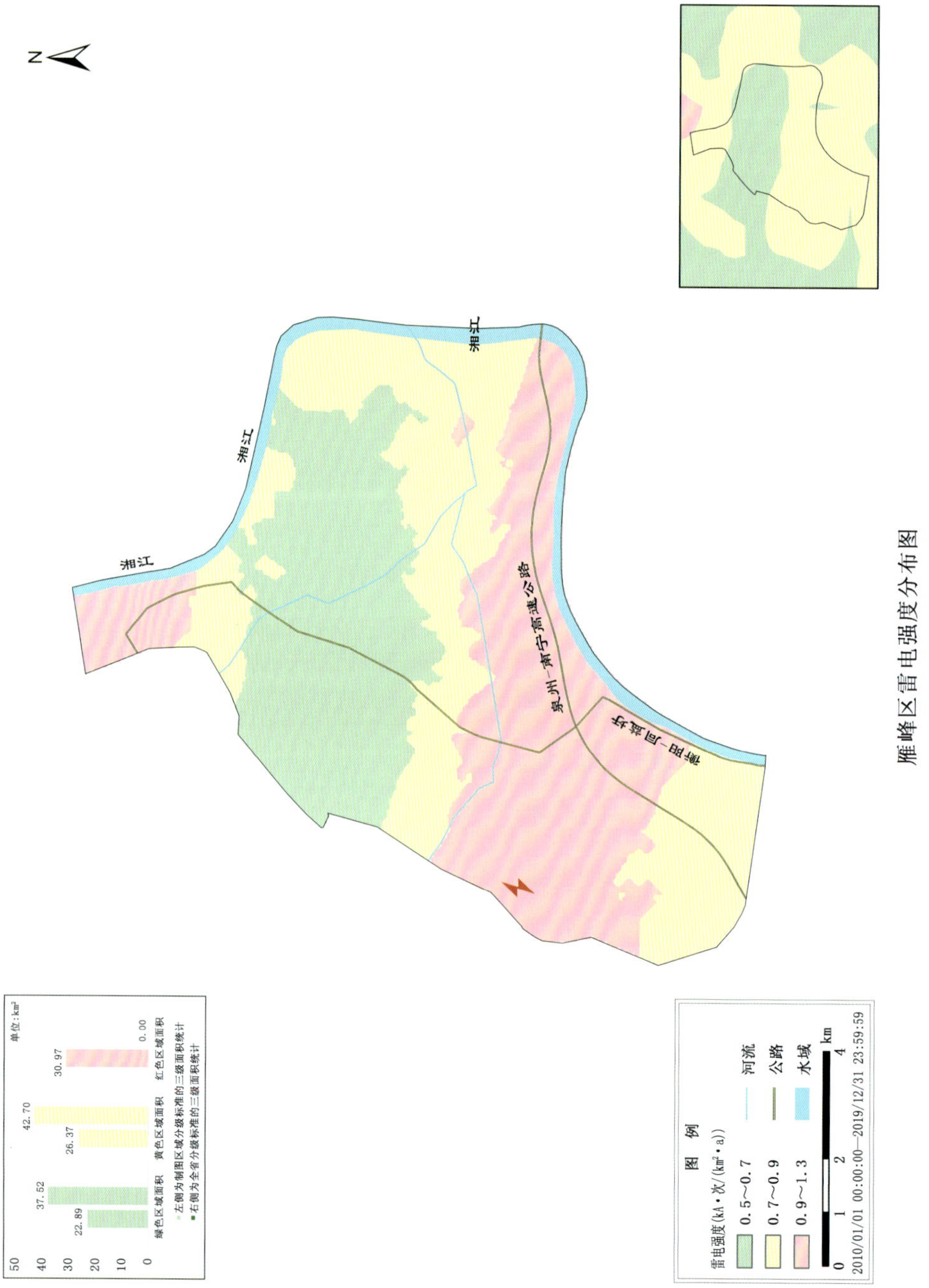

雁峰区雷电强度平均值为 0.89 kA·次/(km²·a)，低于全省雷电强度平均值，最高雷电强度值为 1.80 kA·次/(km²·a)，位于雁峰区西南部，经纬度为(112.56°E,26.82°N)。

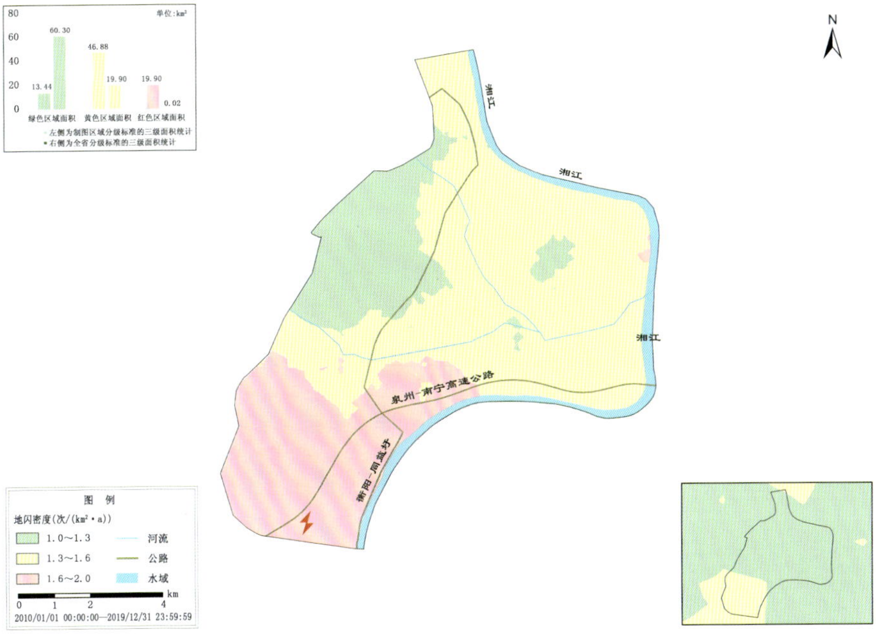

雁峰区地闪密度分布图

雁峰区地闪密度平均值为 1.50 次/(km²·a),低于全省地闪密度平均值,最高地闪密度值为 2.70 次/(km²·a),位于雁峰区南部,经纬度为(112.57°E,26.79°N)。

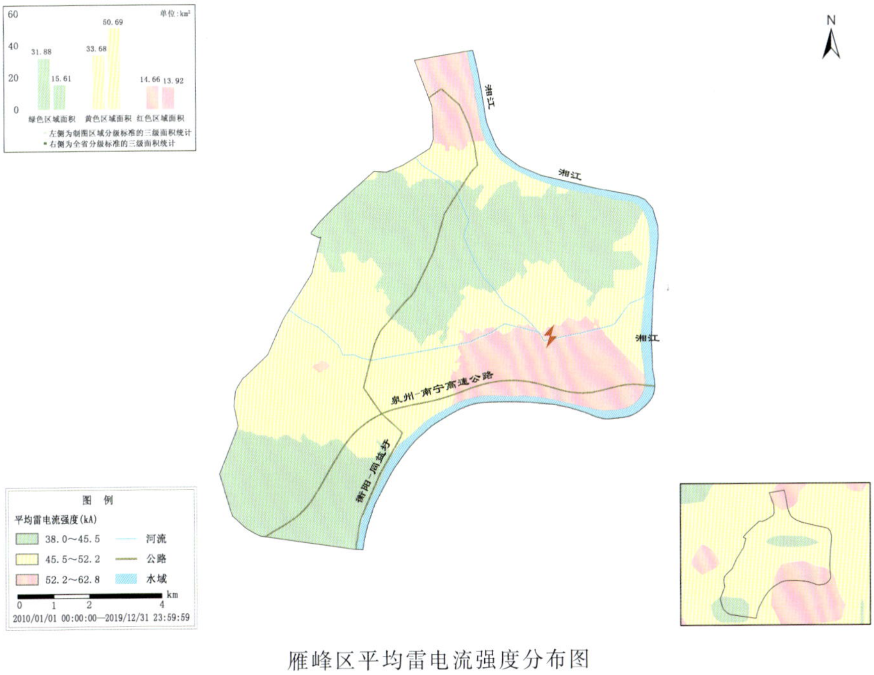

雁峰区平均雷电流强度分布图

雁峰区平均雷电流强度平均值为 47.90 kA,高于全省平均雷电流强度平均值,最高平均雷电流强度值为 91.67 kA,位于雁峰区中部,经纬度为(112.63°E,26.83°N)。

珠晖区

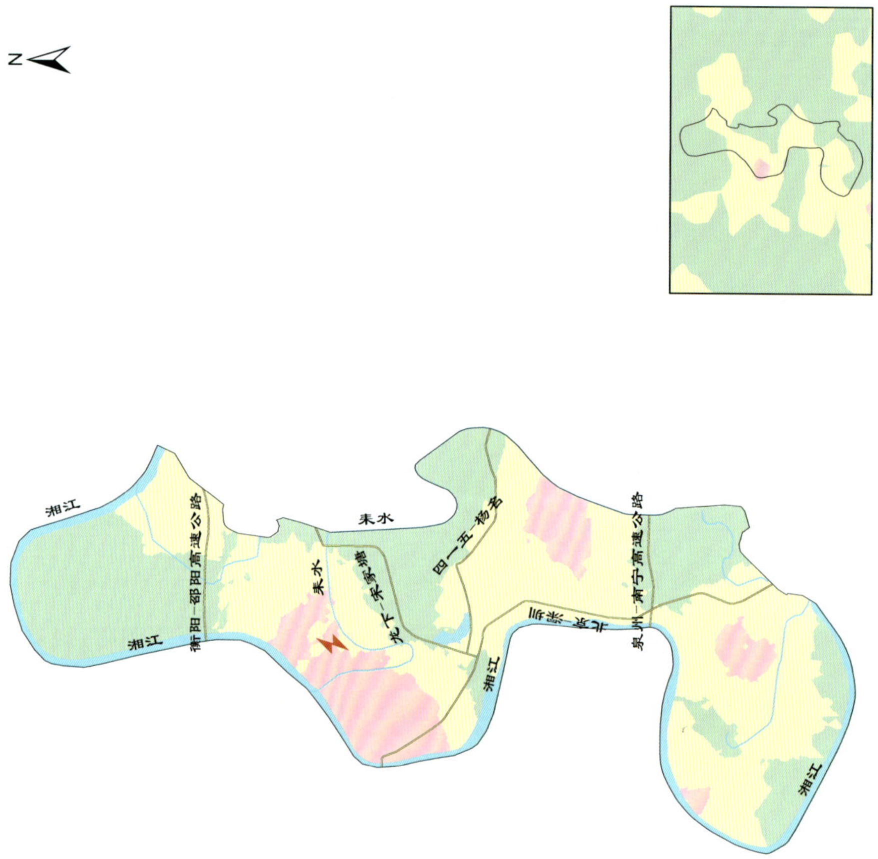

珠晖区雷电强度分布图

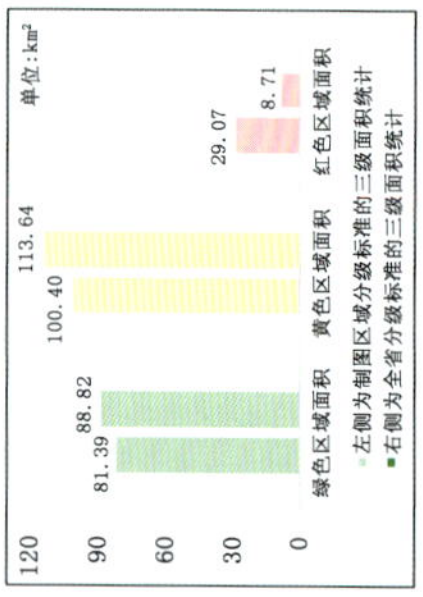

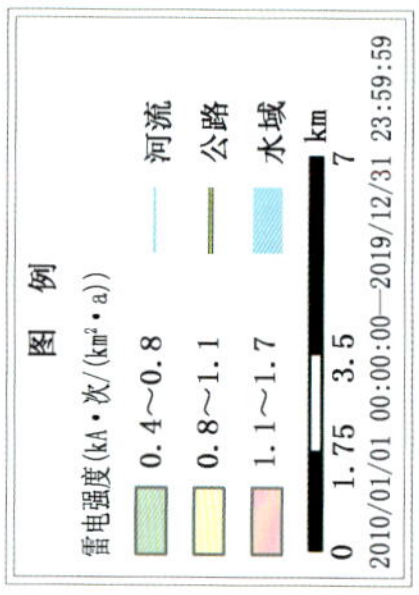

珠晖区雷电强度平均值为 0.87 kA·次/(km^2·a)，低于全省雷电强度平均值，最高雷电强度值为 2.47 kA·次/(km^2·a)，位于珠晖区中部偏北，经纬度为(112.66°E，26.92°N)。

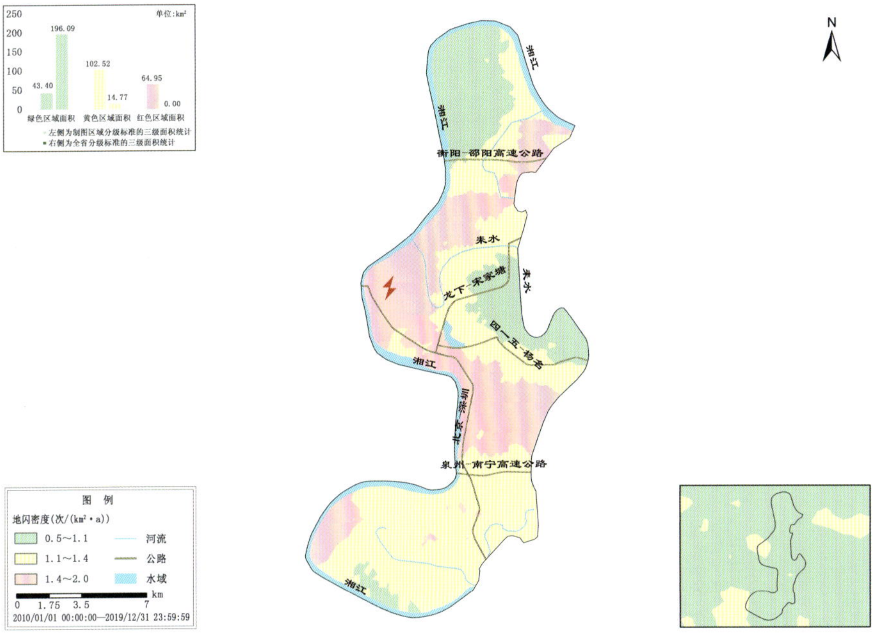

珠晖区地闪密度分布图

珠晖区地闪密度平均值为 1.30 次/(km^2·a)，低于全省地闪密度平均值，最高地闪密度值为 2.90 次/(km^2·a)，位于珠晖区中部偏西，经纬度为(112.63°E，26.91°N)。

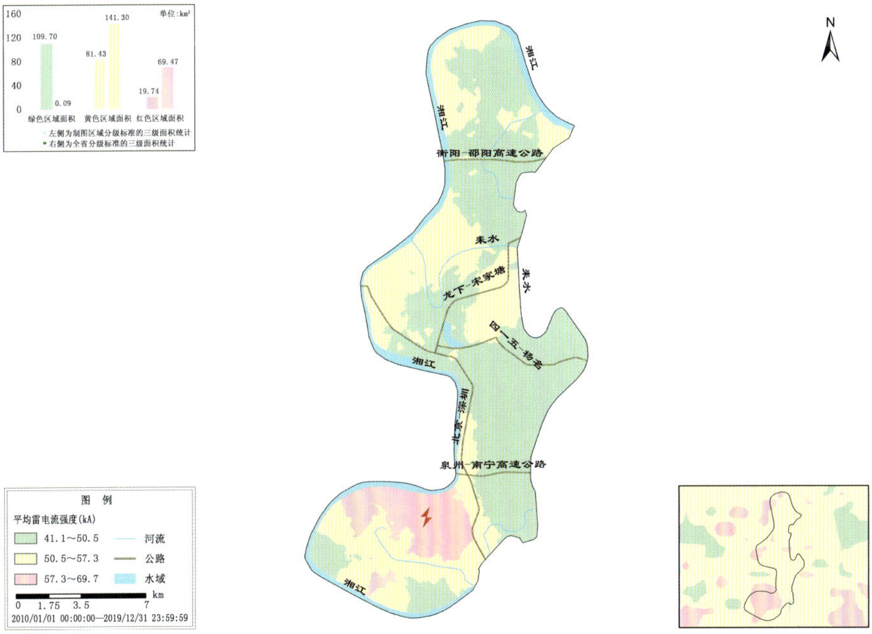

珠晖区平均雷电流强度分布图

珠晖区平均雷电流强度平均值为 51.11 kA，高于全省平均雷电流强度平均值，最高平均雷电流强度值为 108.52 kA，位于珠晖区南部，经纬度为(112.64°E，26.80°N)。

南岳区

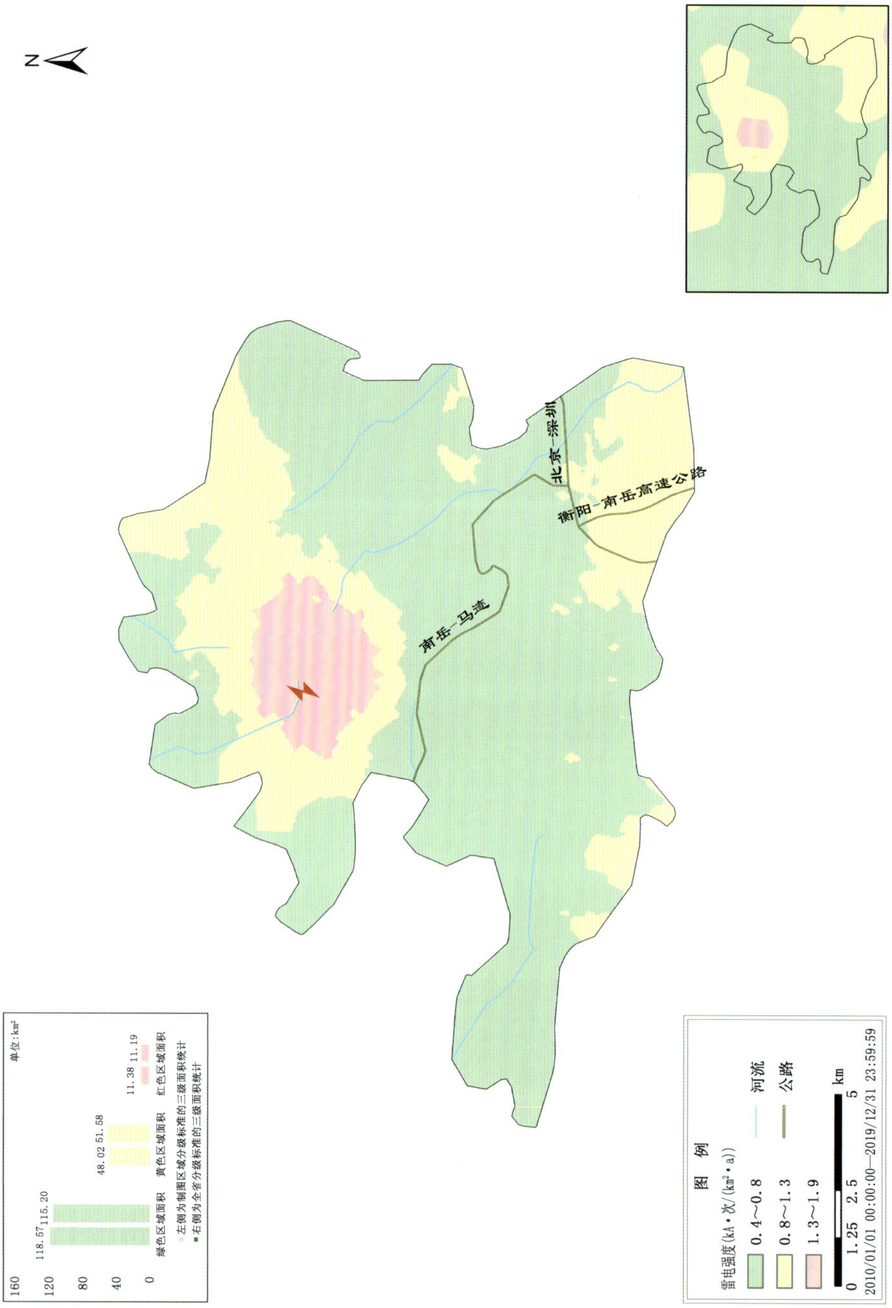

南岳区雷电强度分布图

南岳区雷电强度平均值为 0.83 kA·次/(km²·a)，低于全省雷电强度平均值，最高雷电强度值为 3.60 kA·次/(km²·a)，位于南岳区西北部，经纬度为(112.68°E，27.28°N)。

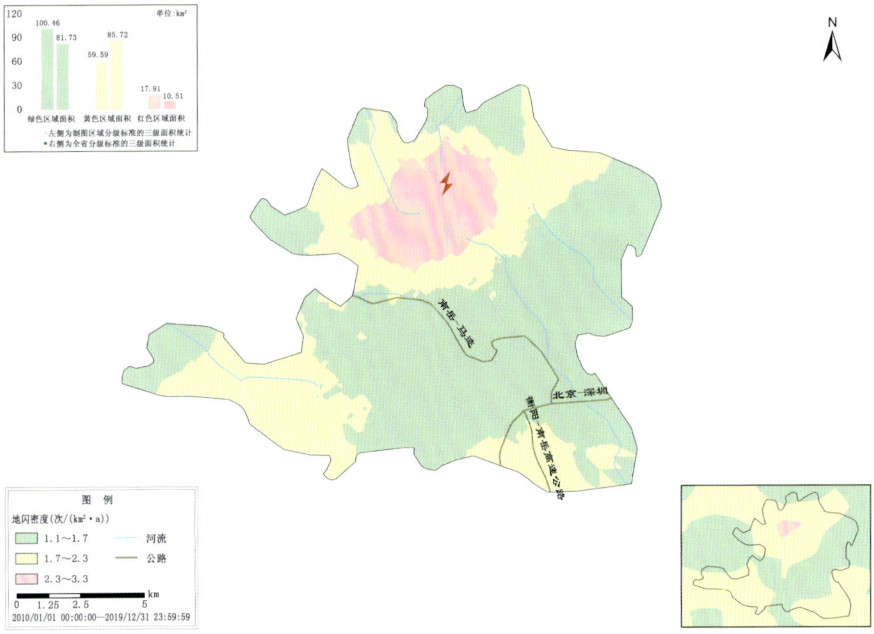

南岳区地闪密度分布图

南岳区地闪密度平均值为 1.79 次/(km^2 · a),低于全省地闪密度平均值,最高地闪密度值为 6.10 次/(km^2 · a),位于南岳区北部,经纬度为(112.69°E,27.30°N)。

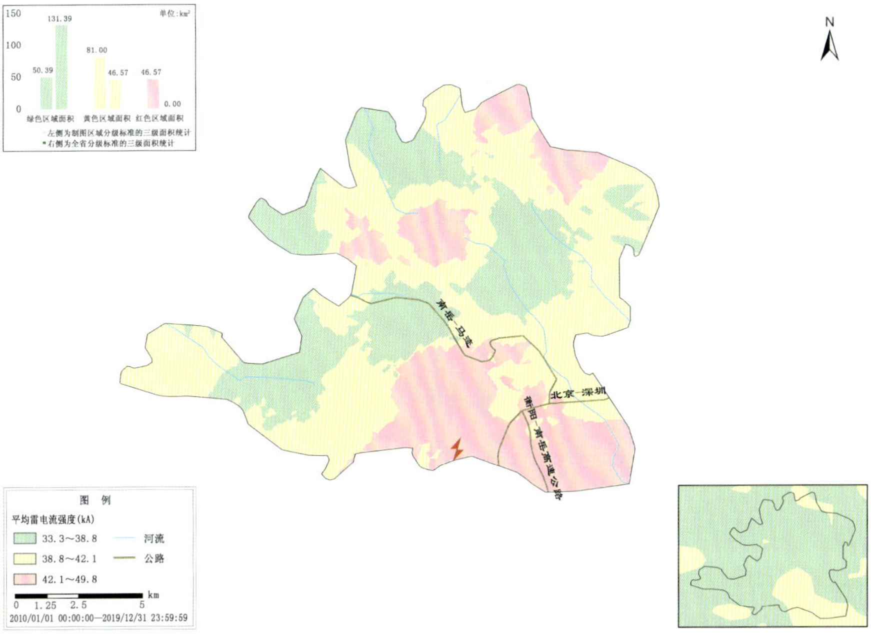

南岳区平均雷电流强度分布图

南岳区平均雷电流强度平均值为 40.54 kA,低于全省平均雷电流强度平均值,最高平均雷电流强度值为 87.93 kA,位于南岳区南部,经纬度为(112.69°E,27.23°N)。

耒阳市

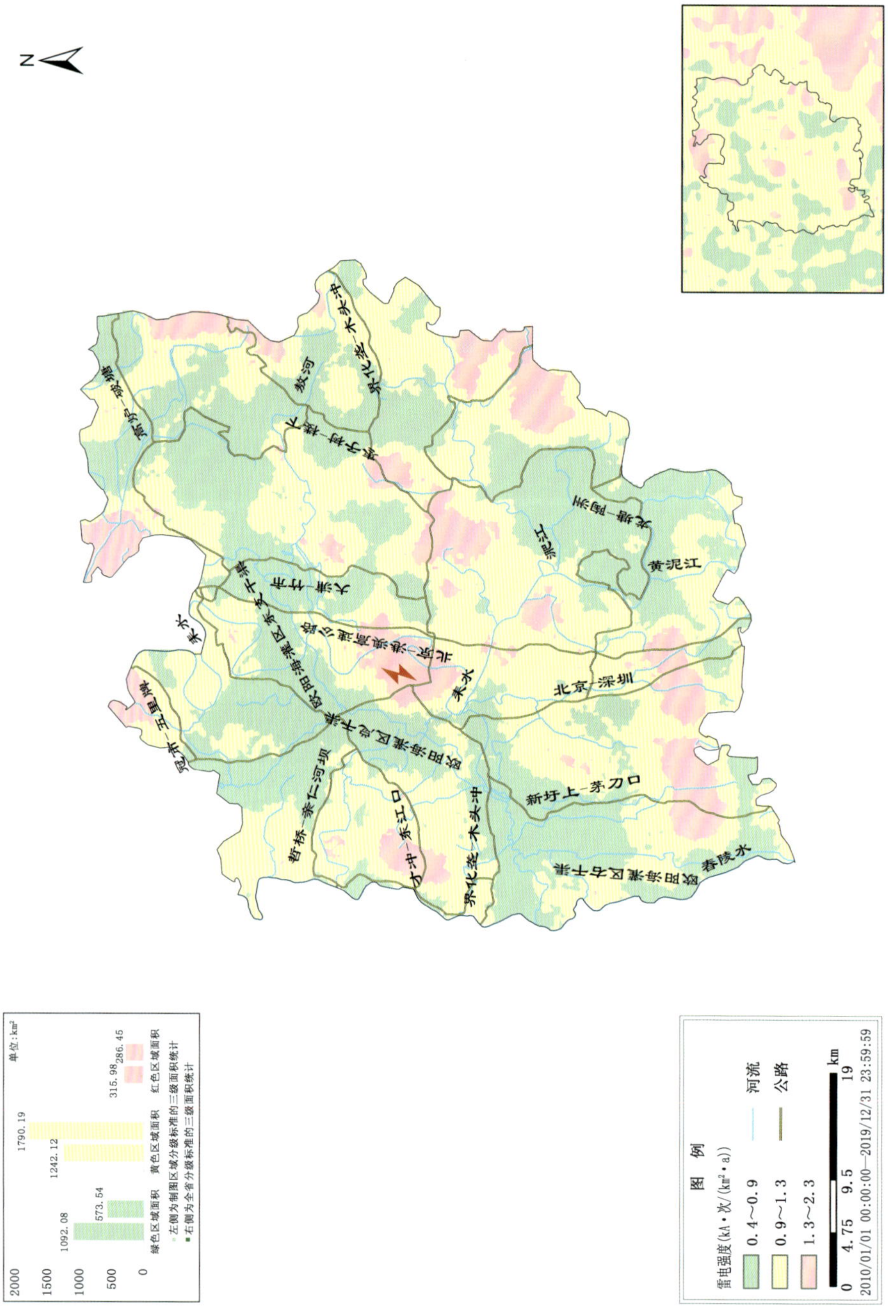

耒阳市雷电强度分布图

耒阳市雷电强度平均值为 1.01 kA·次/(km²·a)，高于全省雷电强度平均值，最高雷电强度值为 3.67 kA·次/(km²·a)，位于耒阳市中部，经纬度为(113.10°E，26.32°N)。

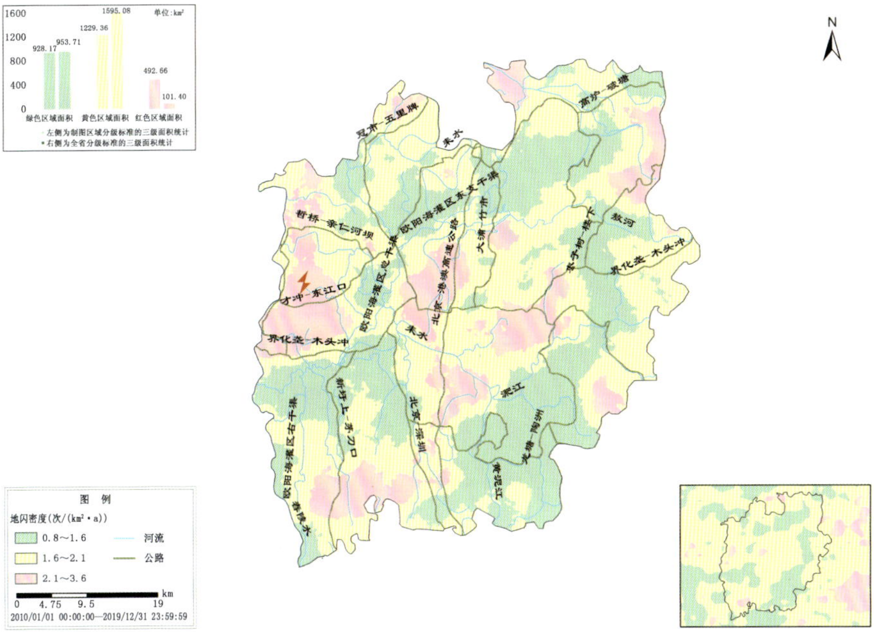

耒阳市地闪密度分布图

耒阳市地闪密度平均值为 1.84 次/(km² · a)，低于全省地闪密度平均值，最高地闪密度值为 5.70 次/(km² · a)，位于耒阳市西部，经纬度为(112.69°E，26.44°N)。

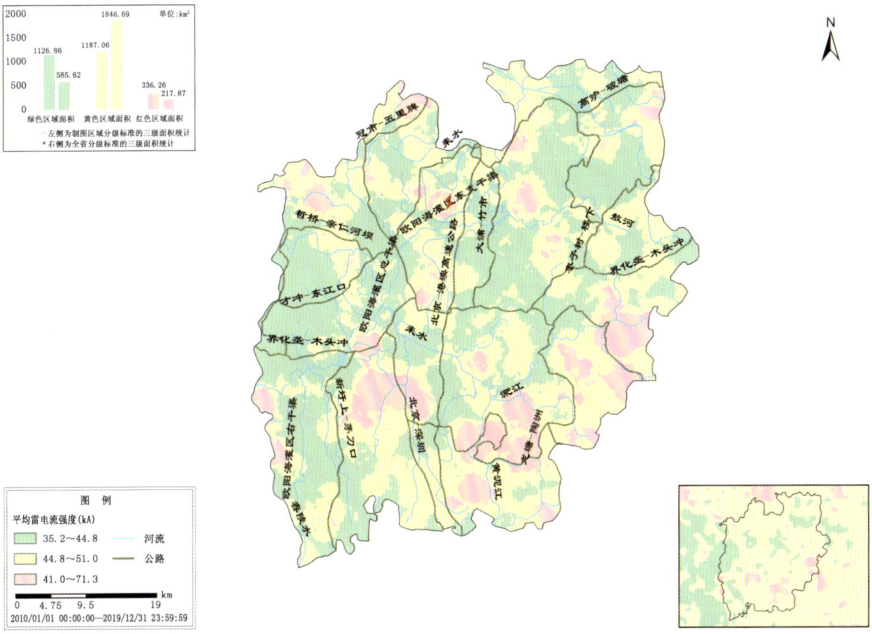

耒阳市平均雷电流强度分布图

耒阳市平均雷电流强度平均值为 46.13 kA，高于全省平均雷电流强度平均值，最高平均雷电流强度值为 146.30 kA，位于耒阳市西北部，经纬度为(112.88°E，26.54°N)。

常宁市

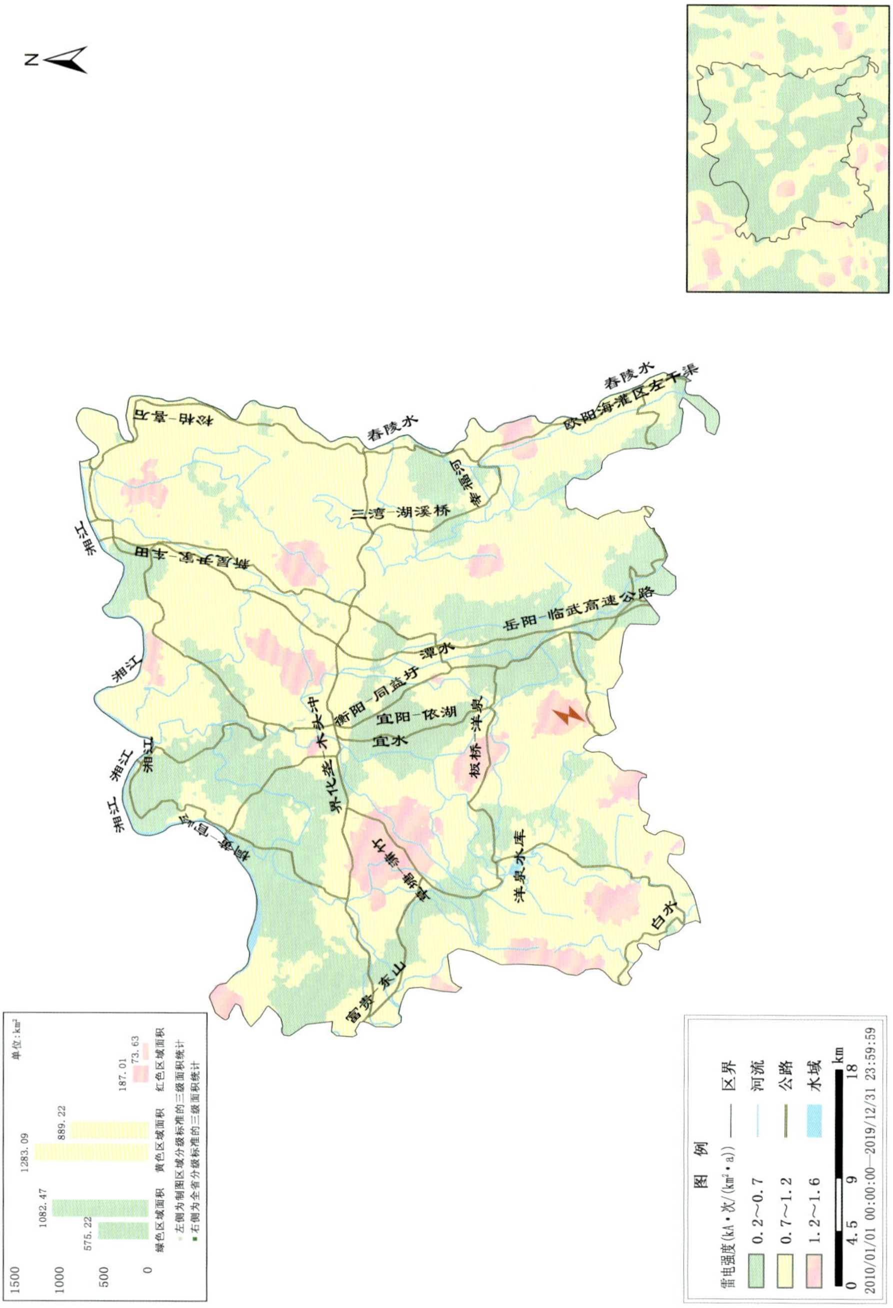

常宁市雷电强度分布图

常宁市雷电强度平均值为 0.84 kA·次/(km²·a)，低于全省雷电强度平均值，最高雷电强度值为 4.00 kA·次/(km²·a)，位于常宁市南部，经纬度为(112.41°E，26.23°N)。

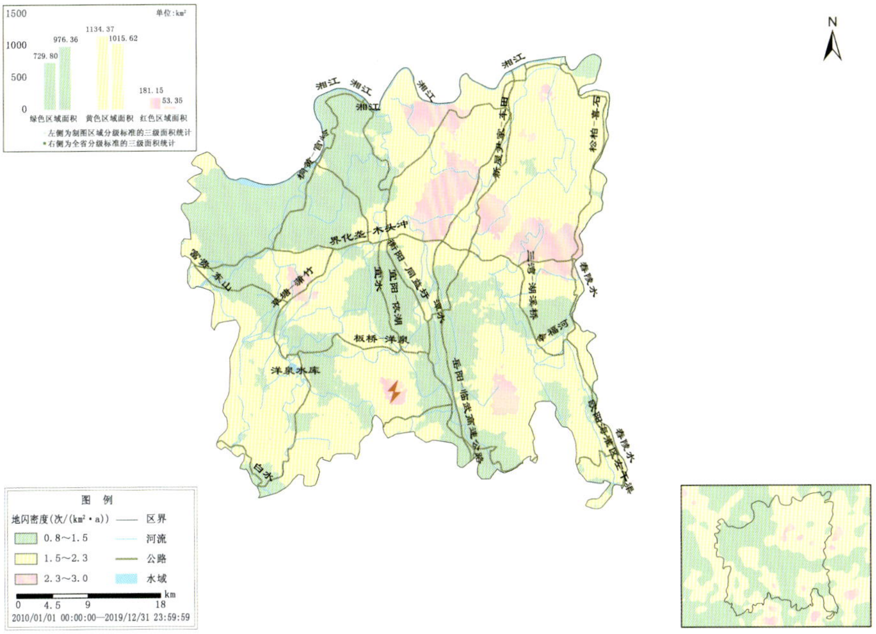

常宁市地闪密度分布图

常宁市地闪密度平均值为1.73次/(km^2·a),低于全省地闪密度平均值,最高地闪密度值为5.40次/(km^2·a),位于常宁市南部,经纬度为(112.35°E,26.17°N)。

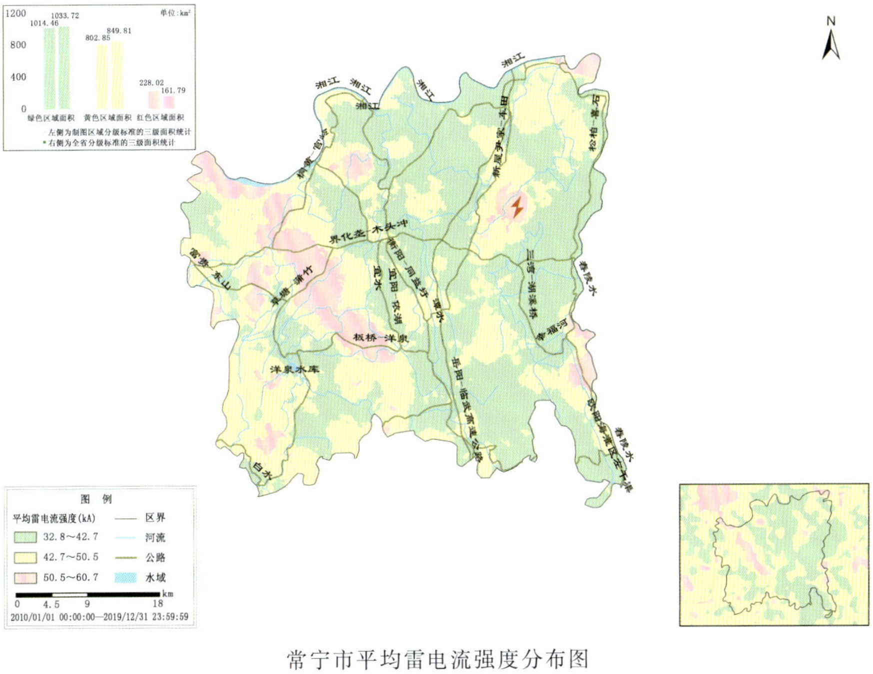

常宁市平均雷电流强度分布图

常宁市平均雷电流强度平均值为43.93 kA,低于全省平均雷电流强度平均值,最高平均雷电流强度值为150.21 kA,位于常宁市东北部,经纬度为(112.56°E,26.44°N)。

衡南县

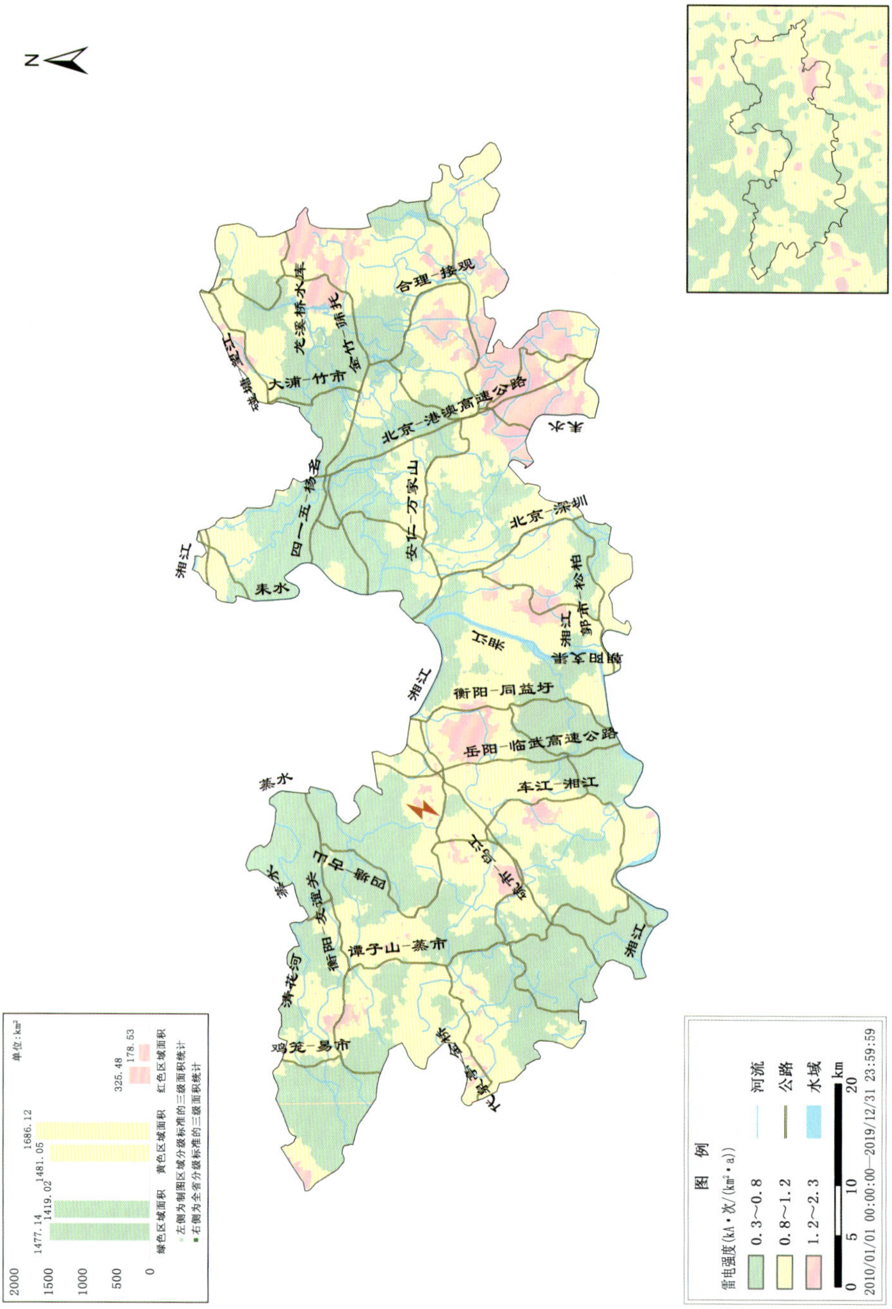

衡南县雷电强度分布图

衡南县雷电强度平均值为 0.90 kA·次/(km^2·a),低于全省雷电强度平均值,最高雷电强度值为 3.67 kA·次/(km^2·a),位于衡南县西北部,经纬度为(112.49°E,26.77°N)。

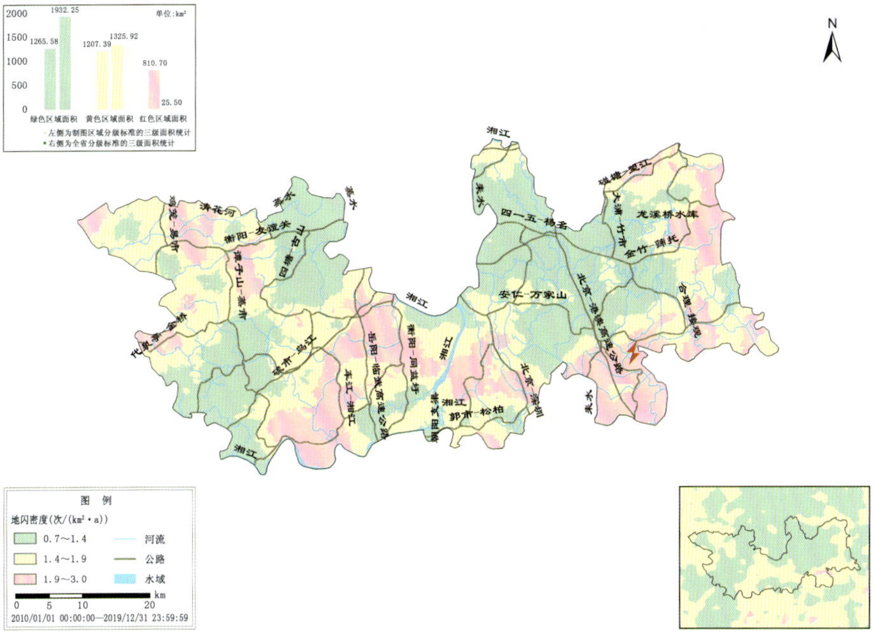

衡南县地闪密度分布图

衡南县地闪密度平均值为 1.60 次/(km^2 · a)，低于全省地闪密度平均值，最高地闪密度值为 4.10 次/(km^2 · a)，位于衡南县东南部，经纬度为(112.48°E,26.57°N)。

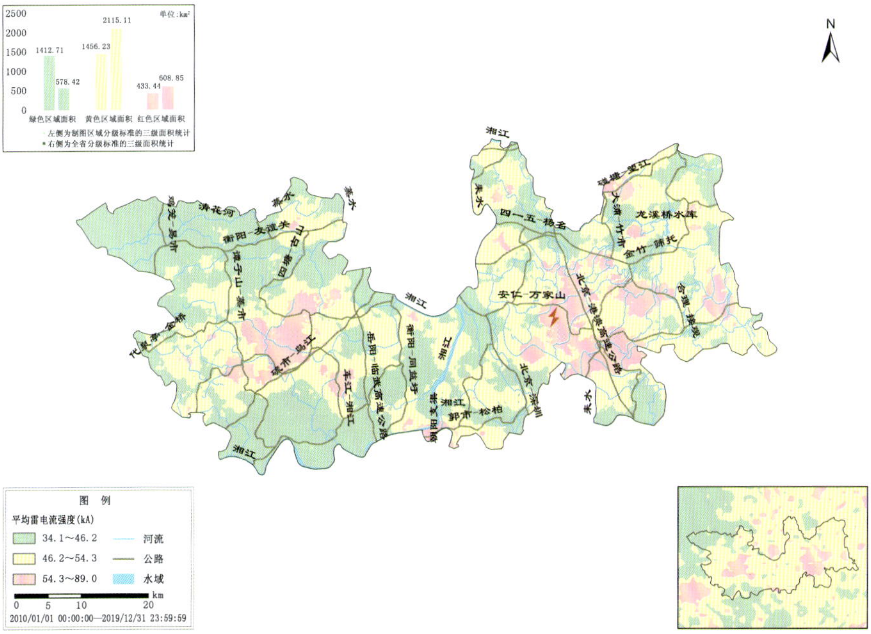

衡南县平均雷电流强度分布图

衡南县平均雷电流强度平均值为 47.82 kA，高于全省平均雷电流强度平均值，最高平均雷电流强度值为 268.99 kA，位于衡南县东部，经纬度为(112.82°E,26.75°N)。

衡阳县

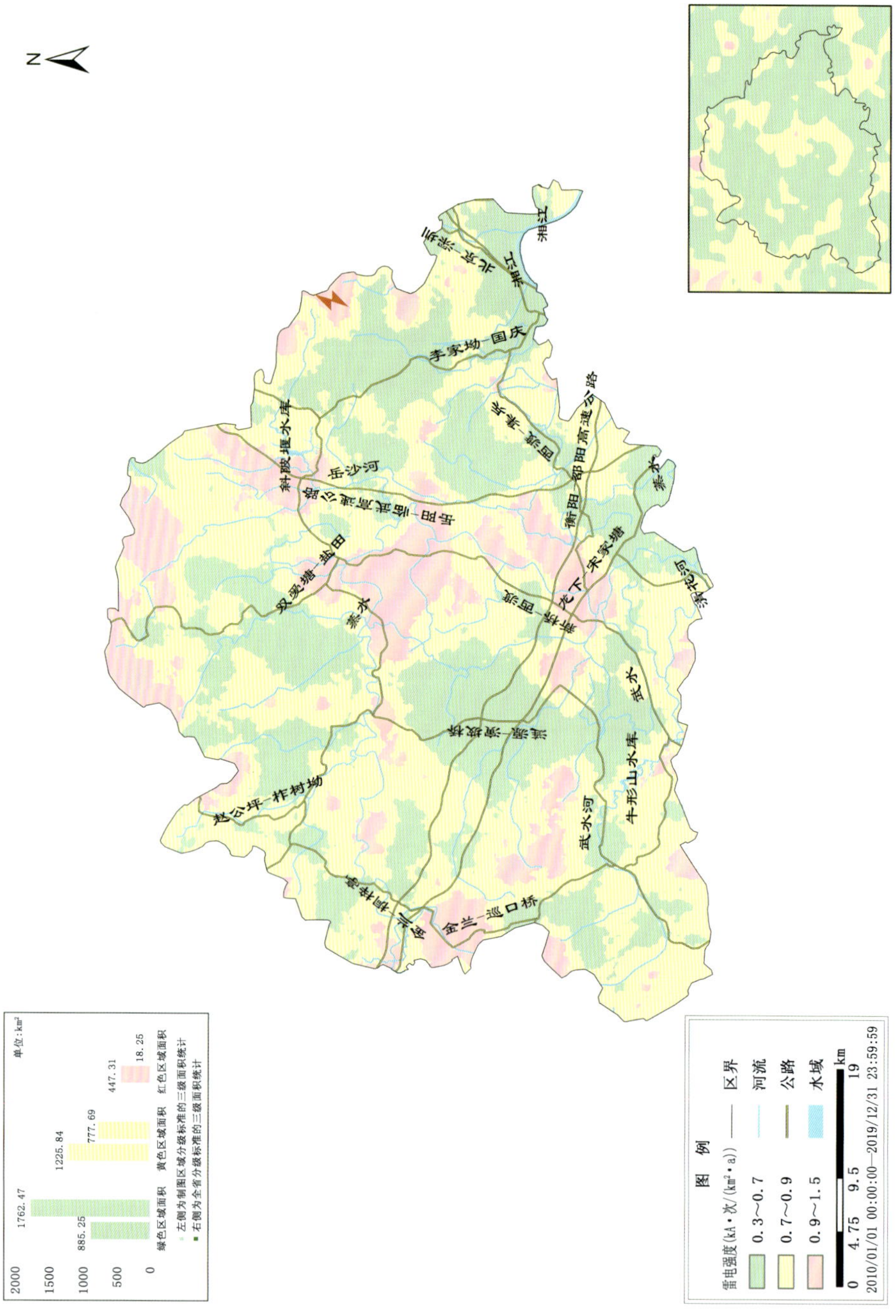

衡阳县雷电强度分布图

衡阳县雷电强度平均值为 0.77 kA·次/(km^2·a)，低于全省雷电强度平均值，最高雷电强度值为 3.53 kA·次/(km^2·a)，位于衡阳县东北部，经纬度为(112.32°E,27.37°N)。

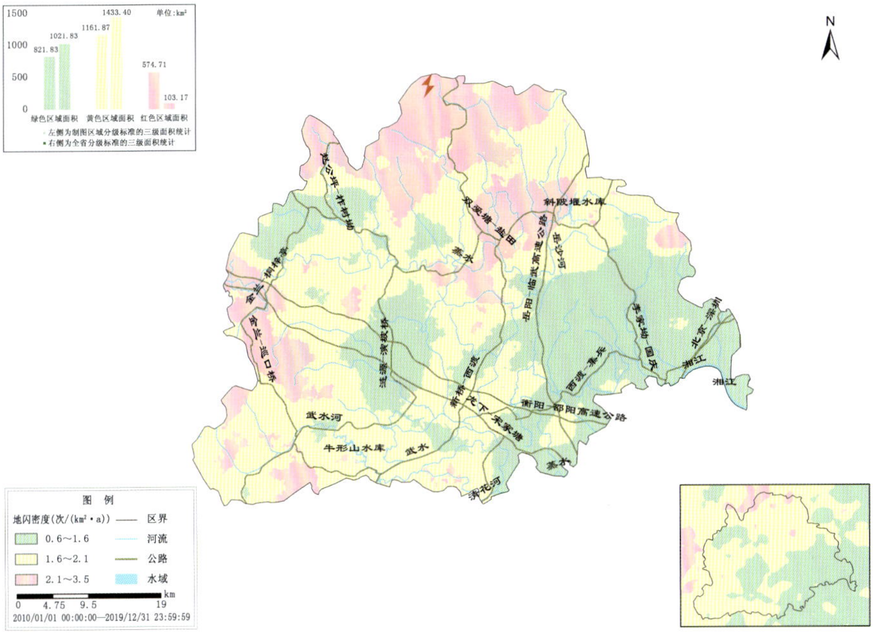

衡阳县地闪密度分布图

衡阳县地闪密度平均值为 1.79 次/(km^2 · a)，低于全省地闪密度平均值，最高地闪密度值为 5.40 次/(km^2 · a)，位于衡阳县北部，经纬度为(112.32°E，27.37°N)。

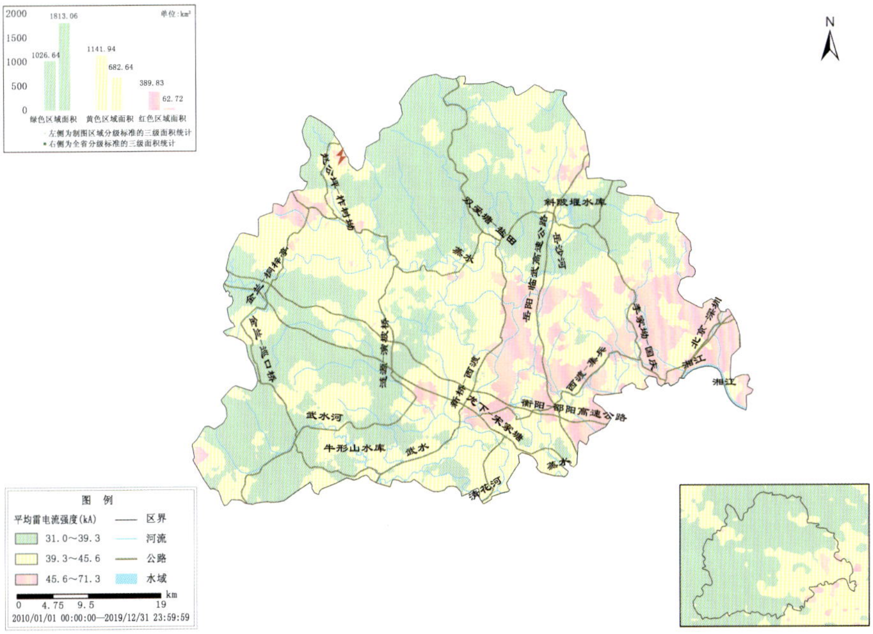

衡阳县平均雷电流强度分布图

衡阳县平均雷电流强度平均值为 41.03 kA，低于全省平均雷电流强度平均值，最高平均雷电流强度值为 267.29 kA，位于衡阳县西北部，经纬度为(112.60°E，27.11°N)。

衡山县

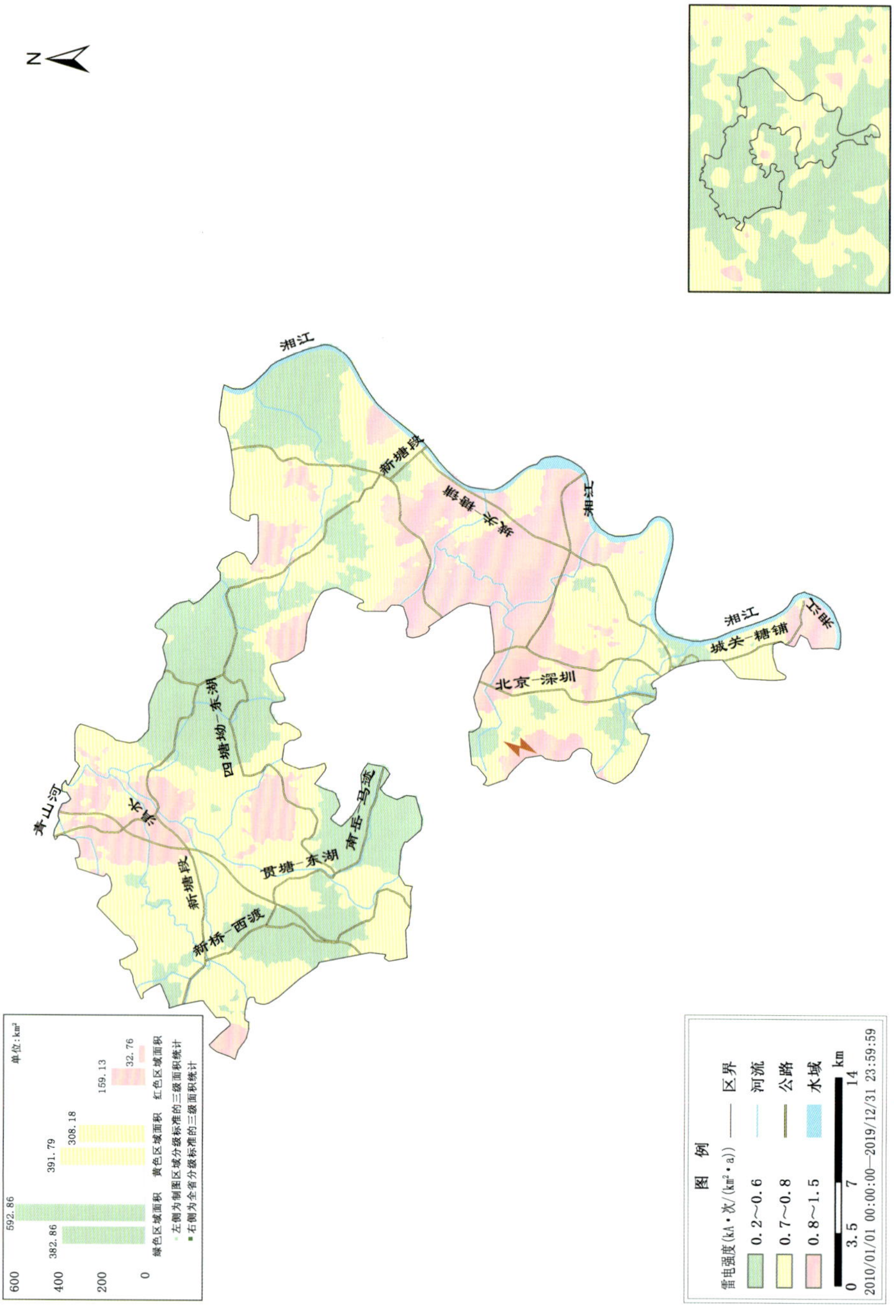

衡山县雷电强度分布图

衡山县雷电强度平均值为 0.72 kA·次/(km^2·a)，低于全省雷电强度平均值，最高雷电强度值为 3.40 kA·次/(km^2·a)，位于衡山县西南部，经纬度为(112.65°E,27.18°N)。

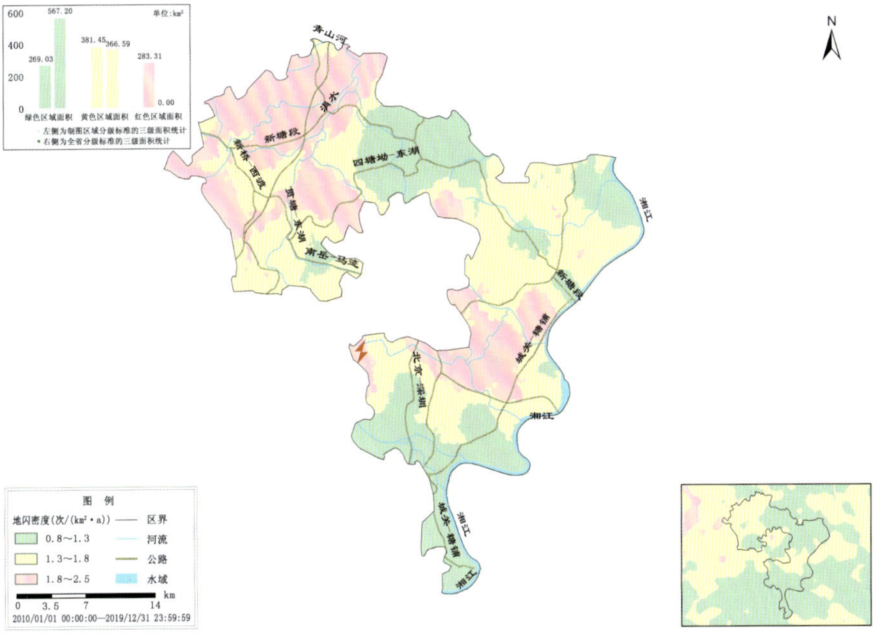

衡山县地闪密度分布图

衡山县地闪密度平均值为 1.56 次/(km^2·a)，低于全省地闪密度平均值，最高地闪密度值为 4.40 次/(km^2·a)，位于衡山县西南部，经纬度为(112.65°E，27.18°N)。

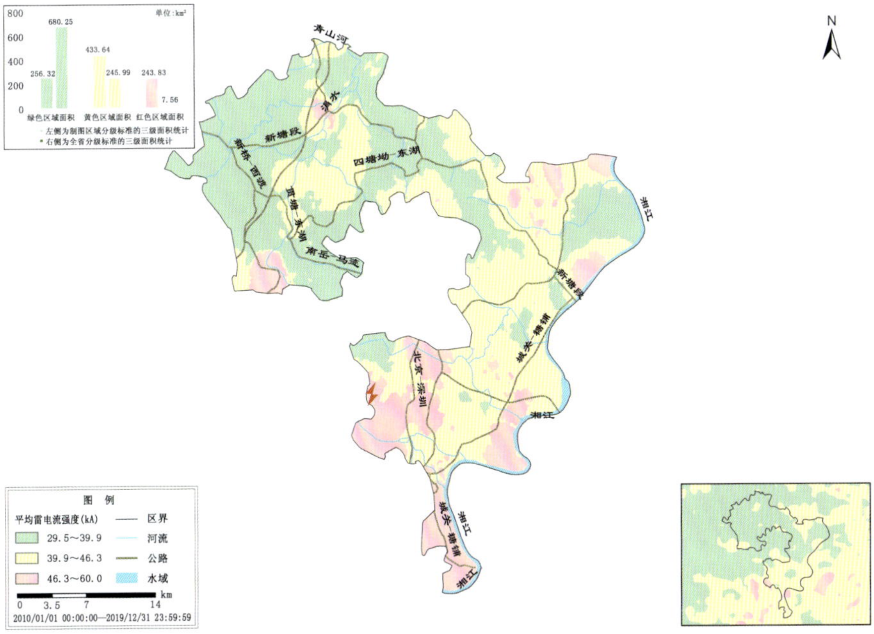

衡山县平均雷电流强度分布图

衡山县平均雷电流强度平均值为 41.86 kA，低于全省平均雷电流强度平均值，最高平均雷电流强度值为 157.19 kA，位于衡山县西南部，经纬度为(112.56°E，27.27°N)。

衡东县

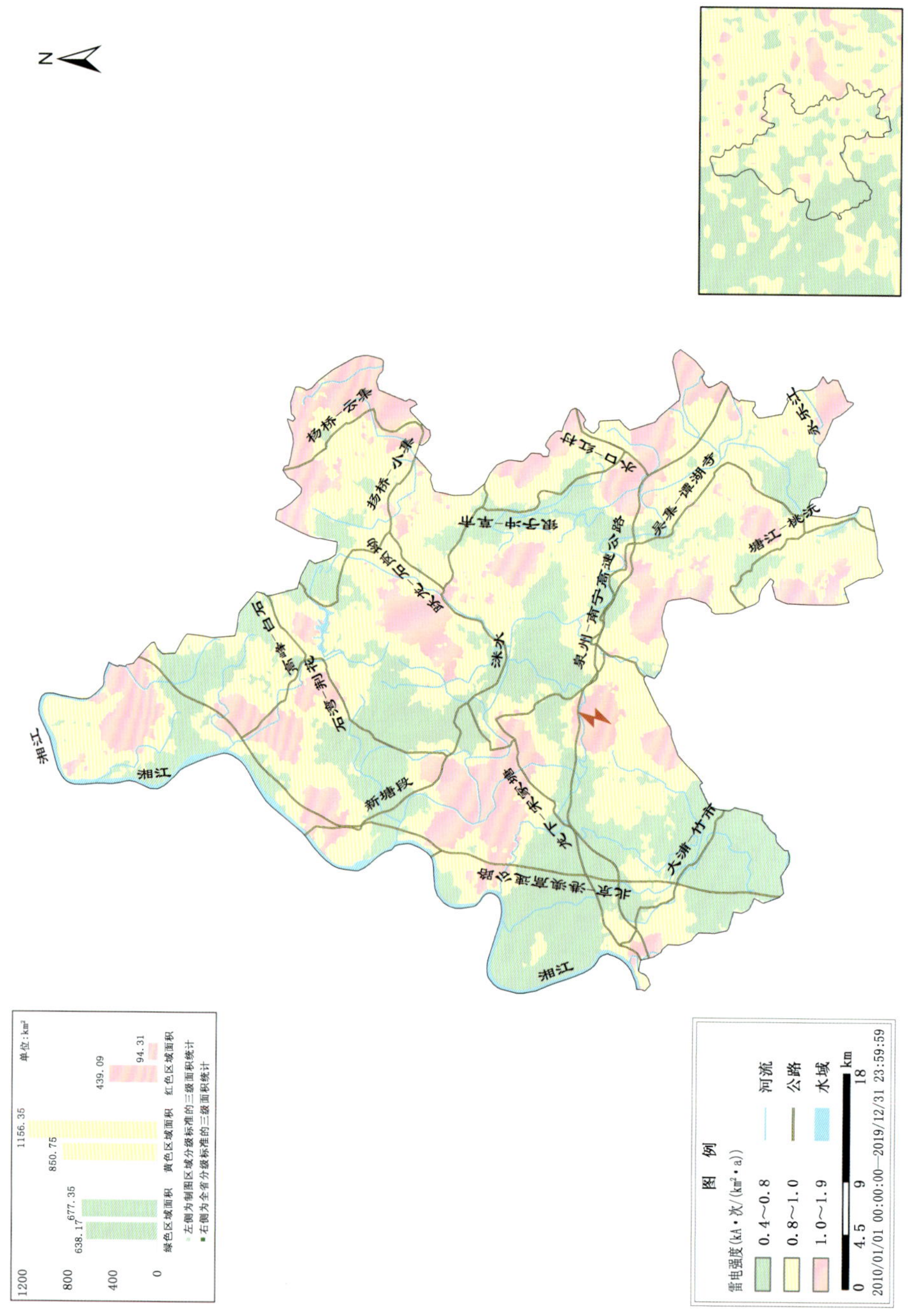

衡东县雷电强度分布图

衡东县雷电强度平均值为 0.93 kA·次/(km^2·a),低于全省雷电强度平均值,最高雷电强度值为 3.60 kA·次/(km^2·a),位于衡东县西南部,经纬度为(112.98°E,27.01°N)。

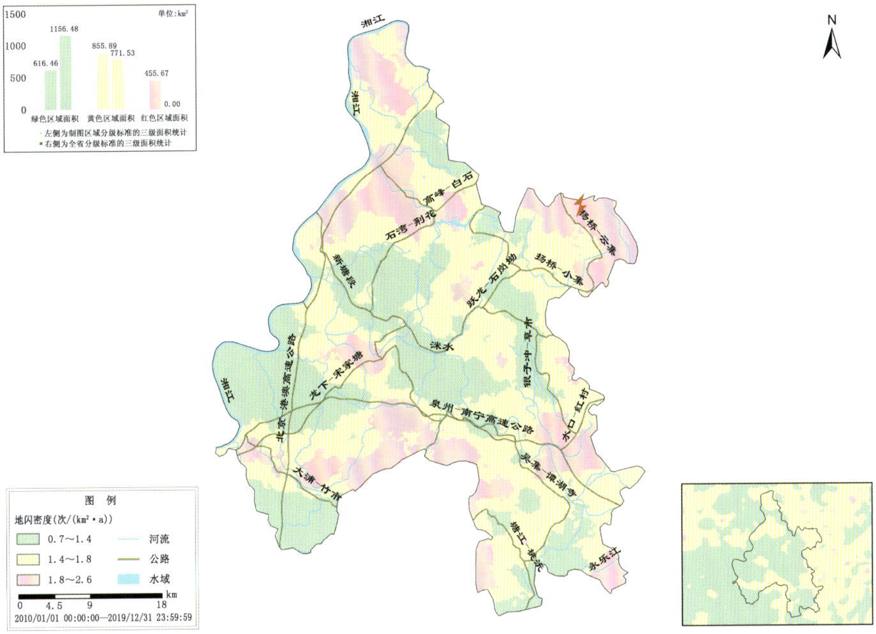

衡东县地闪密度分布图

衡东县地闪密度平均值为1.60次/(km²·a),低于全省地闪密度平均值,最高地闪密度值为4.00次/(km²·a),位于衡东县东北部,经纬度为(113.21°E,27.24°N)。

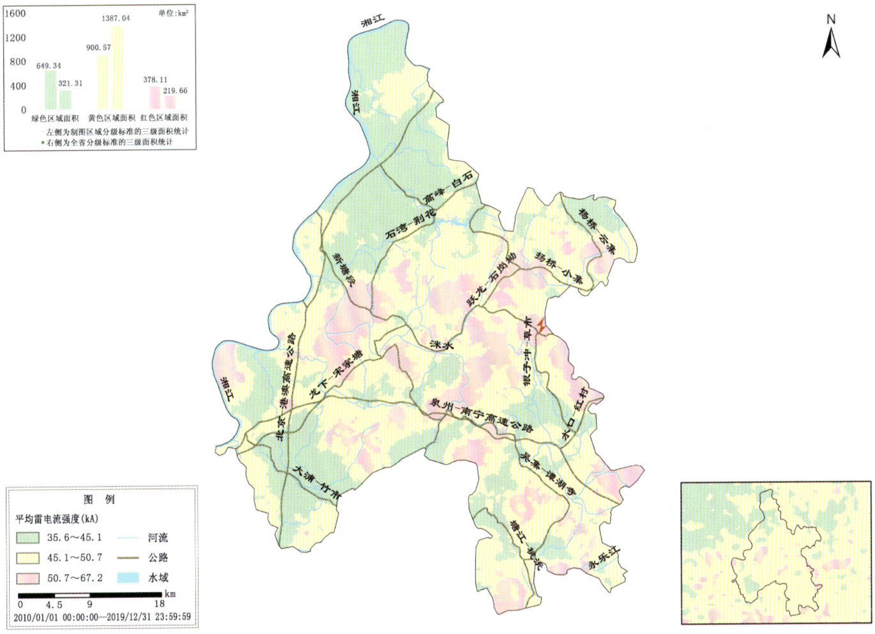

衡东县平均雷电流强度分布图

衡东县平均雷电流强度平均值为47.22 kA,高于全省平均雷电流强度平均值,最高平均雷电流强度值为145.58 kA,位于衡东县东部,经纬度为(113.14°E,27.10°N)。

祁东县

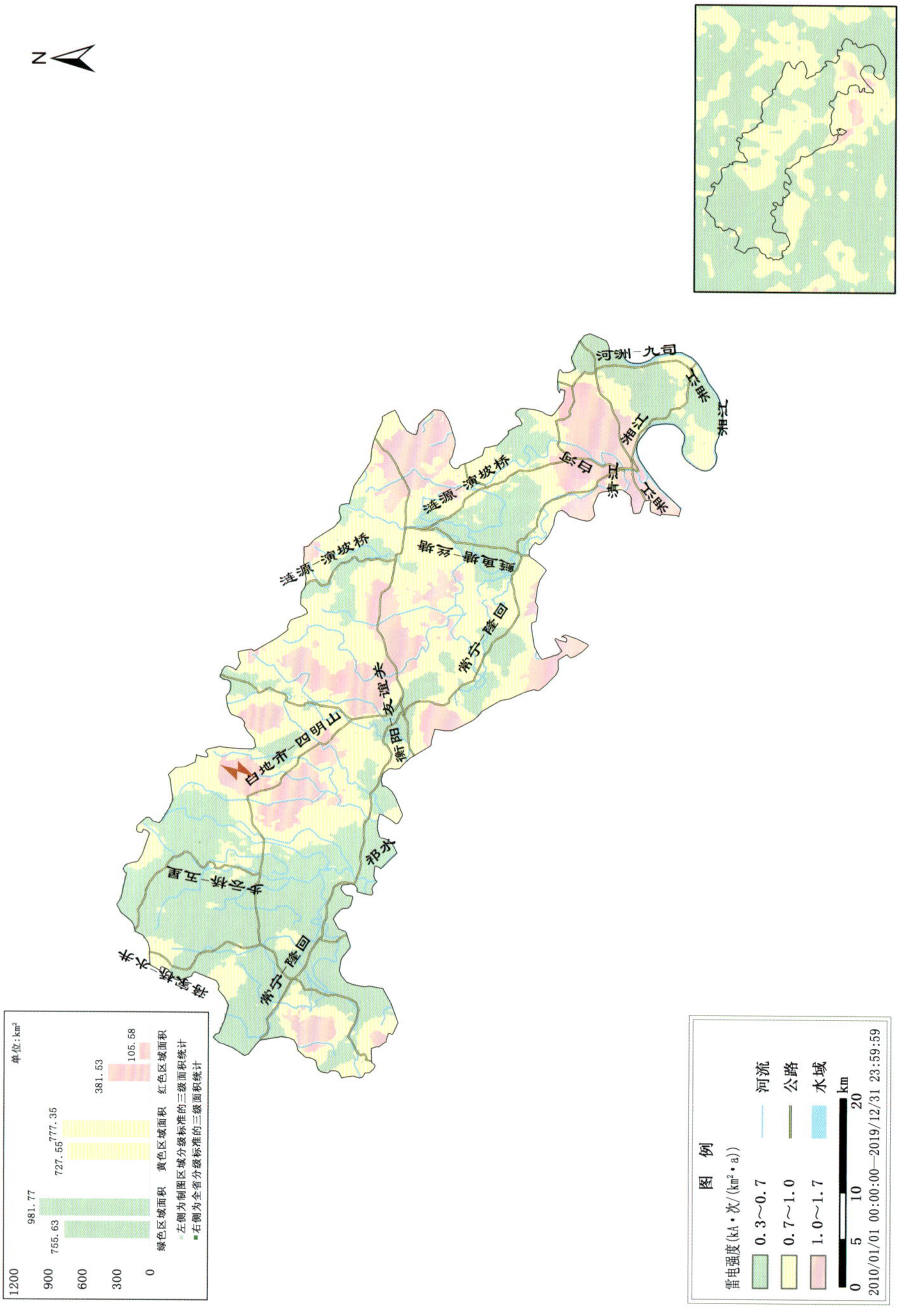

祁东县雷电强度分布图

祁东县雷电强度平均值为0.82 kA·次/(km^2·a)，低于全省雷电强度平均值，最高雷电强度值为3.60 kA·次/(km^2·a)，位于祁东县北部，经纬度为(111.87°E,26.93°N)。

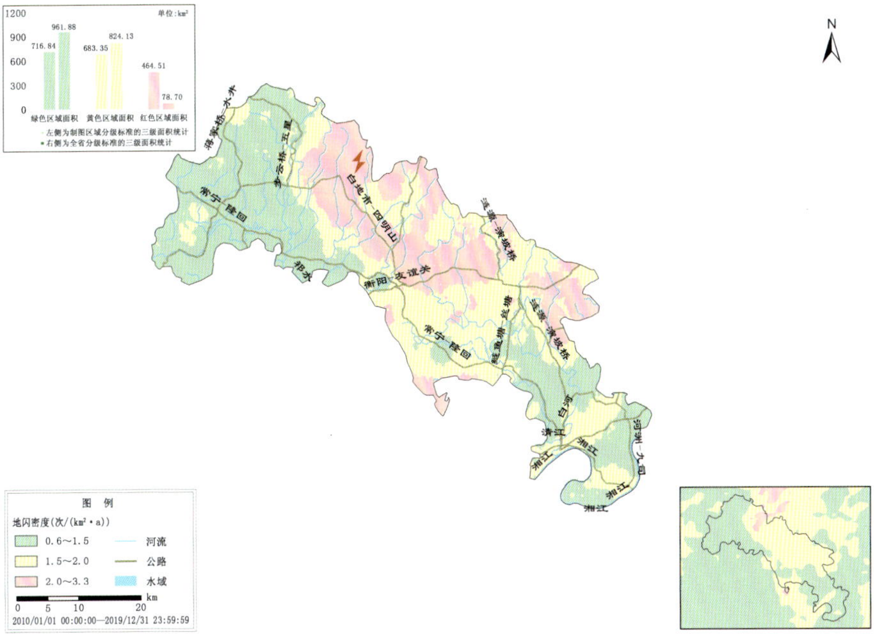

祁东县地闪密度分布图

祁东县地闪密度平均值为 1.70 次/(km^2·a),低于全省地闪密度平均值,最高地闪密度值为 5.40 次/(km^2·a),位于祁东县西北部,经纬度为(111.87°E,26.96°N)。

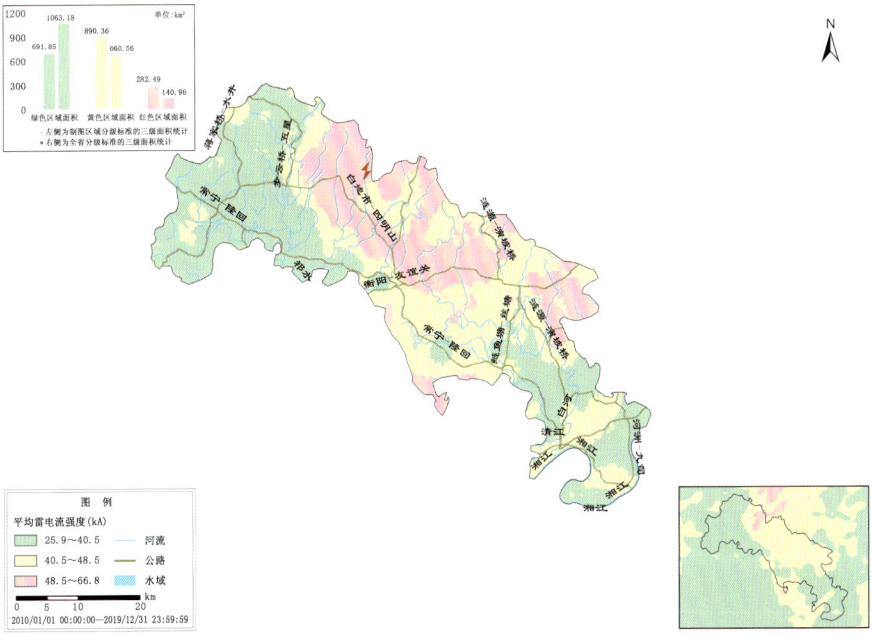

祁东县平均雷电流强度分布图

祁东县平均雷电流强度平均值为 43.05 kA,低于全省平均雷电流强度平均值,最高平均雷电流强度值为 122.16 kA,位于祁东县西北部,经纬度为(112.26°E,26.54°N)。

5.6 邵阳地区雷电区划

邵阳市

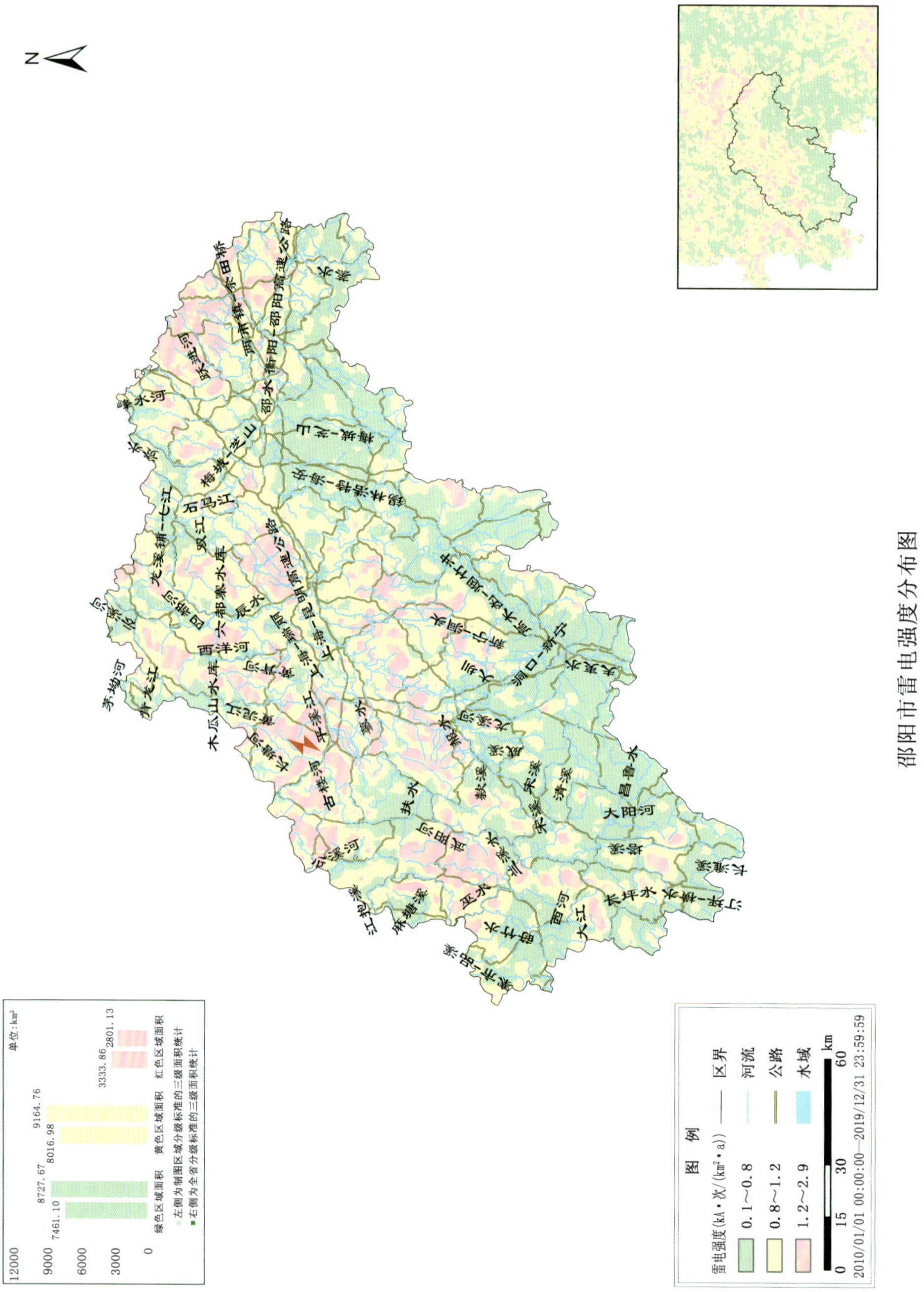

邵阳市雷电强度平均值为 0.94 kA·次/(km²·a),低于全省雷电强度平均值,最高雷电强度值为 8.53 kA·次/(km²·a),位于邵阳市洞口县,经纬度为(110.55°E,27.12°N)。

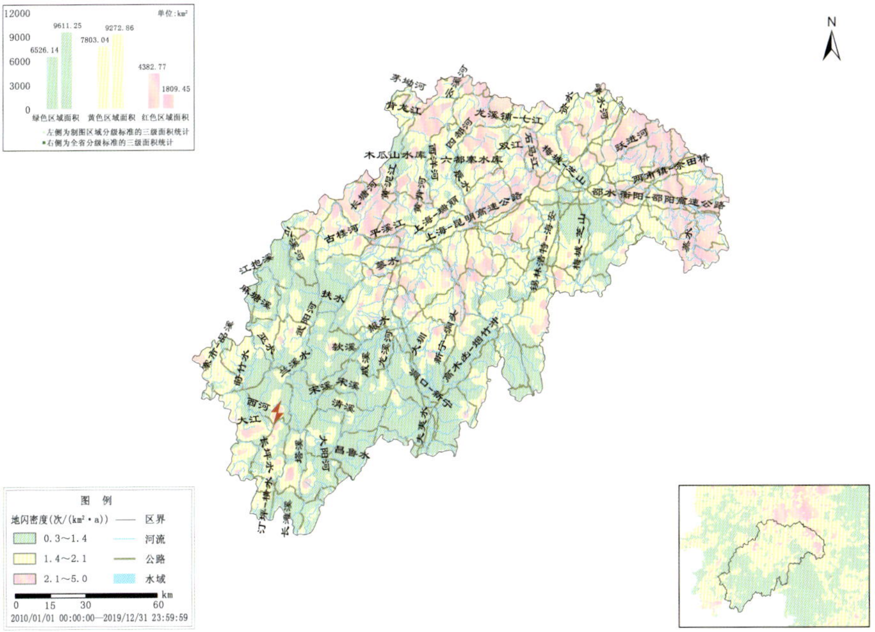

邵阳市地闪密度分布图

邵阳市地闪密度平均值为 1.76 次/(km^2·a)，低于全省地闪密度平均值，最高地闪密度值为 9.50 次/(km^2·a)，位于邵阳市城步苗族自治县，经纬度为(111.02°E,27.53°N)。

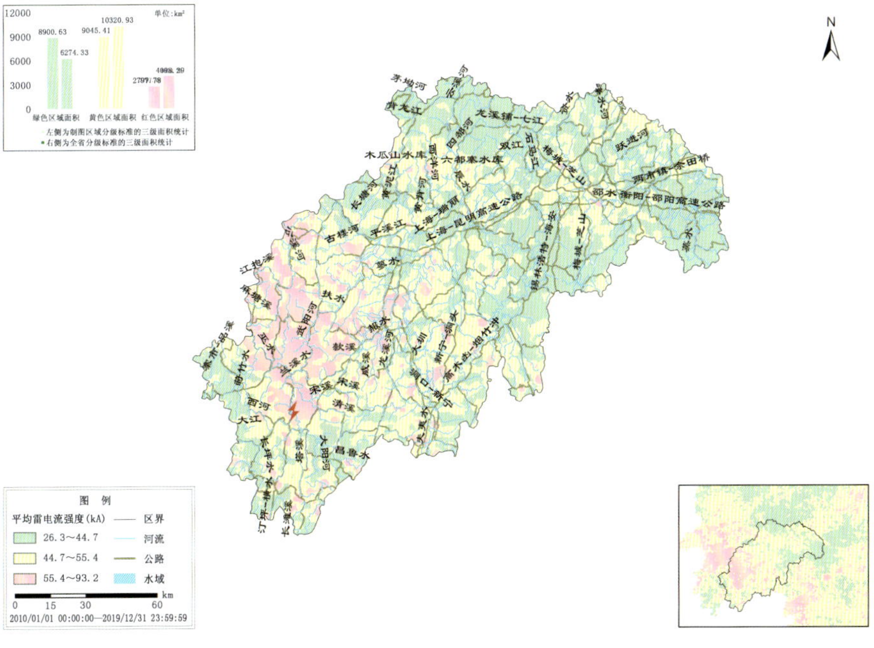

邵阳市平均雷电流强度分布图

邵阳市平均雷电流强度平均值为 47.03 kA，高于全省平均雷电流强度平均值，最高平均雷电流强度值为 332.67 kA，位于邵阳市城步苗族自治县，经纬度为(110.36°E,26.06°N)。

双清区

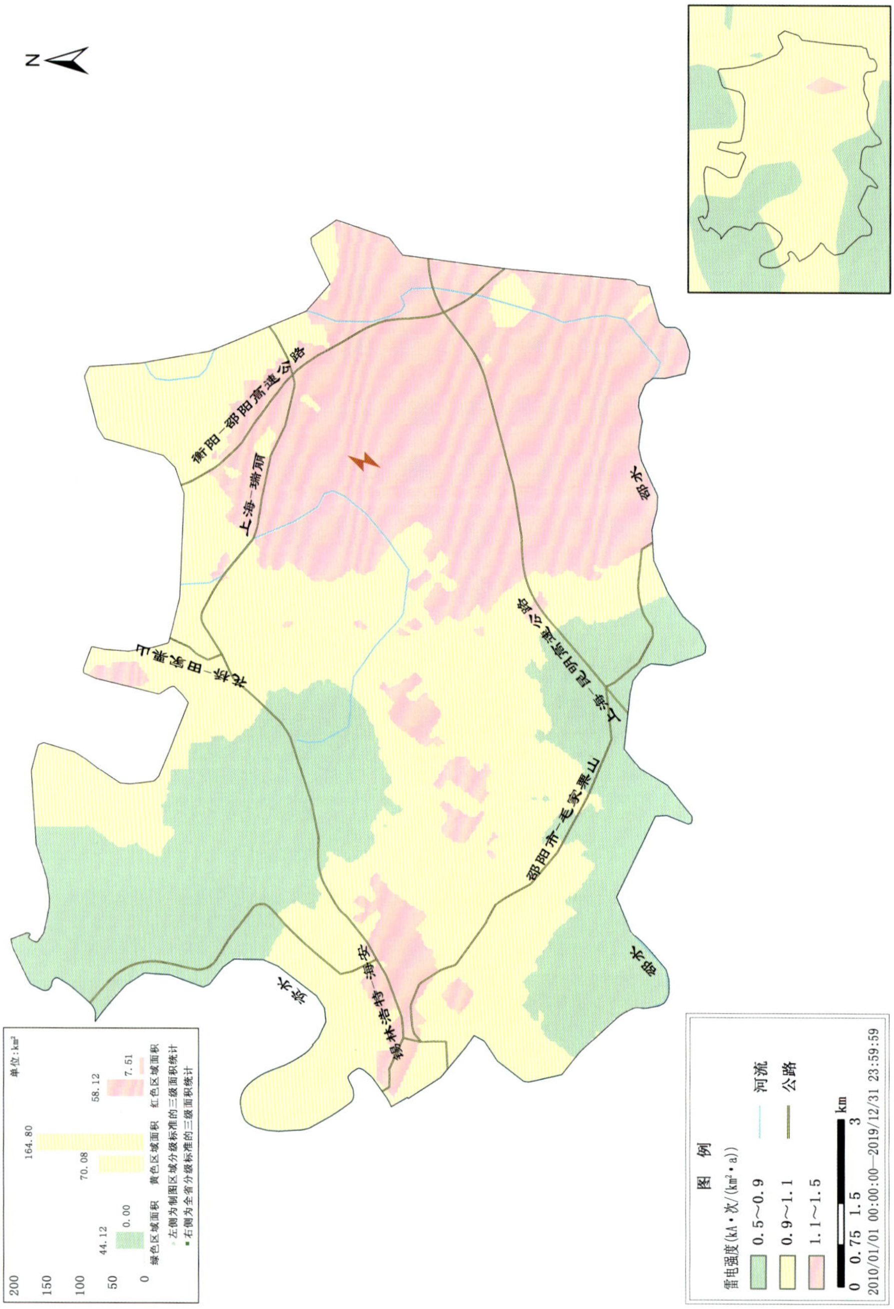

双清区雷电强度分布图

双清区雷电强度平均值为 0.98 kA·次/(km²·a),高于全省雷电强度平均值,最高雷电强度值为 2.80 kA·次/(km²·a),位于双清区东部,经纬度为(111.58°E,27.26°N)。

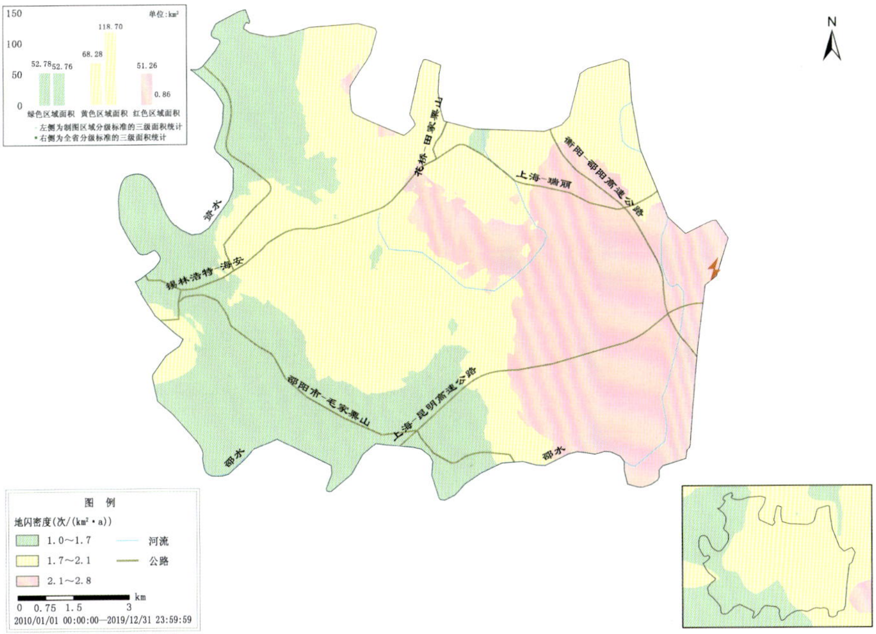

双清区地闪密度分布图

双清区地闪密度平均值为 1.85 次/(km²·a),低于全省地闪密度平均值,最高地闪密度值为 4.70 次/(km²·a),位于双清区东部,经纬度为(111.62°E,27.25°N)。

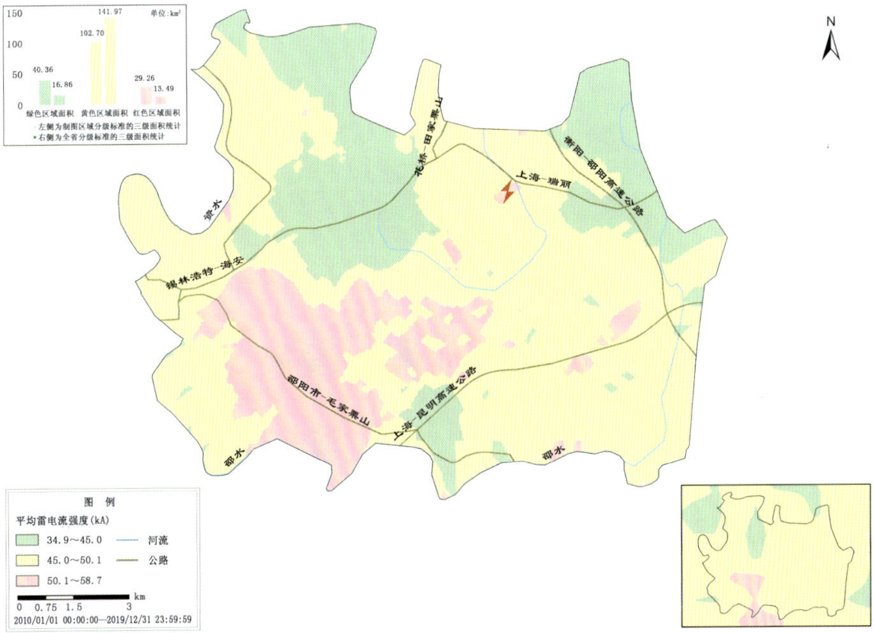

双清区平均雷电流强度分布图

双清区平均雷电流强度平均值为 46.98 kA,高于全省平均雷电流强度平均值,最高平均雷电流强度值为 110.88 kA,位于双清区东北部,经纬度为(111.50°E,27.27°N)。

大祥区

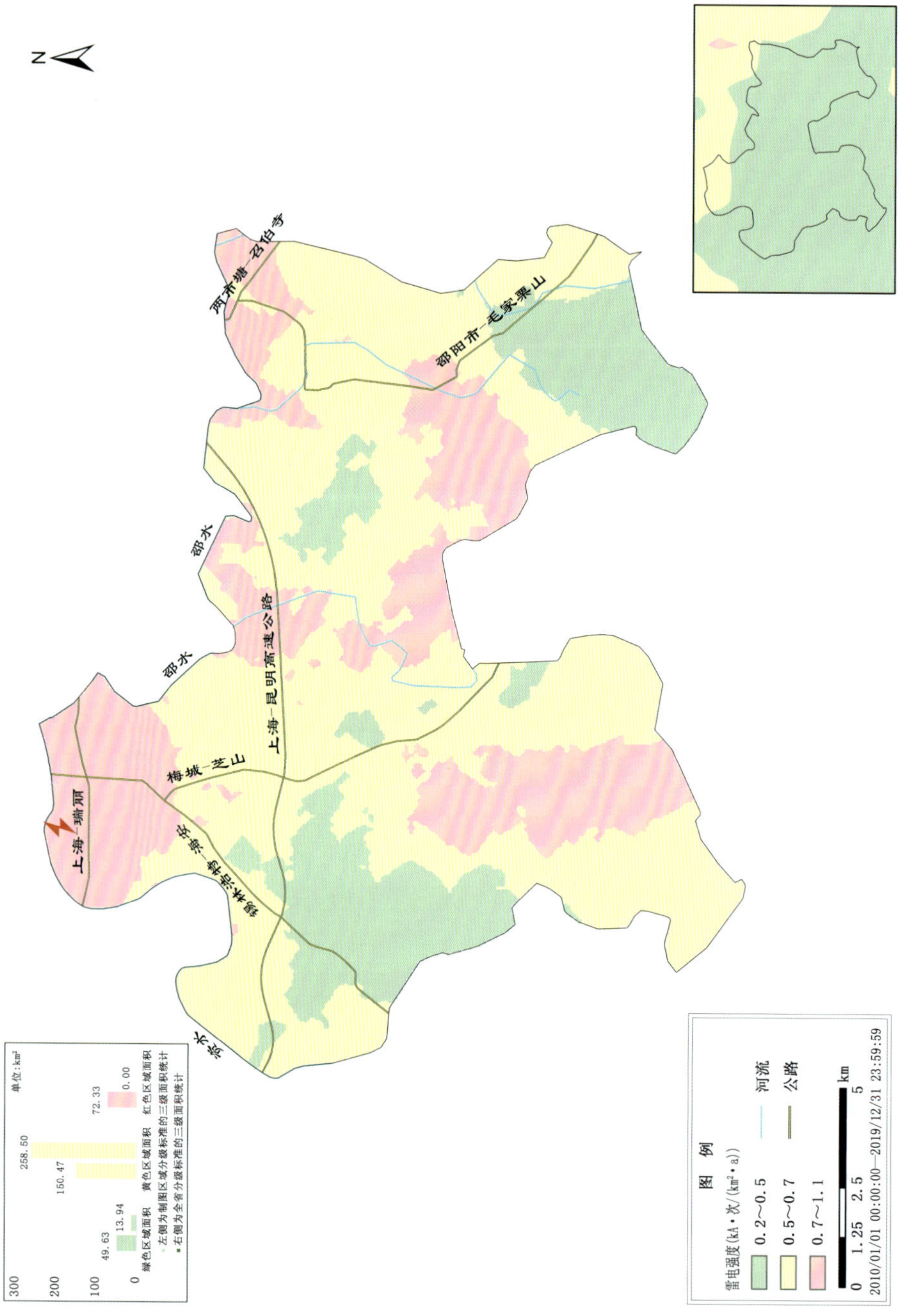

大祥区雷电强度分布图

大祥区雷电强度平均值为 0.67 kA·次/(km²·a),低于全省雷电强度平均值,最高雷电强度值为 2.27 kA·次/(km²·a),位于大祥区西北部,经纬度为(111.59°E,27.13°N)。

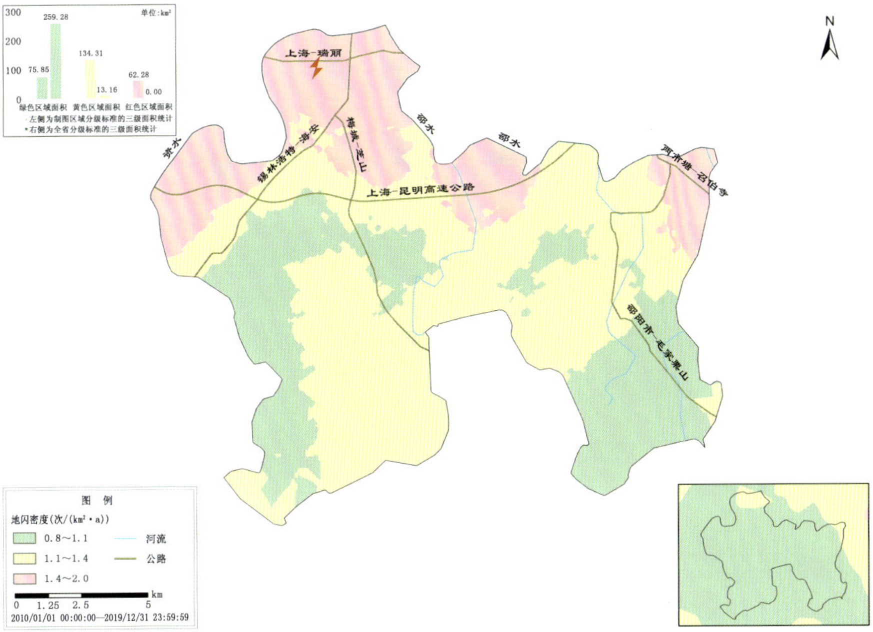

大祥区地闪密度分布图

大祥区地闪密度平均值为 1.28 次/(km^2·a),低于全省地闪密度平均值,最高地闪密度值为 2.60 次/(km^2·a),位于大祥区西北部,经纬度为(111.44°E,27.23°N)。

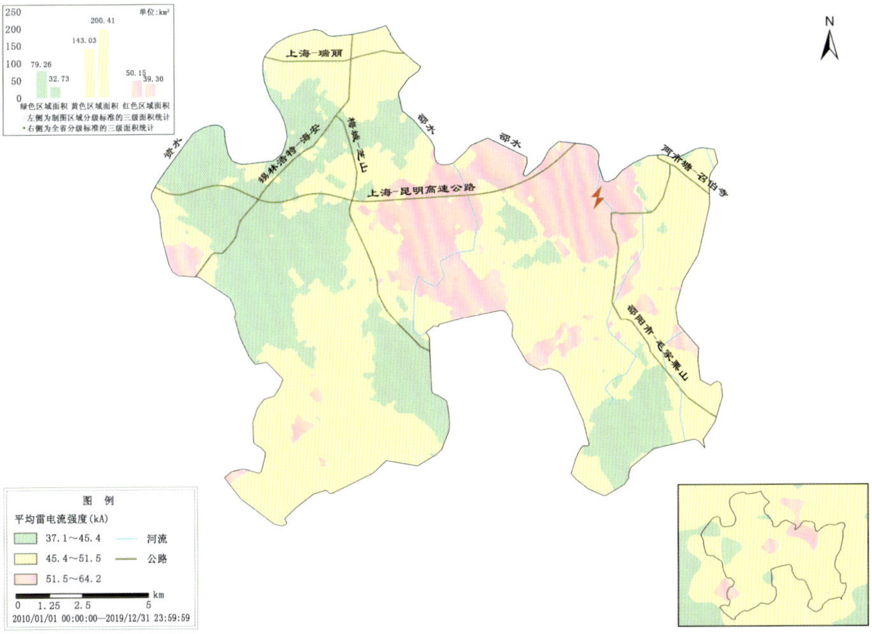

大祥区平均雷电流强度分布图

大祥区平均雷电流强度平均值为 48.24 kA,高于全省平均雷电流强度平均值,最高平均雷电流强度值为 147.62 kA,位于大祥区东北部,经纬度为(111.54°E,27.18°N)。

北塔区

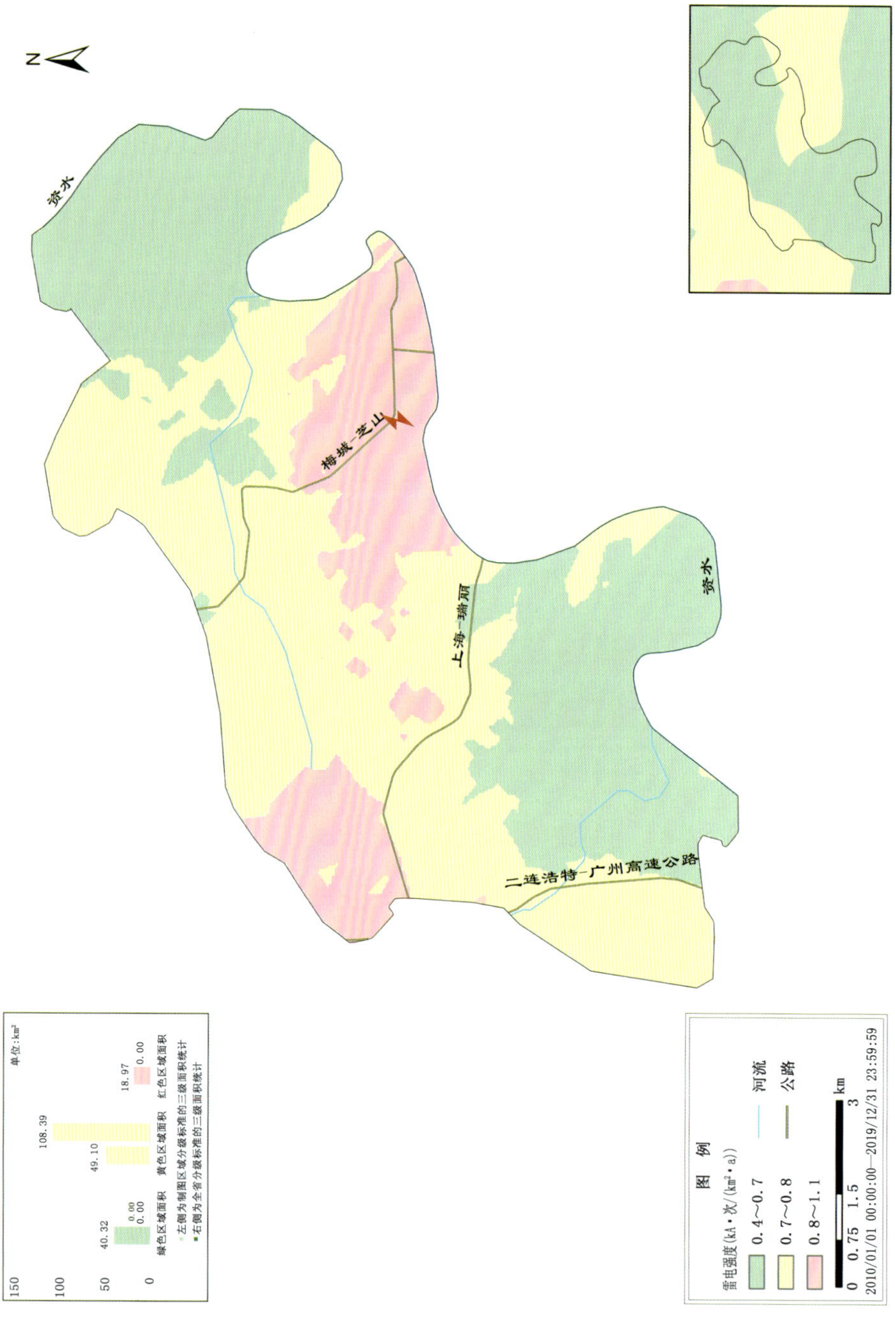

北塔区雷电强度分布图

北塔区雷电强度平均值为 0.73 kA·次/(km² · a)，低于全省雷电强度平均值，最高雷电强度值为 1.93 kA·次/(km² · a)，位于北塔区东南部，经纬度为(111.44°E,27.25°N)。

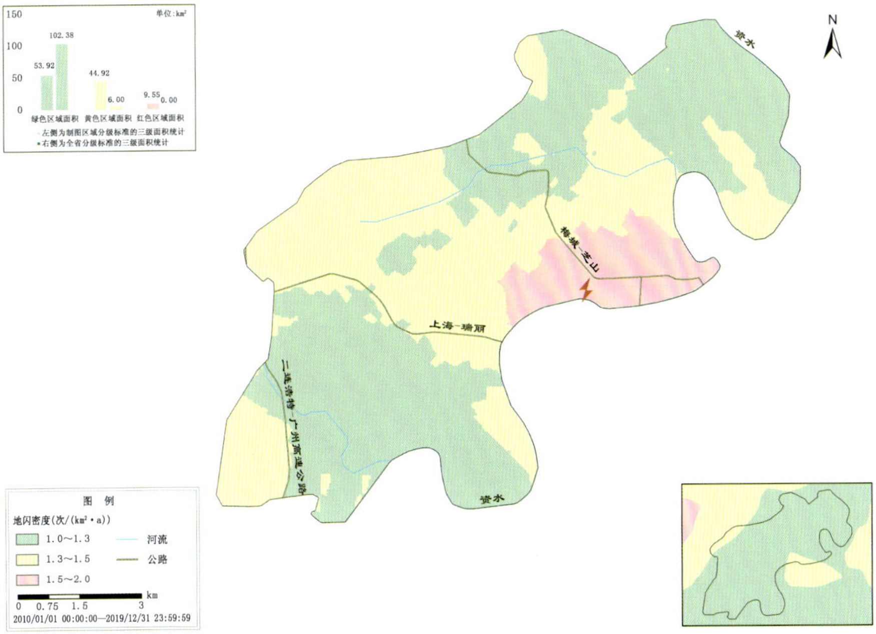

北塔区地闪密度分布图

北塔区地闪密度平均值为 1.33 次/(km² · a),低于全省地闪密度平均值,最高地闪密度值为 2.80 次/(km² · a),位于北塔区东部,经纬度为(111.44°E,27.25°N)。

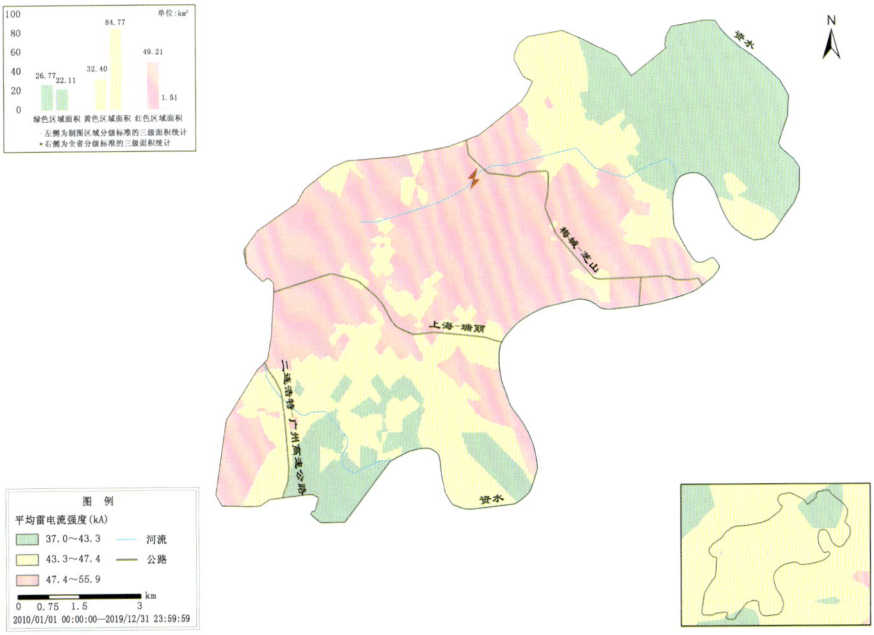

北塔区平均雷电流强度分布图

北塔区平均雷电流强度平均值为 46.13 kA,高于全省平均雷电流强度平均值,最高平均雷电流强度值为 88.42 kA,位于北塔区中北部,经纬度为(111.41°E,27.27°N)。

邵东县

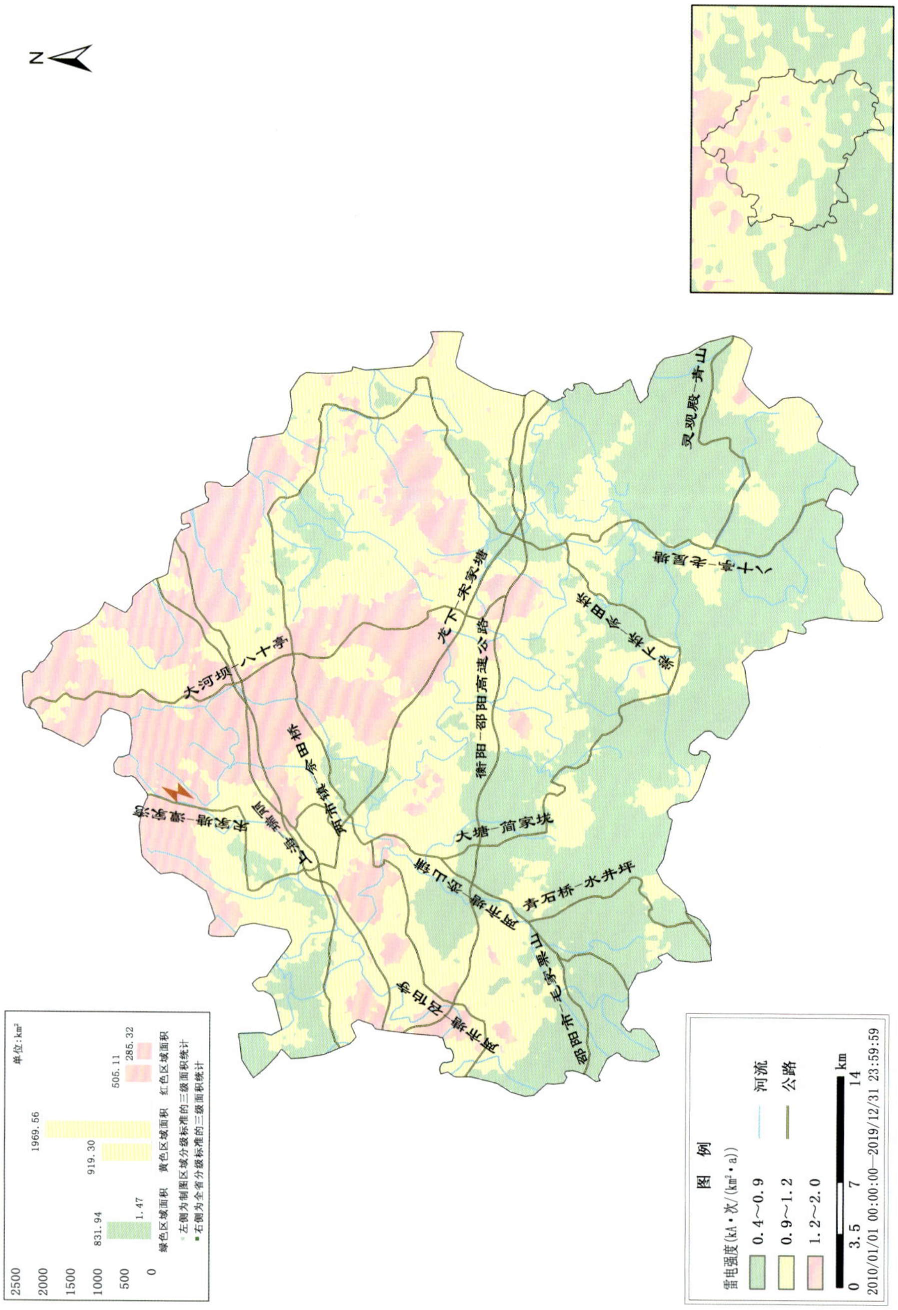

邵东县雷电强度分布图

邵东县雷电强度平均值为 1.00 kA·次/(km²·a)，高于全省雷电强度平均值，最高雷电强度值为 3.40 kA·次/(km²·a)，位于邵东县北部，经纬度为(111.77°E,27.36°N)。

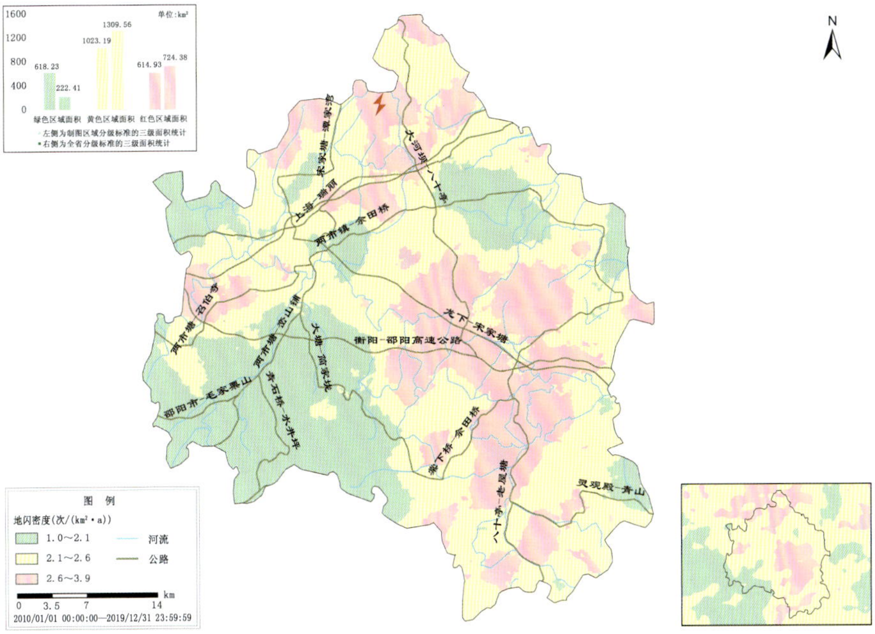

邵东县地闪密度分布图

邵东县地闪密度平均值为 2.34 次/(km^2·a),高于全省地闪密度平均值,最高地闪密度值为 5.50 次/(km^2·a),位于邵东县北部,经纬度为(111.82°E,27.39°N)。

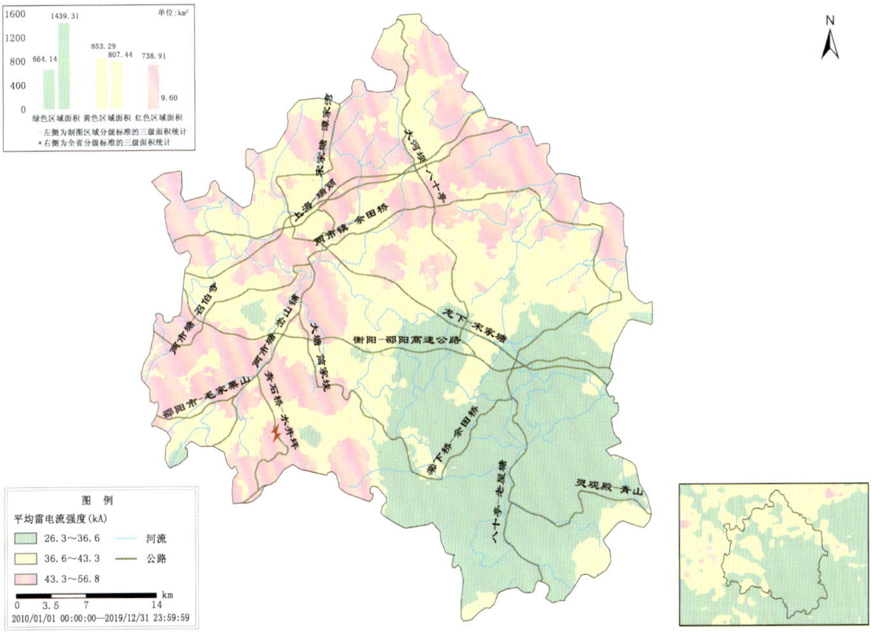

邵东县平均雷电流强度分布图

邵东县平均雷电流强度平均值为 40.26 kA,低于全省平均雷电流强度平均值,最高平均雷电流强度值为 114.73 kA,位于邵东县西南部,经纬度为(111.71°E,27.09°N)。

新邵县

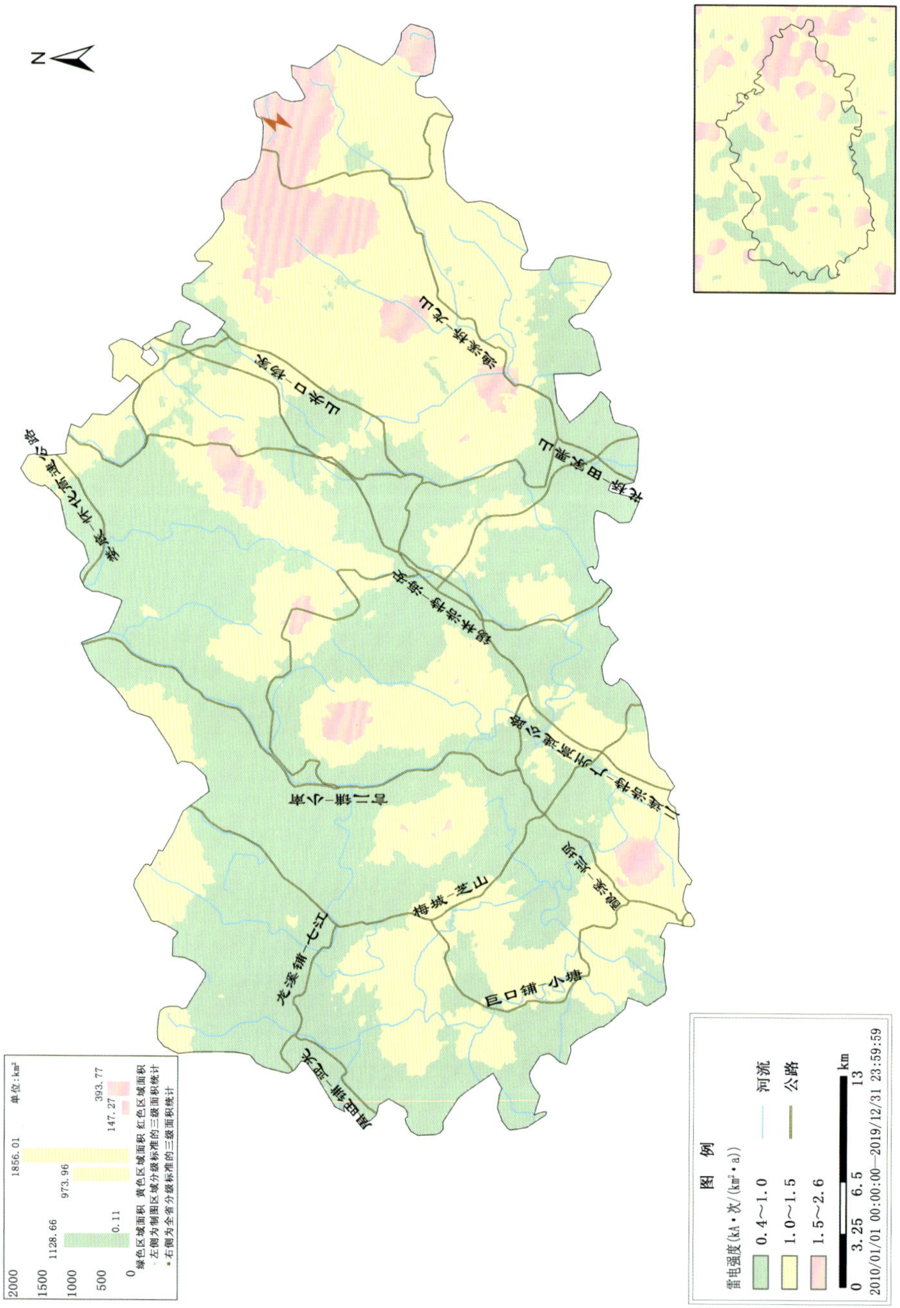

新邵县雷电强度分布图

新邵县雷电强度平均值为 1.08 kA·次/(km^2·a)，高于全省雷电强度平均值，最高雷电强度值为 5.27 kA·次/(km^2·a)，位于新邵县东部，经纬度为(111.79°E，27.48°N)。

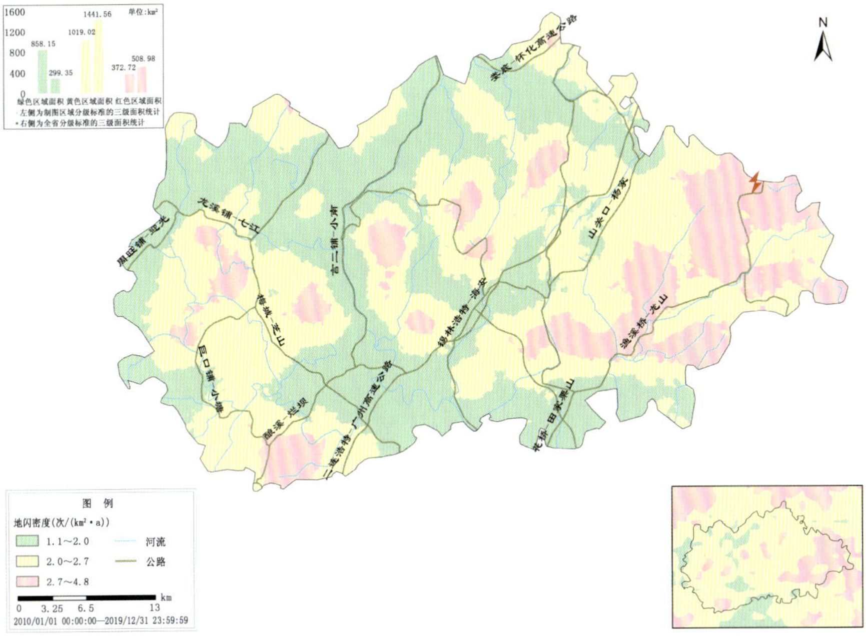

新邵县地闪密度分布图

新邵县地闪密度平均值为 2.24 次/(km^2·a),高于全省地闪密度平均值,最高地闪密度值为 7.70 次/(km^2·a),位于新邵县东部,经纬度为(111.75°E,27.50°N)。

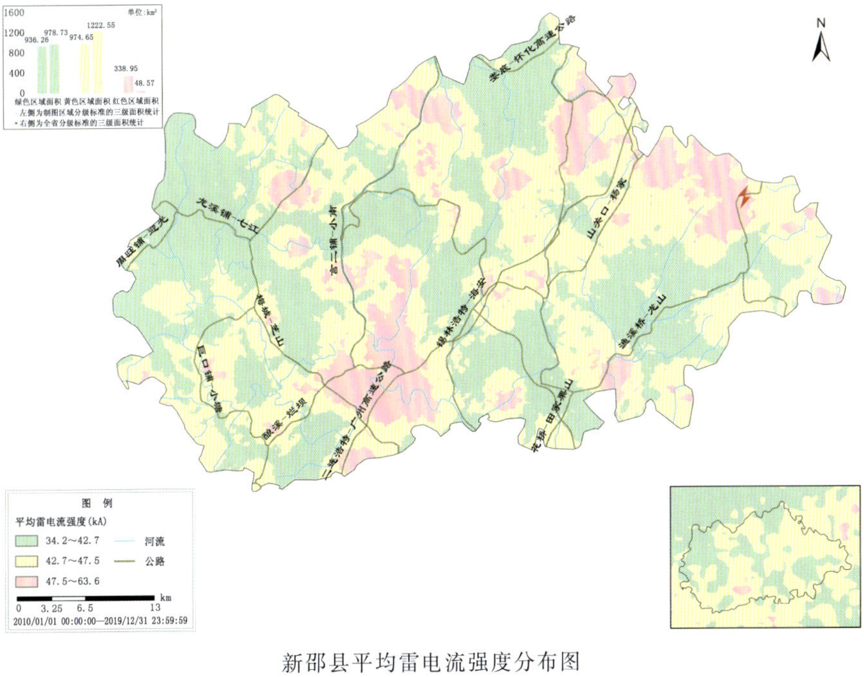

新邵县平均雷电流强度分布图

新邵县平均雷电流强度平均值为 43.88 kA,低于全省平均雷电流强度平均值,最高平均雷电流强度值为 114.52 kA,位于新邵县东部,经纬度为(111.31°E,27.49°N)。

邵阳县

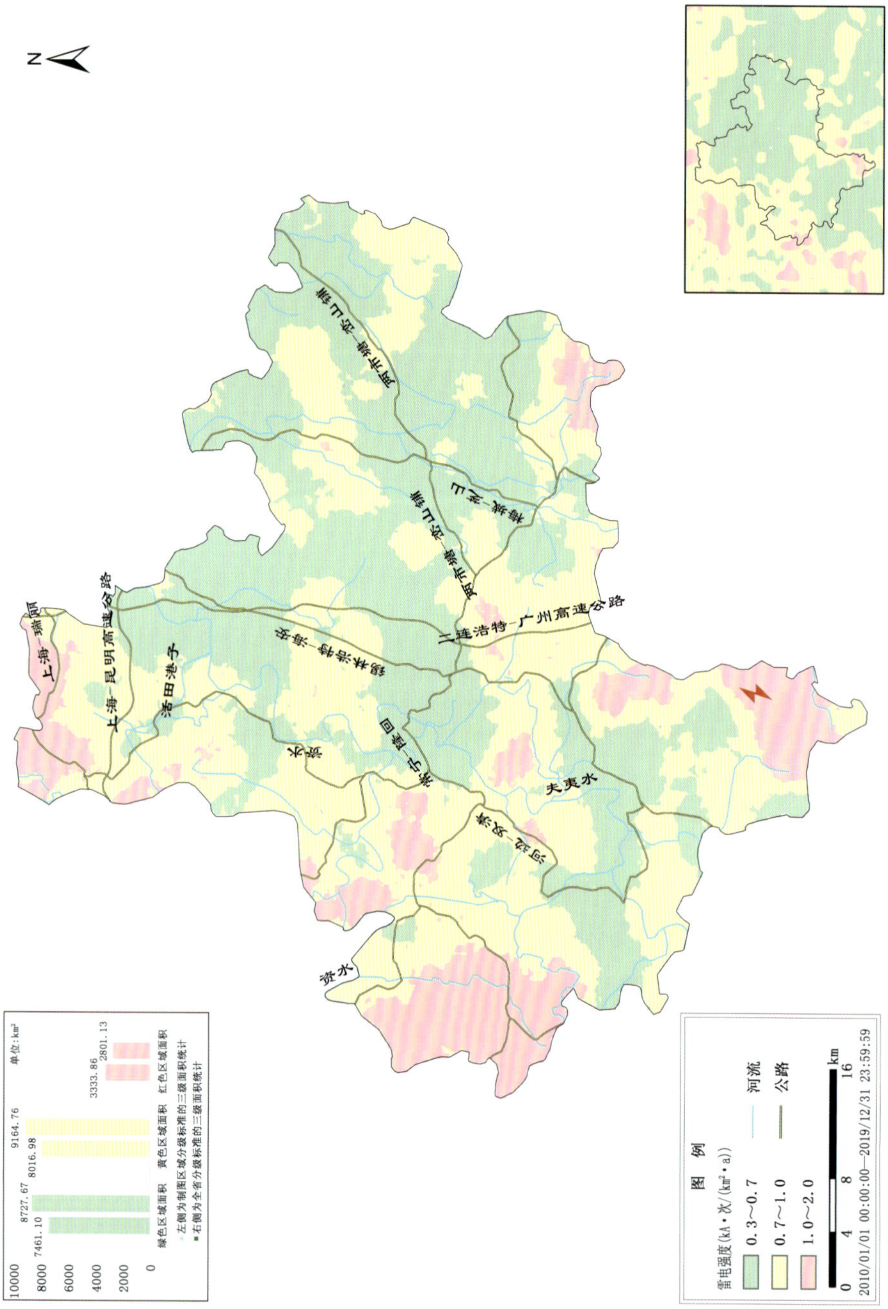

邵阳县雷电强度分布图

邵阳县雷电强度平均值为 0.80 kA·次/(km²·a),低于全省雷电强度平均值,最高雷电强度值为 3.40 kA·次/(km²·a),位于邵阳县南部,经纬度为(111.31°E,26.74°N)。

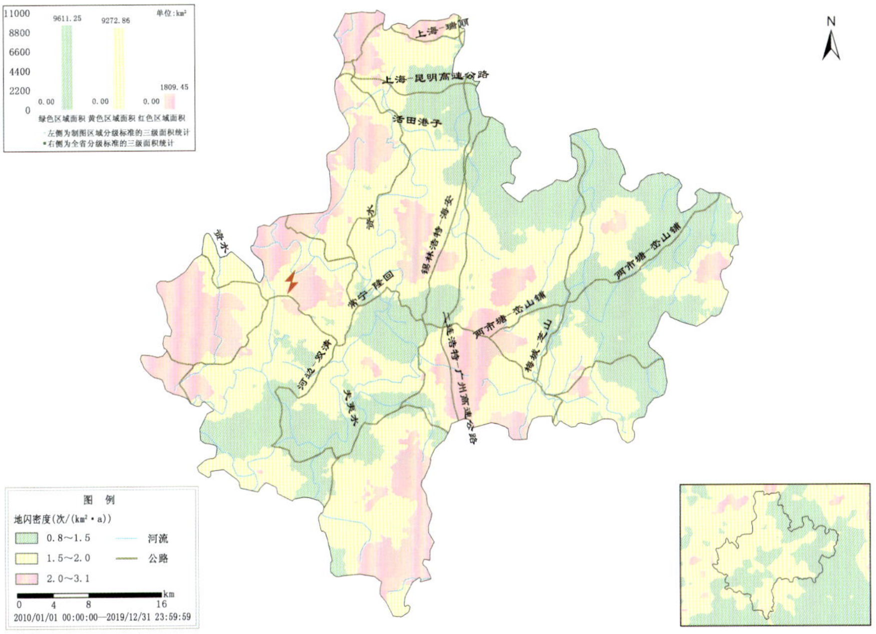

邵阳县地闪密度分布图

邵阳县地闪密度平均值为 1.74 次/(km² · a),低于全省地闪密度平均值,最高地闪密度值为 4.70 次/(km² · a),位于邵阳县西部,经纬度为(111.18°E,26.99°N)。

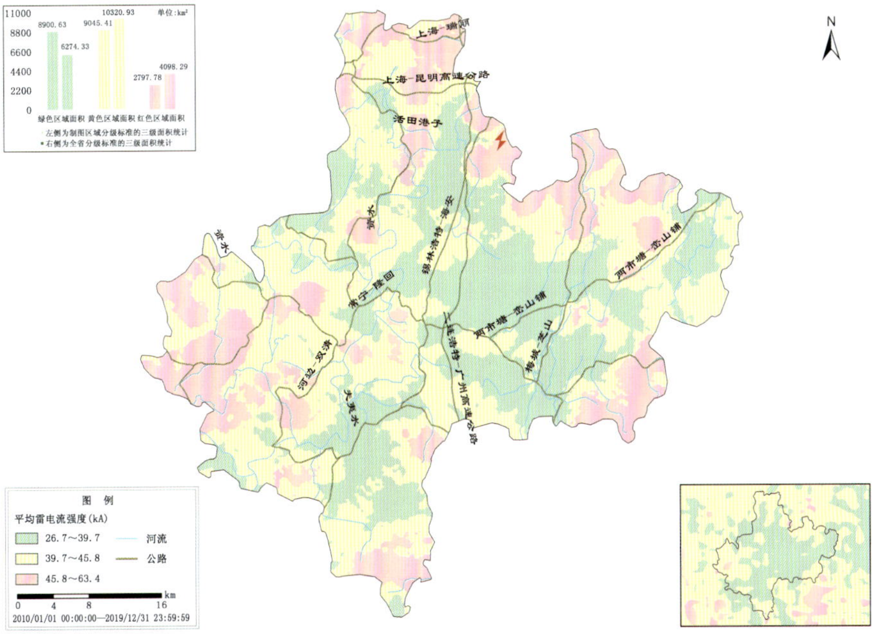

邵阳县平均雷电流强度分布图

邵阳县平均雷电流强度平均值为 42.44 kA,低于全省平均雷电流强度平均值,最高平均雷电流强度值为 165.81 kA,位于邵阳县东北部,经纬度为(111.41°E,27.13°N)。

隆回县

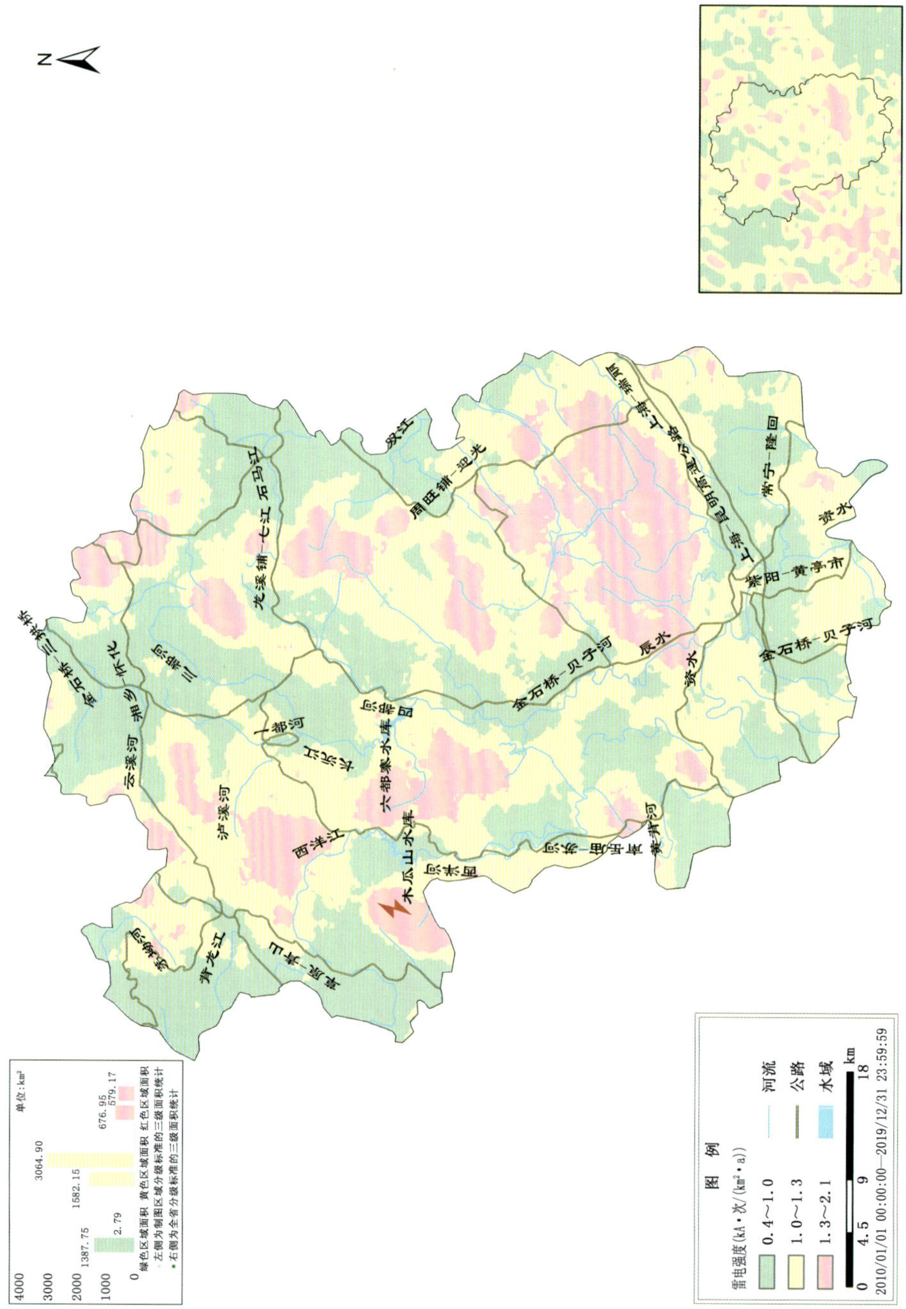

隆回县雷电强度分布图

隆回县雷电强度平均值为 1.03 kA·次/(km^2·a)，高于全省雷电强度平均值，最高雷电强度值为 4.33 kA·次/(km^2·a)，位于隆回县西北部，经纬度为(110.75°E,27.39°N)。

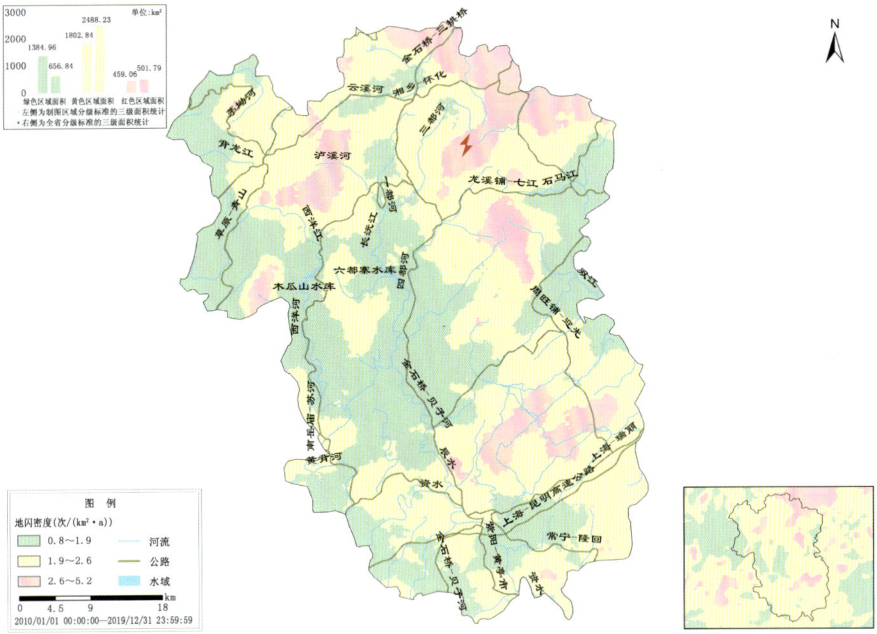

隆回县地闪密度分布图

隆回县地闪密度平均值为 2.10 次/(km^2·a),高于全省地闪密度平均值,最高地闪密度值为 9.50 次/(km^2·a),位于隆回县北部,经纬度为(111.02°E,27.53°N)。

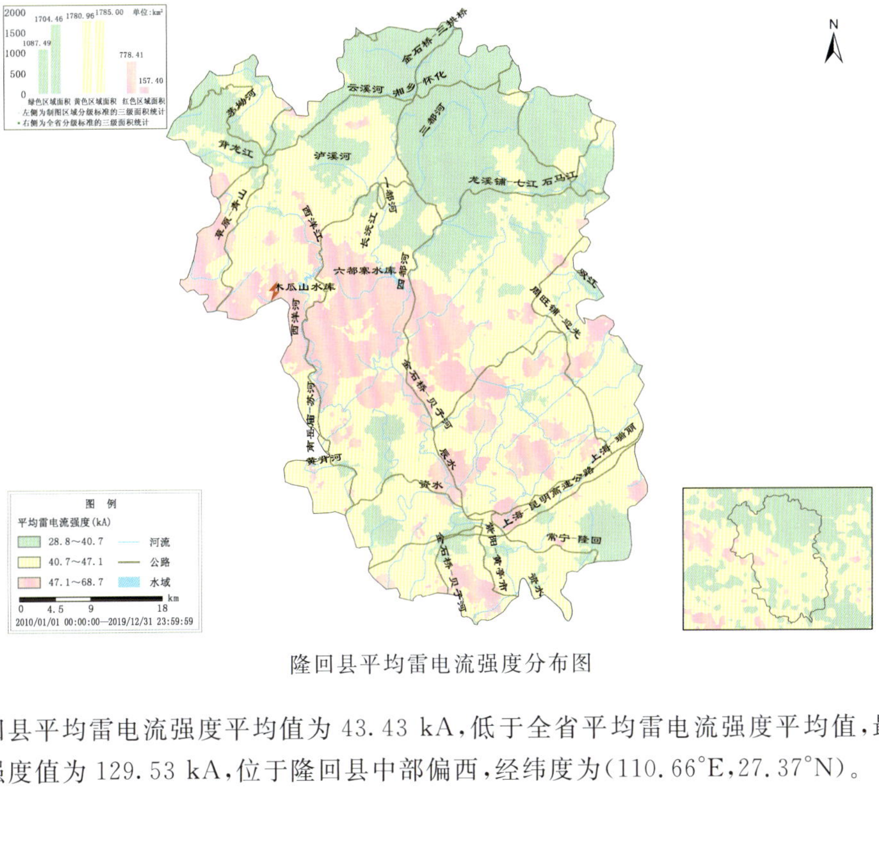

隆回县平均雷电流强度分布图

隆回县平均雷电流强度平均值为 43.43 kA,低于全省平均雷电流强度平均值,最高平均雷电流强度值为 129.53 kA,位于隆回县中部偏西,经纬度为(110.66°E,27.37°N)。

洞口县

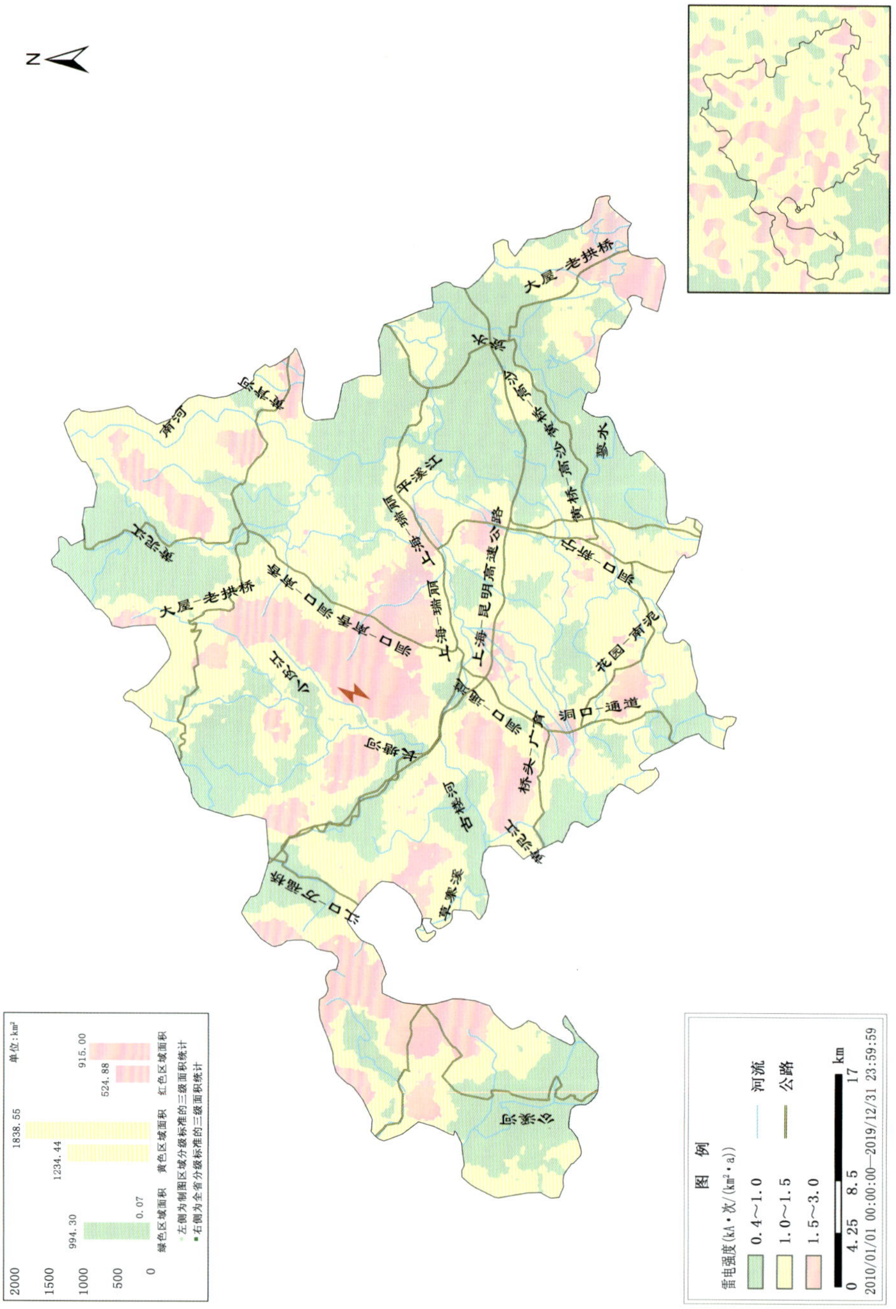

洞口县雷电强度分布图

洞口县雷电强度平均值为 1.20 kA·次/(km² · a),高于全省雷电强度平均值,最高雷电强度值为 8.53 kA·次/(km² · a),位于洞口县中部,经纬度为(110.55°E,27.12°N)。

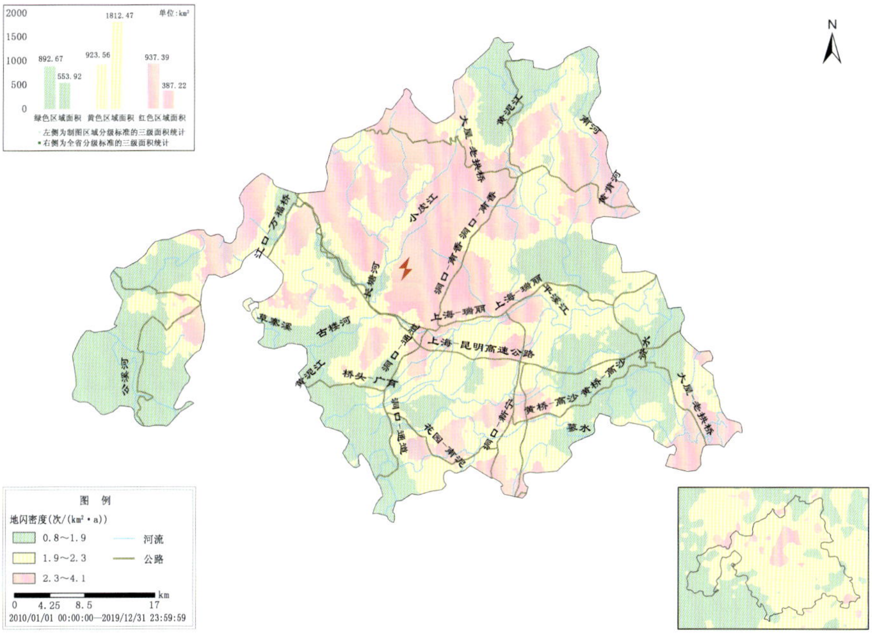

洞口县地闪密度分布图

洞口县地闪密度平均值为2.09次/(km²·a)，高于全省地闪密度平均值，最高地闪密度值为8.10次/(km²·a)，位于洞口县中部，经纬度为(110.55°E,27.12°N)。

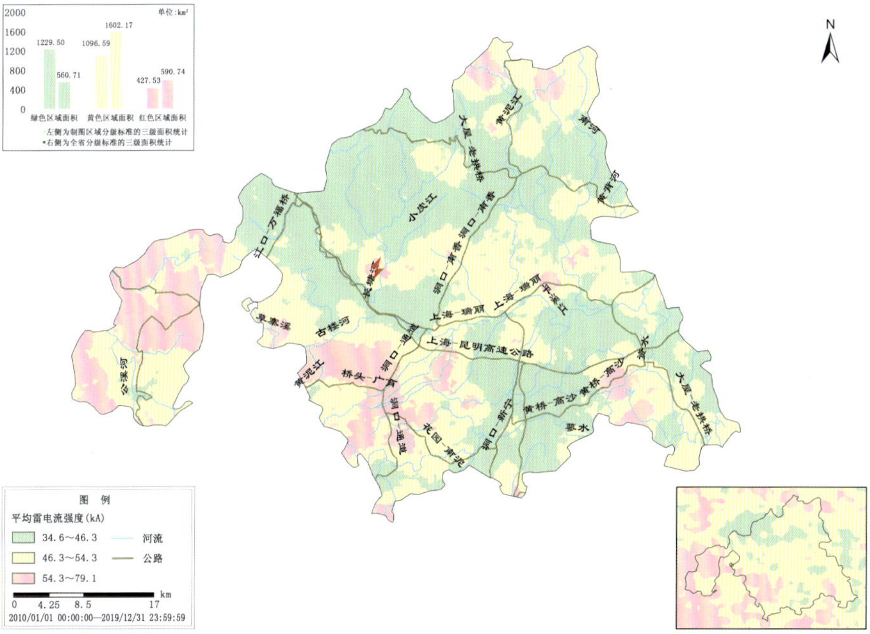

洞口县平均雷电流强度分布图

洞口县平均雷电流强度平均值为48.22 kA，高于全省平均雷电流强度平均值，最高平均雷电流强度值为188.60 kA，位于洞口县中部，经纬度为(111.80°E,27.00°N)。

绥宁县

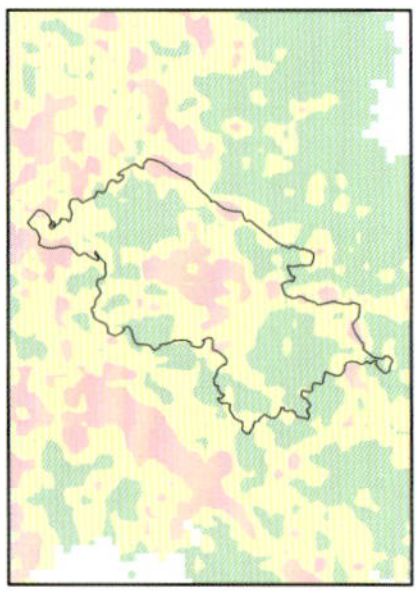

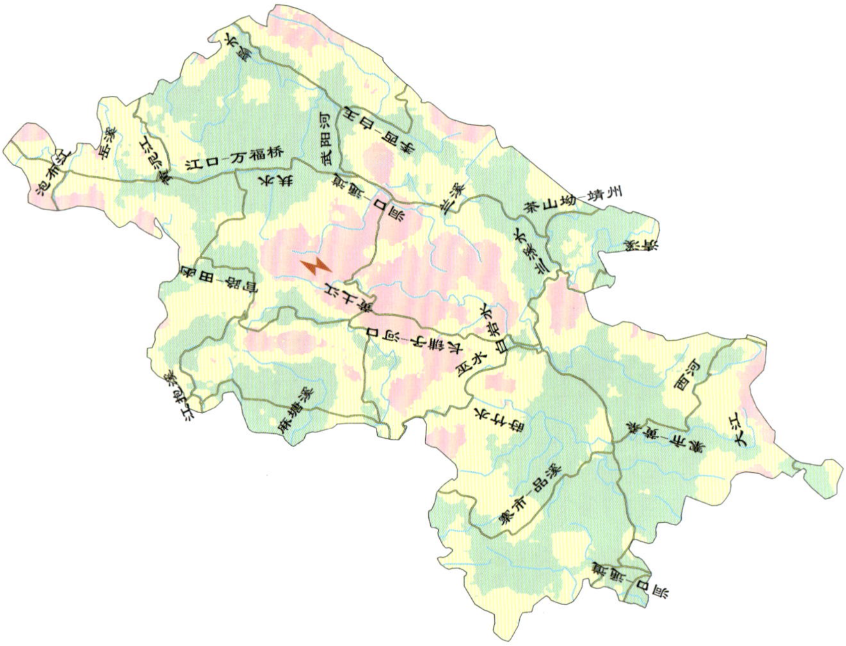

绥宁县雷电强度分布图

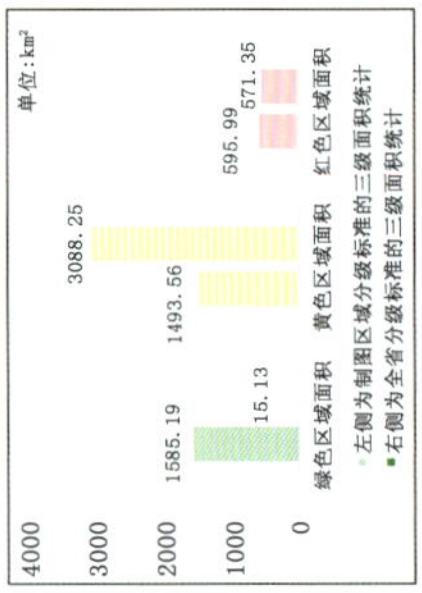

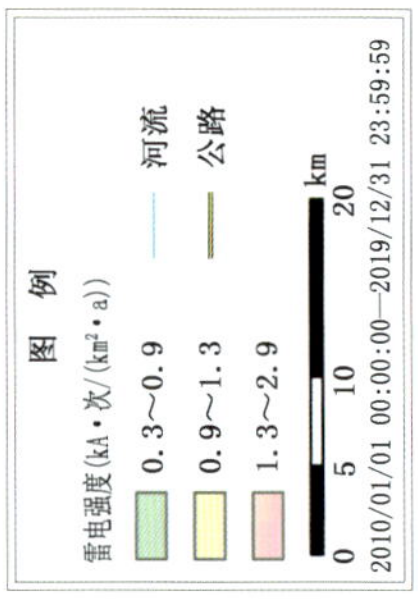

绥宁县雷电强度平均值为 0.98 kA·次/(km^2·a)，高于全省雷电强度平均值，最高雷电强度值为 6.53 kA·次/(km^2·a)，位于绥宁县中北部，经纬度为(110.24°E,26.80°N)。

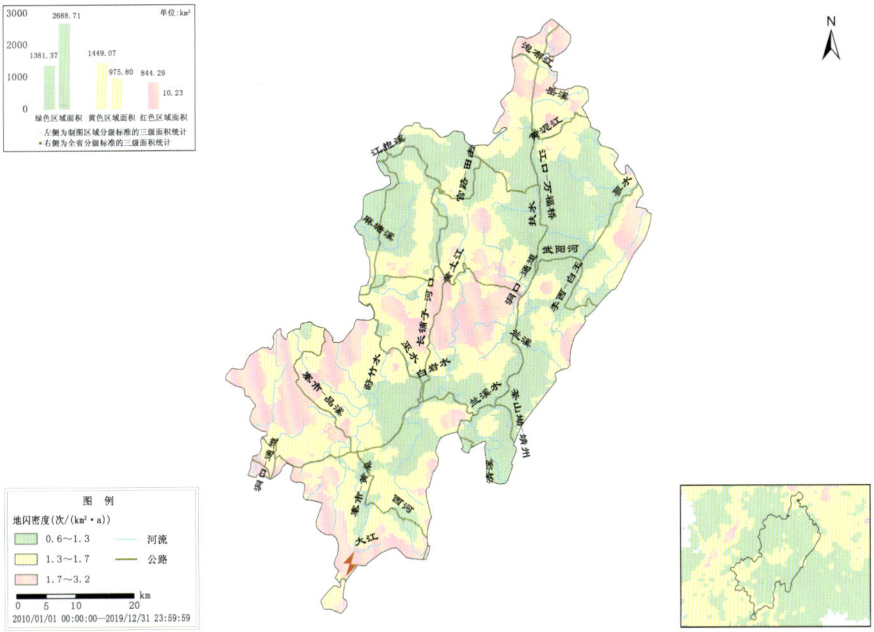

绥宁县地闪密度分布图

绥宁县地闪密度平均值为 1.44 次/(km^2·a)，低于全省地闪密度平均值，最高地闪密度值为 5.20 次/(km^2·a)，位于绥宁县南部，经纬度为(110.04°E,26.34°N)。

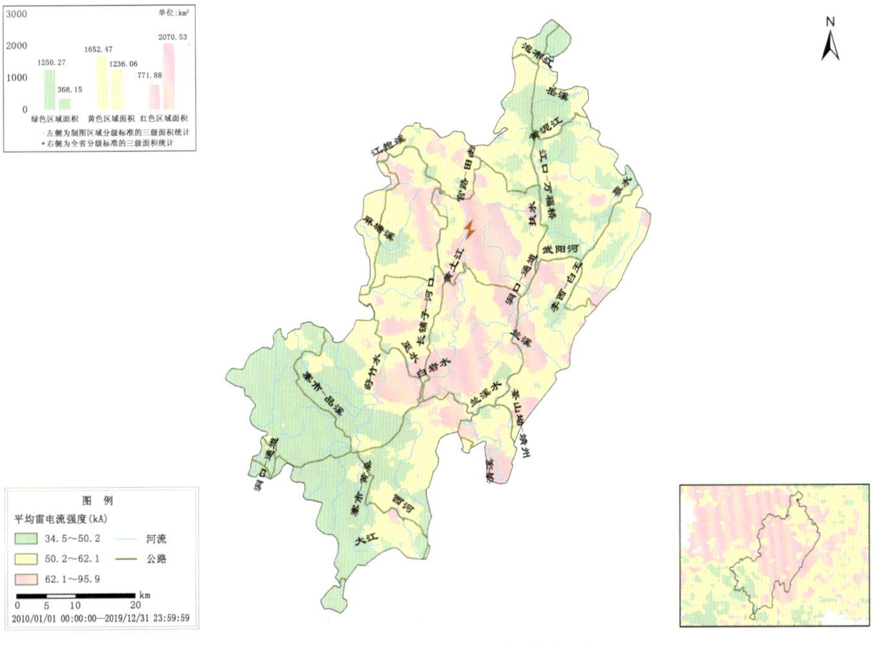

绥宁县平均雷电流强度分布图

绥宁县平均雷电流强度平均值为 54.52 kA，高于全省平均雷电流强度平均值，最高平均雷电流强度值为 175.77 kA，位于绥宁县中北部，经纬度为(110.23°E,26.88°N)。

新宁县

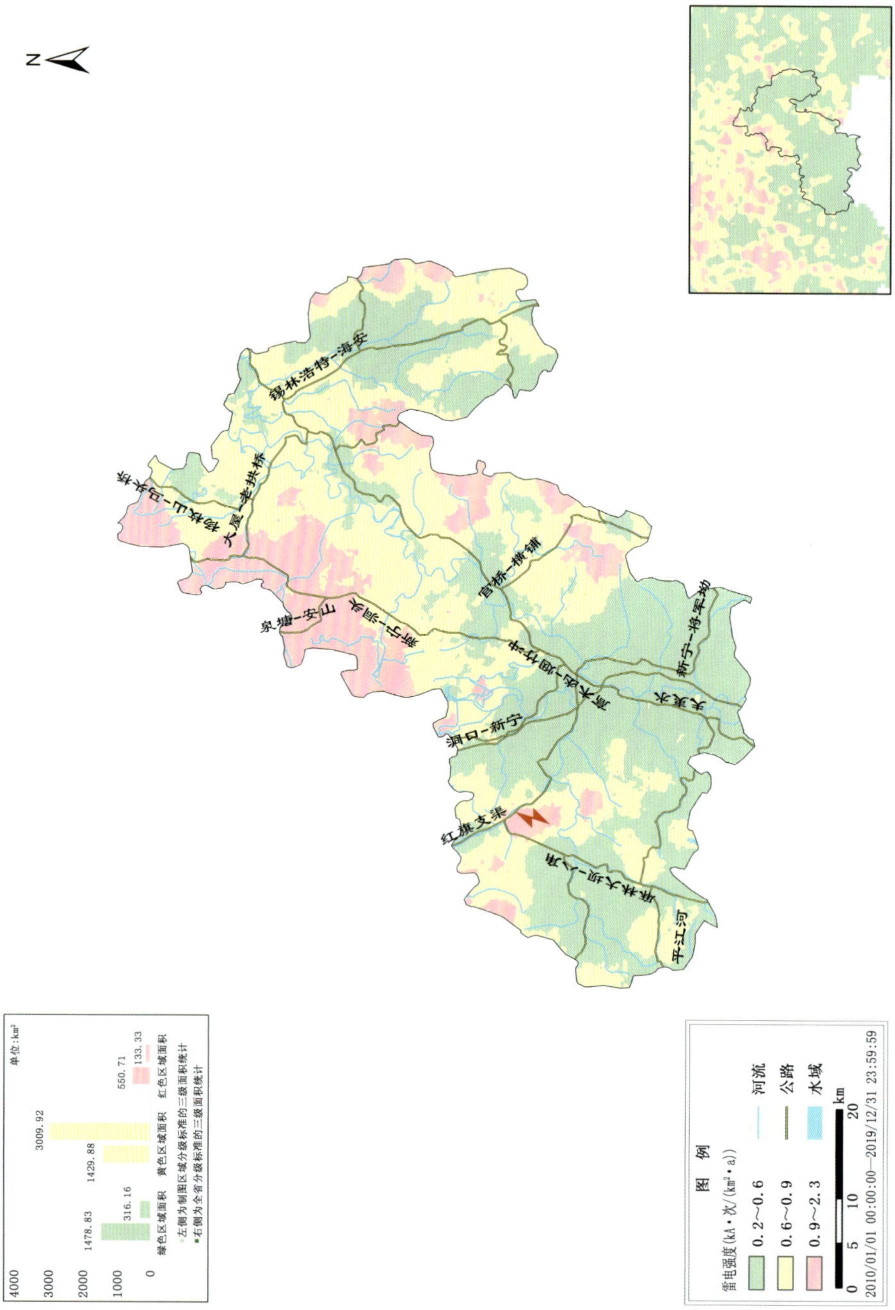

新宁县雷电强度分布图

新宁县雷电强度平均值为 0.71 kA·次/(km^2·a)，低于全省雷电强度平均值，最高雷电强度值为 4.27 kA·次/(km^2·a)，位于新宁县西南部，经纬度为(110.67°E,26.50°N)。

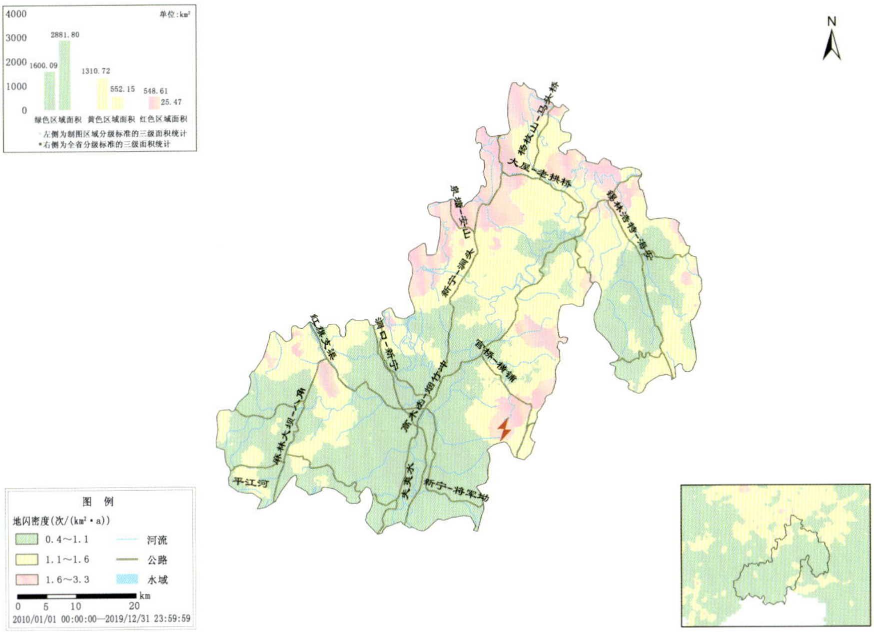

新宁县地闪密度分布图

新宁县地闪密度平均值为 1.25 次/(km² · a),低于全省地闪密度平均值,最高地闪密度值为 5.20 次/(km² · a),位于新宁县东南部,经纬度为(110.96°E,26.41°N)。

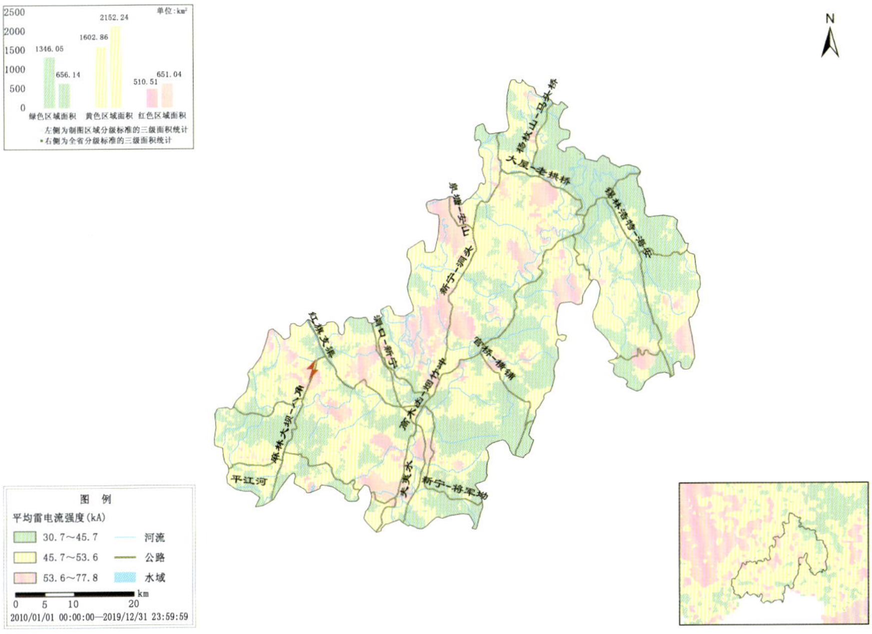

新宁县平均雷电流强度分布图

新宁县平均雷电流强度平均值为 47.79 kA,高于全省平均雷电流强度平均值,最高平均雷电流强度值为 261.41 kA,位于新宁县西南部,经纬度为(110.79°E,26.31°N)。

城步苗族自治县

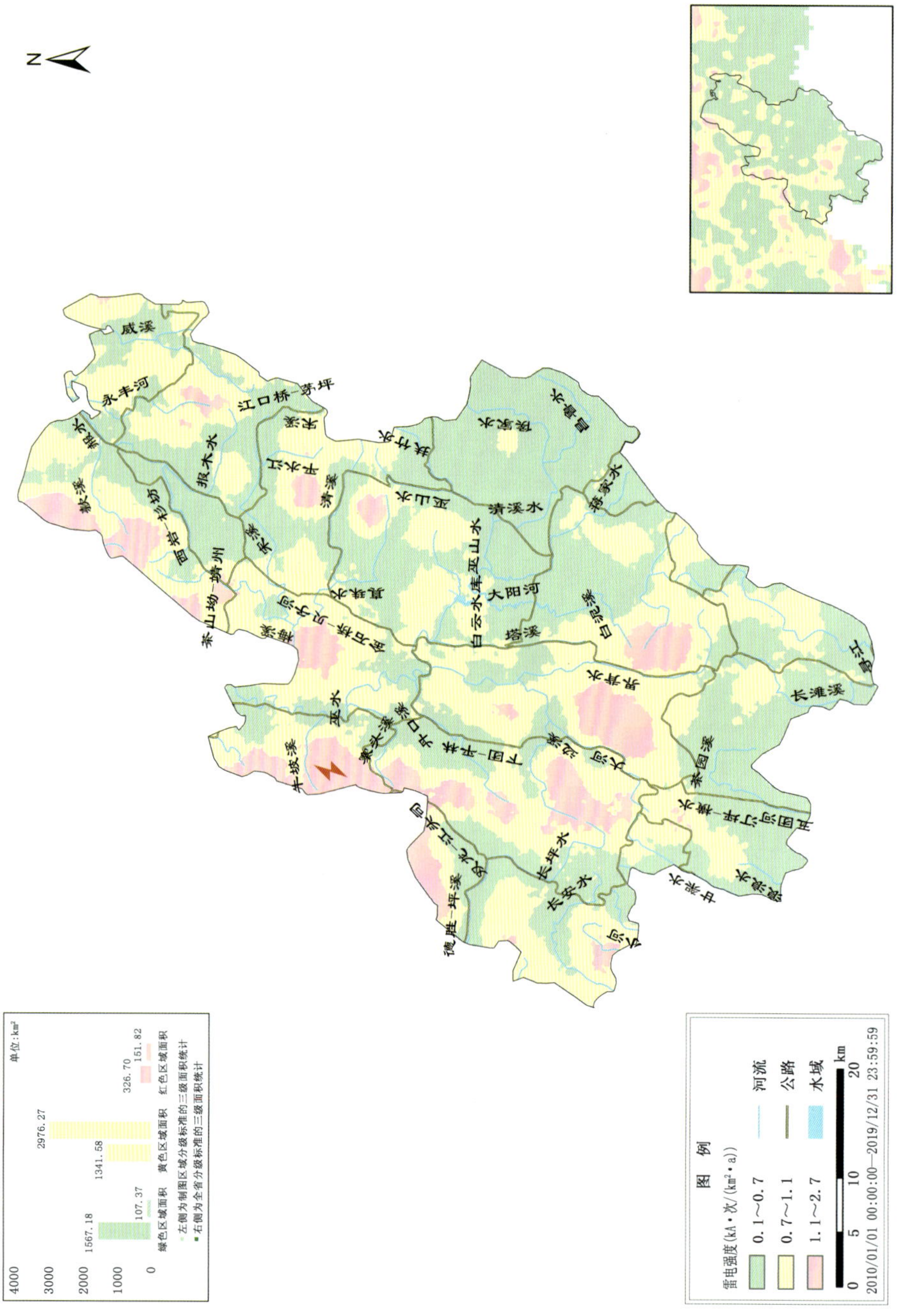

城步苗族自治县雷电强度分布图

城步苗族自治县雷电强度平均值为 0.77 kA·次/(km^2·a)，低于全省雷电强度平均值，最高雷电强度值为 6.93 kA·次/(km^2·a)，位于城步苗族自治县西北部，经纬度为(110.17°E，26.41°N)。

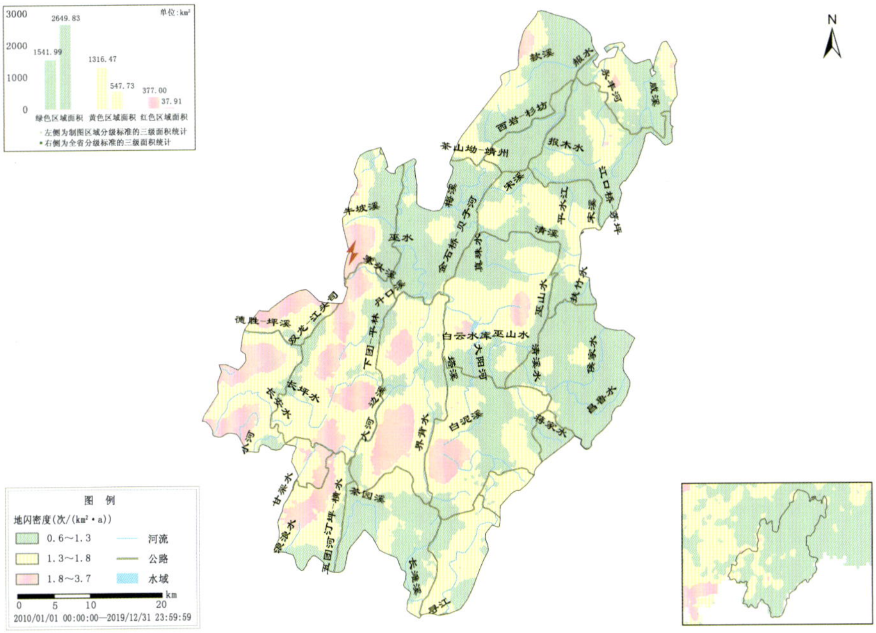

城步苗族自治县地闪密度分布图

城步苗族自治县地闪密度平均值为 1.37 次/(km² · a),低于全省地闪密度平均值,最高地闪密度值为 9.50 次/(km² · a),位于城步苗族自治县中部偏西,经纬度为(110.17°E,26.41°N)。

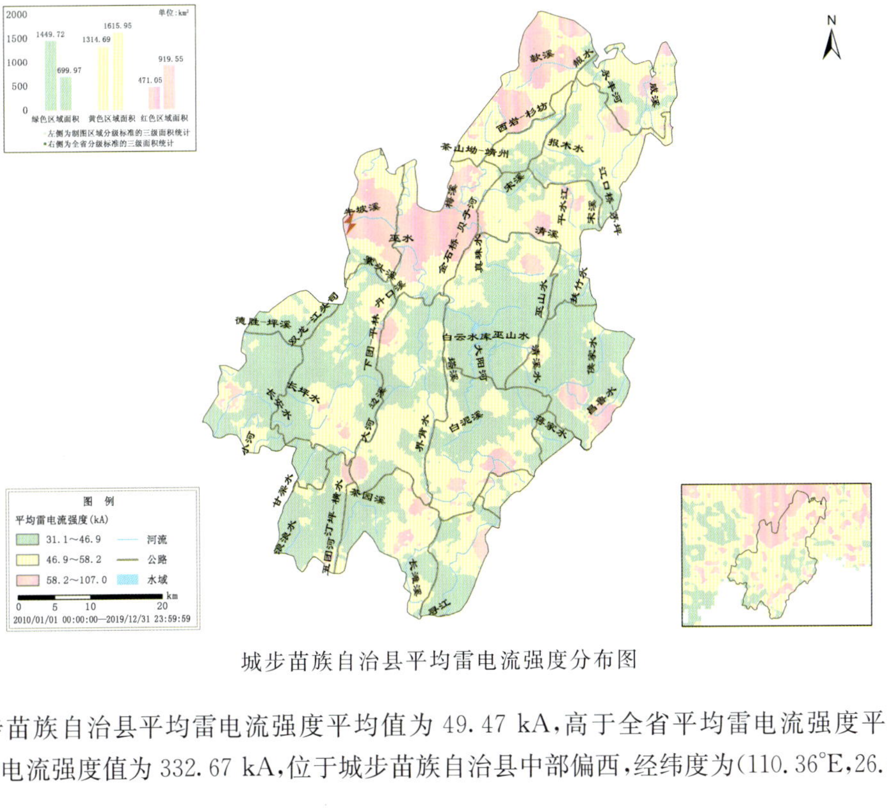

城步苗族自治县平均雷电流强度分布图

城步苗族自治县平均雷电流强度平均值为 49.47 kA,高于全省平均雷电流强度平均值,最高平均雷电流强度值为 332.67 kA,位于城步苗族自治县中部偏西,经纬度为(110.36°E,26.06°N)。

武冈市

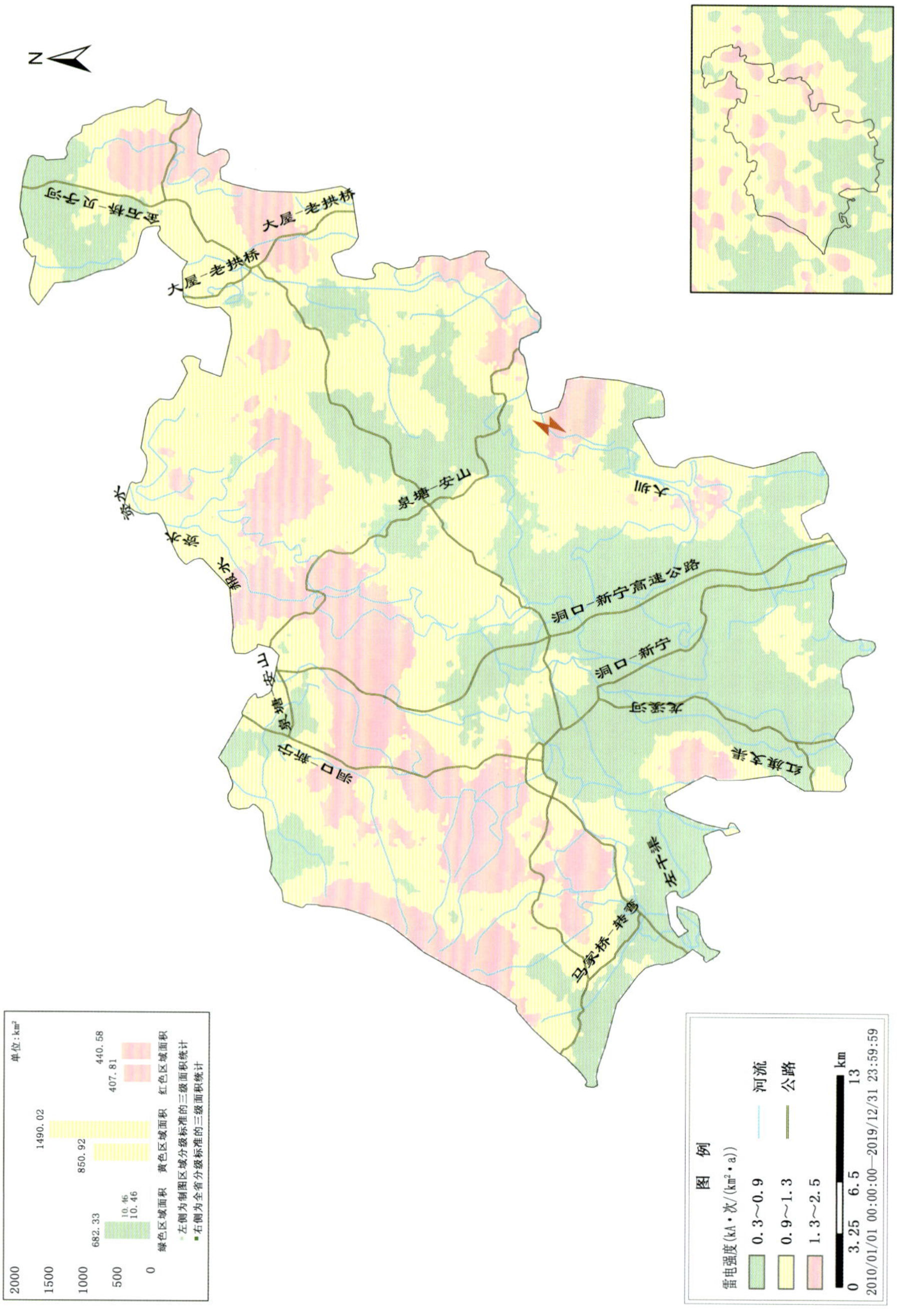

武冈市雷电强度分布图

武冈市雷电强度平均值为 1.07 kA·次/(km^2·a)，高于全省雷电强度平均值，最高雷电强度值为 3.87 kA·次/(km^2·a)，位于武冈市东部，经纬度为(110.86°E，26.72°N)。

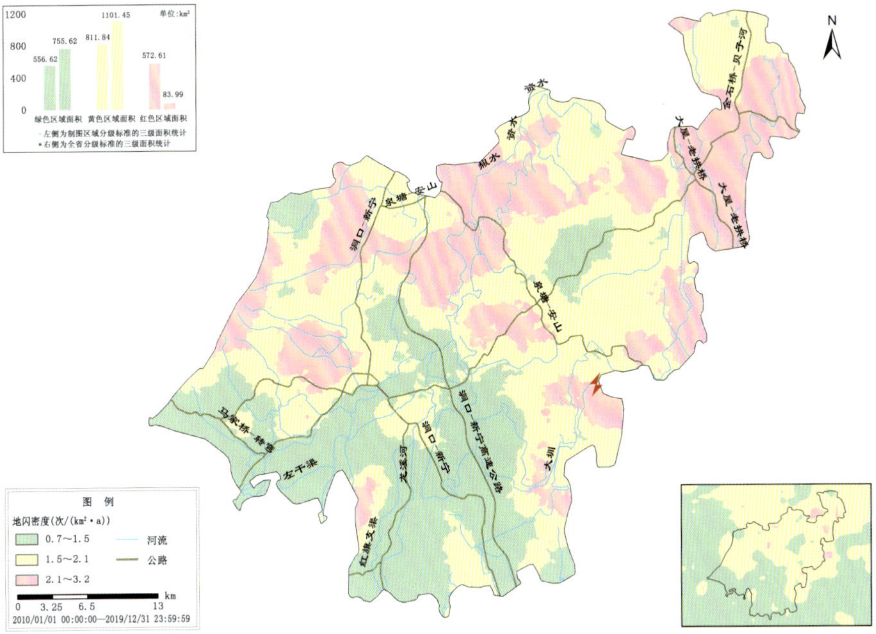

武冈市地闪密度分布图

武冈市地闪密度平均值为 1.82 次/(km^2·a)，低于全省地闪密度平均值，最高地闪密度值为 5.10 次/(km^2·a)，位于武冈市东部，经纬度为(110.86°E,26.72°N)。

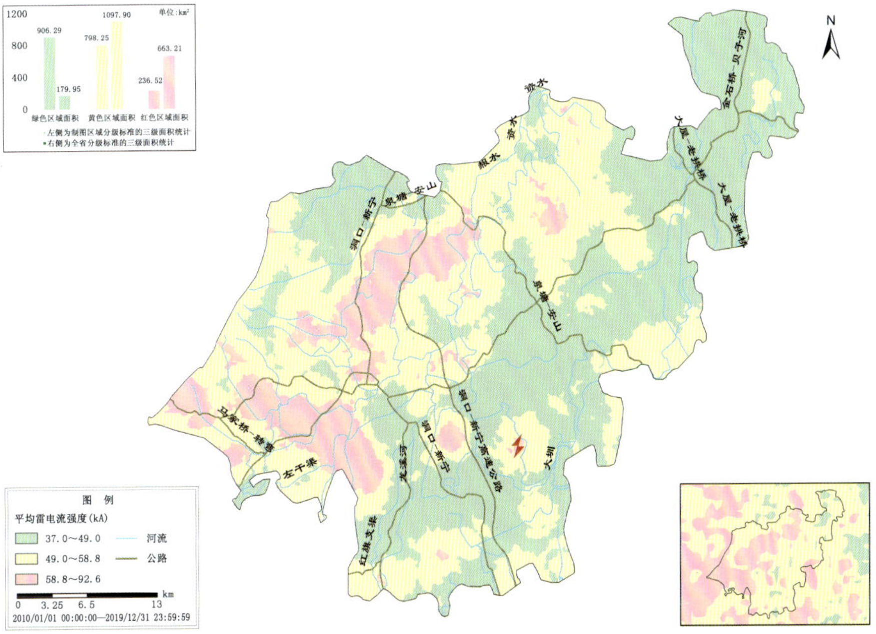

武冈市平均雷电流强度分布图

武冈市平均雷电流强度平均值为 50.58 kA，高于全省平均雷电流强度平均值，最高平均雷电流强度值为 145.03 kA，位于武冈市东南部，经纬度为(110.70°E,26.70°N)。

5.7 岳阳地区雷电区划

岳阳市

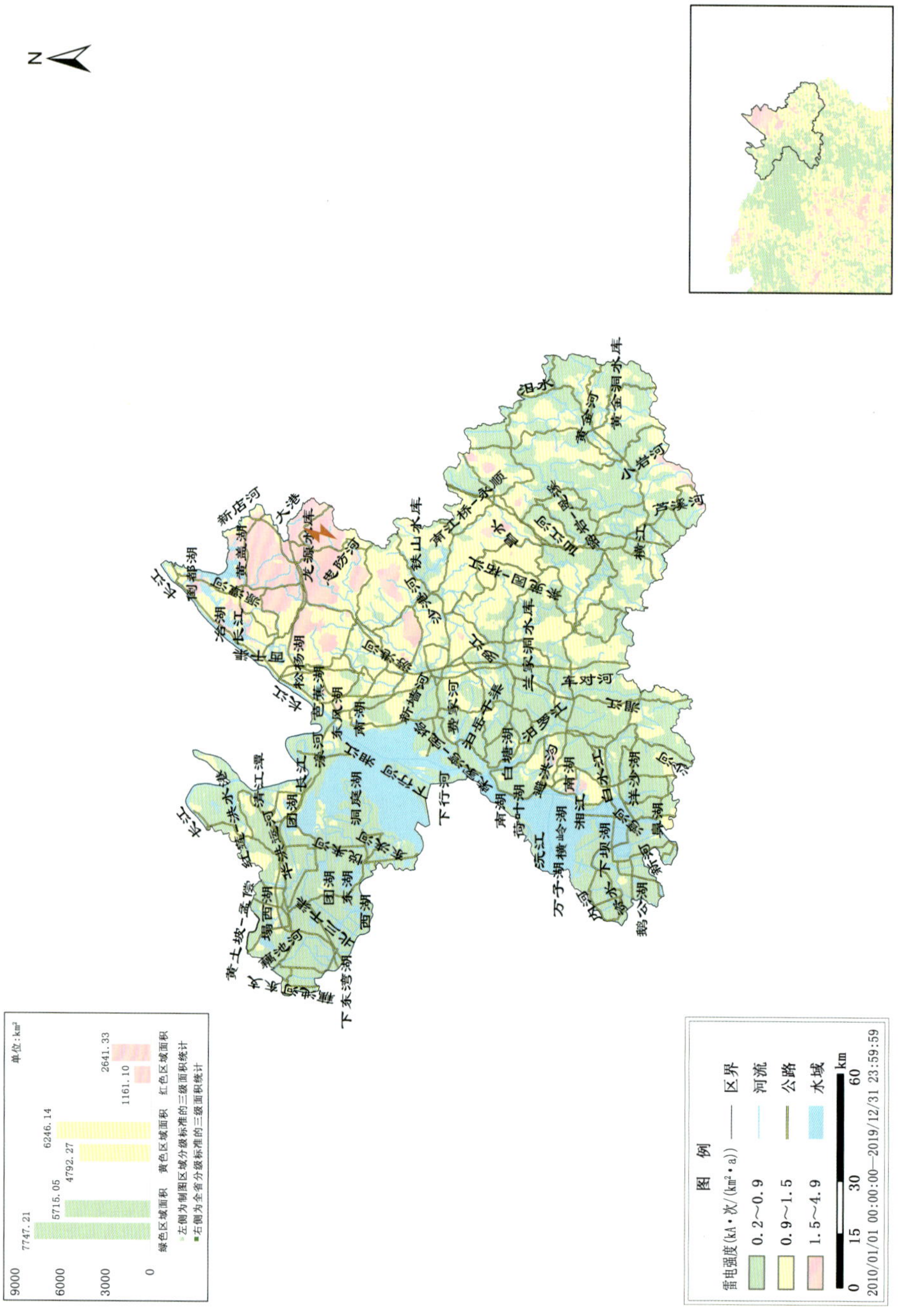

岳阳市雷电强度分布图

岳阳市雷电强度平均值为 1.01 kA·次/(km^2·a)，高于全省雷电强度平均值，最高雷电强度值为 10.93 kA·次/(km^2·a)，位于岳阳市临湘市，经纬度为(113.65°E，29.42°N)。

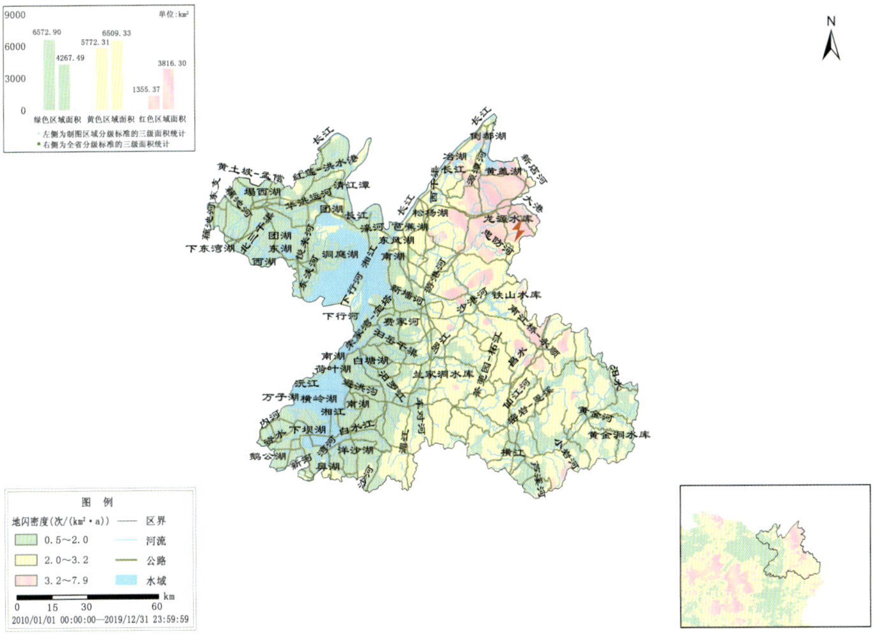

岳阳市地闪密度分布图

岳阳市地闪密度平均值为2.19次/(km²·a)，高于全省地闪密度平均值，最高地闪密度值为14.20次/(km²·a)，位于岳阳市临湘市，经纬度为(113.65°E，29.42°N)。

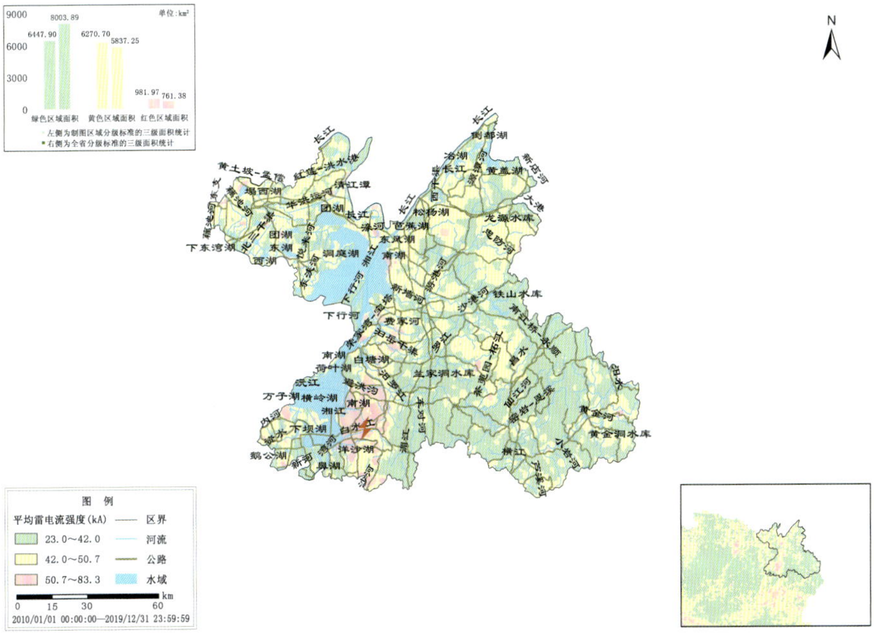

岳阳市平均雷电流强度分布图

岳阳市平均雷电流强度平均值为42.98 kA，低于全省平均雷电流强度平均值，最高平均雷电流强度值为262.54 kA，位于岳阳市汨罗市，经纬度为(112.98°E，28.69°N)。

岳阳楼区

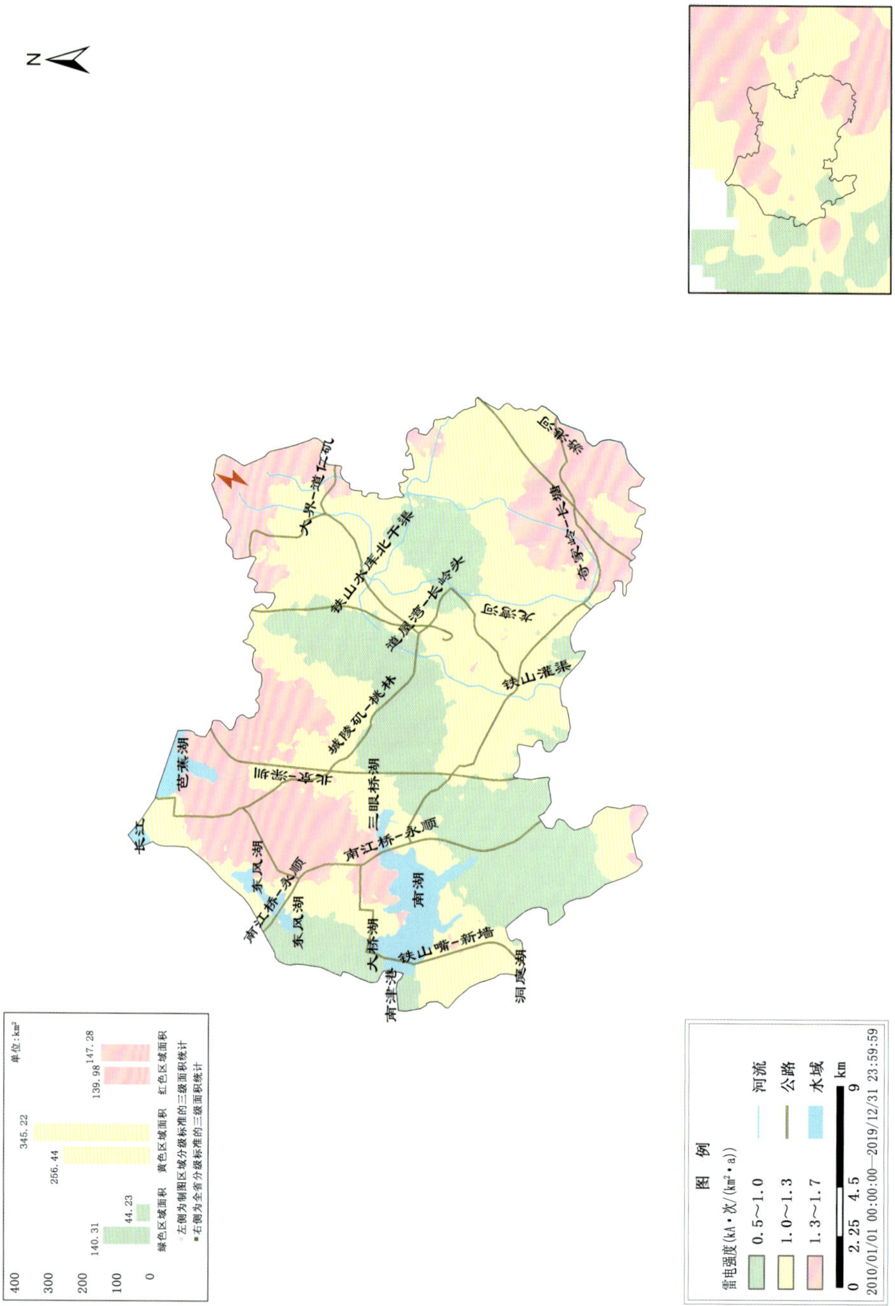

岳阳楼区雷电强度分布图

岳阳楼区雷电强度平均值为 1.17 kA·次/(km^2·a),高于全省雷电强度平均值,最高雷电强度值为 3.07 kA·次/(km^2·a),位于岳阳楼区东北部,经纬度为(113.32°E,29.41°N)。

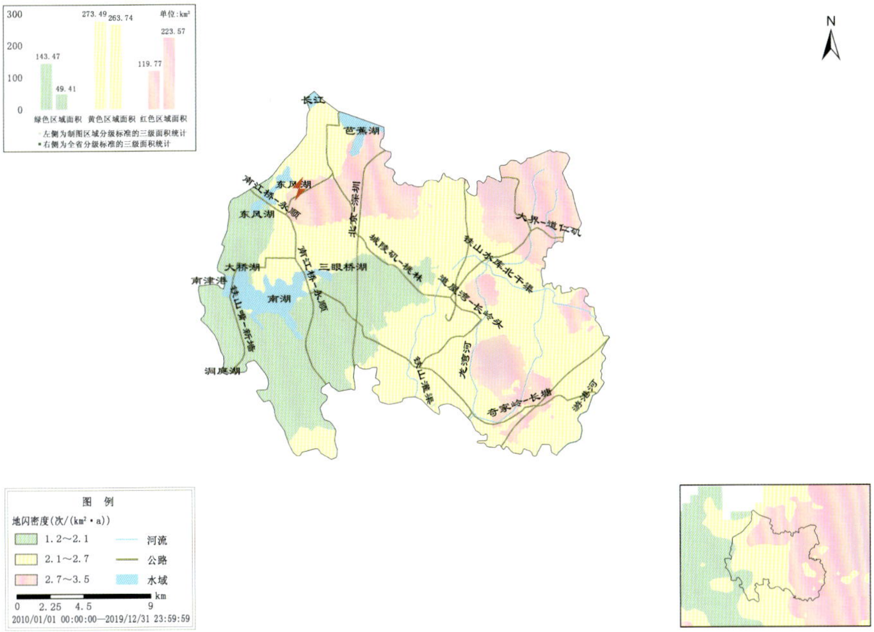

岳阳楼区地闪密度分布图

岳阳楼区地闪密度平均值为 2.43 次/(km^2·a)，高于全省地闪密度平均值，最高地闪密度值为 4.90 次/(km^2·a)，位于岳阳楼区西北部，经纬度为(113.14°E，29.40°N)。

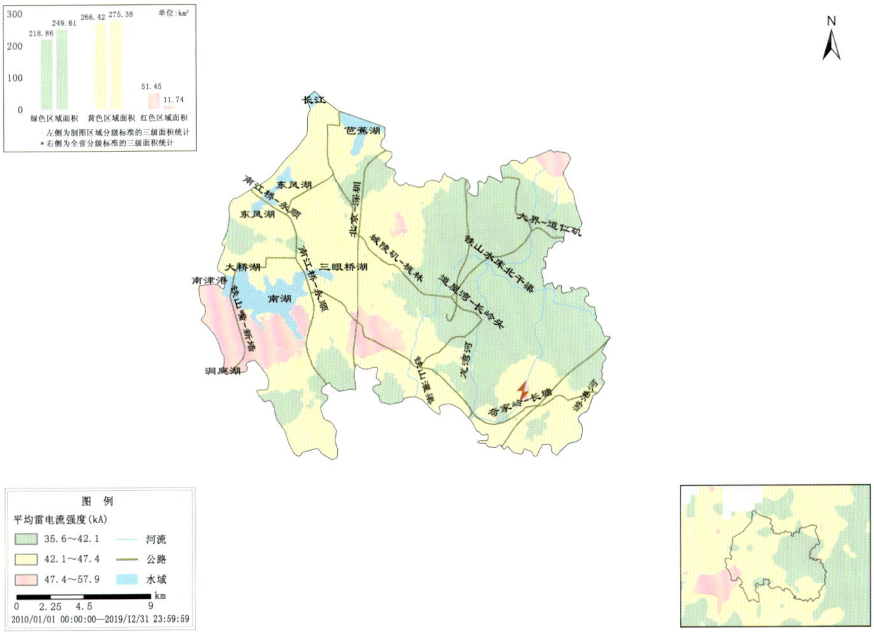

岳阳楼区平均雷电流强度分布图

岳阳楼区平均雷电流强度平均值为 43.52 kA，低于全省平均雷电流强度平均值，最高平均雷电流强度值为 86.80 kA，位于岳阳楼区东南部，经纬度为(113.29°E，29.28°N)。

云溪区

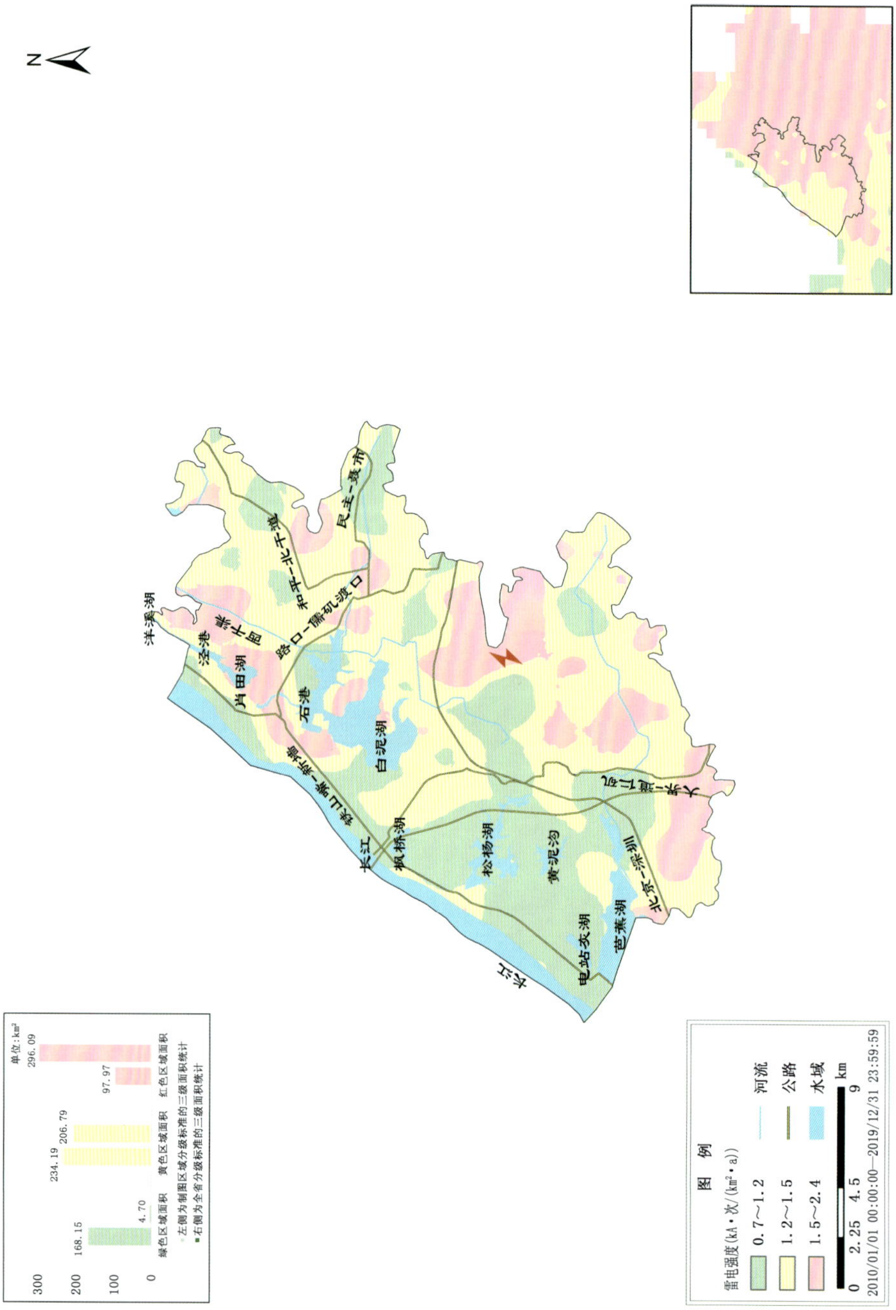

云溪区雷电强度分布图

云溪区雷电强度平均值为 1.34 kA·次/(km^2·a)，高于全省雷电强度平均值，最高雷电强度值为 3.53 kA·次/(km^2·a)，位于云溪区中东部，经纬度为(113.33°E，29.48°N)。

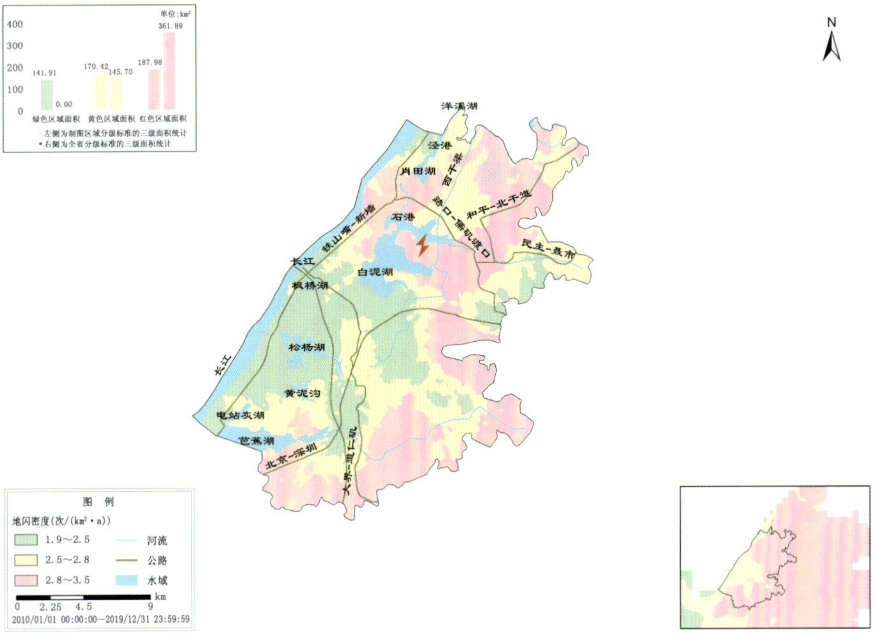

云溪区地闪密度分布图

云溪区地闪密度平均值为 2.74 次/(km^2·a),高于全省地闪密度平均值,最高地闪密度值为 5.10 次/(km^2·a),位于云溪区中北部,经纬度为(113.31°E,29.55°N)。

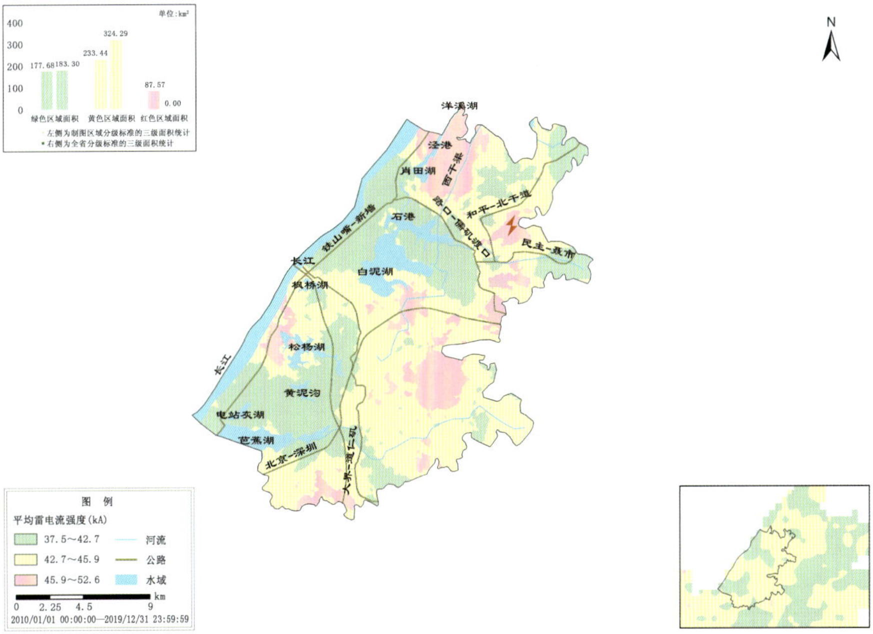

云溪区平均雷电流强度分布图

云溪区平均雷电流强度平均值为 43.70 kA,低于全省平均雷电流强度平均值,最高平均雷电流强度值为 72.42 kA,位于云溪区东北部,经纬度为(113.36°E,29.57°N)。

君山区

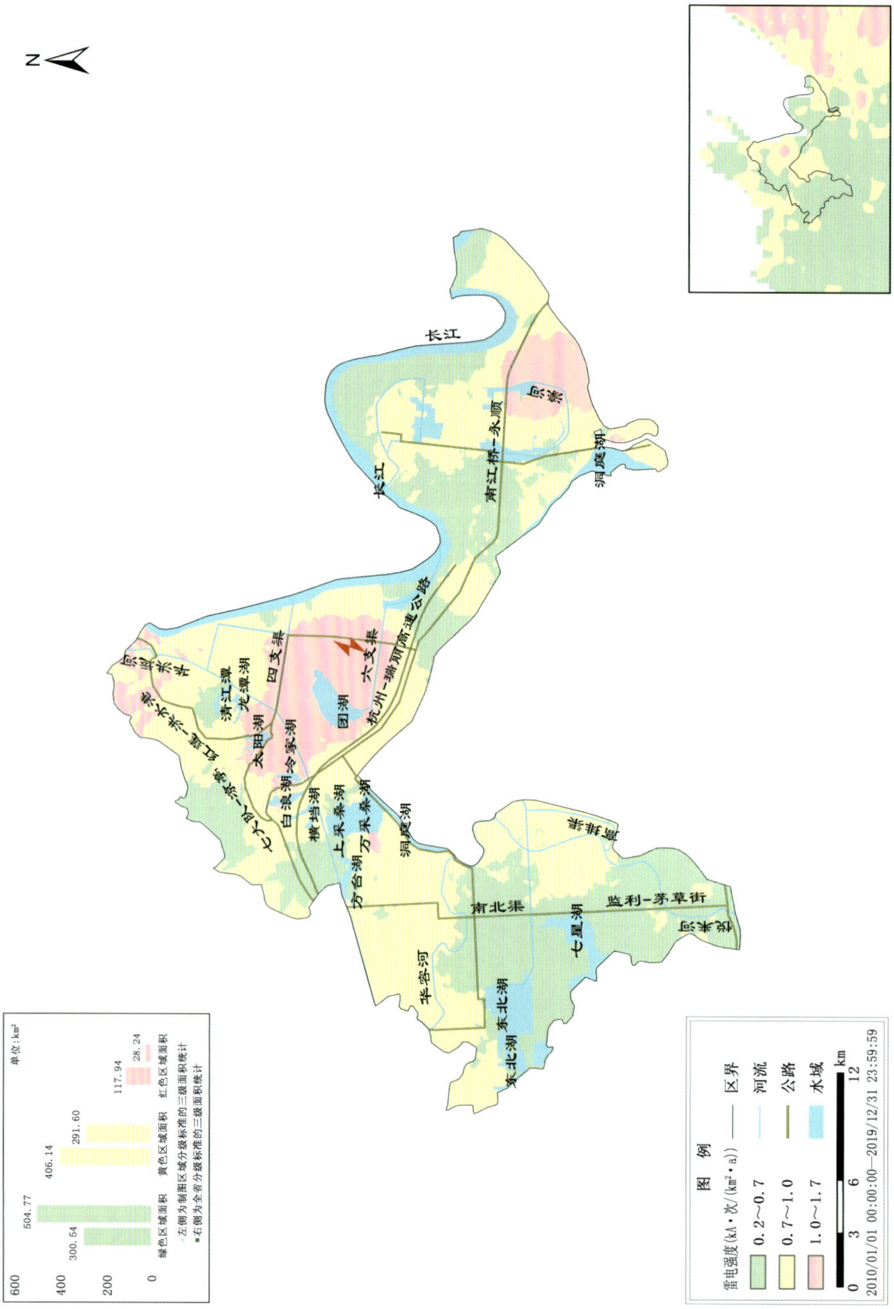

君山区雷电强度分布图

君山区雷电强度平均值为 0.80 kA·次/(km^2·a)，低于全省雷电强度平均值，最高雷电强度值为 3.20 kA·次/(km^2·a)，位于君山区中部，经纬度为(112.89°E，29.53°N)。

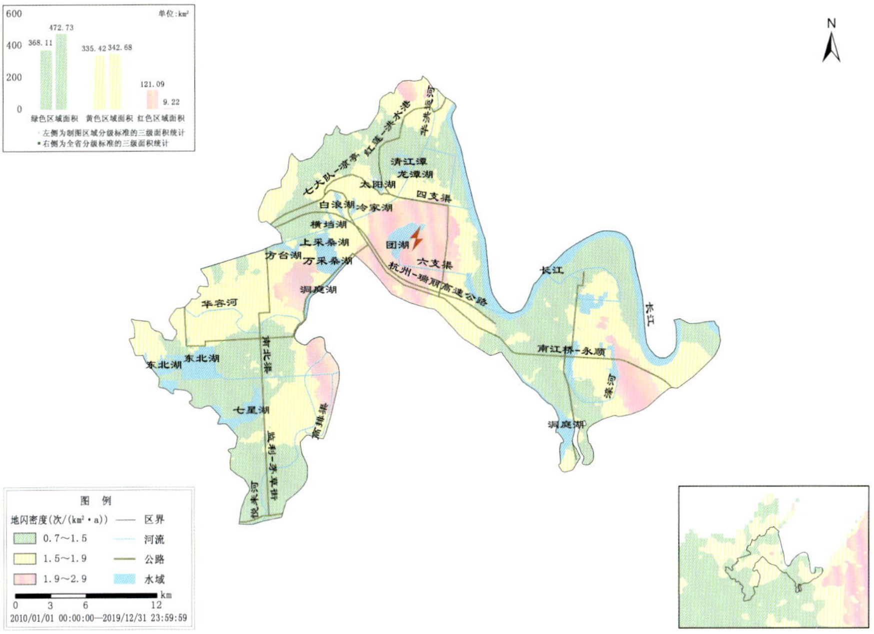

君山区地闪密度分布图

君山区地闪密度平均值为1.64次/(km²·a)，低于全省地闪密度平均值，最高地闪密度值为3.50次/(km²·a)，位于君山区中部，经纬度为(112.78°E,29.49°N)。

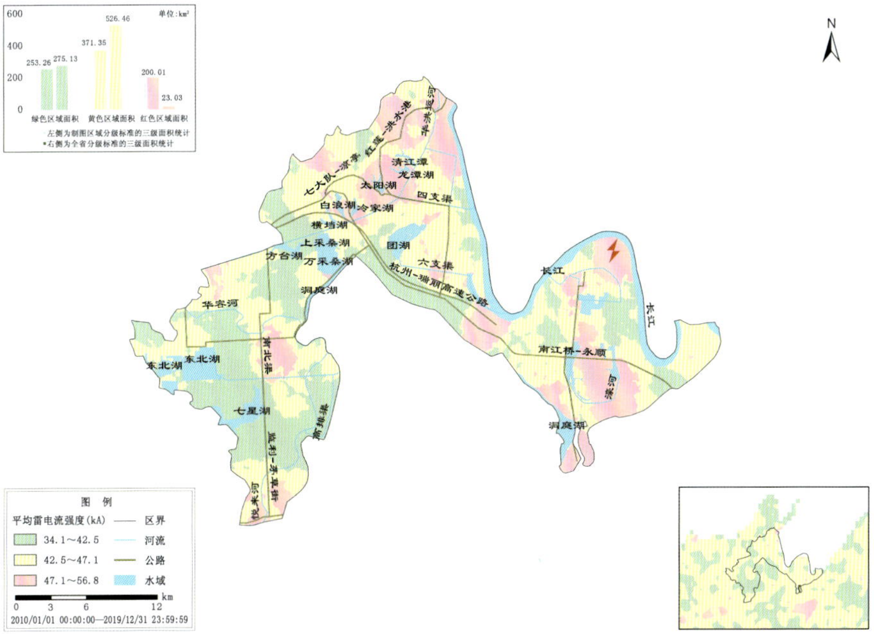

君山区平均雷电流强度分布图

君山区平均雷电流强度平均值为44.44 kA，低于全省平均雷电流强度平均值，最高平均雷电流强度值为158.34 kA，位于君山区东部，经纬度为(113.05°E,29.51°N)。

湘阴县

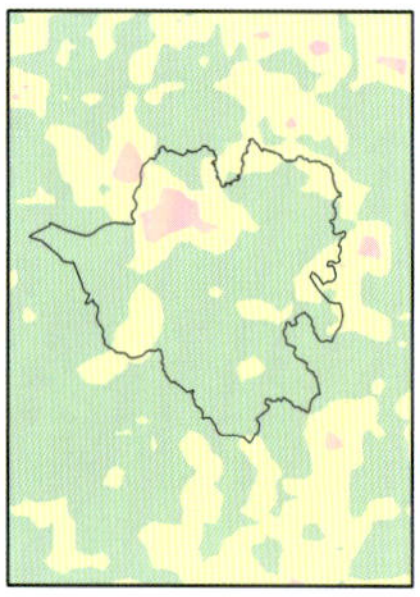

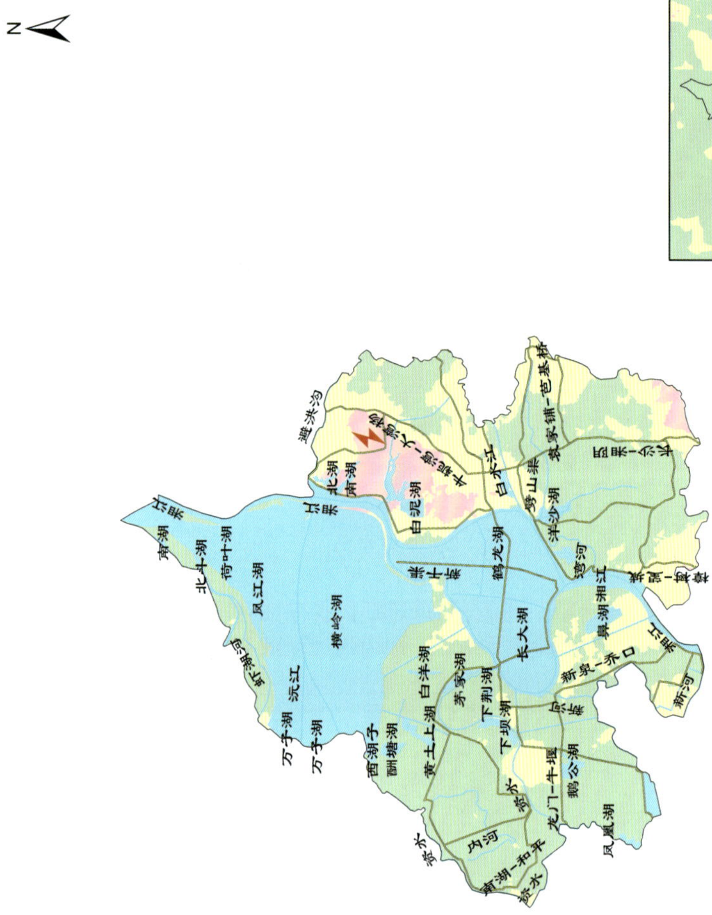

湘阴县雷电强度分布图

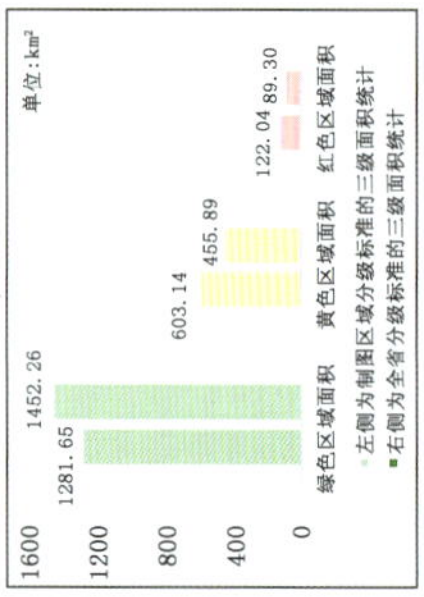

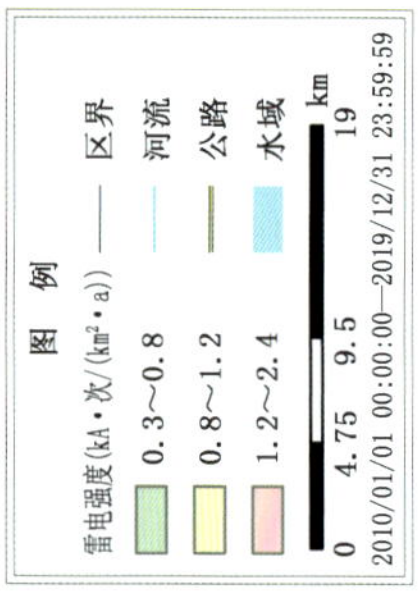

湘阴县雷电强度平均值为 0.79 kA·次/(km²·a)，低于全省雷电强度平均值，最高雷电强度值为 3.53 kA·次/(km²·a)，位于湘阴县东北部，经纬度为(112.95°E,28.79°N)。

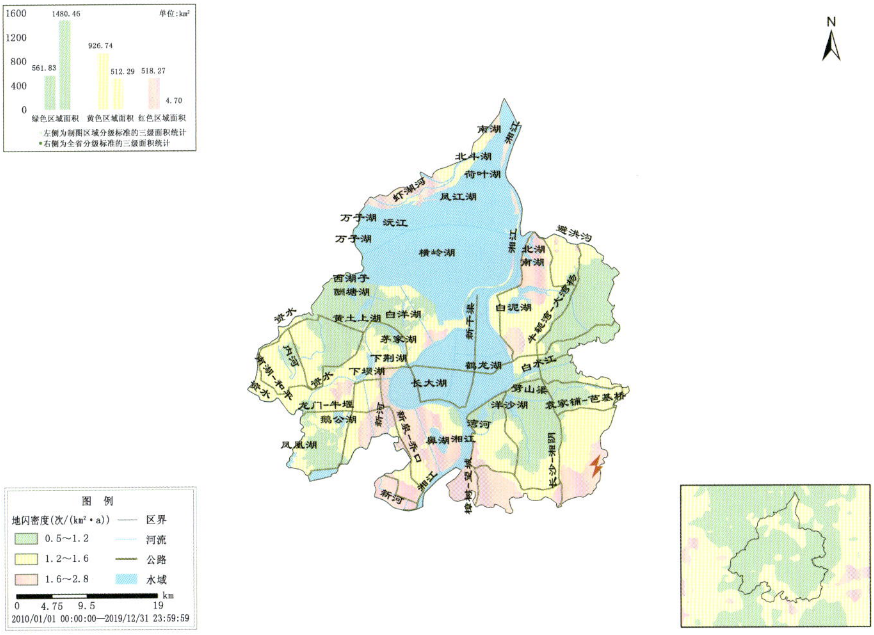

湘阴县地闪密度分布图

湘阴县地闪密度平均值为 1.48 次/(km² · a)，低于全省地闪密度平均值，最高地闪密度值为 5.00 次/(km² · a)，位于湘阴县东南部，经纬度为(112.99°E,28.55°N)。

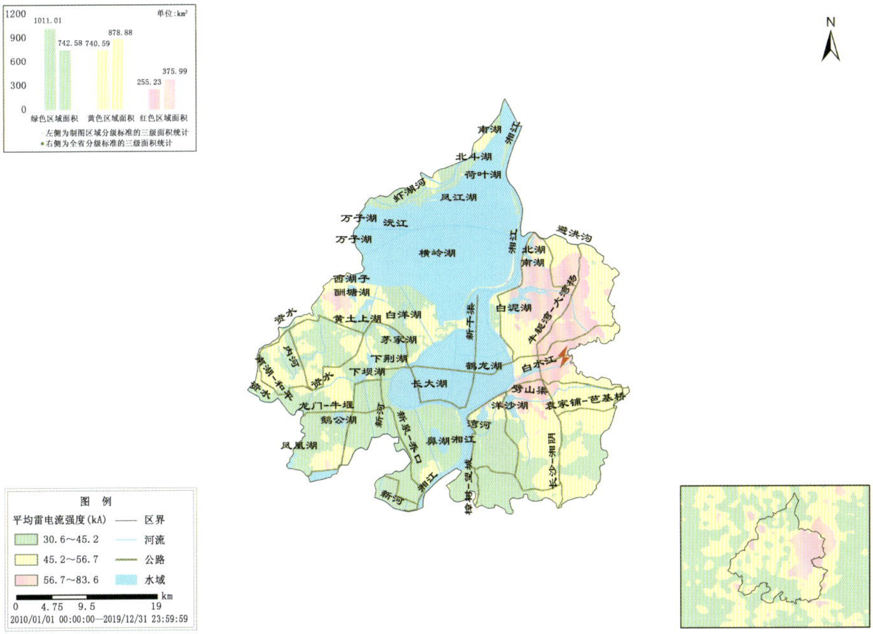

湘阴县平均雷电流强度分布图

湘阴县平均雷电流强度平均值为 47.10 kA，高于全省平均雷电流强度平均值，最高平均雷电流强度值为 189.78 kA，位于湘阴县东部，经纬度为(112.93°E,28.68°N)。

岳阳县

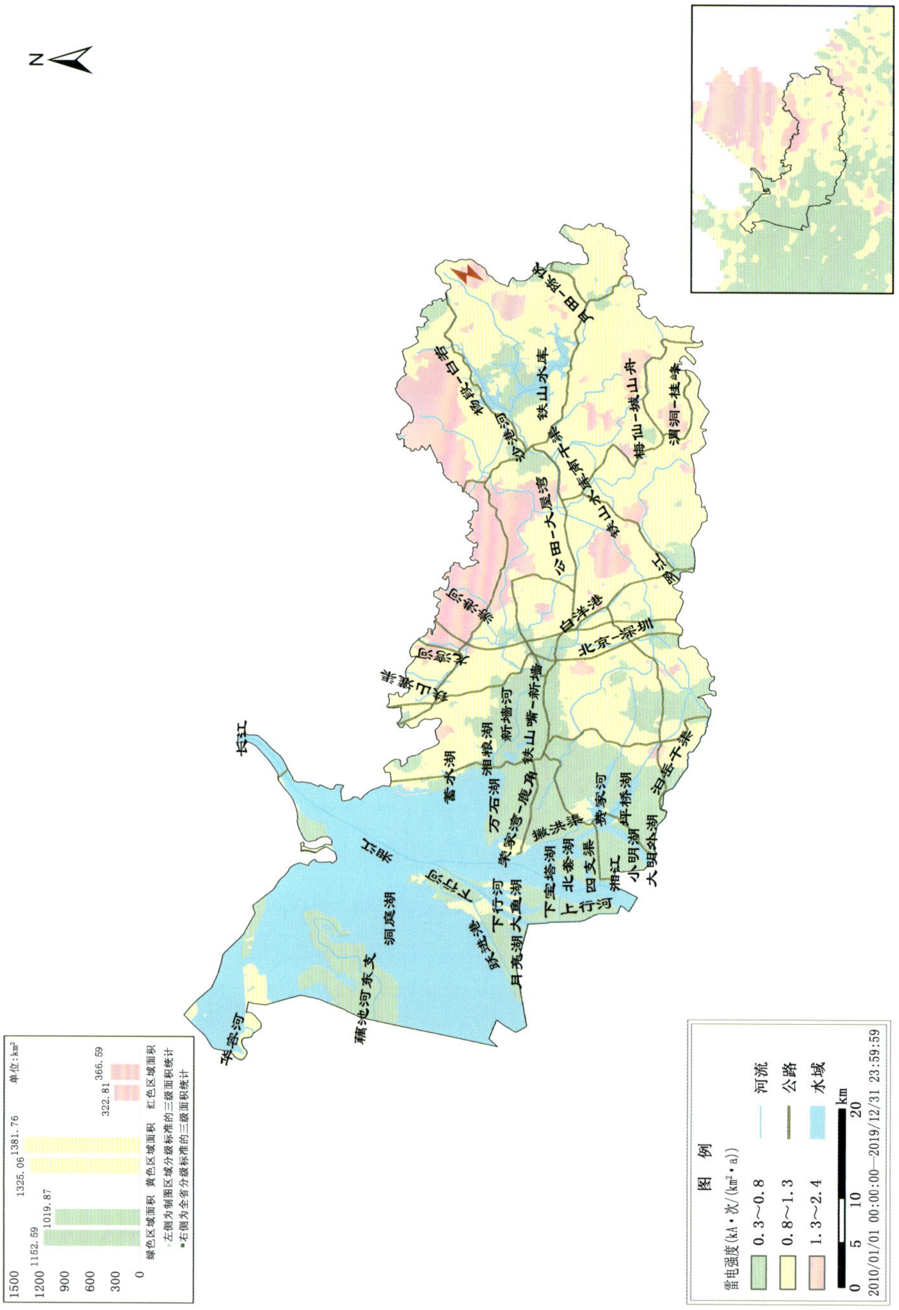

岳阳县雷电强度分布图

岳阳县雷电强度平均值为 0.98 kA·次/(km^2·a)，高于全省雷电强度平均值，最高雷电强度值为 3.87 kA·次/(km^2·a)，位于岳阳县东北部，经纬度为(113.68°E，29.20°N)。

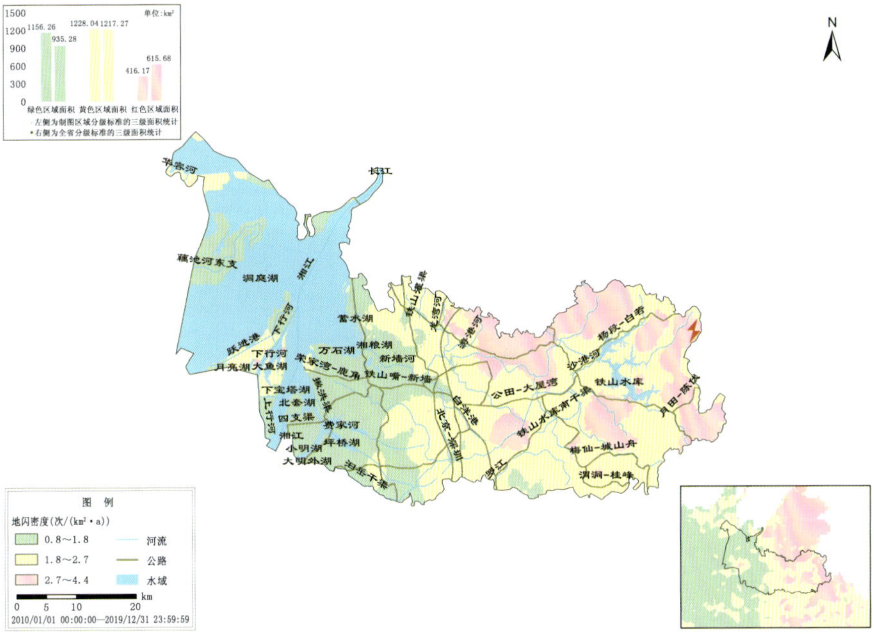

岳阳县地闪密度分布图

岳阳县地闪密度平均值为 2.07 次/(km^2·a)，高于全省地闪密度平均值，最高地闪密度值为 6.20 次/(km^2·a)，位于岳阳县东北部，经纬度为(113.64°E，29.16°N)。

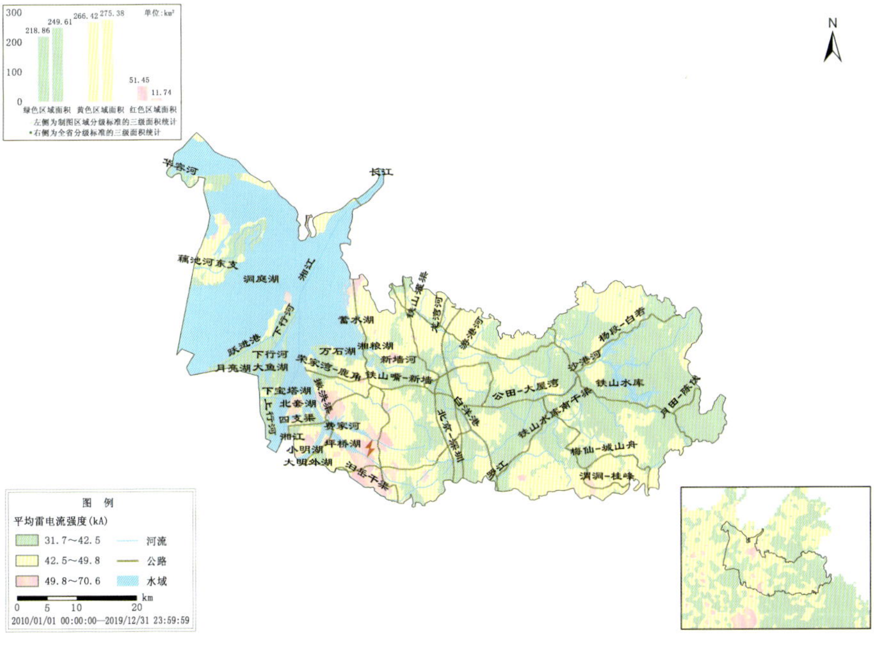

岳阳县平均雷电流强度分布图

岳阳县平均雷电流强度平均值为 43.64 kA，低于全省平均雷电流强度平均值，最高平均雷电流强度值为 164.34 kA，位于岳阳县西南部，经纬度为(113.05°E，29.10°N)。

华容县

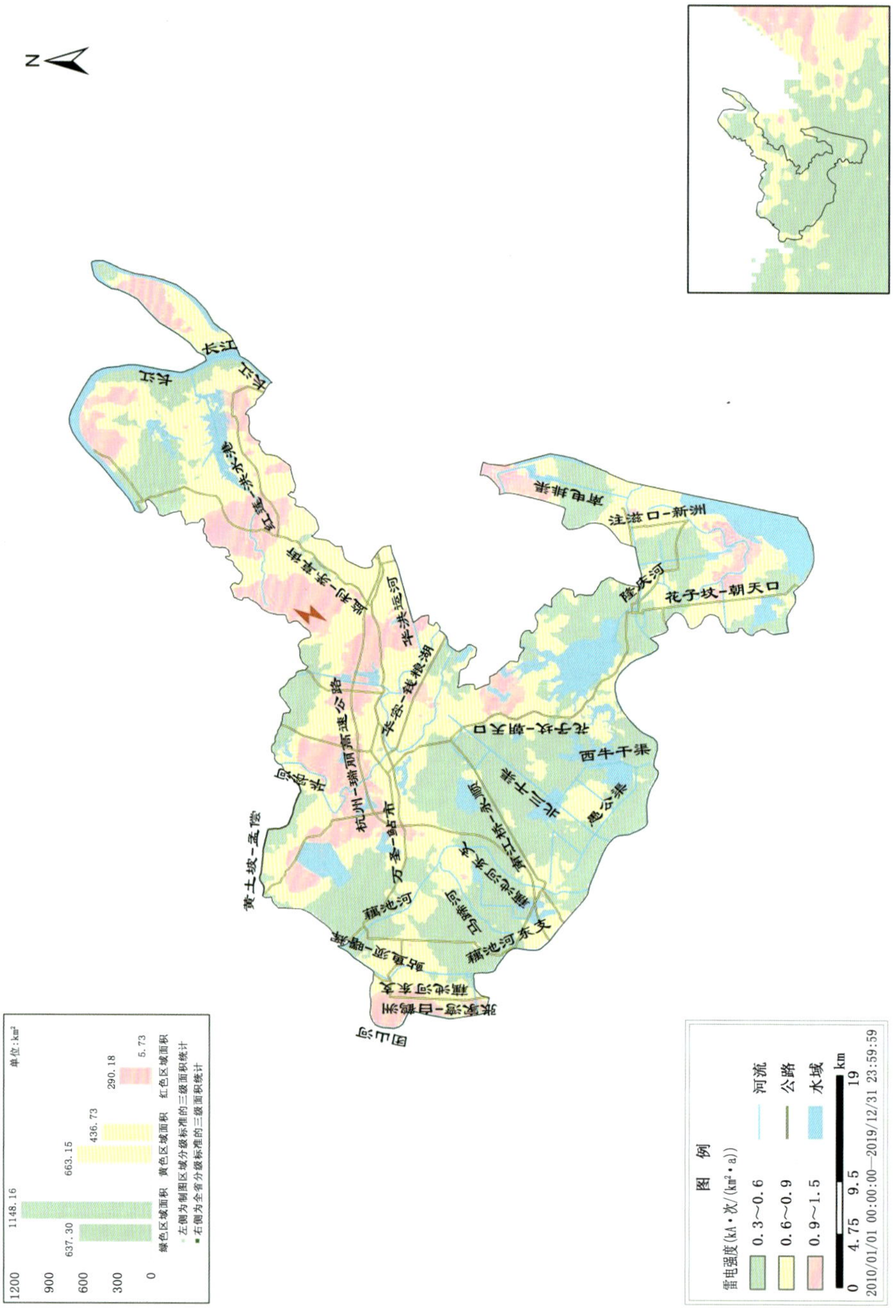

华容县雷电强度分布图

华容县雷电强度平均值为 0.75 kA·次/(km^2·a),低于全省雷电强度平均值,最高雷电强度值为 2.93 kA·次/(km^2·a),位于华容县北部,经纬度为(112.69°E,29.59°N)。

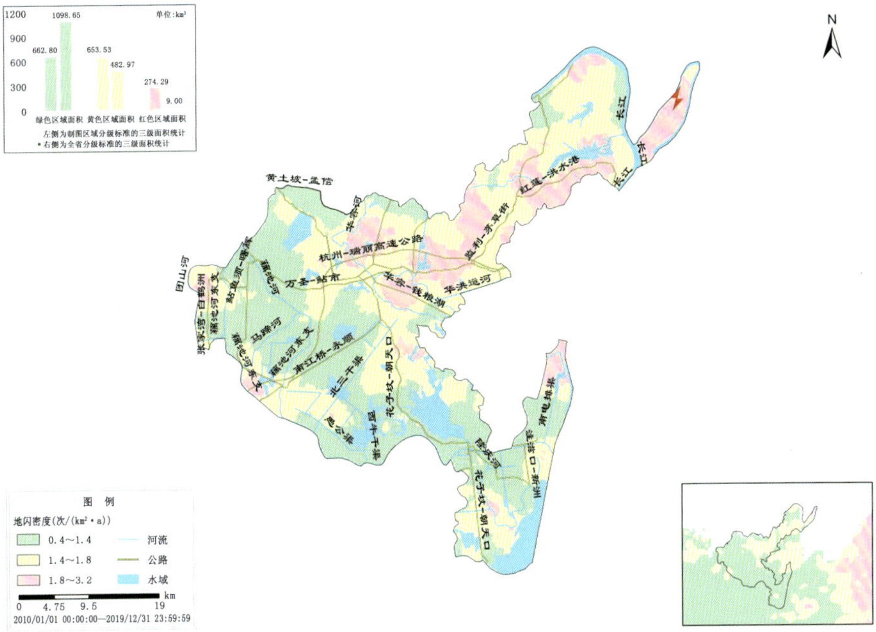

华容县地闪密度分布图

华容县地闪密度平均值为 1.52 次/(km^2·a)，低于全省地闪密度平均值，最高地闪密度值为 5.80 次/(km^2·a)，位于华容县东北部，经纬度为(112.99°E，29.73°N)。

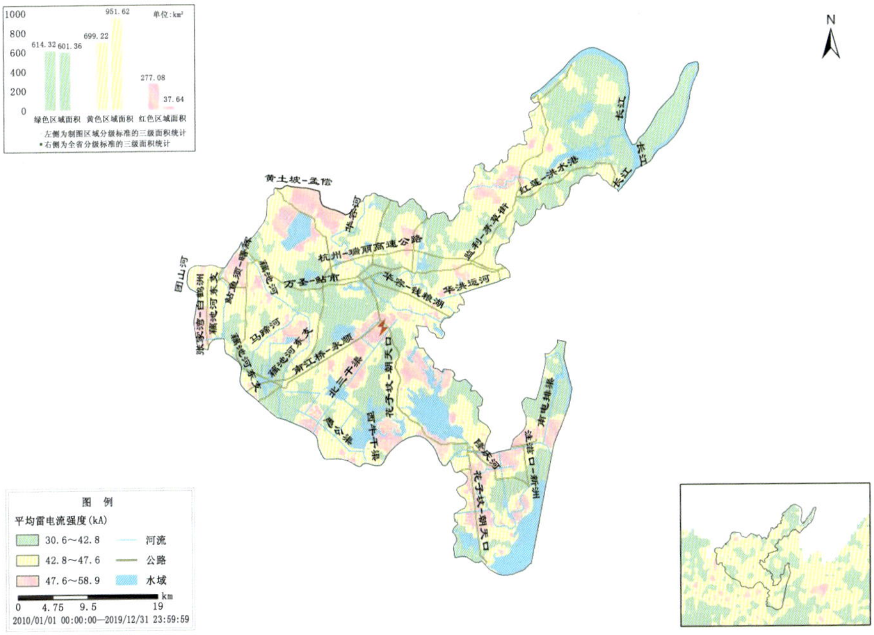

华容县平均雷电流强度分布图

华容县平均雷电流强度平均值为 44.24 kA，低于全省平均雷电流强度平均值，最高平均雷电流强度值为 146.50 kA，位于华容县中部，经纬度为(112.57°E，29.47°N)。

平江县

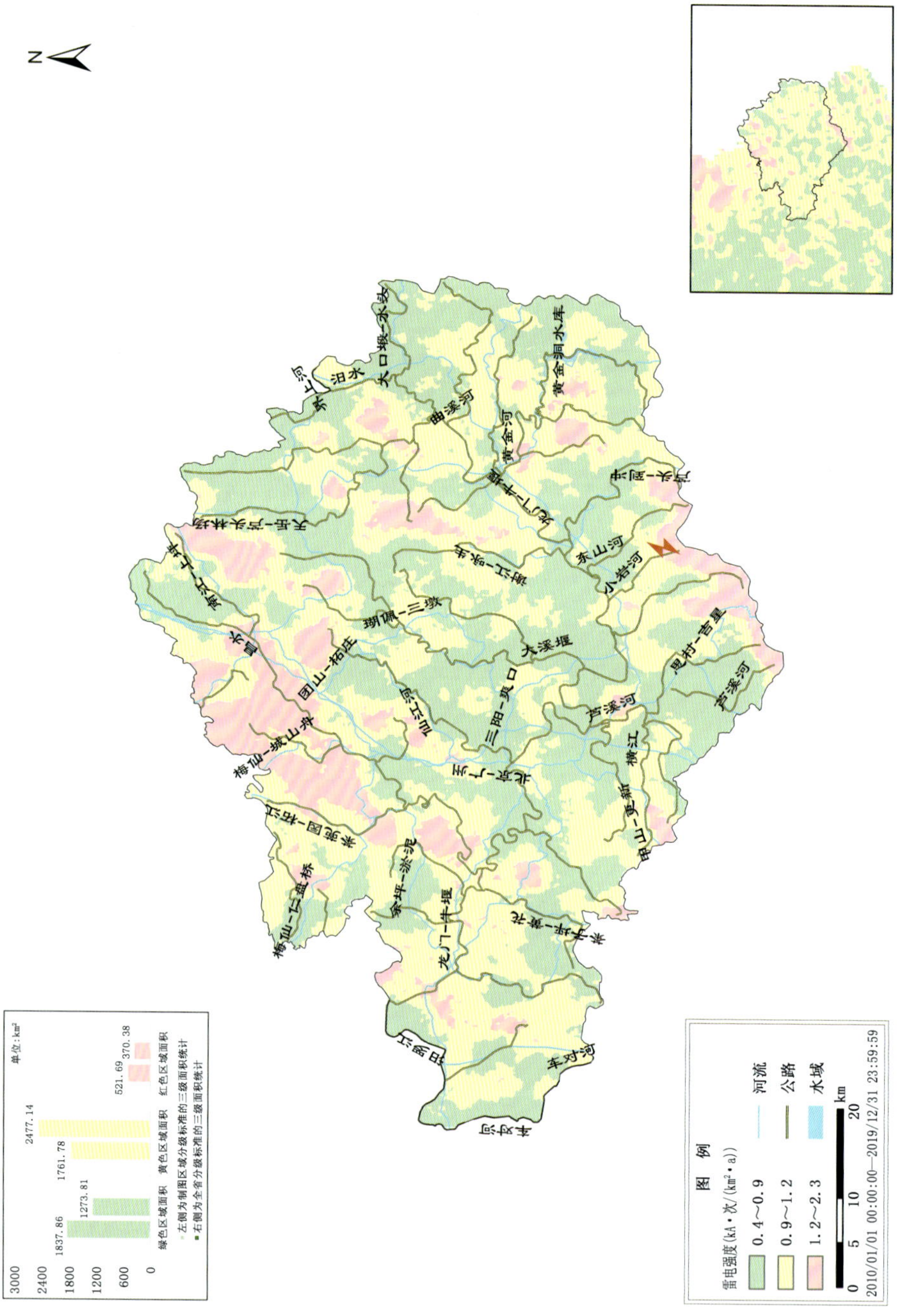

平江县雷电强度分布图

平江县雷电强度平均值为 0.97 kA・次/(km² ・a)，高于全省雷电强度平均值，最高雷电强度值为 6.60 kA・次/(km² ・a)，位于平江县东南部，经纬度为(113.85°E，28.54°N)。

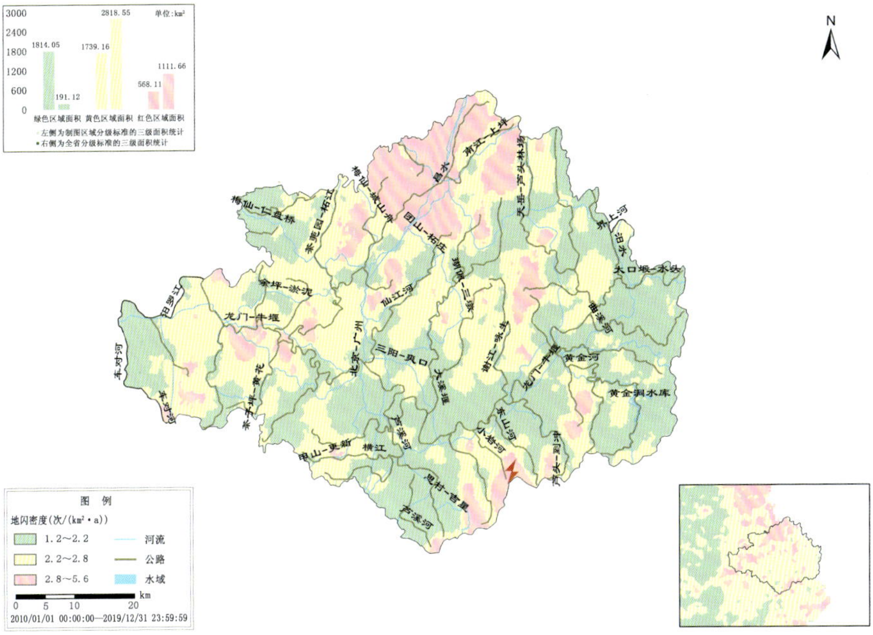

平江县地闪密度分布图

平江县地闪密度平均值为 2.35 次/(km²·a)，高于全省地闪密度平均值，最高地闪密度值为 13.10 次/(km²·a)，位于平江县东南部，经纬度为(113.85°E，28.54°N)。

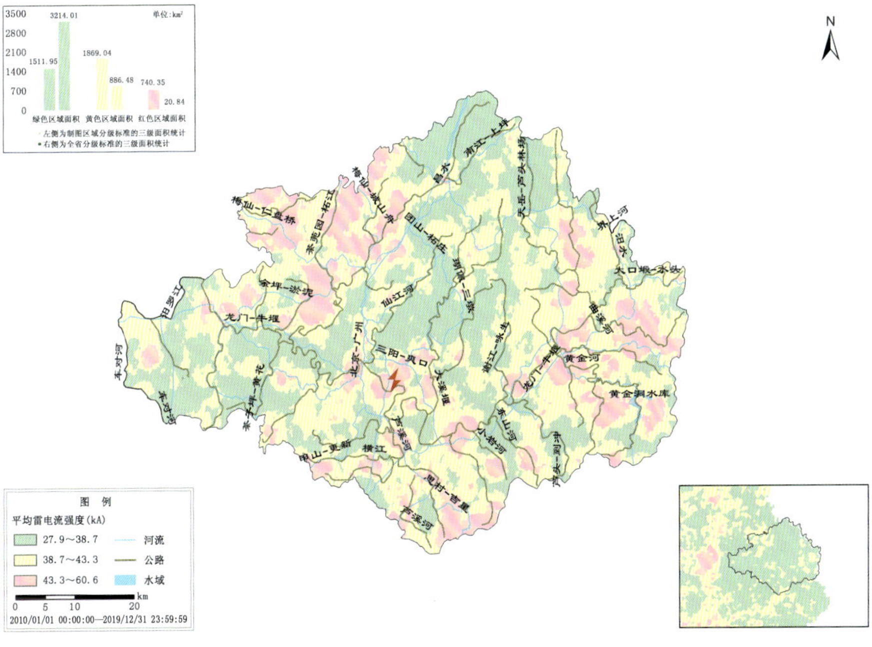

平江县平均雷电流强度分布图

平江县平均雷电流强度平均值为 40.30 kA，低于全省平均雷电流强度平均值，最高平均雷电流强度值为 128.02 kA，位于平江县西南部，经纬度为(113.63°E，28.68°N)。

汨罗市

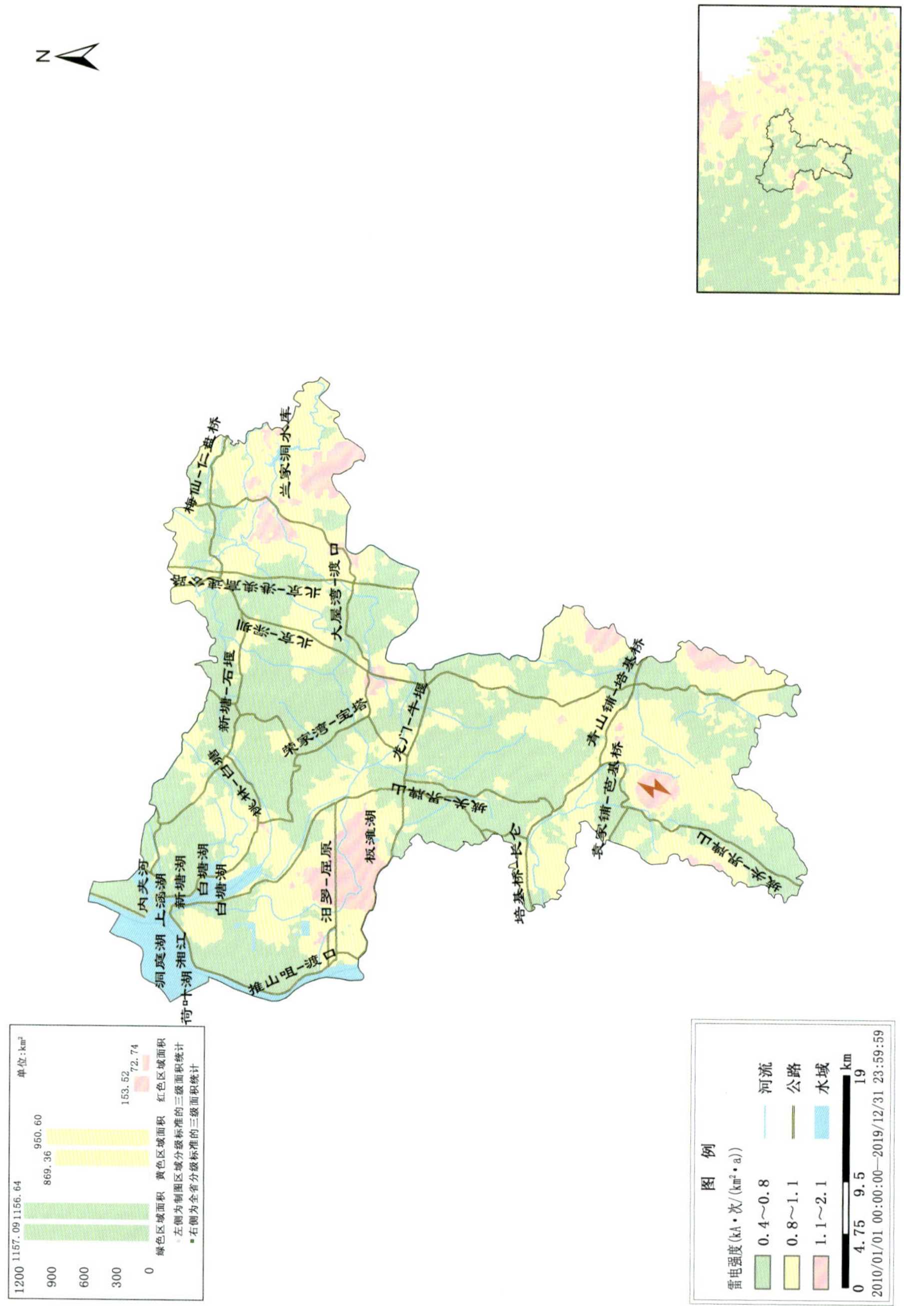

汨罗市雷电强度分布图

汨罗市雷电强度平均值为 0.86 kA·次/(km^2·a),低于全省雷电强度平均值,最高雷电强度值为 3.80 kA·次/(km^2·a),位于汨罗市南部,经纬度为(113.06°E,28.59°N)。

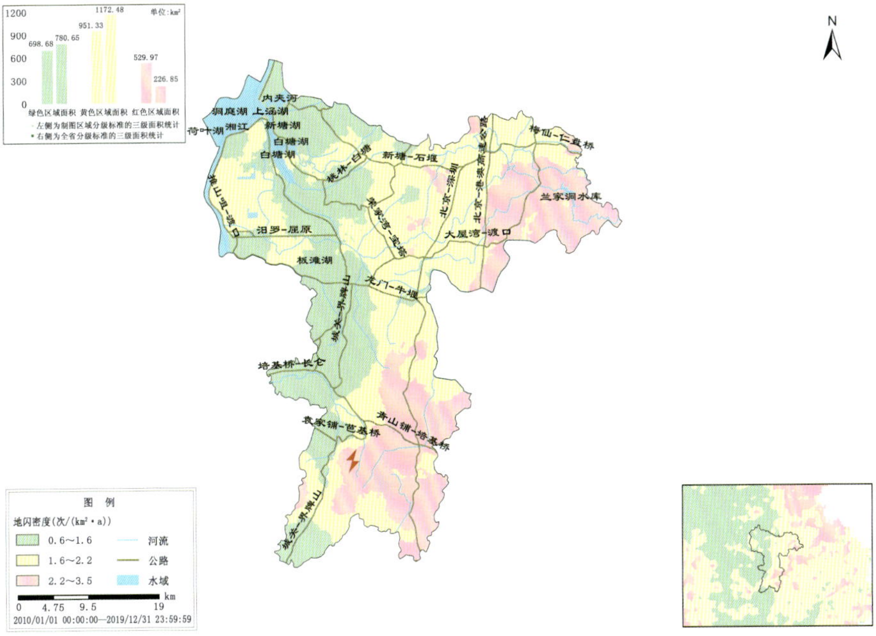

汨罗市地闪密度分布图

汨罗市地闪密度平均值为 1.90 次/(km² · a)，高于全省地闪密度平均值，最高地闪密度值为 5.90 次/(km² · a)，位于汨罗市南部，经纬度为(113.06°E，28.59°N)。

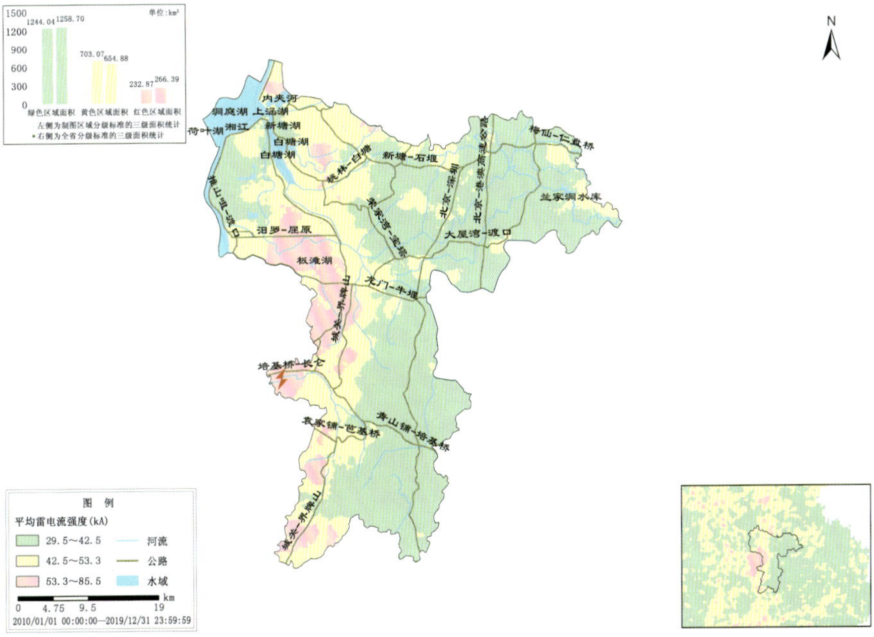

汨罗市平均雷电流强度分布图

汨罗市平均雷电流强度平均值为 43.46 kA，低于全省平均雷电流强度平均值，最高平均雷电流强度值为 262.54 kA，位于汨罗市西南部，经纬度为(112.98°E，28.69°N)。

临湘市

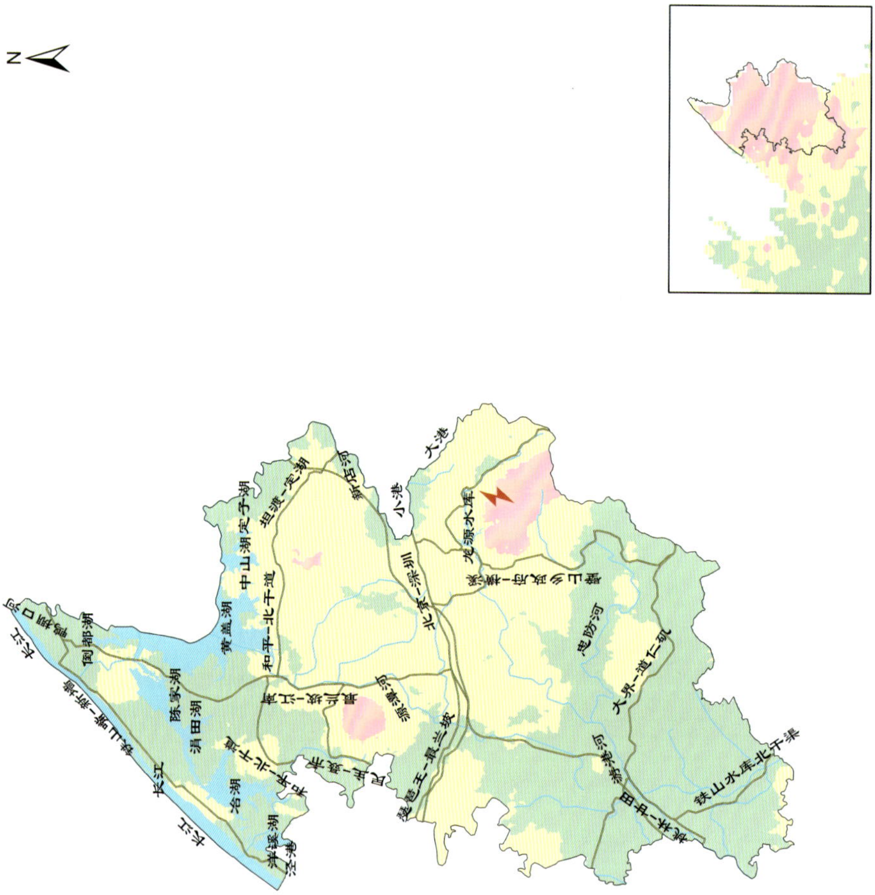

临湘市雷电强度分布图

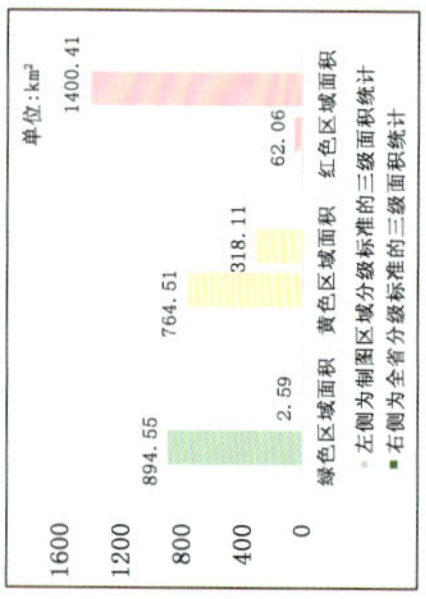

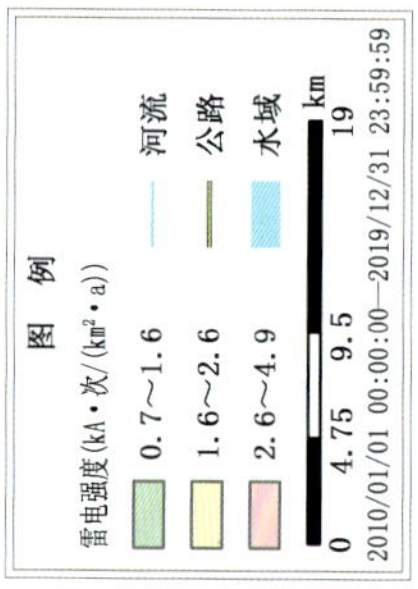

临湘市雷电强度平均值为 1.71 kA·次/(km^2·a)，高于全省雷电强度平均值，最高雷电强度值为 10.93 kA·次/(km^2·a)，位于临湘市东南部，经纬度为(113.65°E,29.42°N)。

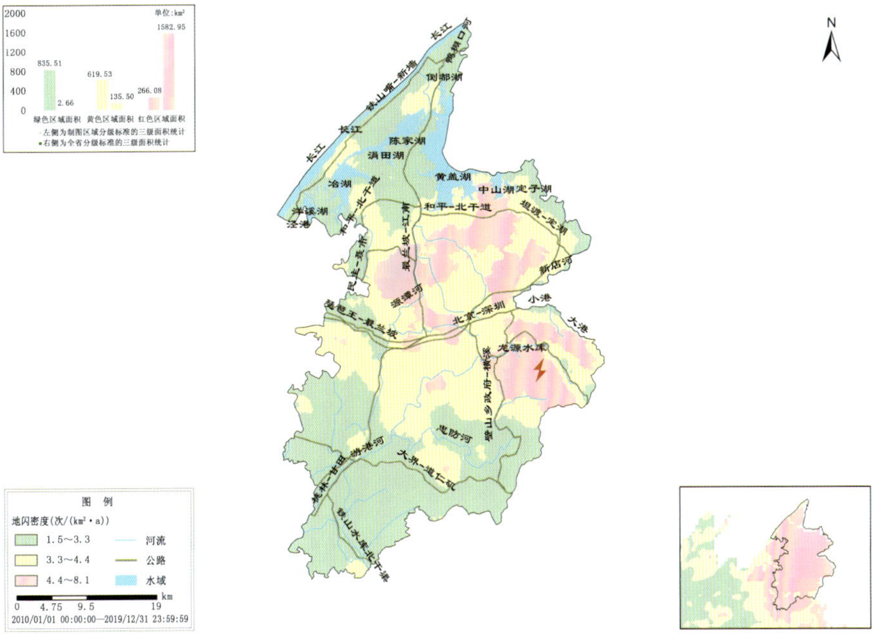

临湘市地闪密度分布图

临湘市地闪密度平均值为 3.56 次/(km^2·a)，高于全省地闪密度平均值，最高地闪密度值为 14.20 次/(km^2·a)，位于临湘市东南部，经纬度为(113.65°E，29.42°N)。

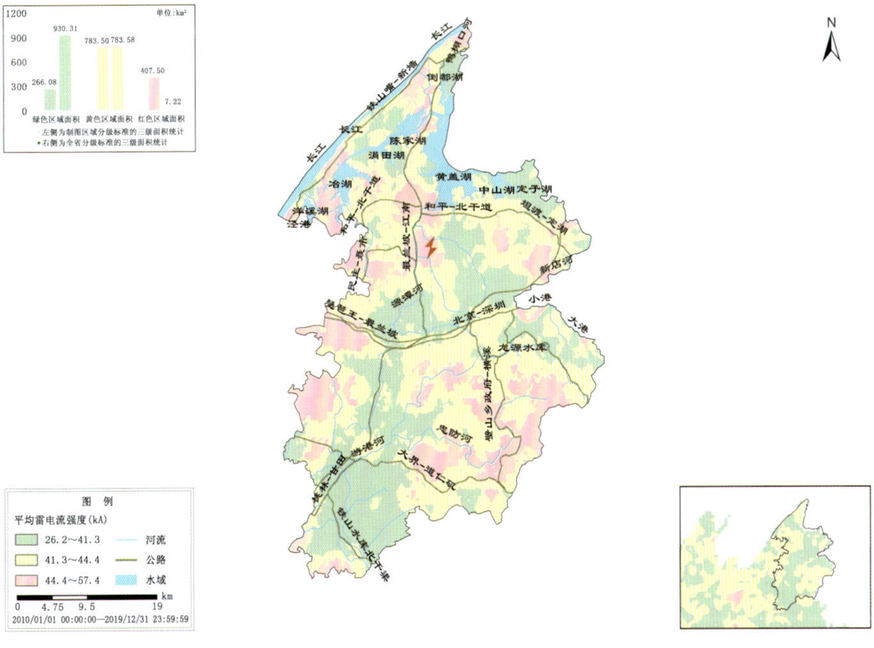

临湘市平均雷电流强度分布图

临湘市平均雷电流强度平均值为 42.69 kA，低于全省平均雷电流强度平均值，最高平均雷电流强度值为 101.11 kA，位于临湘市中北部，经纬度为(113.51°E，29.58°N)。

5.8 常德地区雷电区划

常德市

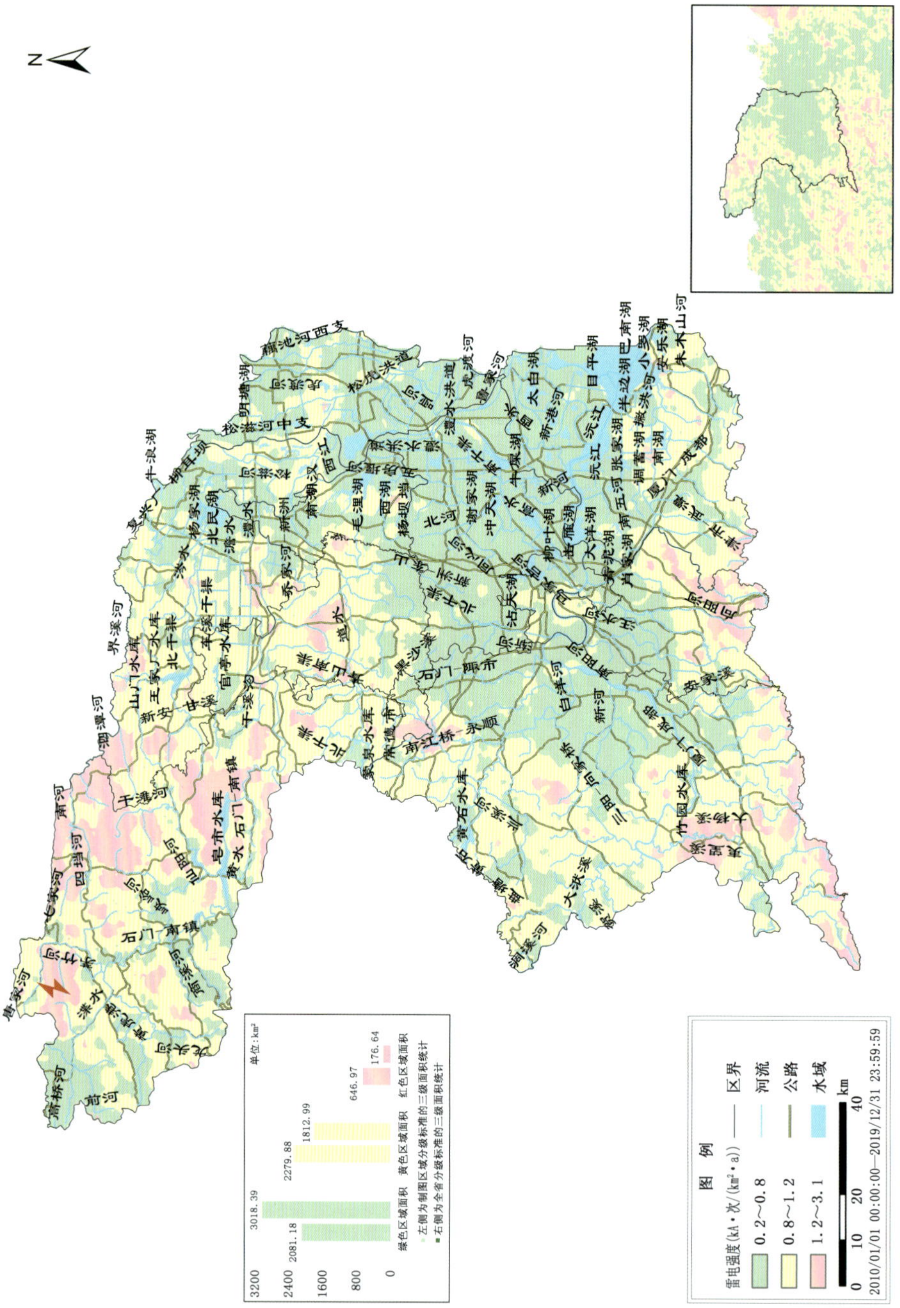

常德市雷电强度分布图

常德市雷电强度平均值为 0.87 kA·次/(km^2·a)，低于全省雷电强度平均值，最高雷电强度值为 6.33 kA·次/(km^2·a)，位于常德市石门县，经纬度为(110.82°E,30.05°N)。

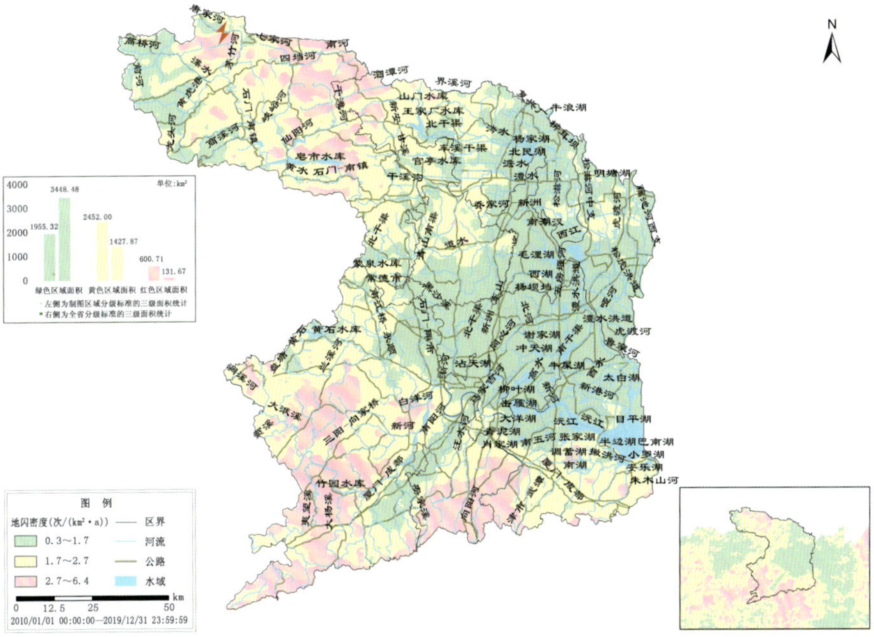

常德市地闪密度分布图

常德市地闪密度平均值为 1.99 次/(km^2·a),高于全省地闪密度平均值,最高地闪密度值为 10.40 次/(km^2·a),位于常德市石门县,经纬度为(110.85°E,30.06°N)。

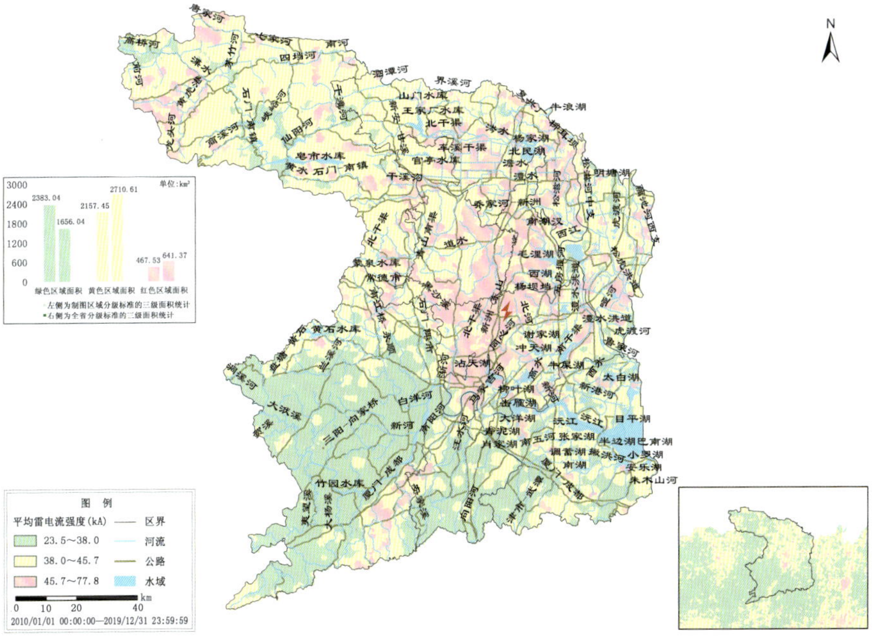

常德市平均雷电流强度分布图

常德市平均雷电流强度平均值为 41.26 kA,低于全省平均雷电流强度平均值,最高平均雷电流强度值为 185.08 kA,位于常德市鼎城区,经纬度为(111.77°E,29.22°N)。

武陵区

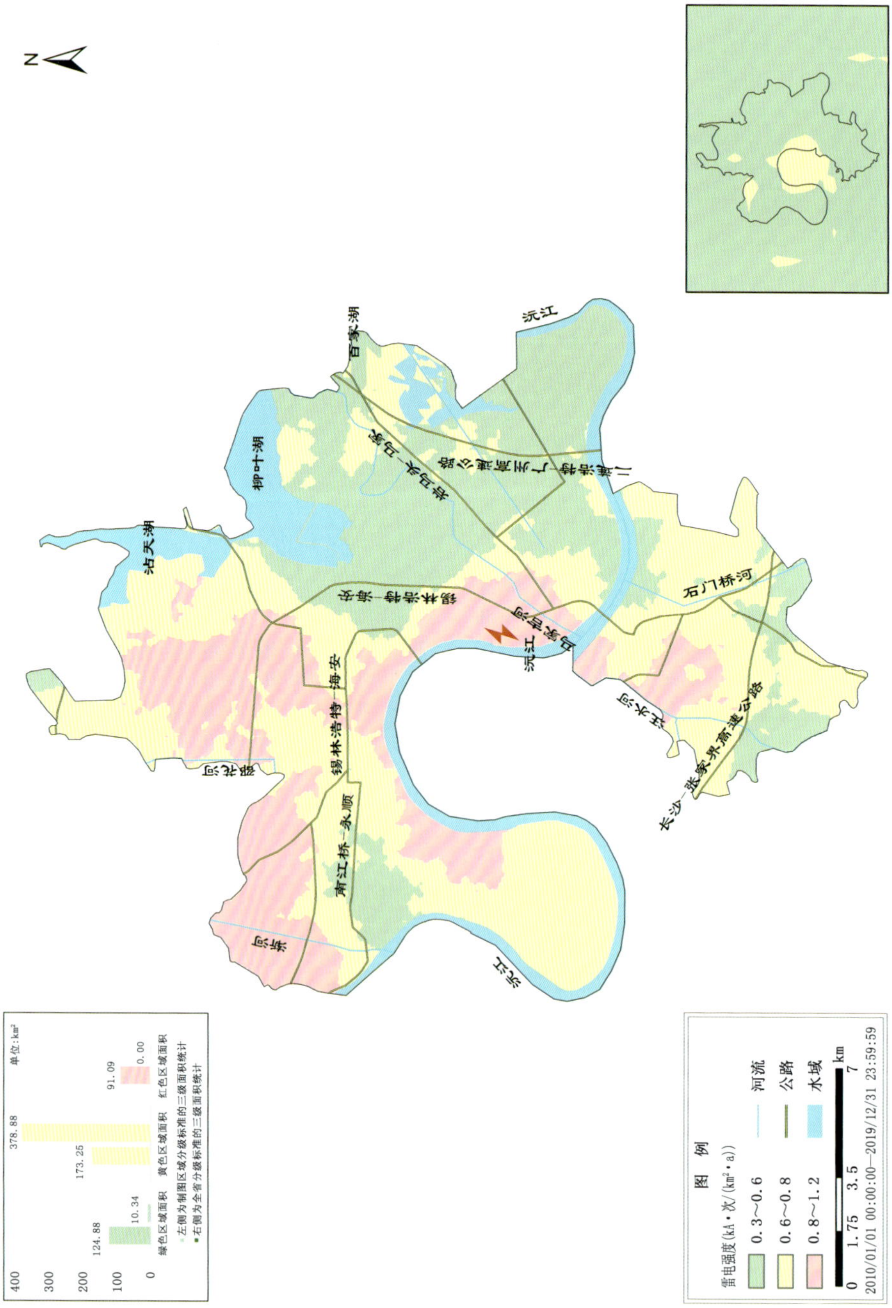

武陵区雷电强度分布图

武陵区雷电强度平均值为 0.68 kA·次/(km^2·a),低于全省雷电强度平均值,最高雷电强度值为 2.13 kA·次/(km^2·a),位于武陵区中部,经纬度为(111.69°E,28.99°N)。

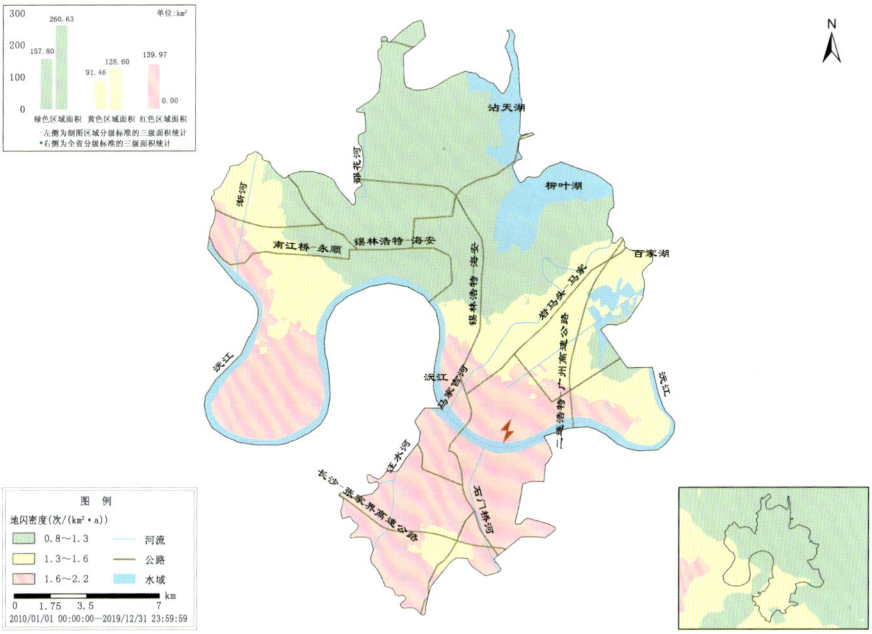

武陵区地闪密度分布图

武陵区地闪密度平均值为 1.43 次/(km^2·a)，低于全省地闪密度平均值，最高地闪密度值为 3.40 次/(km^2·a)，位于武陵区南部，经纬度为(111.73°E，28.96°N)。

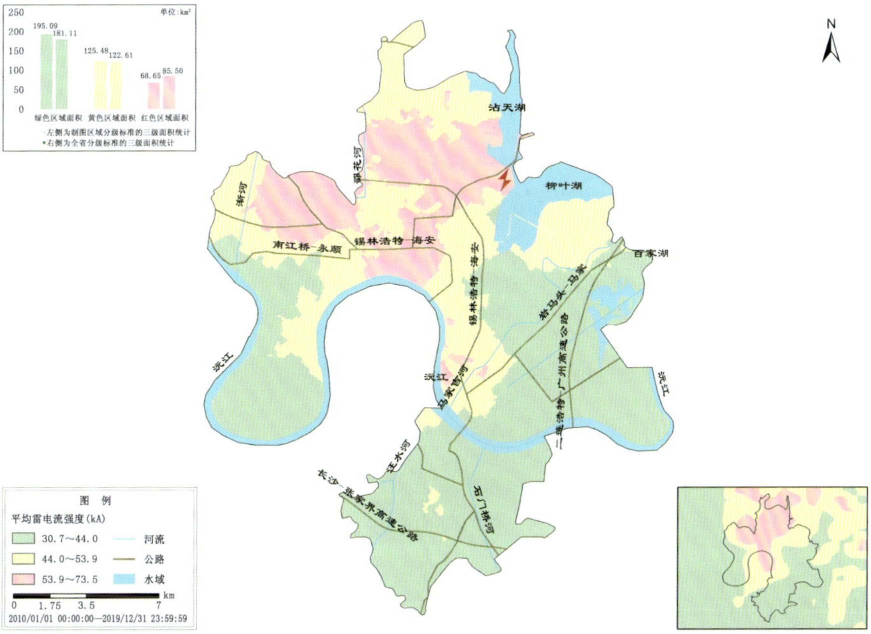

武陵区平均雷电流强度分布图

武陵区平均雷电流强度平均值为 45.77 kA，高于全省平均雷电流强度平均值，最高平均雷电流强度值为 128.06 kA，位于武陵区东北部，经纬度为(111.75°E，29.08°N)。

鼎城区

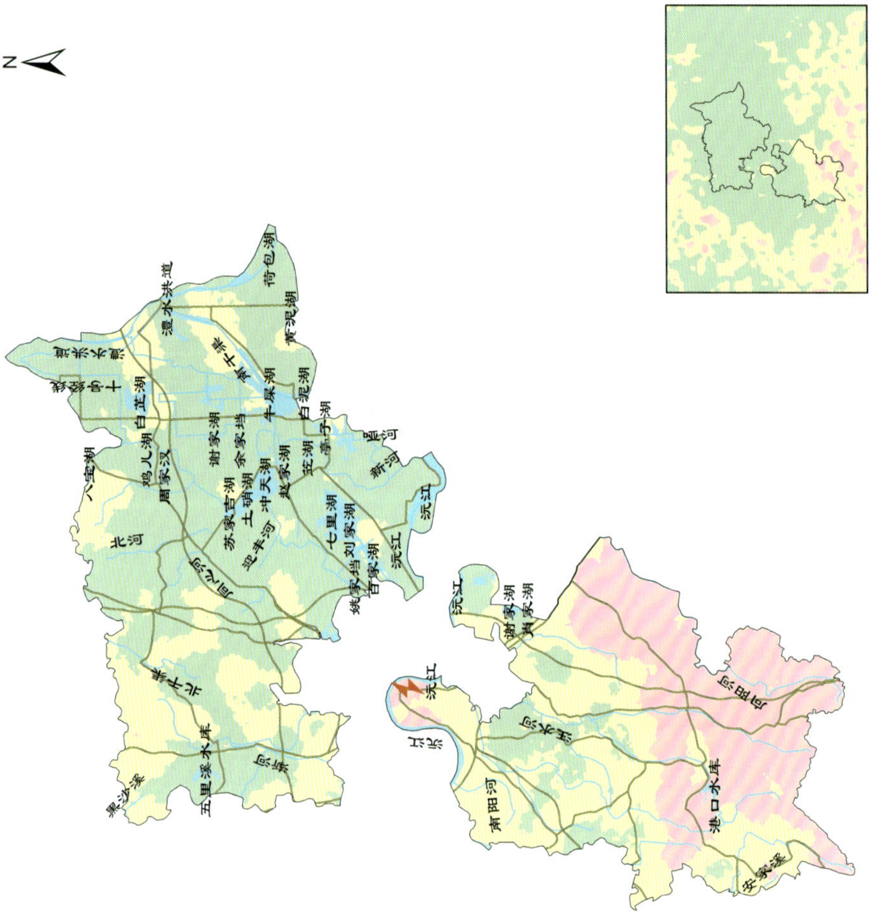

鼎城区雷电强度分布图

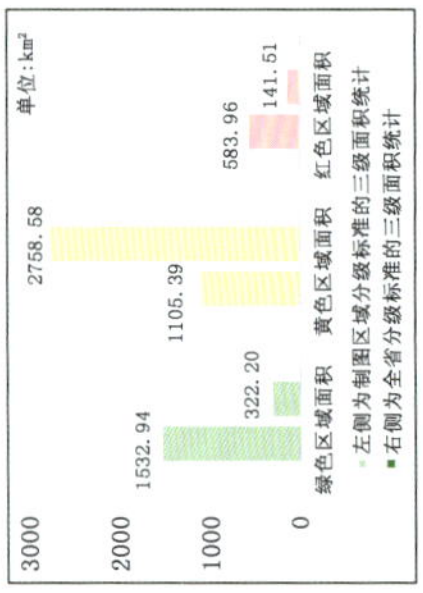

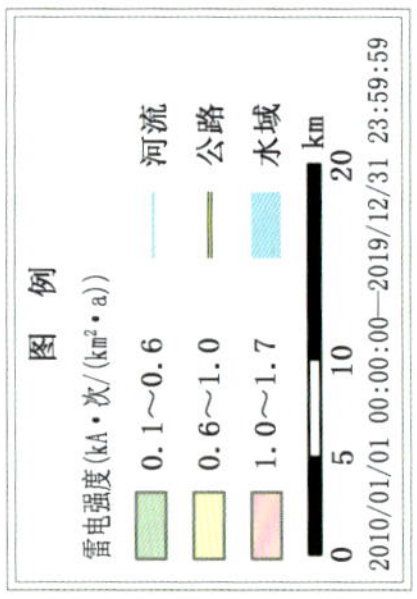

鼎城区雷电强度平均值为 0.68 kA·次/(km²·a)，低于全省雷电强度平均值，最高雷电强度值为 3.13 kA·次/(km²·a)，位于鼎城区中部，经纬度为(111.71°E,28.60°N)。

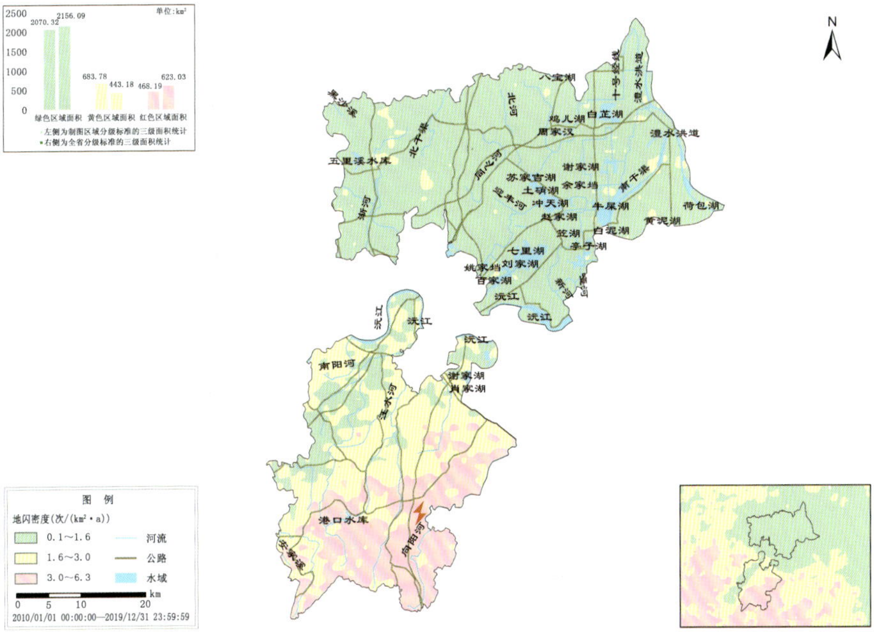

鼎城区地闪密度分布图

鼎城区地闪密度平均值为 1.64 次/(km^2·a)，低于全省地闪密度平均值，最高地闪密度值为 6.60 次/(km^2·a)，位于鼎城区南部，经纬度为(111.69°E，28.73°N)。

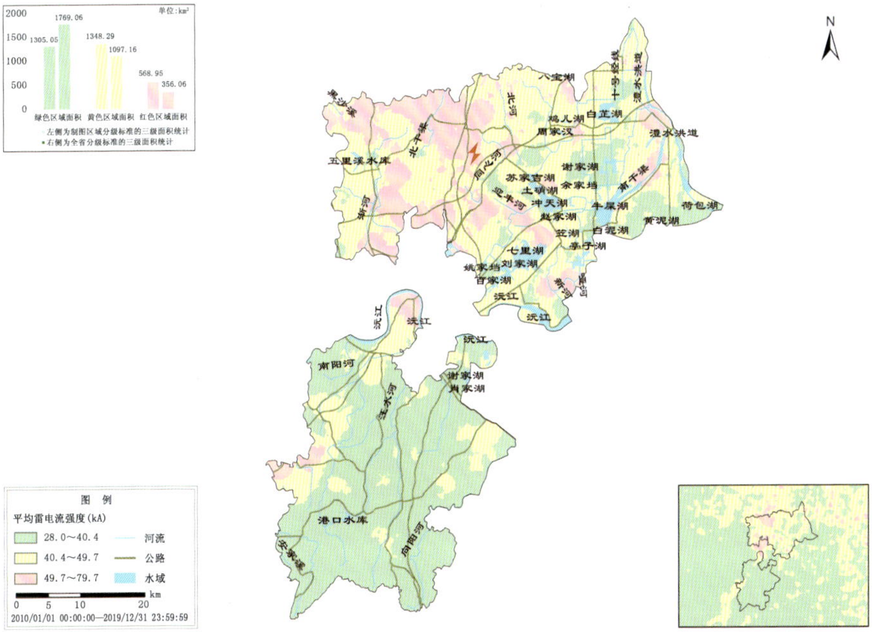

鼎城区平均雷电流强度分布图

鼎城区平均雷电流强度平均值为 43.06 kA，低于全省平均雷电流强度平均值，最高平均雷电流强度值为 185.08 kA，位于鼎城区北部，经纬度为(111.77°E，29.22°N)。

安乡县

安乡县雷电强度分布图

安乡县雷电强度平均值为 0.64 kA·次/(km^2·a),低于全省雷电强度平均值,最高雷电强度值为 2.07 kA·次/(km^2·a),位于安乡县中部,经纬度为(112.16°E,29.42°N)。

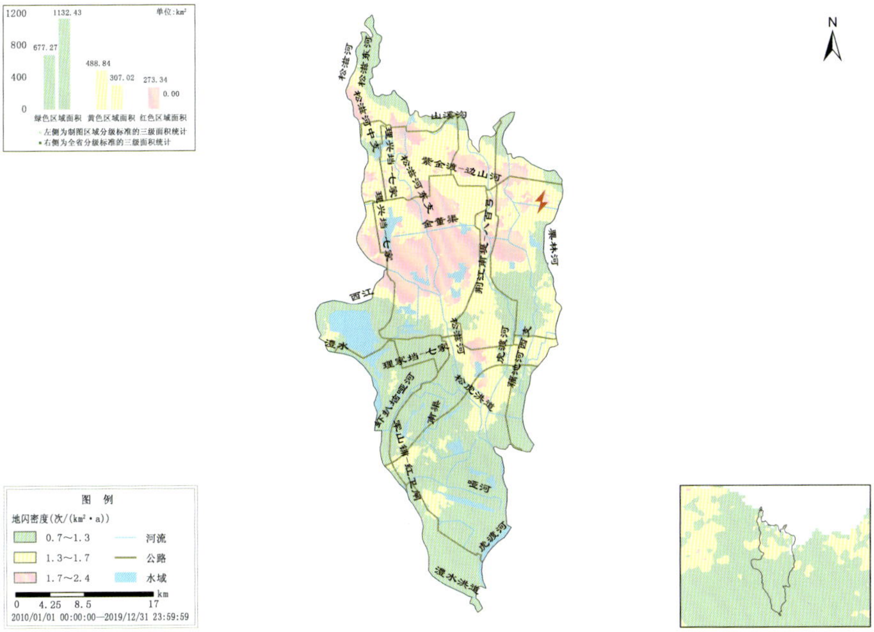

安乡县地闪密度分布图

安乡县地闪密度平均值为 1.39 次/(km^2 · a)，低于全省地闪密度平均值，最高地闪密度值为 3.90 次/(km^2 · a)，位于安乡县东北部，经纬度为(112.26°E，29.56°N)。

安乡县平均雷电流强度分布图

安乡县平均雷电流强度平均值为 42.51 kA，低于全省平均雷电流强度平均值，最高平均雷电流强度值为 141.71 kA，位于安乡县西部，经纬度为(112.13°E，29.41°N)。

汉寿县

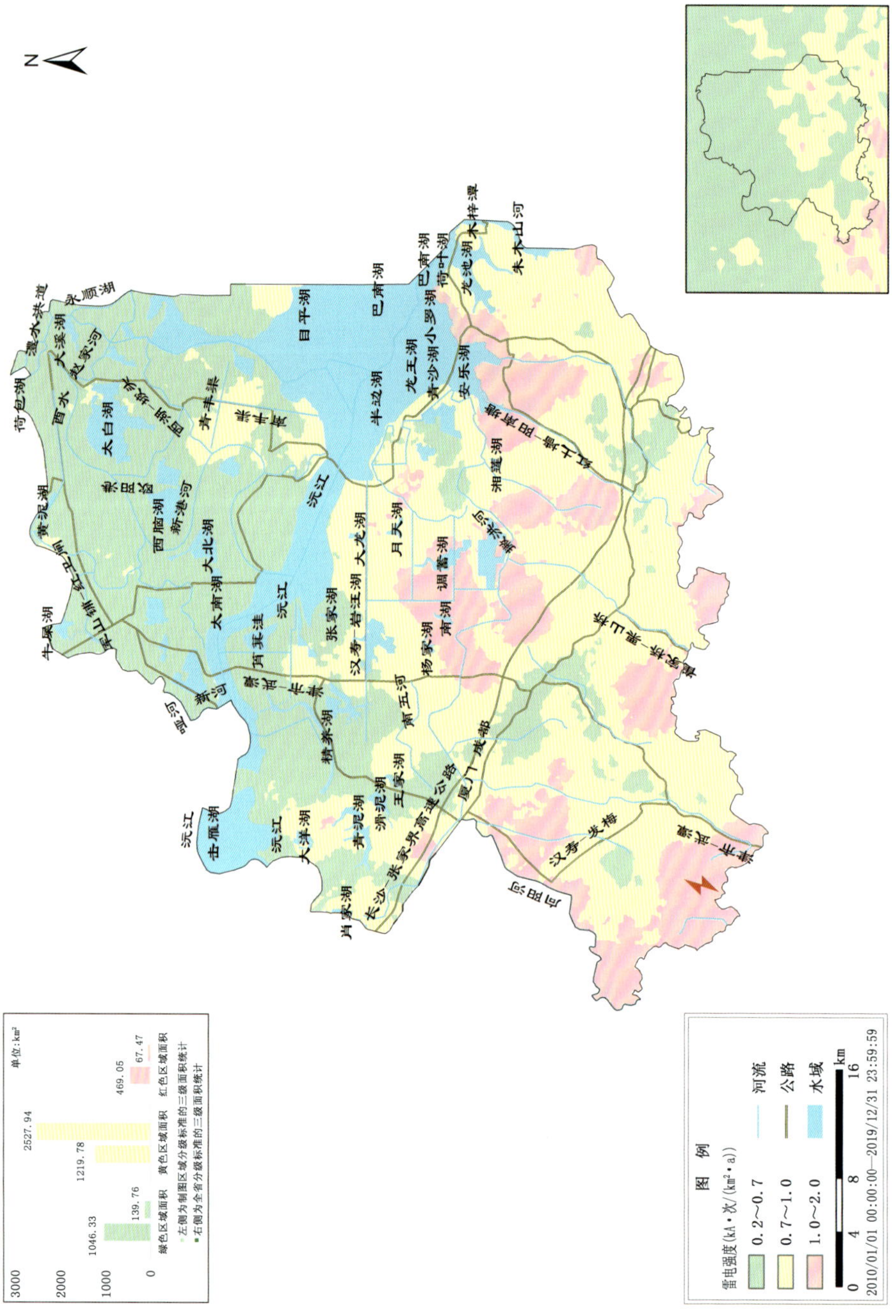

汉寿县雷电强度分布图

汉寿县雷电强度平均值为 0.76 kA·次/(km²·a)，低于全省雷电强度平均值，最高雷电强度值为 3.33 kA·次/(km²·a)，位于汉寿县西南部，经纬度为(111.80°E，28.65°N)。

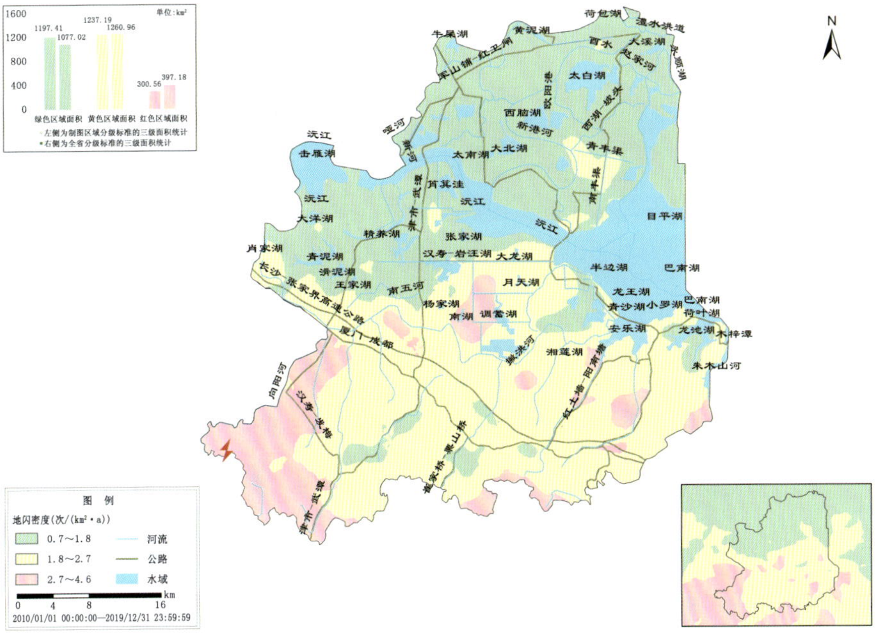

汉寿县地闪密度分布图

汉寿县地闪密度平均值为 1.96 次/(km^2·a)，高于全省地闪密度平均值，最高地闪密度值为 6.10 次/(km^2·a)，位于汉寿县西南部，经纬度为(111.73°E，28.70°N)。

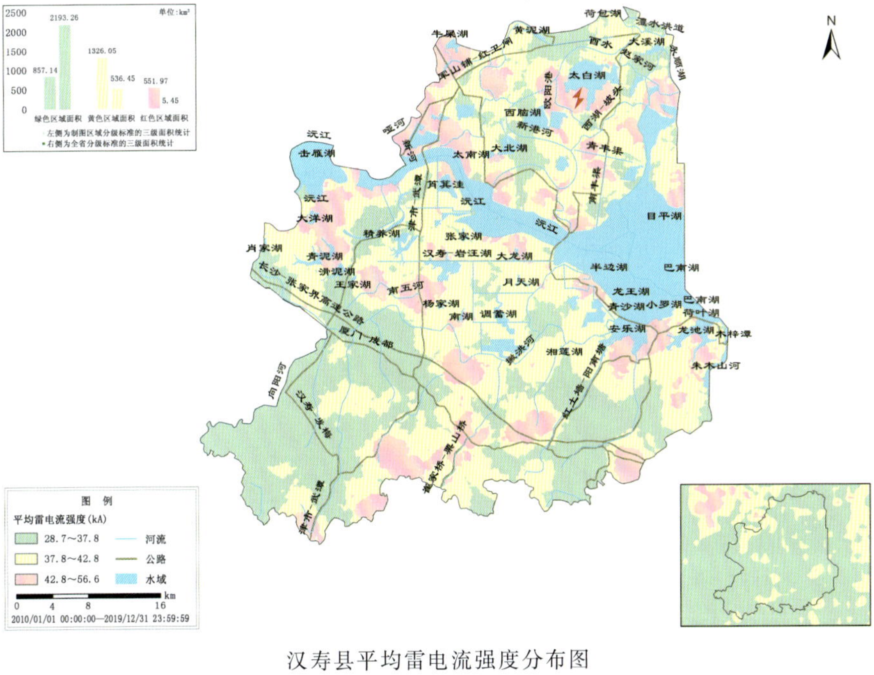

汉寿县平均雷电流强度分布图

汉寿县平均雷电流强度平均值为 39.72 kA，低于全省平均雷电流强度平均值，最高平均雷电流强度值为 125.62 kA，位于汉寿县北部，经纬度为(112.14°E，29.05°N)。

澧县

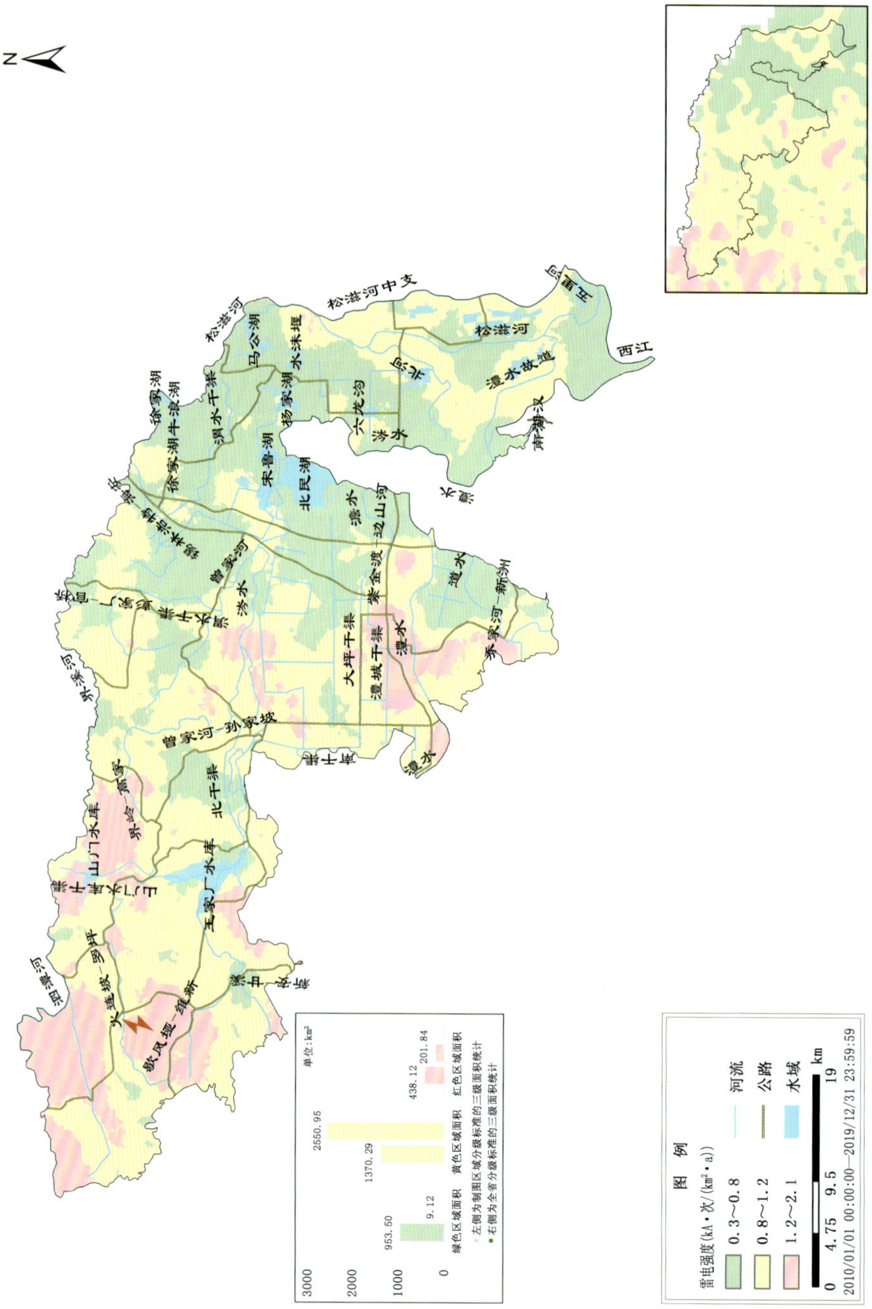

澧县雷电强度分布图

澧县雷电强度平均值为 0.92 kA·次/(km^2·a)，低于全省雷电强度平均值，最高雷电强度值为 3.87 kA·次/(km^2·a)，位于澧县西北部，经纬度为(111.36°E，29.86°N)。

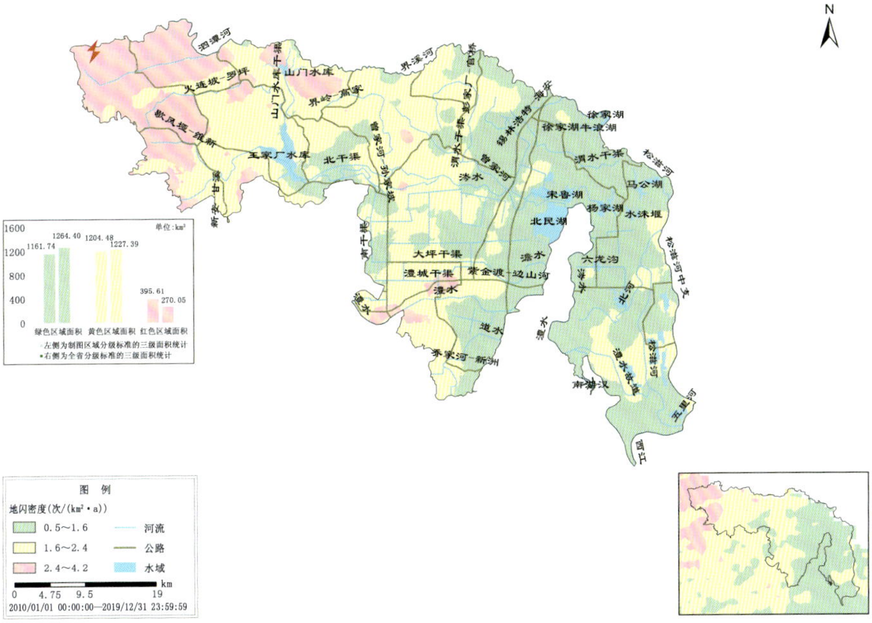

澧县地闪密度分布图

澧县地闪密度平均值为 1.81 次/(km² · a)，低于全省地闪密度平均值，最高地闪密度值为 5.80 次/(km² · a)，位于澧县西北部，经纬度为(111.24°E,29.92°N)。

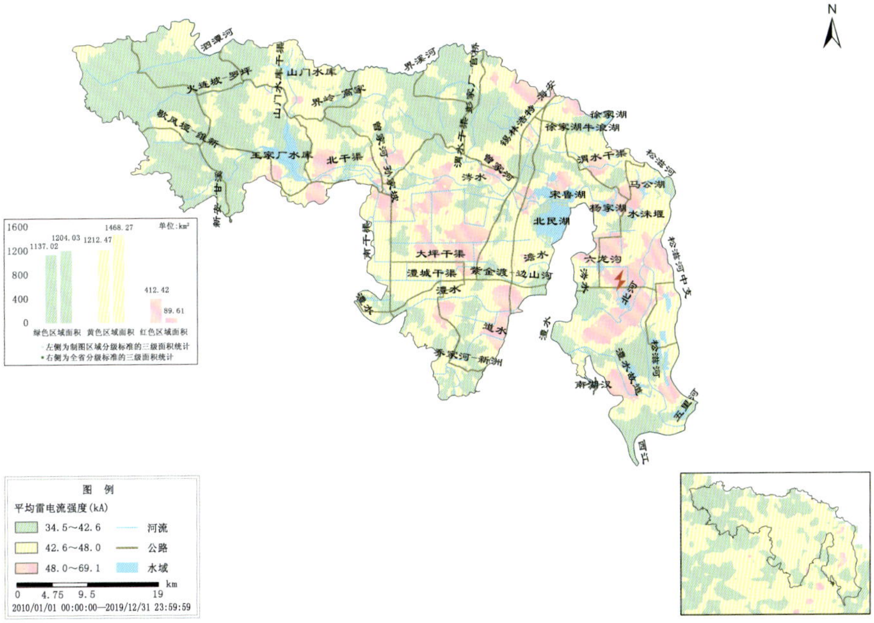

澧县平均雷电流强度分布图

澧县平均雷电流强度平均值为 44.06 kA，低于全省平均雷电流强度平均值，最高平均雷电流强度值为 163.77 kA，位于澧县东南部，经纬度为(111.98°E,29.63°N)。

临澧县

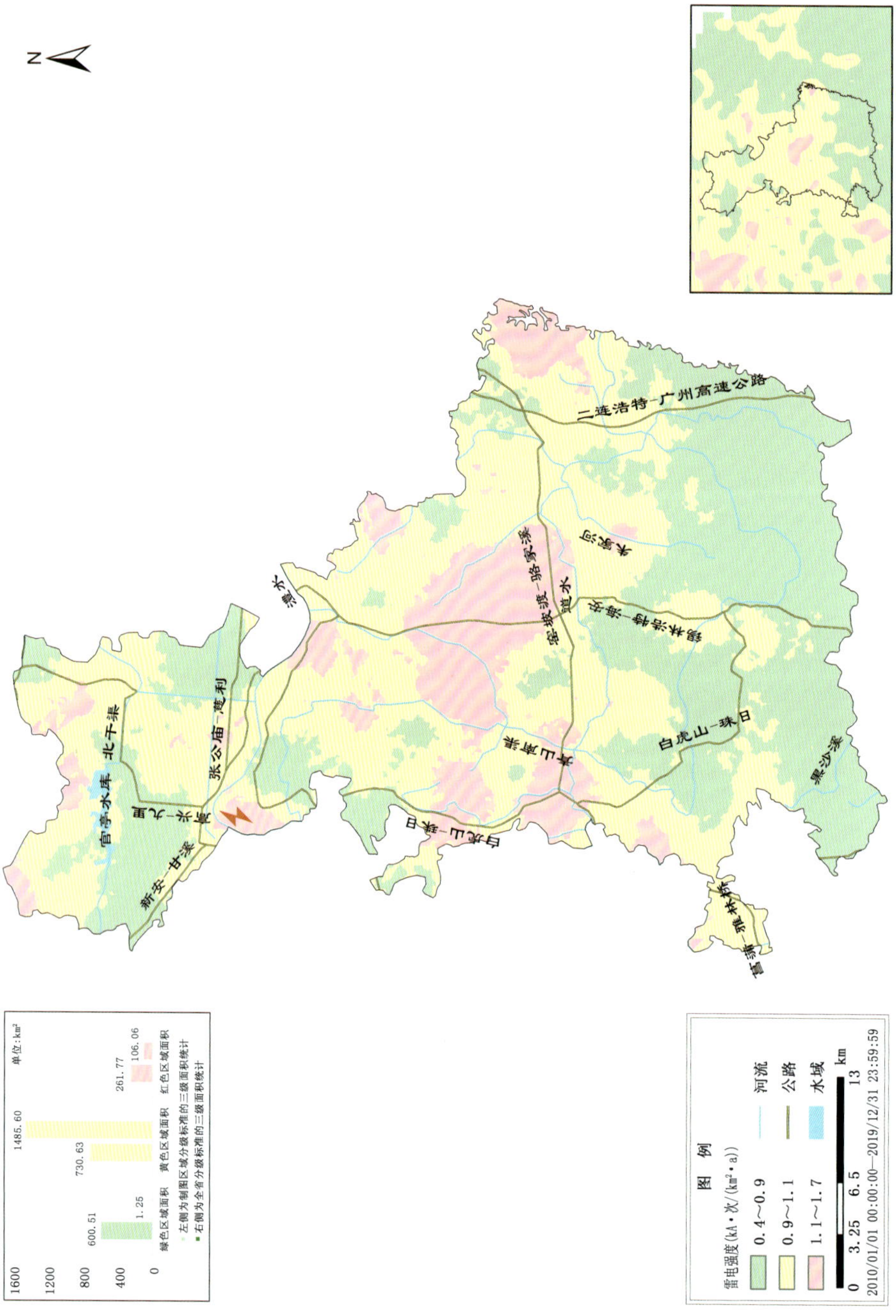

临澧县雷电强度分布图

临澧县雷电强度平均值为 0.92 kA·次/(km^2·a),低于全省雷电强度平均值,最高雷电强度值为 3.07 kA·次/(km^2·a),位于临澧县西北部,经纬度为(111.50°E,29.62°N)。

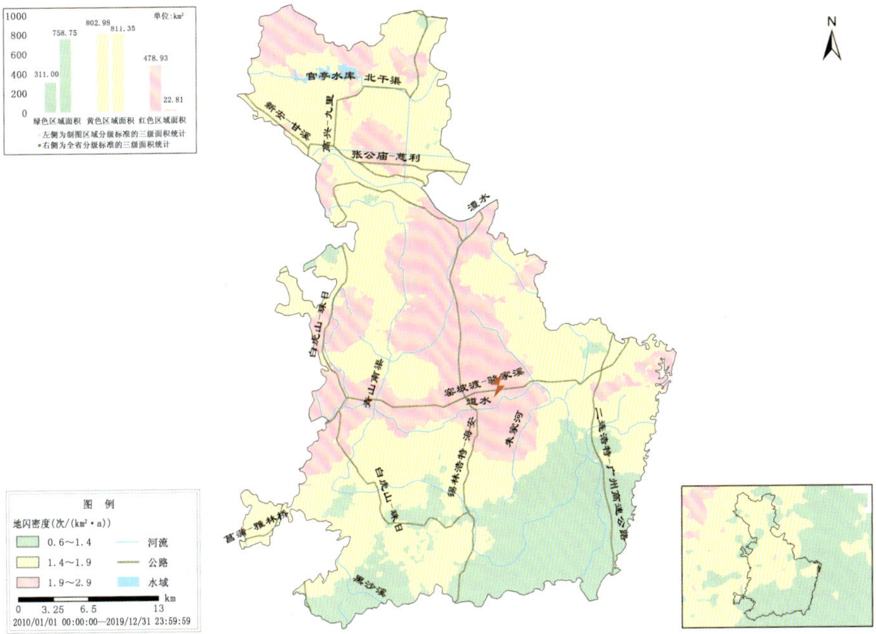

临澧县地闪密度分布图

临澧县地闪密度平均值为 1.68 次/(km^2·a)，低于全省地闪密度平均值，最高地闪密度值为 4.50 次/(km^2·a)，位于临澧县中部，经纬度为(111.68°E，29.46°N)。

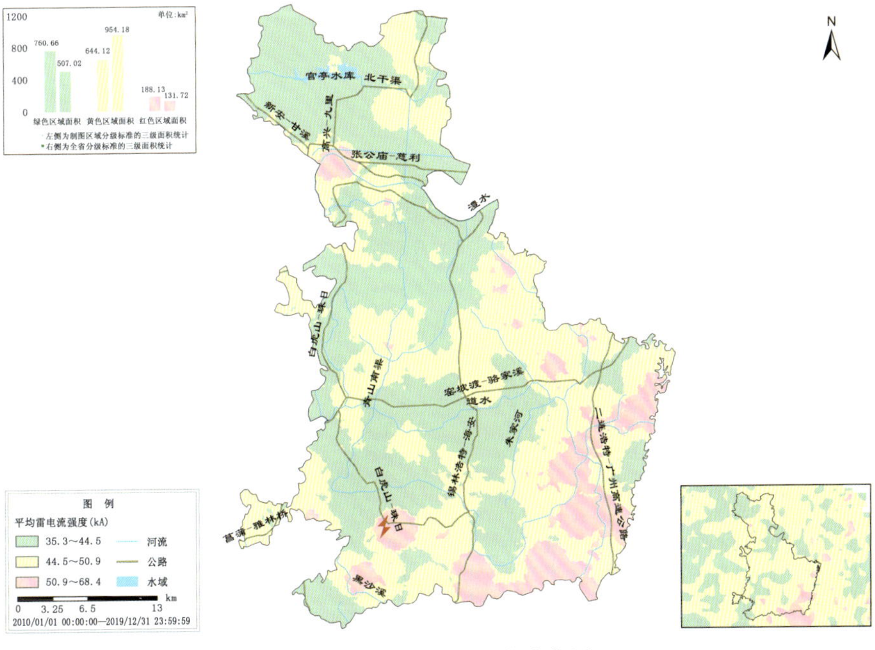

临澧县平均雷电流强度分布图

临澧县平均雷电流强度平均值为 45.54 kA，高于全省平均雷电流强度平均值，最高平均雷电流强度值为 157.42 kA，位于临澧县西南部，经纬度为(111.57°E，29.34°N)。

桃源县

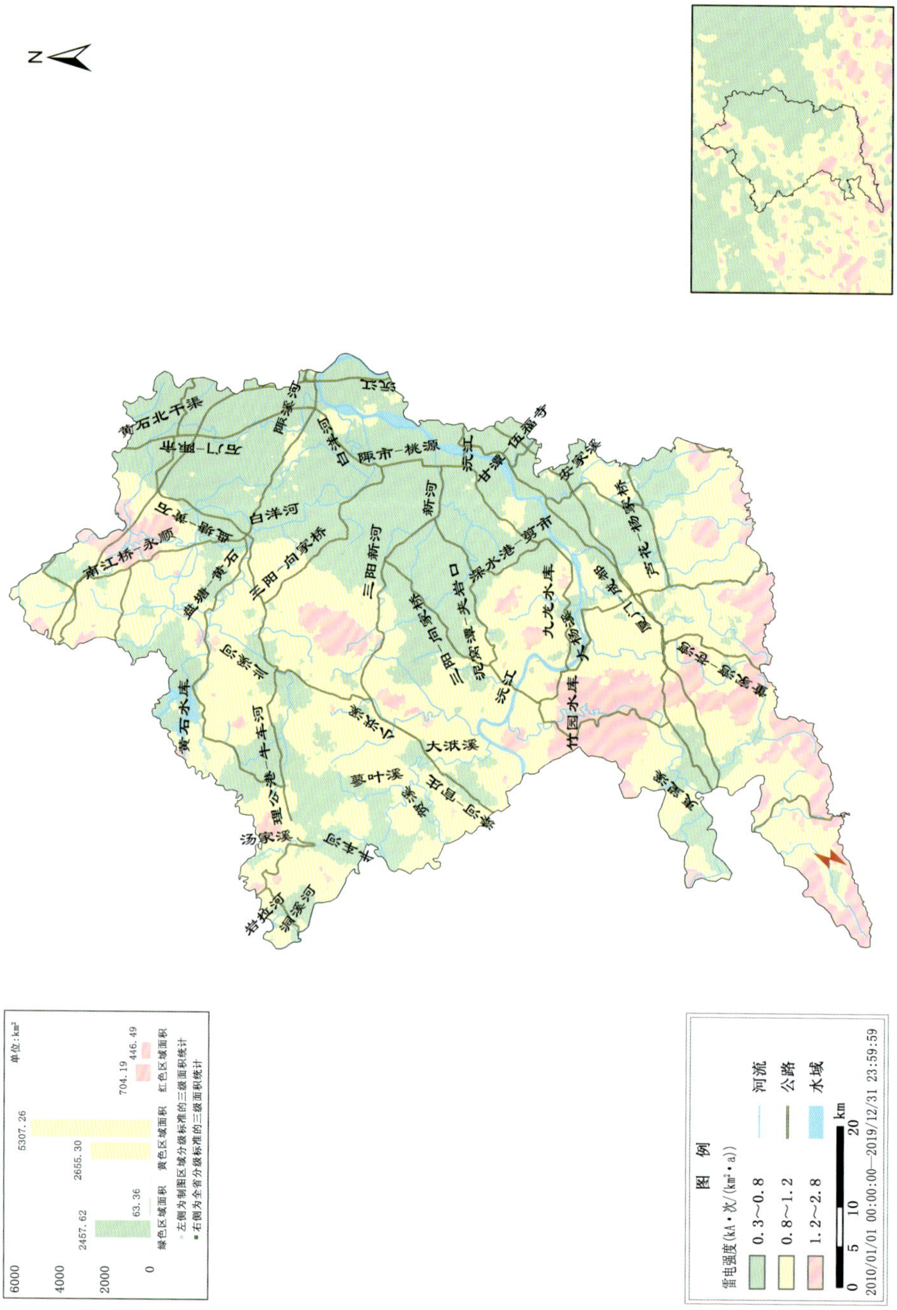

桃源县雷电强度分布图

桃源县雷电强度平均值为 0.89 kA·次/(km^2·a)，低于全省雷电强度平均值，最高雷电强度值为 5.00 kA·次/(km^2·a)，位于桃源县西南部，经纬度为(110.97°E,28.44°N)。

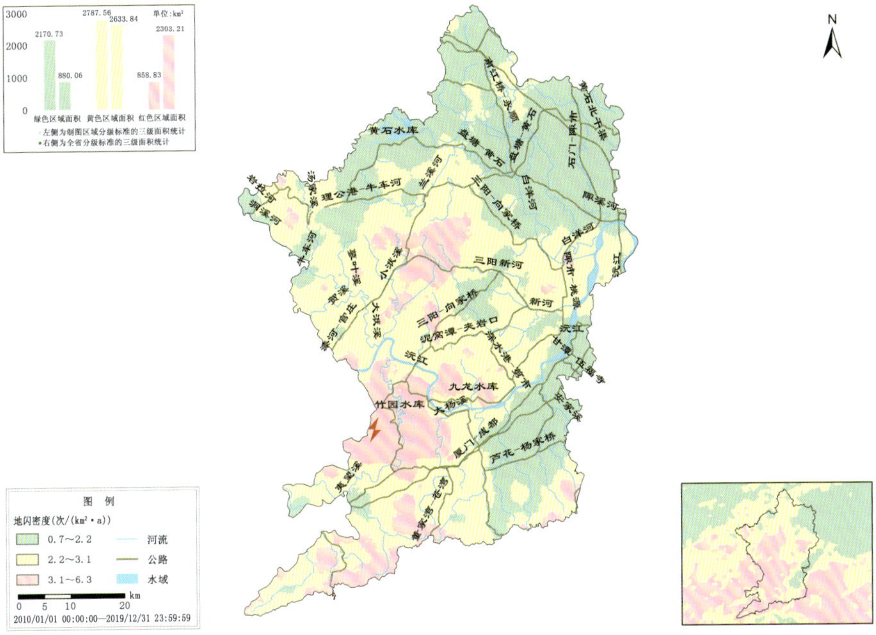

桃源县地闪密度分布图

桃源县地闪密度平均值为 2.44 次/(km^2·a)，高于全省地闪密度平均值，最高地闪密度值为 8.70 次/(km^2·a)，位于桃源县西南部，经纬度为(111.11°E，28.70°N)。

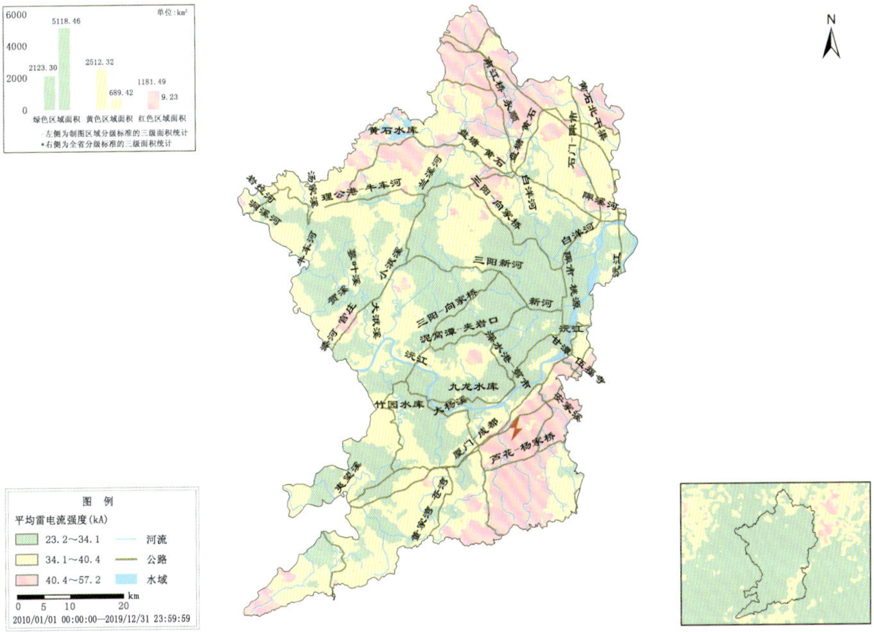

桃源县平均雷电流强度分布图

桃源县平均雷电流强度平均值为 36.41 kA，低于全省平均雷电流强度平均值，最高平均雷电流强度值为 156.02 kA，位于桃源县东南部，经纬度为(111.36°E，28.71°N)。

石门县

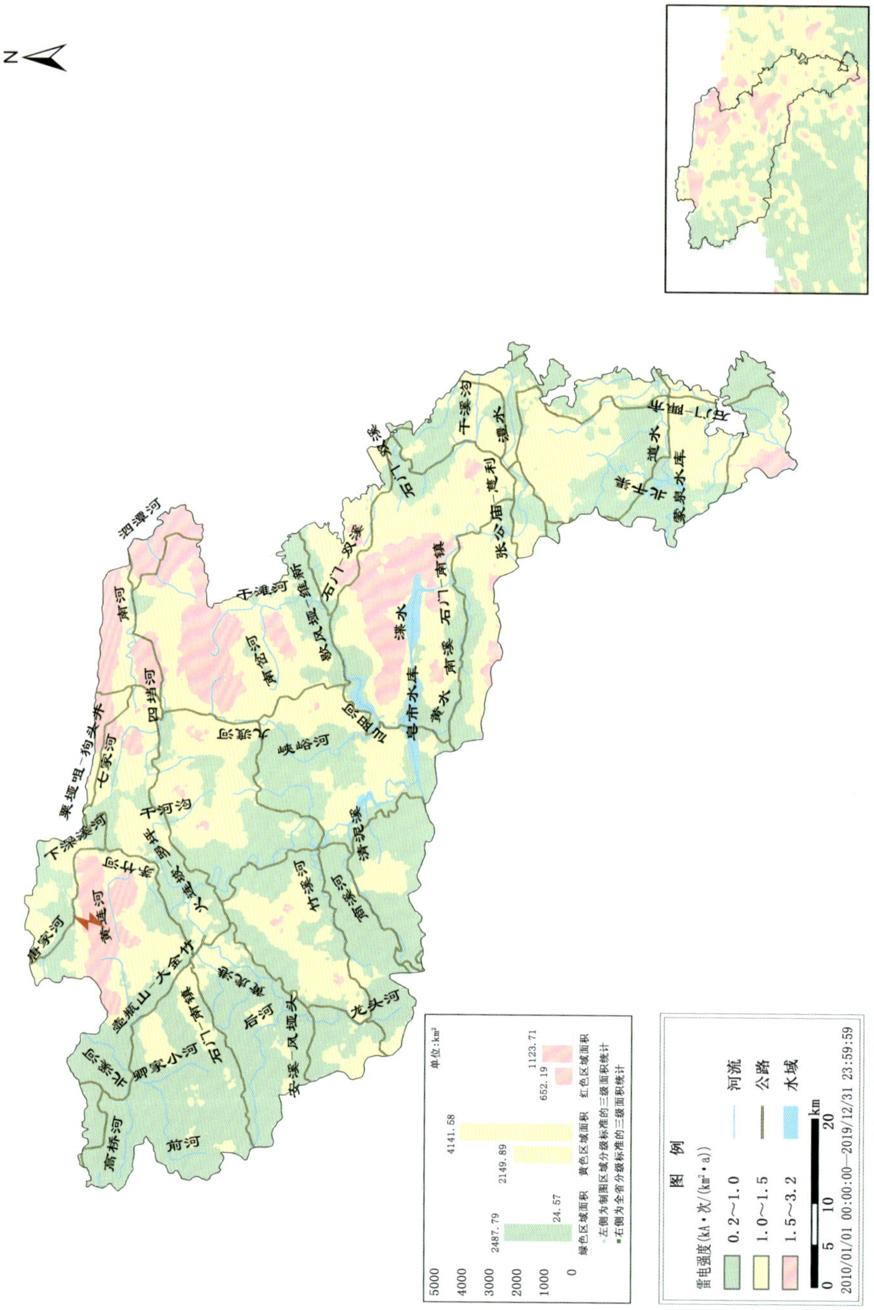

石门县雷电强度分布图

石门县雷电强度平均值为 1.06 kA·次/(km^2·a),高于全省雷电强度平均值,最高雷电强度值为 6.33 kA·次/(km^2·a),位于石门县西北部,经纬度为(110.82°E,30.05°N)。

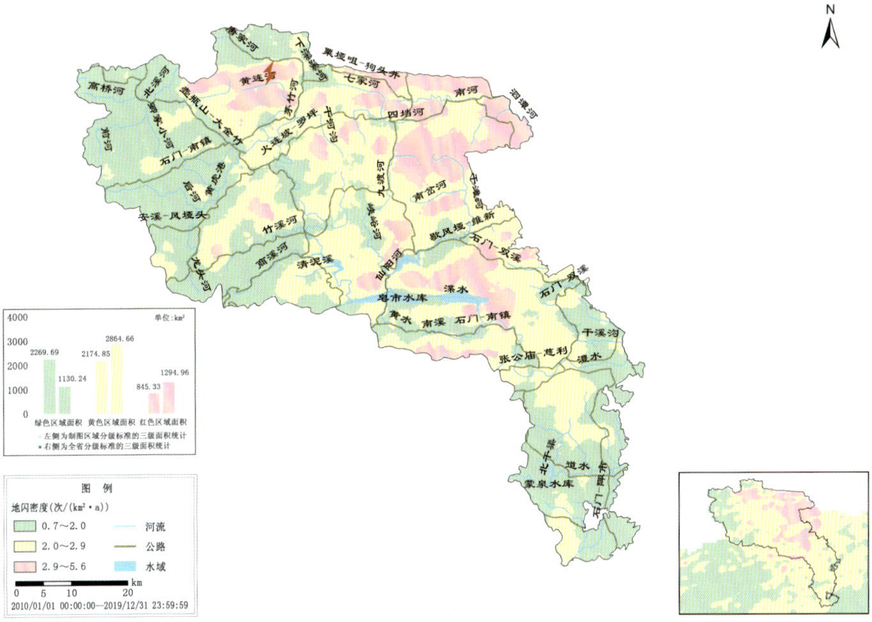

石门县地闪密度分布图

石门县地闪密度平均值为 2.20 次/(km² · a)，高于全省地闪密度平均值，最高地闪密度值为 10.40 次/(km² · a)，位于石门县西北部，经纬度为(110.85°E,30.06°N)。

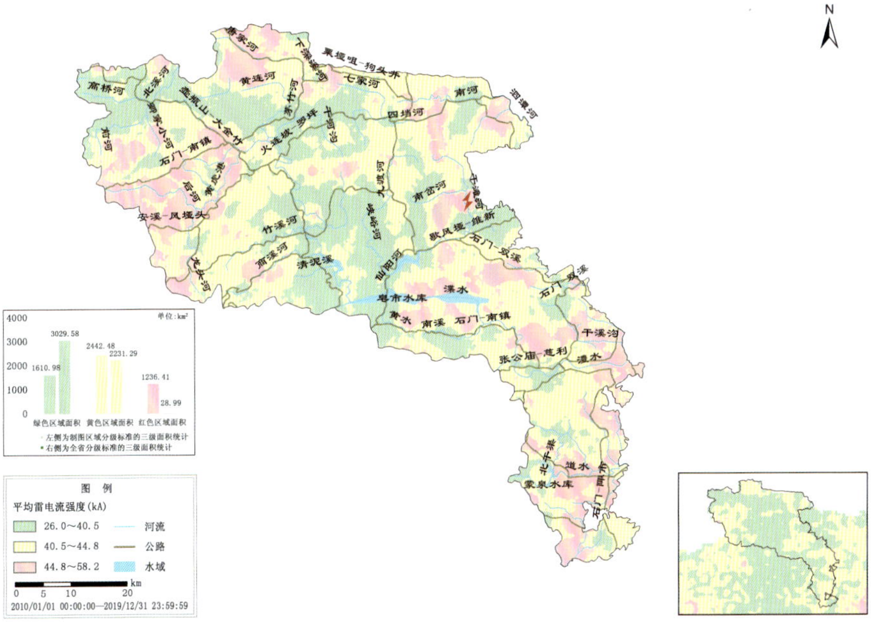

石门县平均雷电流强度分布图

石门县平均雷电流强度平均值为 42.37 kA，低于全省平均雷电流强度平均值，最高平均雷电流强度值为 179.22 kA，位于石门县东北部，经纬度为(111.21°E,29.85°N)。

津市市

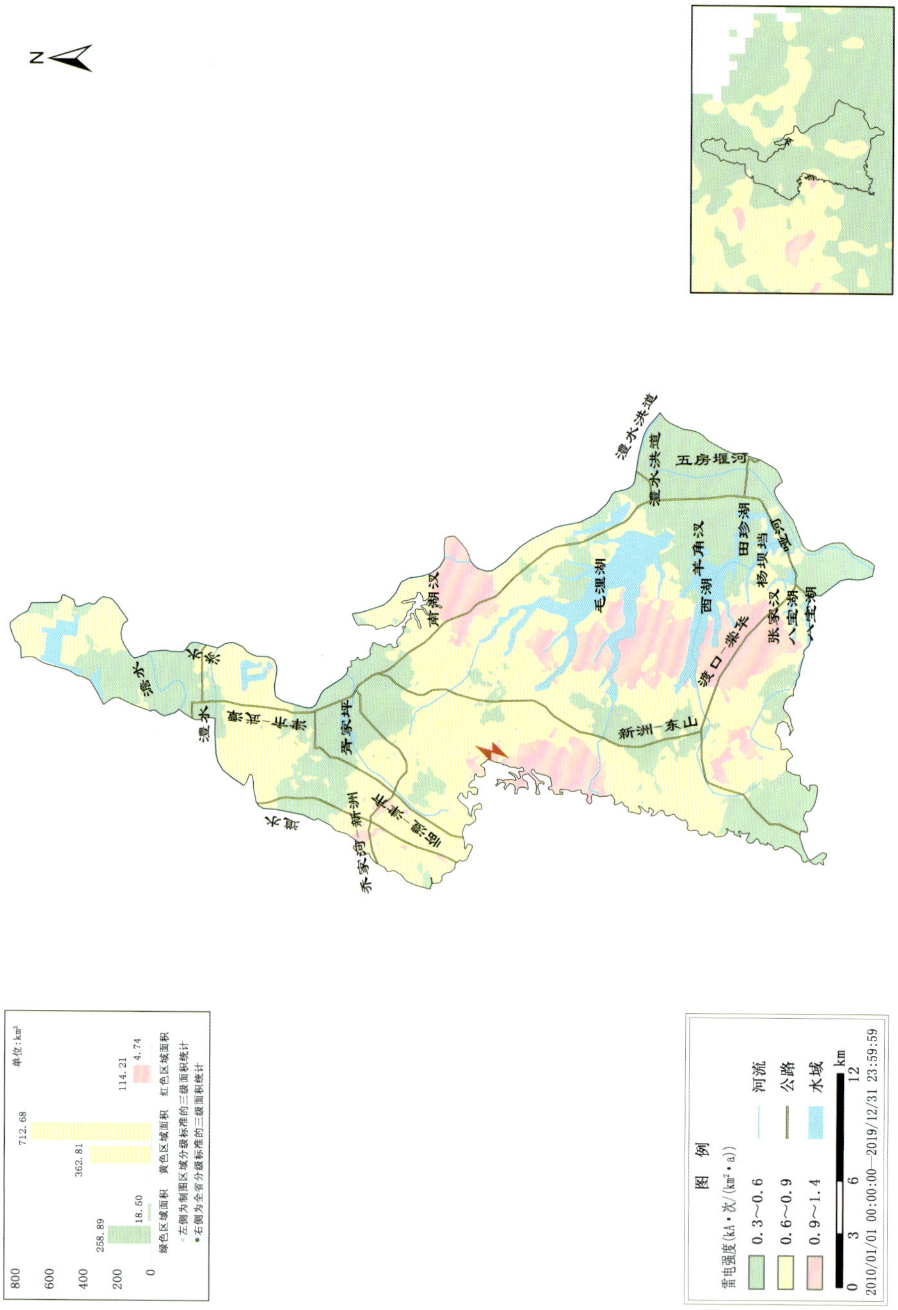

津市市雷电强度分布图

津市市雷电强度平均值为 0.69 kA·次/(km² ·a),低于全省雷电强度平均值,最高雷电强度值为 2.20 kA·次/(km² ·a),位于津市市西北部,经纬度为(111.82°E,29.47°N)。

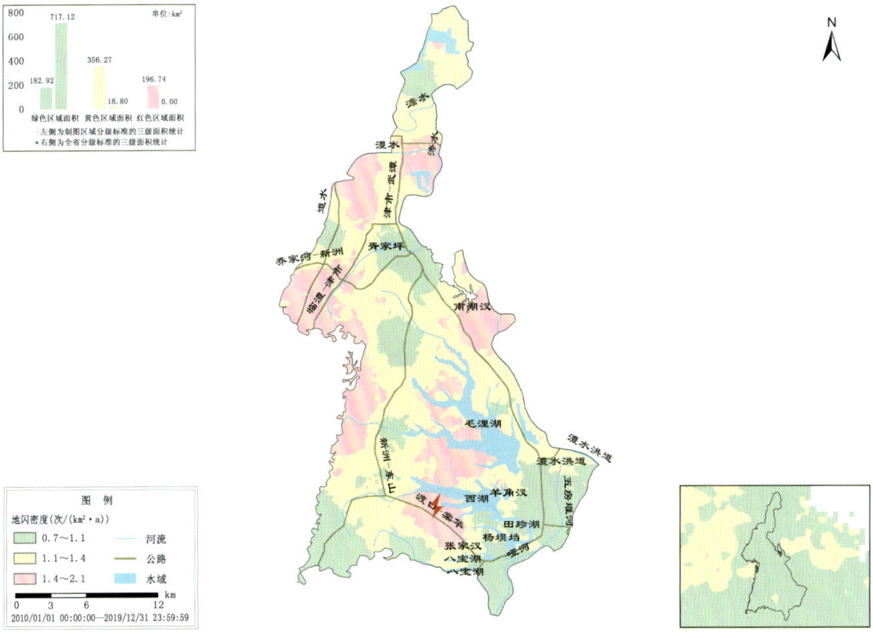

津市市地闪密度分布图

津市市的地闪密度平均值为 1.25 次/(km^2·a)，低于全省地闪密度平均值，最高地闪密度值为 2.90 次/(k km^2·a)，位于津市市南部，经纬度为(111.90°E,29.36°N)。

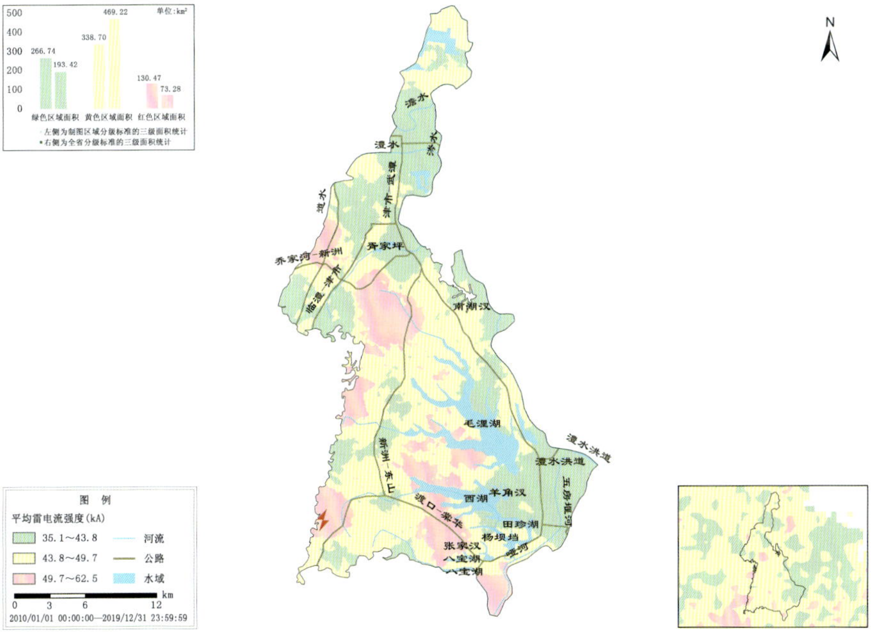

津市市平均雷电流强度分布图

津市市平均雷电流强度平均值为 45.81 kA，高于全省平均雷电流强度平均值，最高平均雷电流强度值为 167.88 kA，位于津市市西南部，经纬度为(111.81°E,29.36°N)。

5.9 张家界地区雷电区划

张家界市

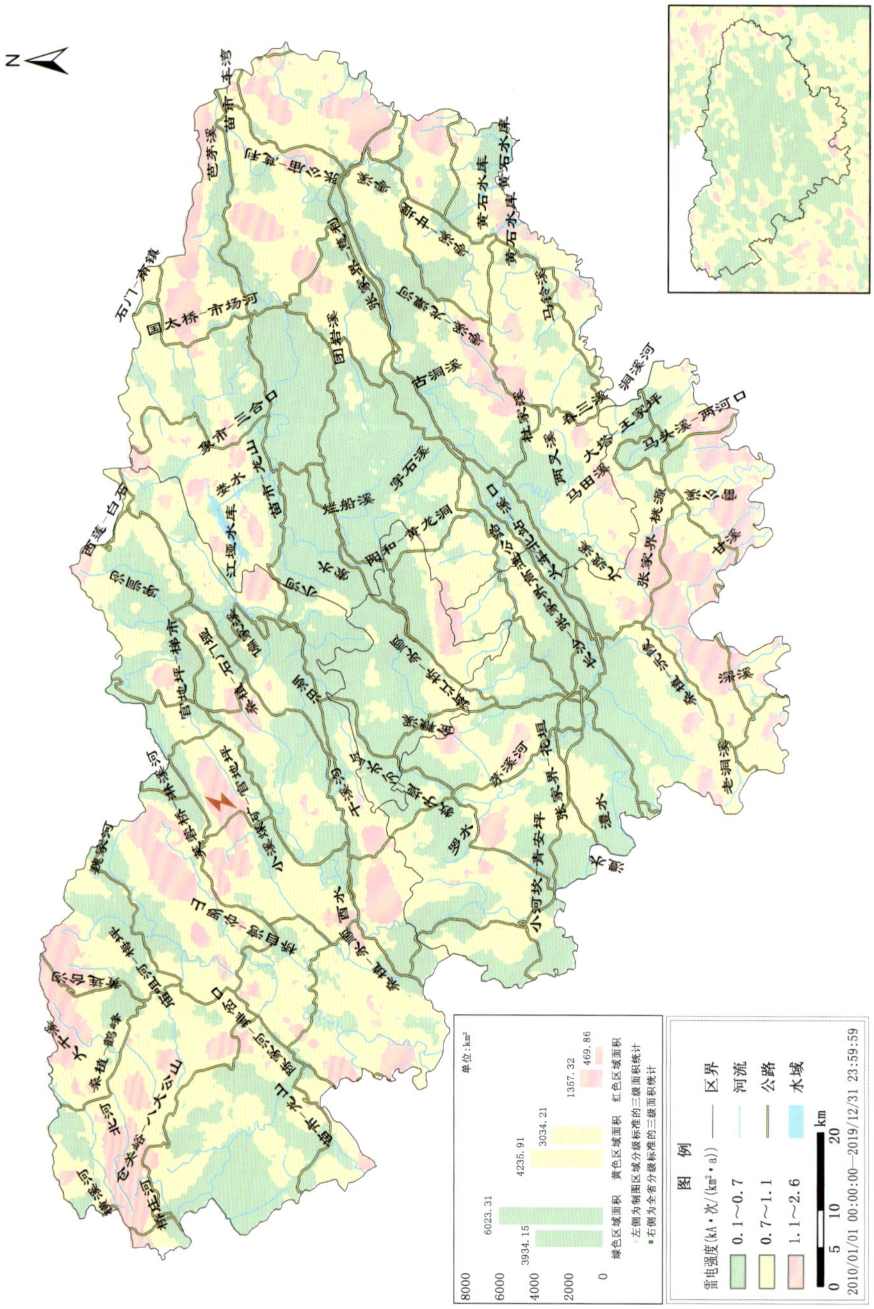

张家界市雷电强度分布图

张家界市雷电强度平均值为 0.79 kA·次/(km²·a)，低于全省雷电强度平均值，最高雷电强度值为 7.20 kA·次/(km²·a)，位于张家界市桑植县，经纬度为(110.32°E，29.58°N)。

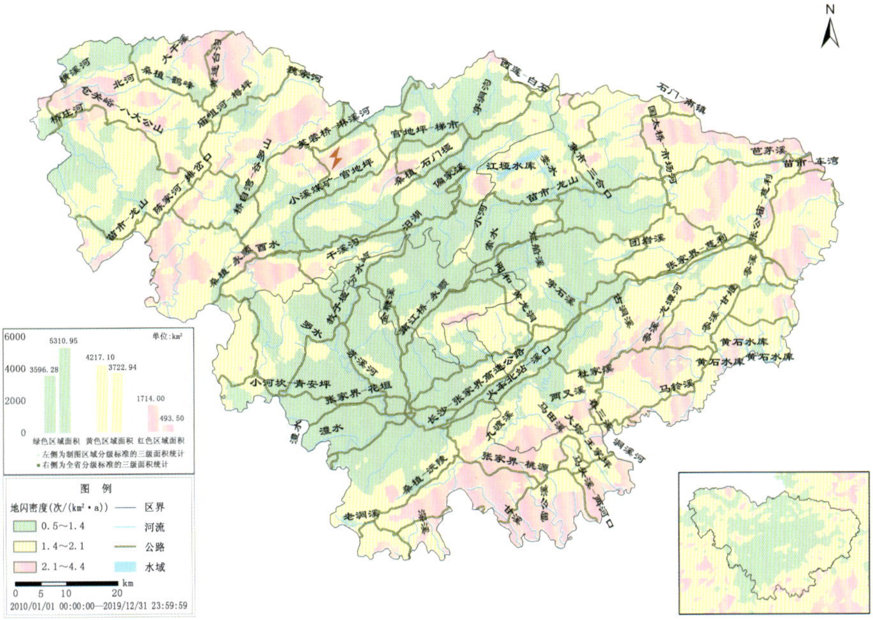

张家界市地闪密度分布图

张家界市地闪密度平均值为1.66次/(km²·a)，低于全省地闪密度平均值，最高地闪密度值为9.40次/(km²·a)，位于张家界市桑植县，经纬度为(110.32°E,29.58°N)。

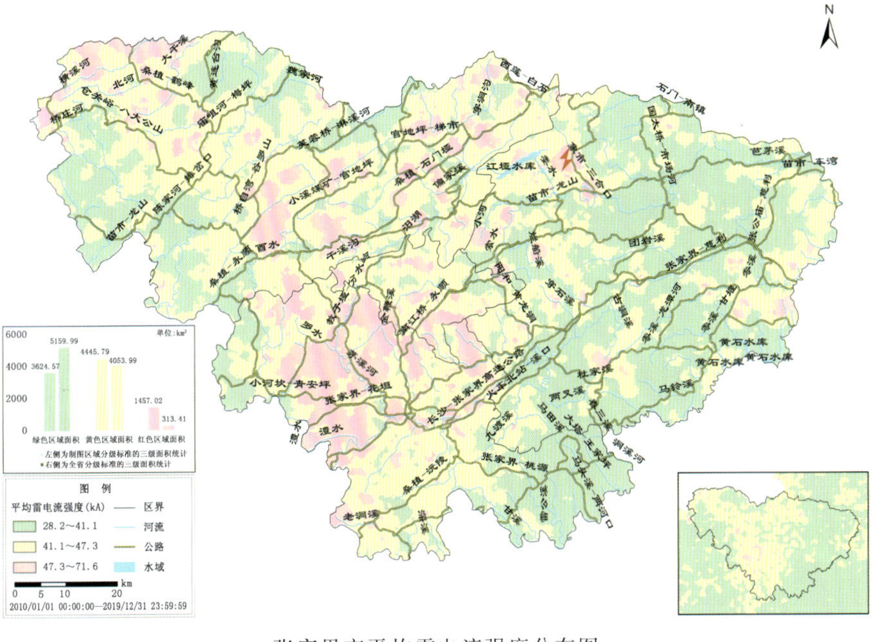

张家界市平均雷电流强度分布图

张家界市平均雷电流强度平均值为42.82 kA，低于全省平均雷电流强度平均值，最高平均雷电流强度值为234.75 kA，位于张家界市慈利县，经纬度为(110.79°E,29.57°N)。

永定区

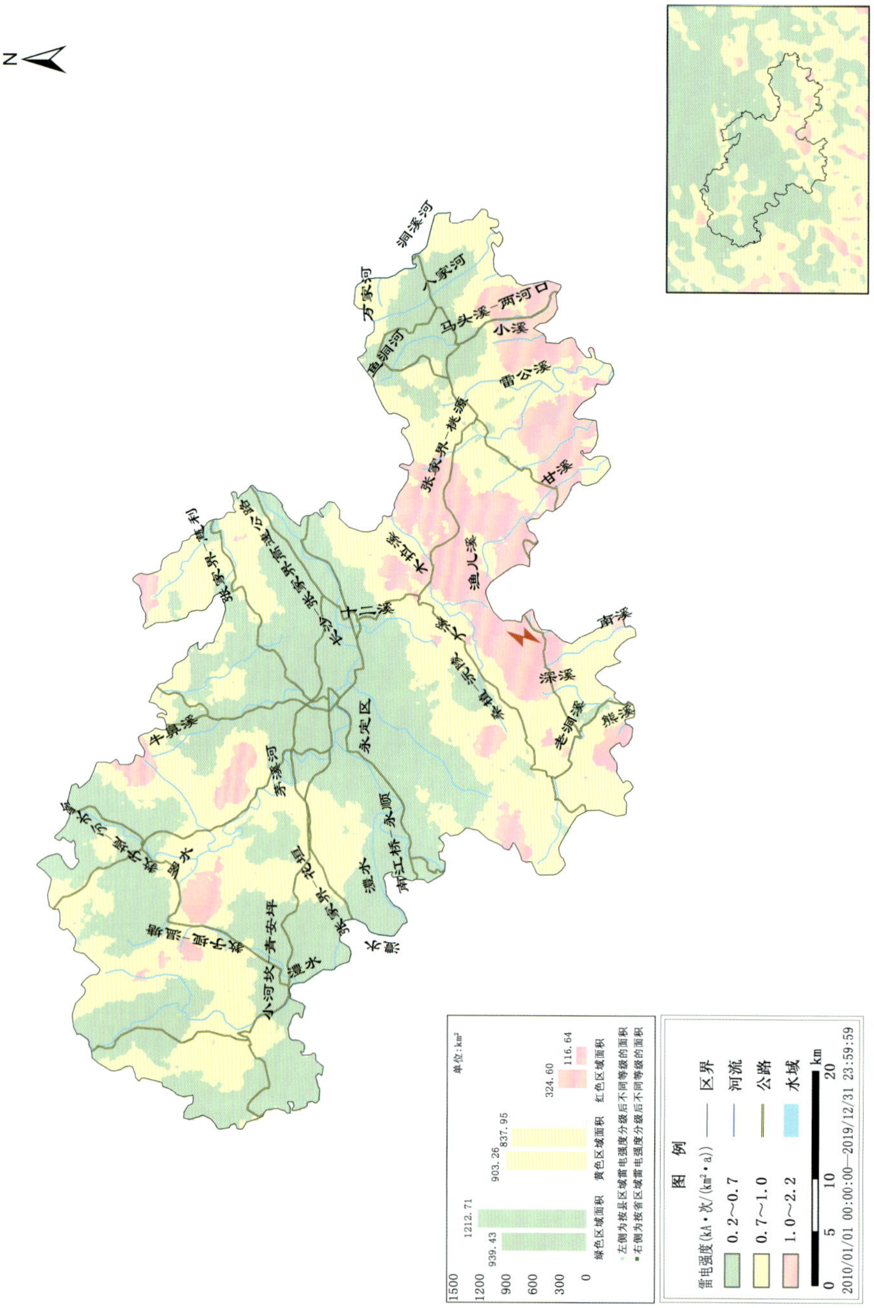

永定区雷电强度分布图

永定区雷电强度平均值为 0.81 kA·次/(km²·a),低于全省雷电强度平均值,最高雷电强度值为 4.47 kA·次/(km²·a),位于永定区南部,经纬度为(110.54°E,28.98°N)。

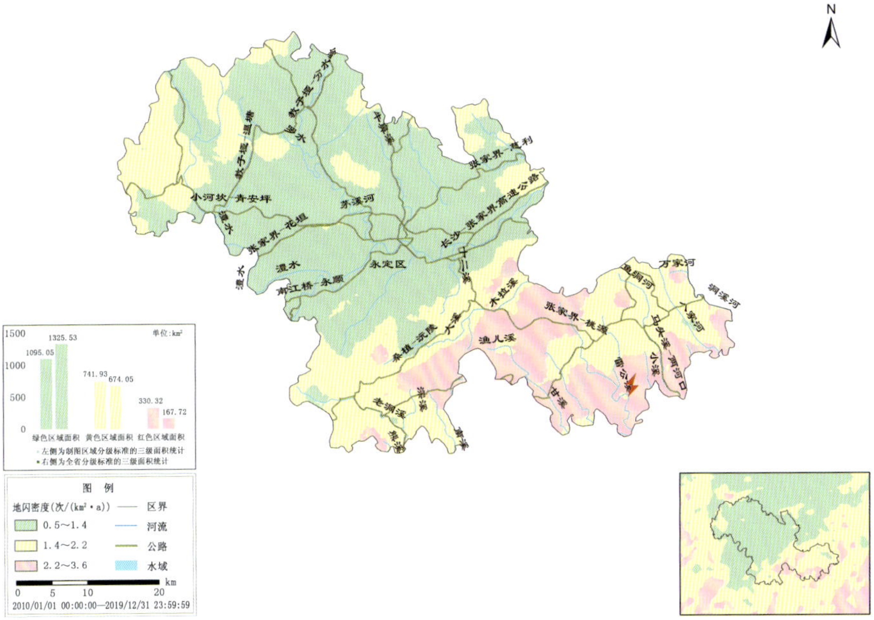

永定区地闪密度分布图

永定区地闪密度平均值为 1.59 次/(km^2·a)，低于全省地闪密度平均值，最高地闪密度值为 6.50 次/(km^2·a)，位于永定区东南部，经纬度为(110.77°E，28.97°N)。

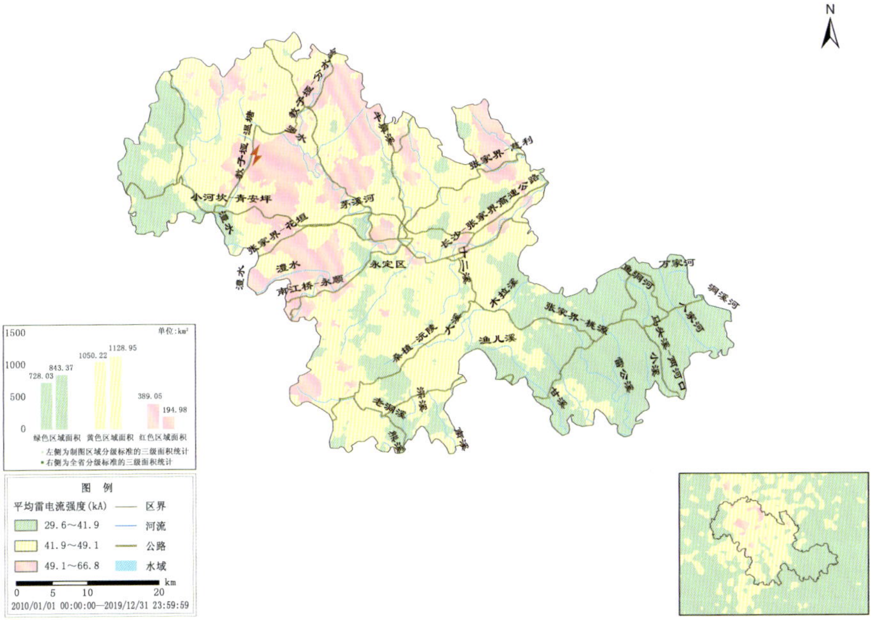

永定区平均雷电流强度分布图

永定区平均雷电流强度平均值为 44.55 kA，低于全省平均雷电流强度平均值，最高平均雷电流强度值为 172.42 kA，位于永定区西北部，经纬度为(110.25°E，29.23°N)。

武陵源区

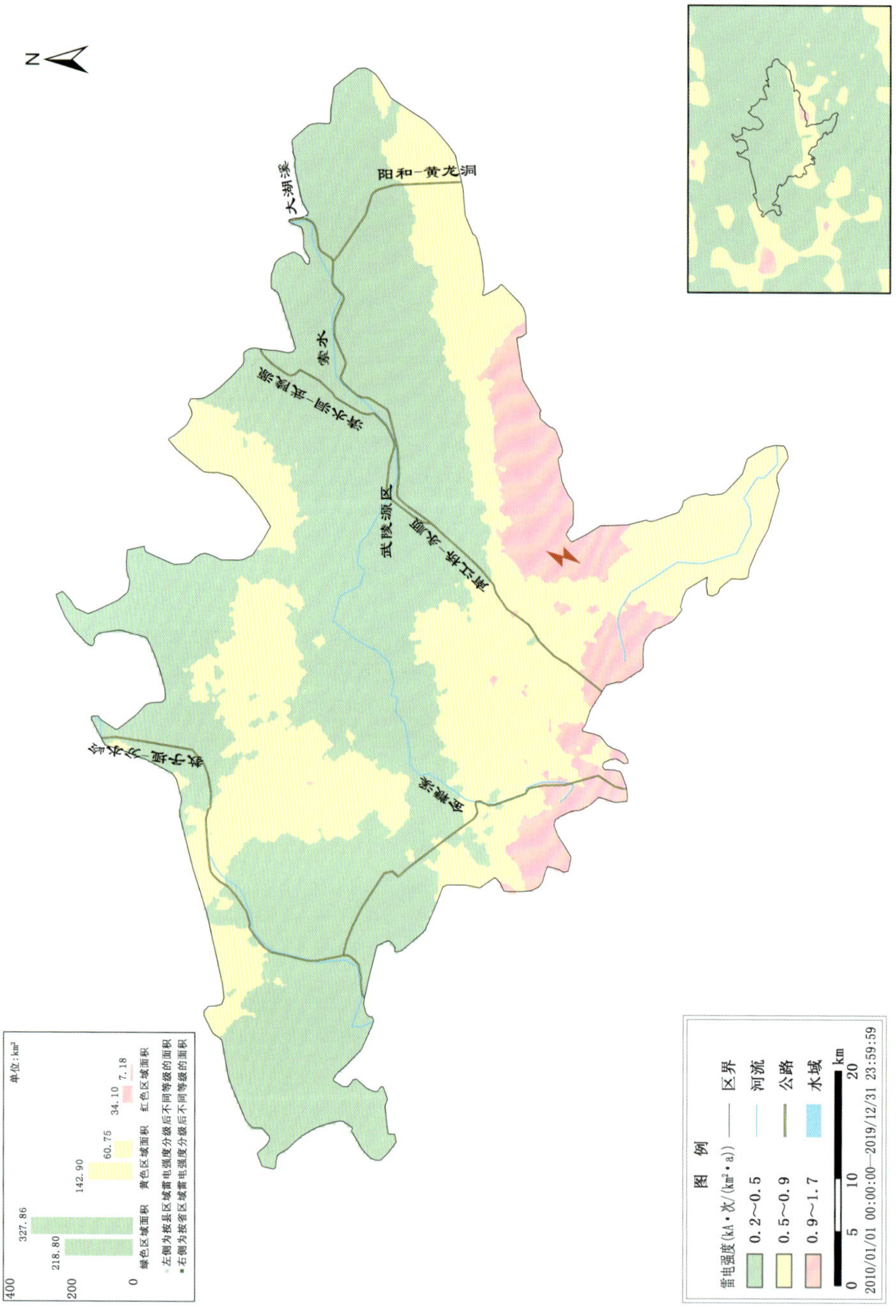

武陵源区雷电强度分布图

武陵源区雷电强度平均值为 0.64 kA·次/(km^2·a)，低于全省雷电强度平均值，最高雷电强度值为 3.20 kA·次/(km^2·a)，位于武陵源区南部，经纬度为(110.53°E，29.30°N)。

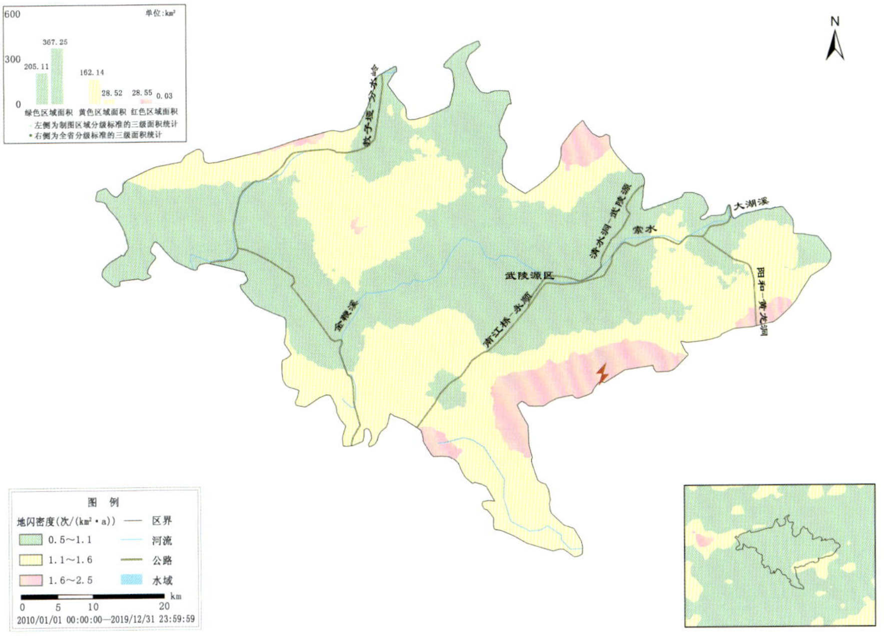

武陵源区地闪密度分布图

武陵源区地闪密度平均值为 1.23 次/(km^2·a)，低于全省地闪密度平均值，最高地闪密度值为 3.50 次/(km^2·a)，位于武陵源区东南部，经纬度为(110.57°E，29.31°N)。

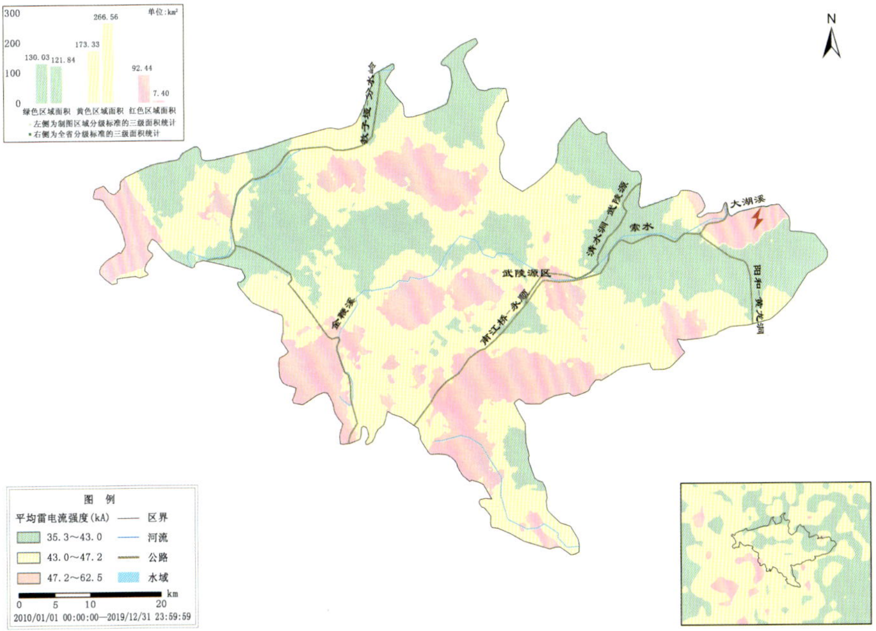

武陵源区平均雷电流强度分布图

武陵源区平均雷电流强度平均值为 44.94 kA，高于全省平均雷电流强度平均值，最高平均雷电流强度值为 157.86 kA，位于武陵源区东北部，经纬度为(110.64°E，29.38°N)。

慈利县

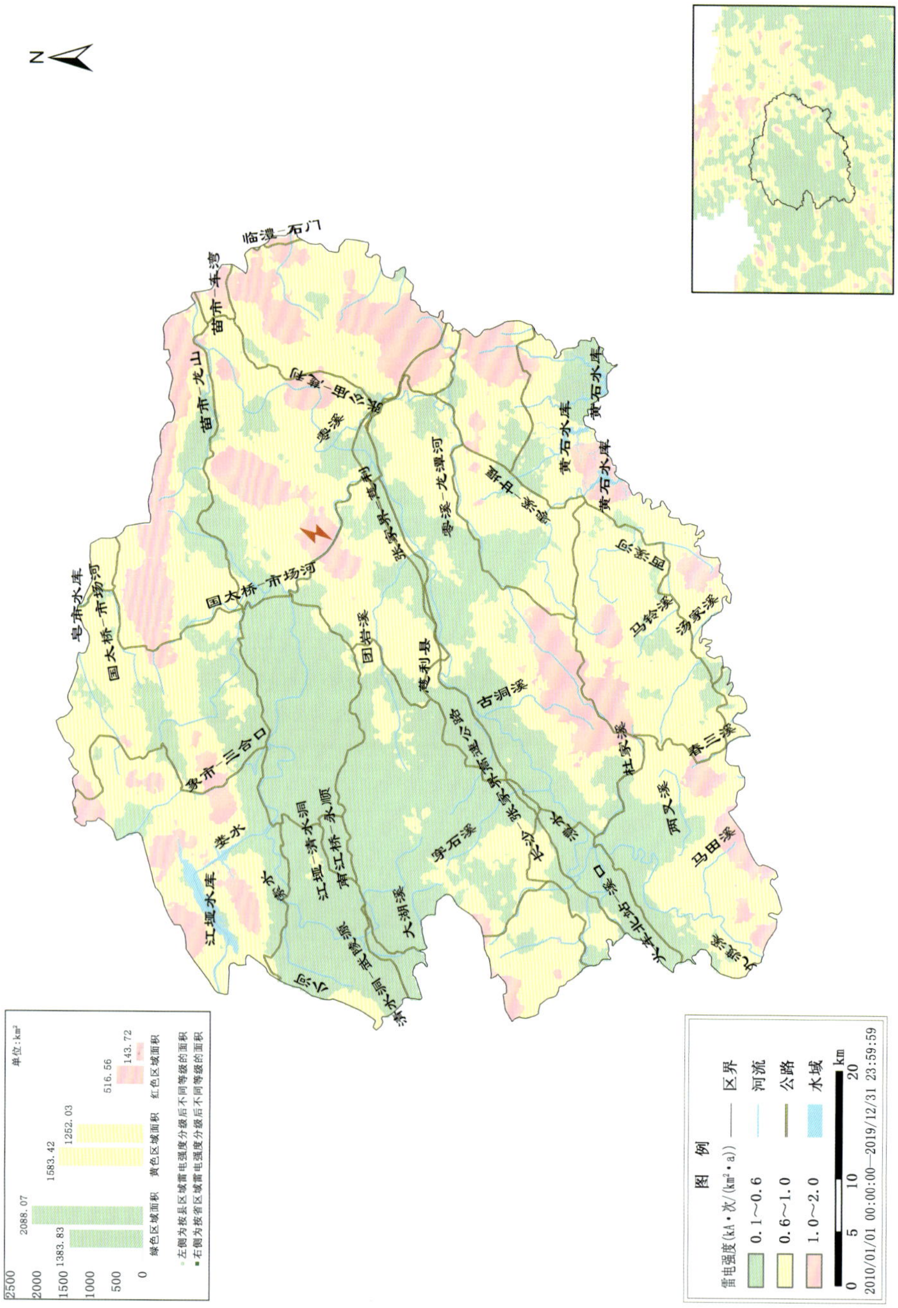

慈利县雷电强度分布图

慈利县雷电强度平均值为 0.77 kA·次/(km²·a)，低于全省雷电强度平均值，最高雷电强度值为 5.60 kA·次/(km²·a)，位于慈利县东北部，经纬度为(111.04°E，29.47°N)。

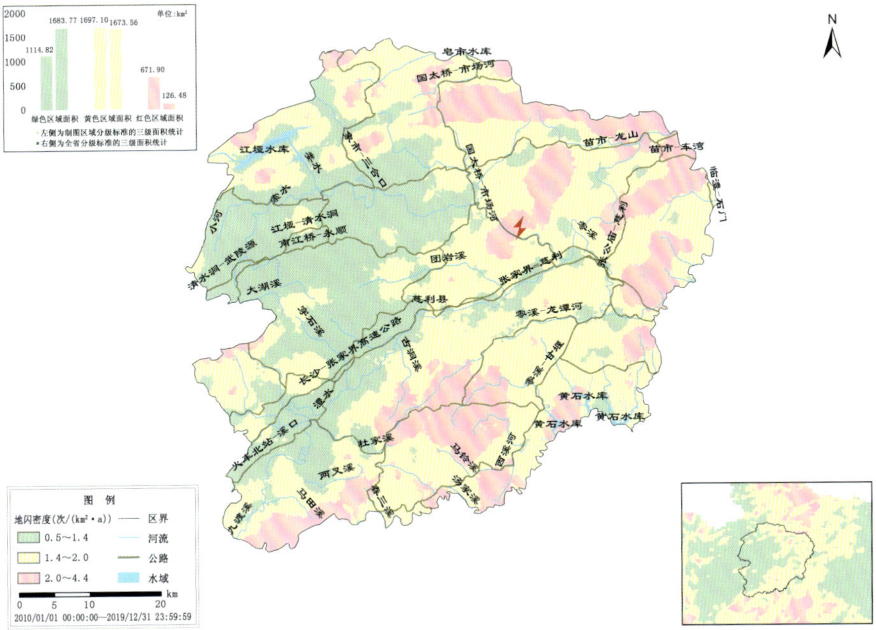

慈利县地闪密度分布图

慈利县地闪密度平均值为 1.72 次/(km²·a)，低于全省地闪密度平均值，最高地闪密度值为 5.80 次/(km²·a)，位于慈利县东北部，经纬度为(111.04°E,29.47°N)。

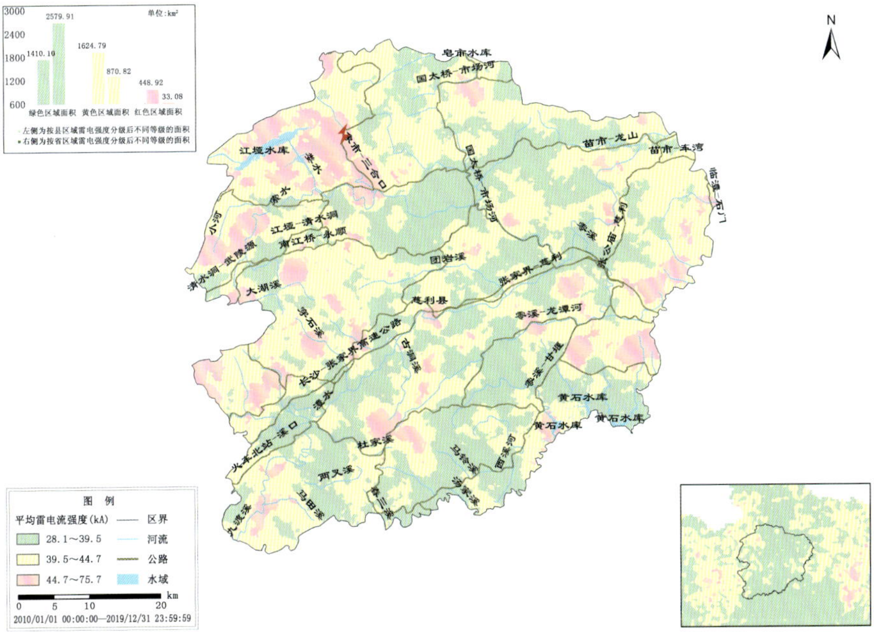

慈利县平均雷电流强度分布图

慈利县平均雷电流强度平均值为 41.01 kA，低于全省平均雷电流强度平均值，最高平均雷电流强度值为 234.75 kA，位于慈利县西北部，经纬度为(110.79°E,29.57°N)。

桑植县

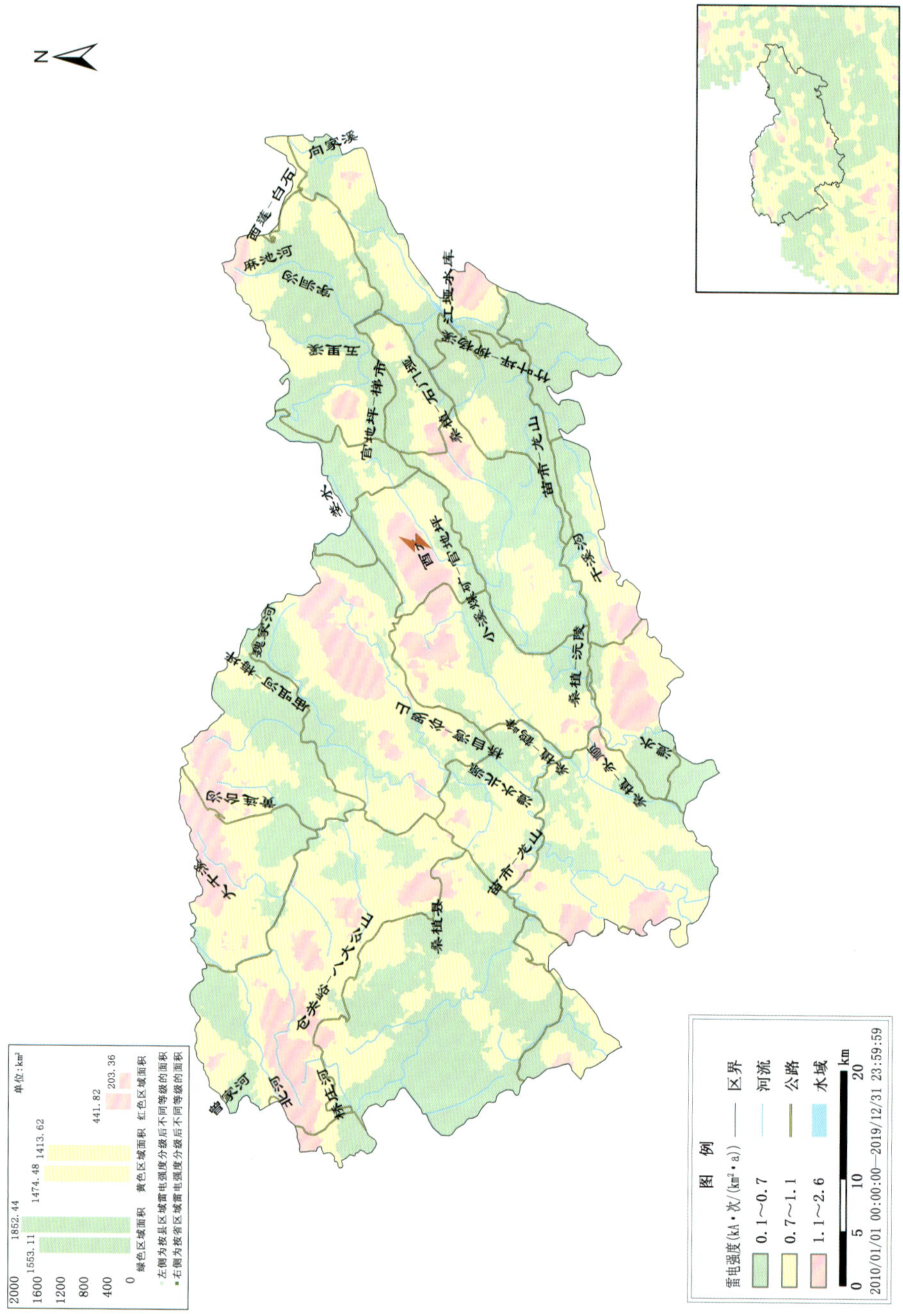

桑植县雷电强度分布图

桑植县雷电强度平均值为 0.82 kA·次/(km²·a)，低于全省雷电强度平均值，最高雷电强度值为 7.20 kA·次/(km²·a)，位于桑植县中部，经纬度为(110.32°E，29.58°N)。

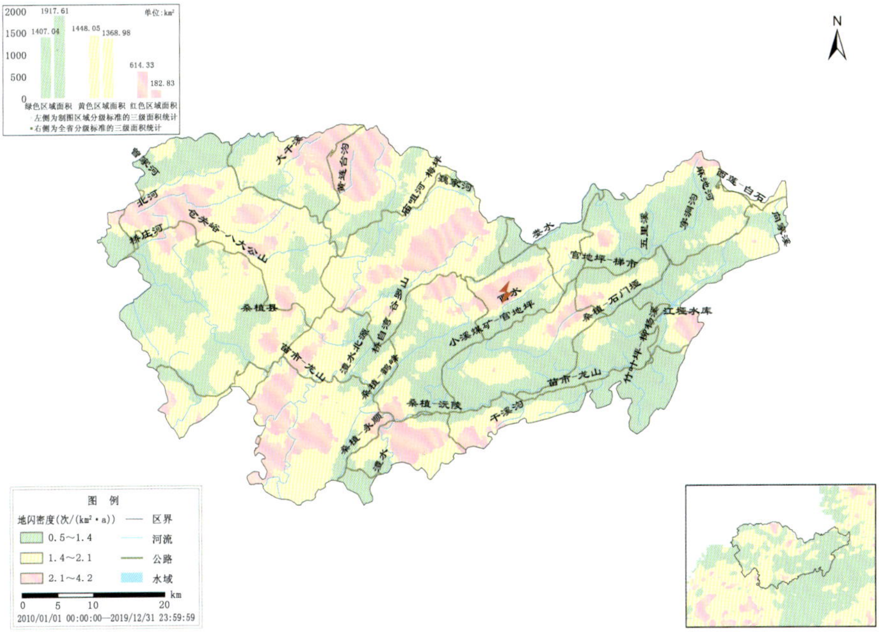

桑植县地闪密度分布图

桑植县地闪密度平均值为 1.67 次/(km^2·a)，低于全省地闪密度平均值，最高地闪密度值为 9.40 次/(km^2·a)，位于桑植县中东部，经纬度为(110.32°E，29.58°N)。

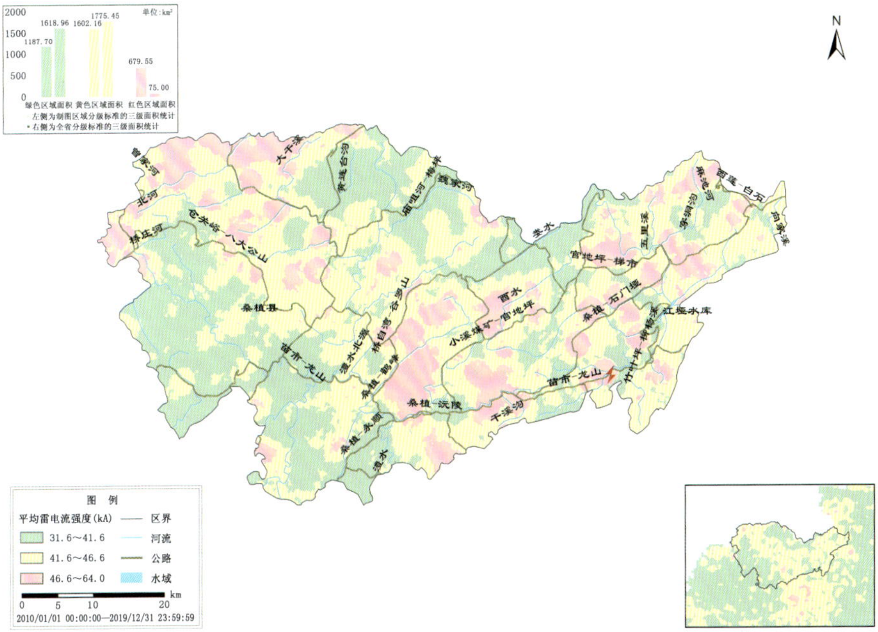

桑植县平均雷电流强度分布图

桑植县平均雷电流强度平均值为 43.47 kA，低于全省平均雷电流强度平均值，最高平均雷电流强度值为 171.08 kA，位于桑植县东南部，经纬度为(110.48°E，29.47°N)。

5.10 益阳地区雷电区划

益阳市

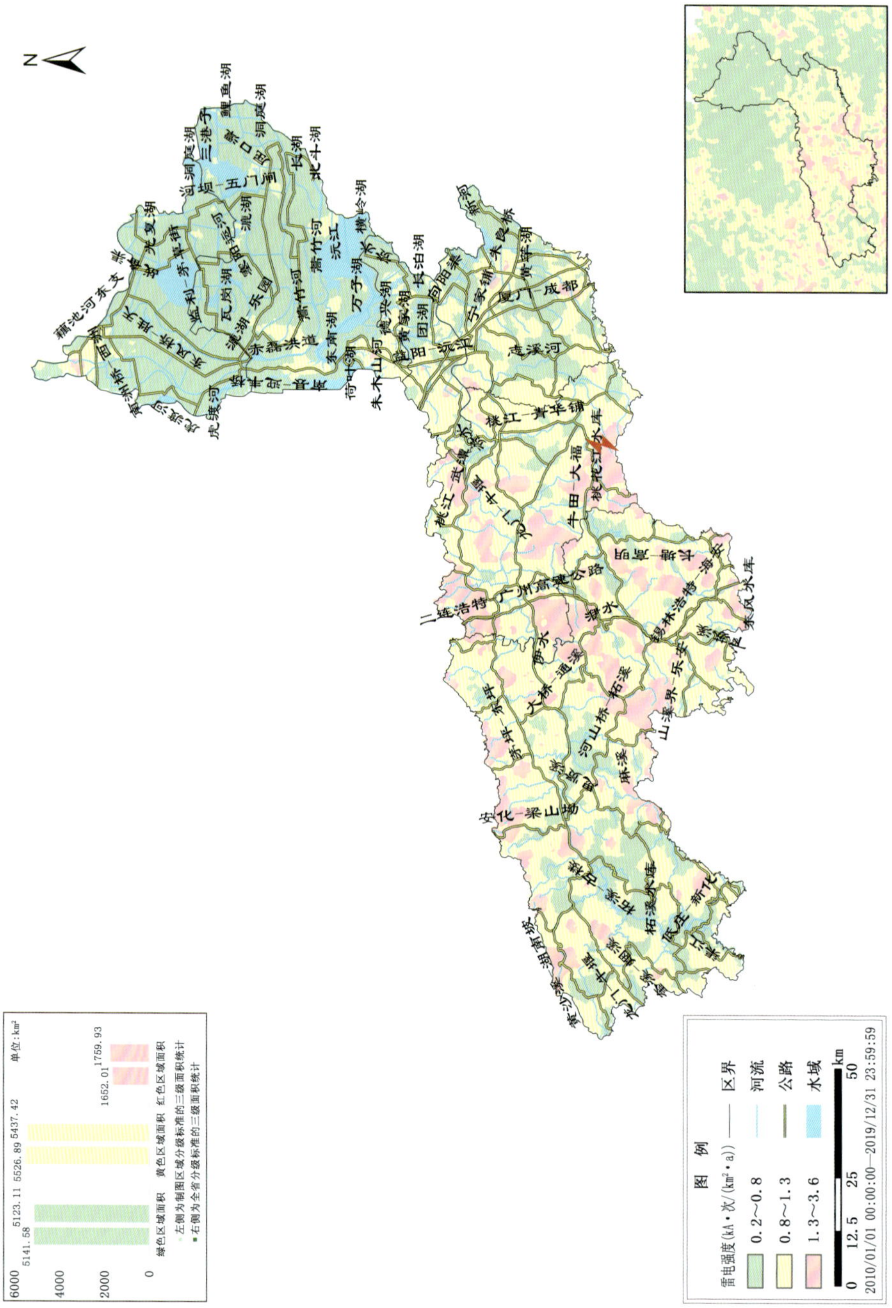

益阳市雷电强度分布图

益阳市雷电强度平均值为 0.95 kA·次/(km^2·a),高于全省雷电强度平均值,最高雷电强度值为 6.20 kA·次/(km^2·a),位于益阳市桃江县,经纬度为(112.13°E,28.27°N)。

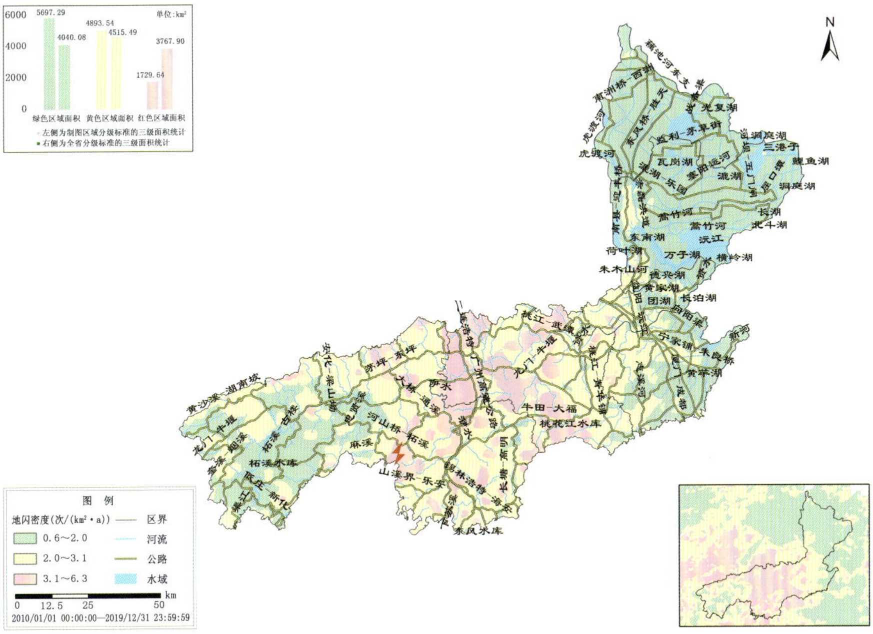

益阳市地闪密度分布图

益阳市地闪密度平均值为 2.19 次/(km^2·a),高于全省地闪密度平均值,最高地闪密度值为 11.80 次/(km^2·a),位于益阳市安化县,经纬度为(111.50°E,28.22°N)。

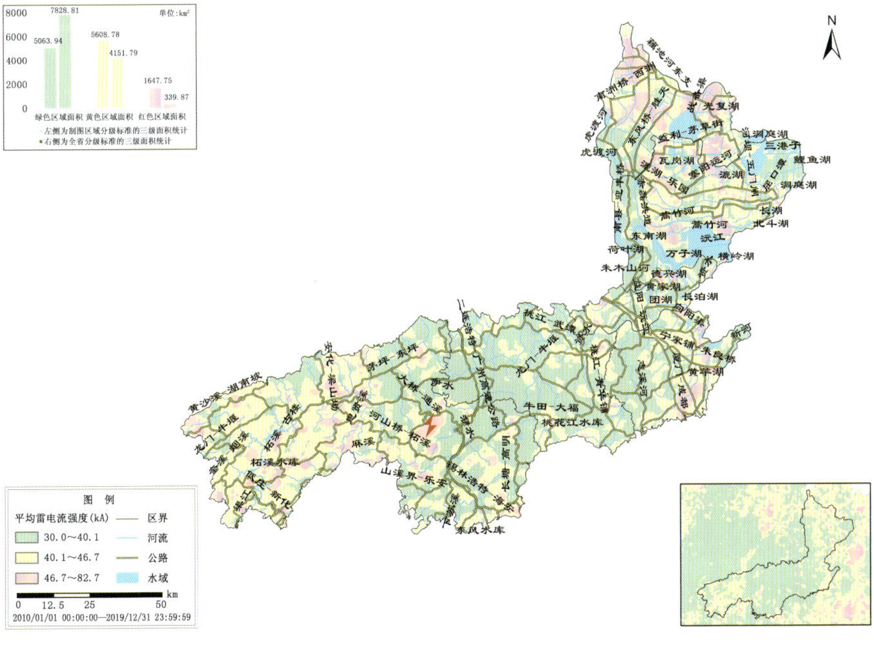

益阳市平均雷电流强度分布图

益阳市平均雷电流强度平均值为 41.71 kA,低于全省平均雷电流强度平均值,最高平均雷电流强度值为 242.70 kA,位于益阳市安化县,经纬度为(111.60°E,28.30°N)。

资阳区

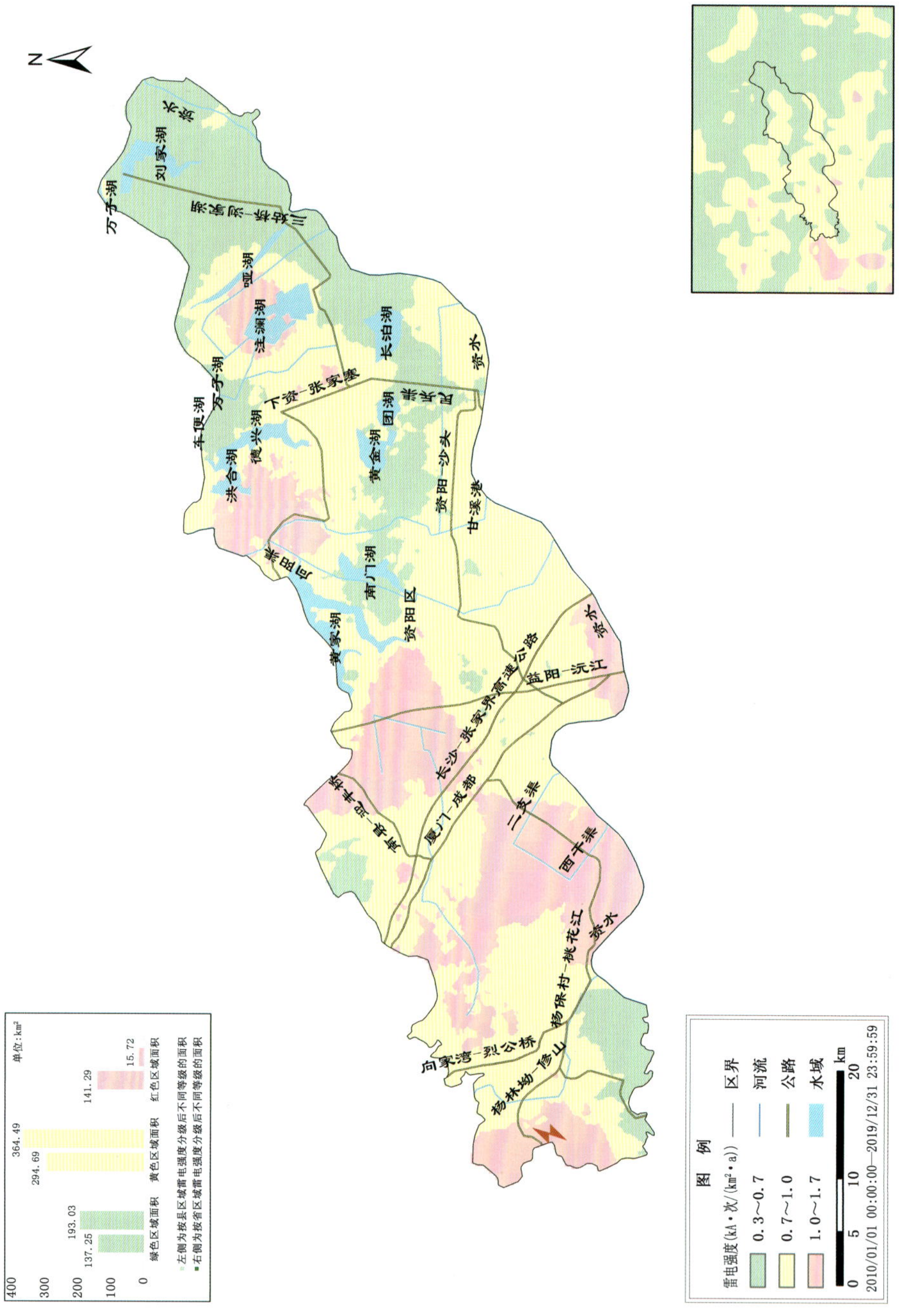

资阳区雷电强度分布图

资阳区雷电强度平均值为 0.88 kA·次/(km^2·a)，低于全省雷电强度平均值，最高雷电强度值为 4.07 kA·次/(km^2·a)，位于资阳区西部，经纬度为(112.10°E，28.62°N)。

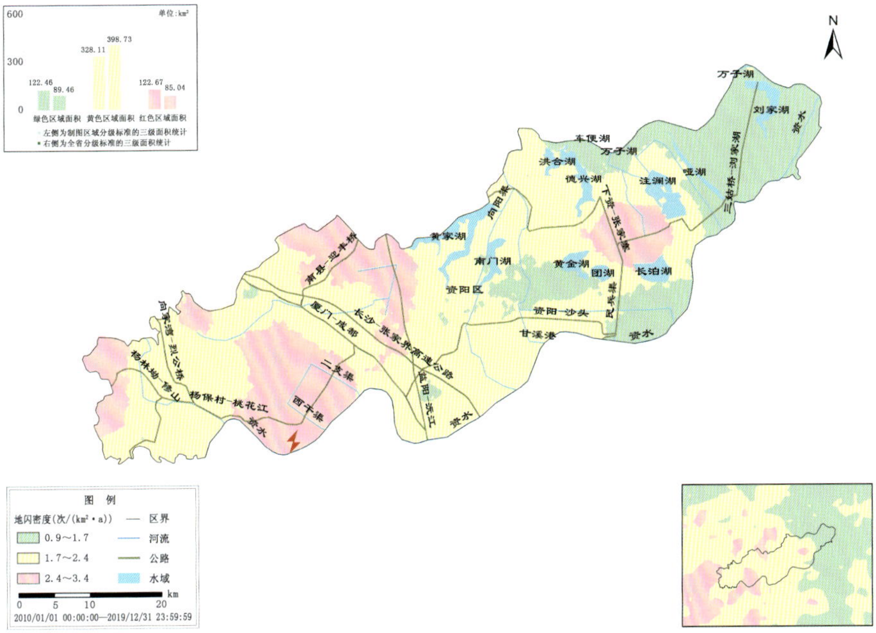

资阳区地闪密度分布图

资阳区地闪密度平均值为2.09次/(km²·a),高于全省地闪密度平均值,最高地闪密度值为5.30次/(km²·a),位于资阳区西南部,经纬度为(112.24°E,28.60°N)。

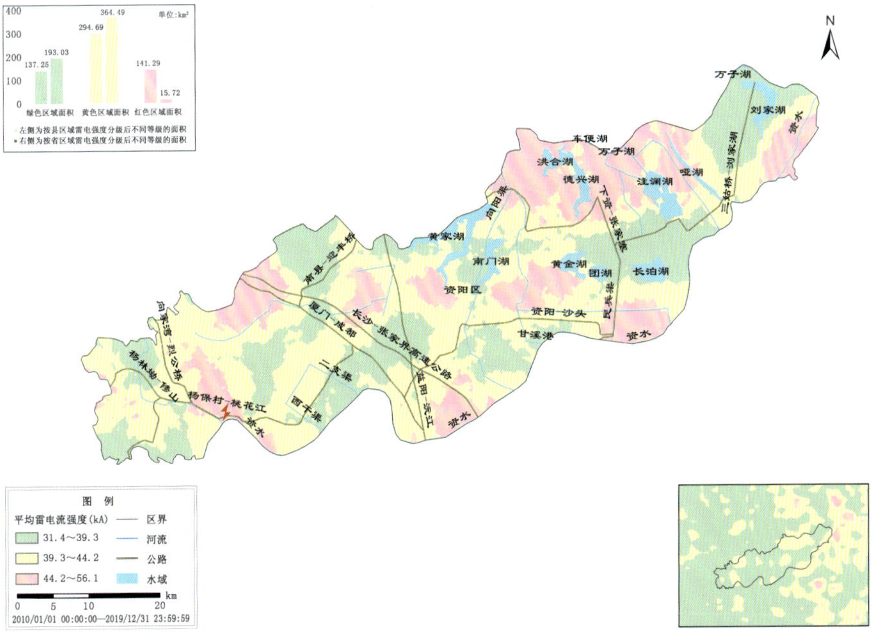

资阳区平均雷电流强度分布图

资阳区平均雷电流强度平均值为41.74 kA,低于全省平均雷电流强度平均值,最高平均雷电流强度值为122.60 kA,位于资阳区西南部,经纬度为(112.18°E,28.61°N)。

赫山区

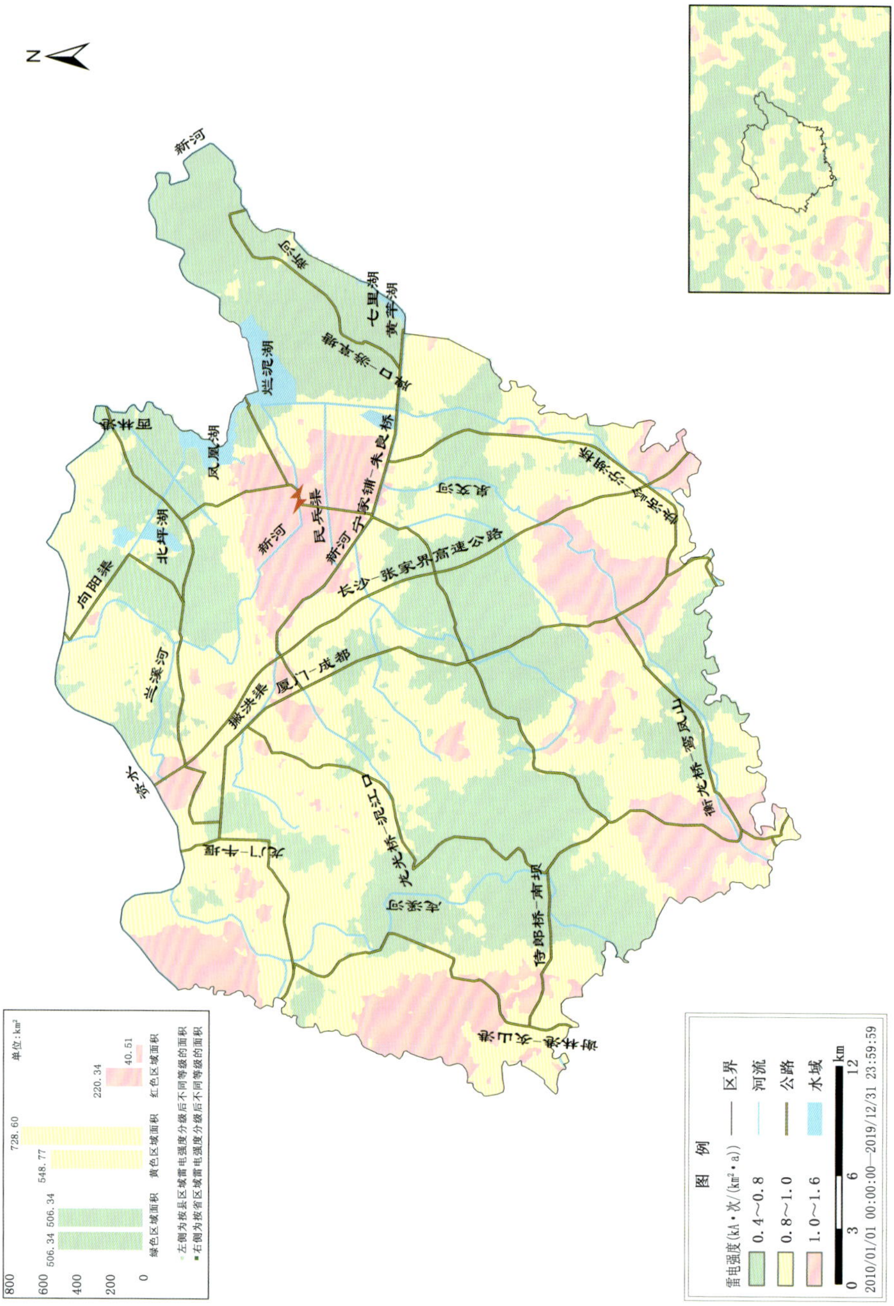

赫山区雷电强度分布图

赫山区雷电强度平均值为 0.88 kA·次/(km²·a)，低于全省雷电强度平均值，最高雷电强度值为 3.07 kA·次/(km²·a)，位于赫山区东北部，经纬度为(112.51°E,28.54°N)。

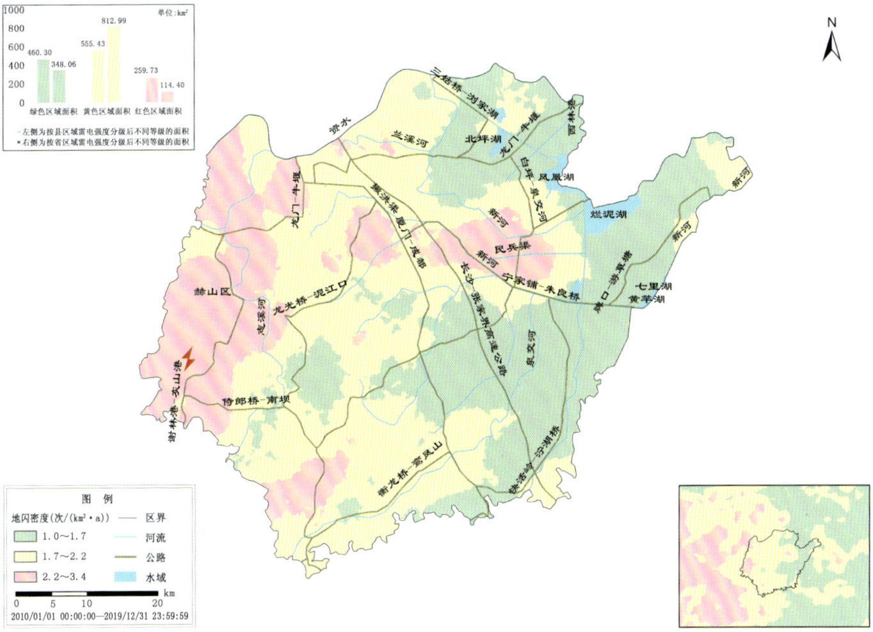

赫山区地闪密度分布图

赫山区地闪密度平均值为 1.96 次/(km^2·a),高于全省地闪密度平均值,最高地闪密度值为 7.20 次/(km^2·a),位于赫山区西部,经纬度为(112.24°E,28.44°N)。

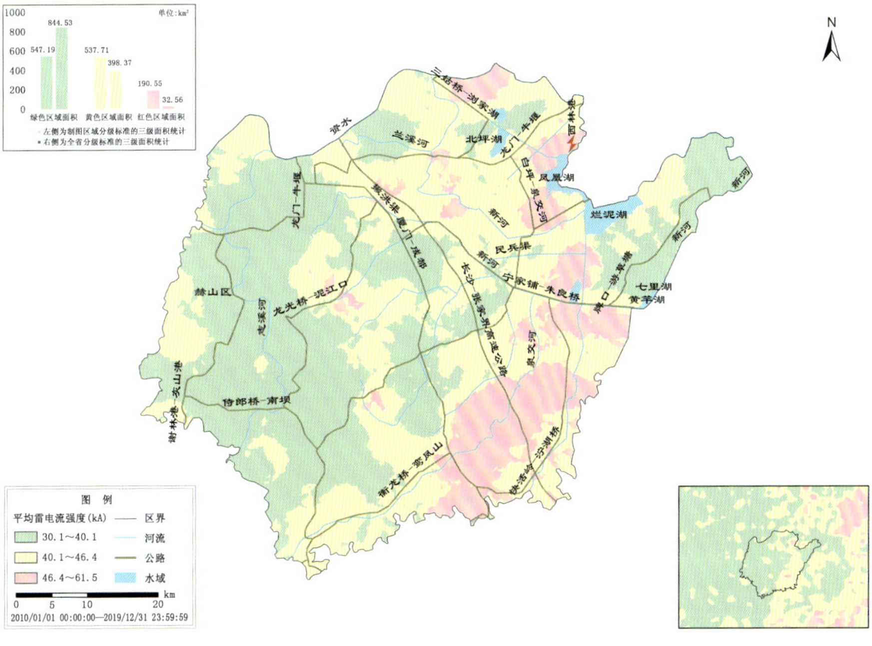

赫山区平均雷电流强度分布图

赫山区平均雷电流强度平均值为 41.54 kA,低于全省平均雷电流强度平均值,最高平均雷电流强度值为 170.68 kA,位于赫山区东北部,经纬度为(112.56°E,28.58°N)。

沅江市

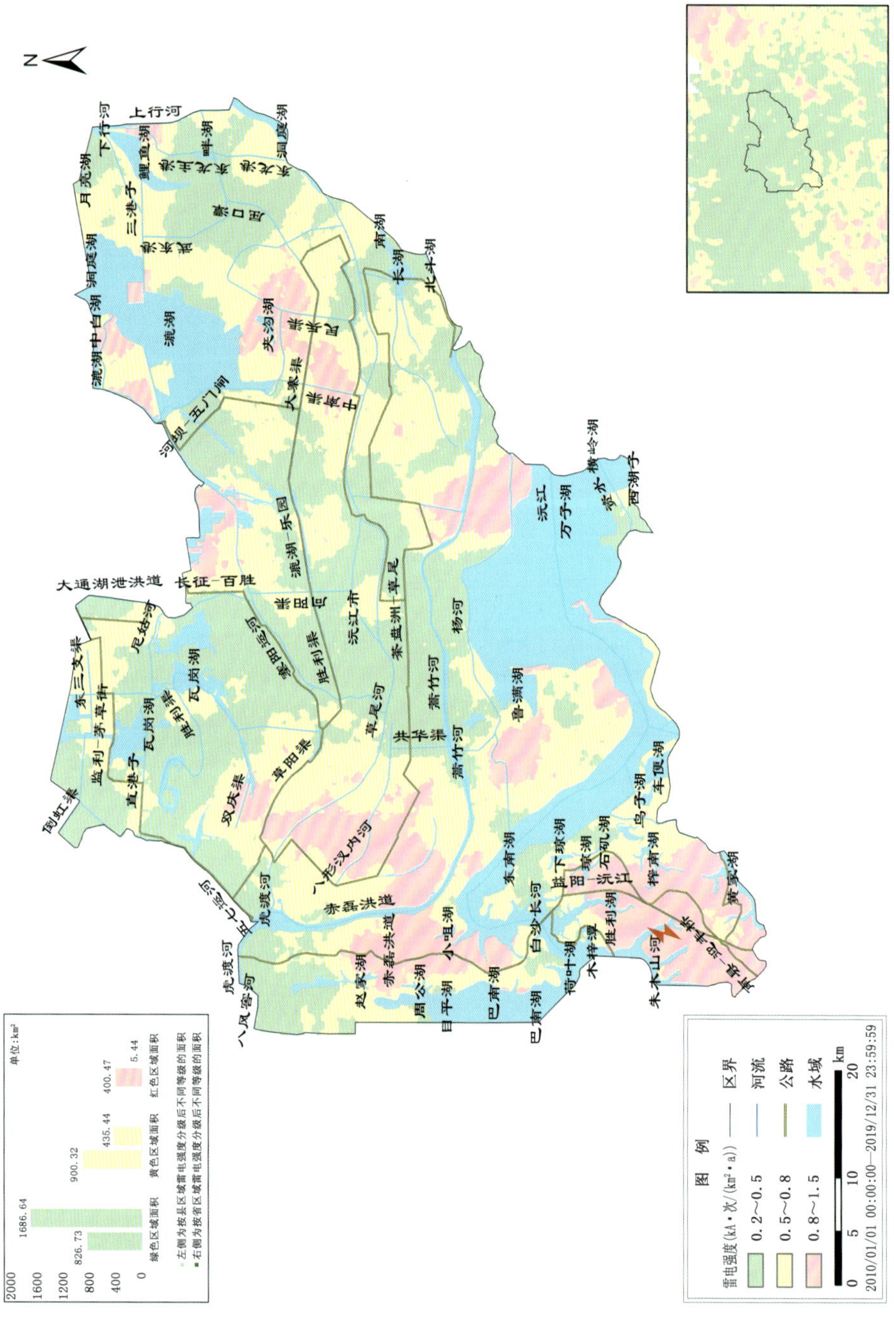

沅江市雷电强度分布图

沅江市雷电强度平均值为 0.67 kA·次/(km²·a)，低于全省雷电强度平均值，最高雷电强度值为 3.33 kA·次/(km²·a)，位于沅江市西南部，经纬度为(112.32°E，28.79°N)。

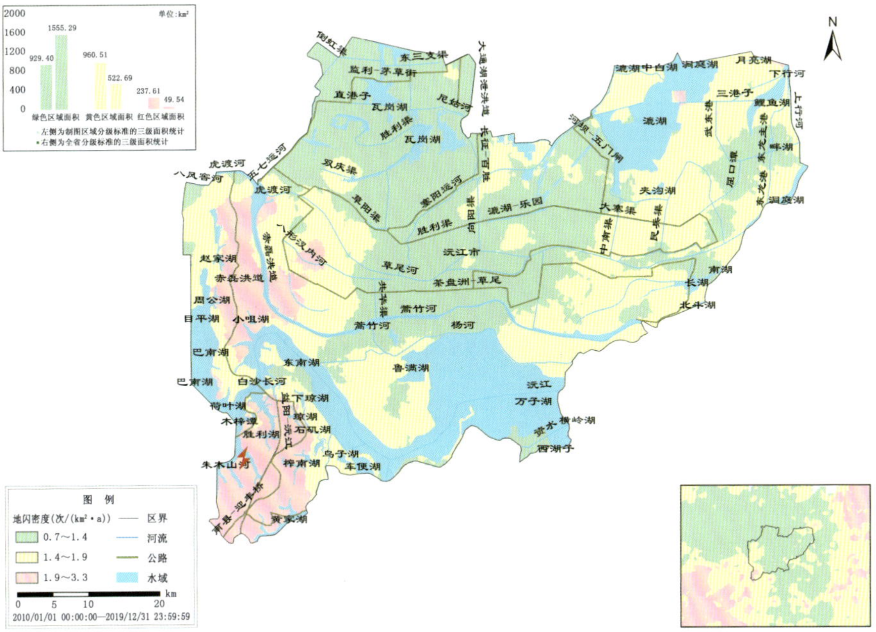

沅江市地闪密度分布图

沅江市地闪密度平均值为 1.53 次/(km^2·a),低于全省地闪密度平均值,最高地闪密度值为 4.90 次/(km^2·a),位于沅江市西南部,经纬度为(112.32°E,28.79°N)。

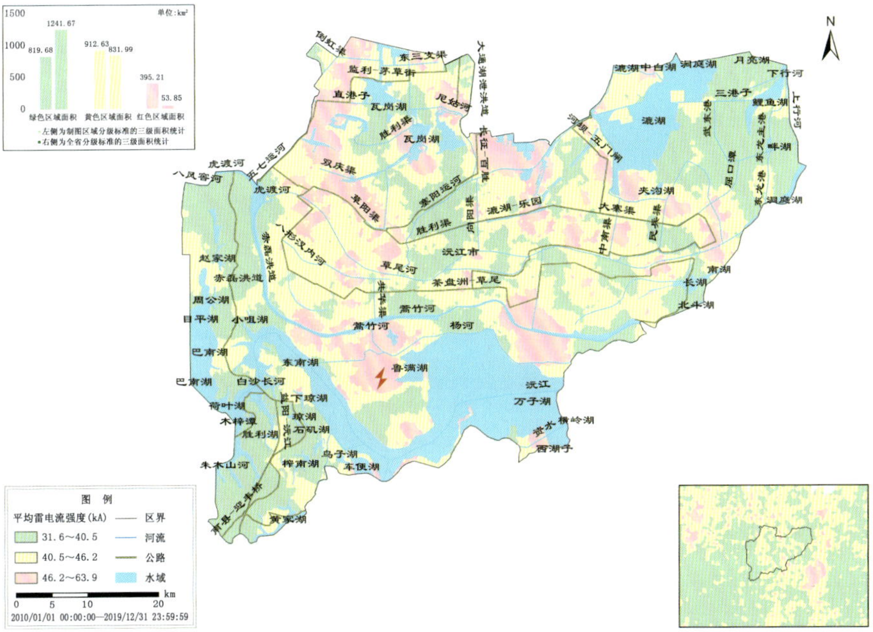

沅江市平均雷电流强度分布图

沅江市平均雷电流强度平均值为 42.23 kA,低于全省平均雷电流强度平均值,最高平均雷电流强度值为 143.15 kA,位于沅江市西南部,经纬度为(112.47°E,28.90°N)。

安化县

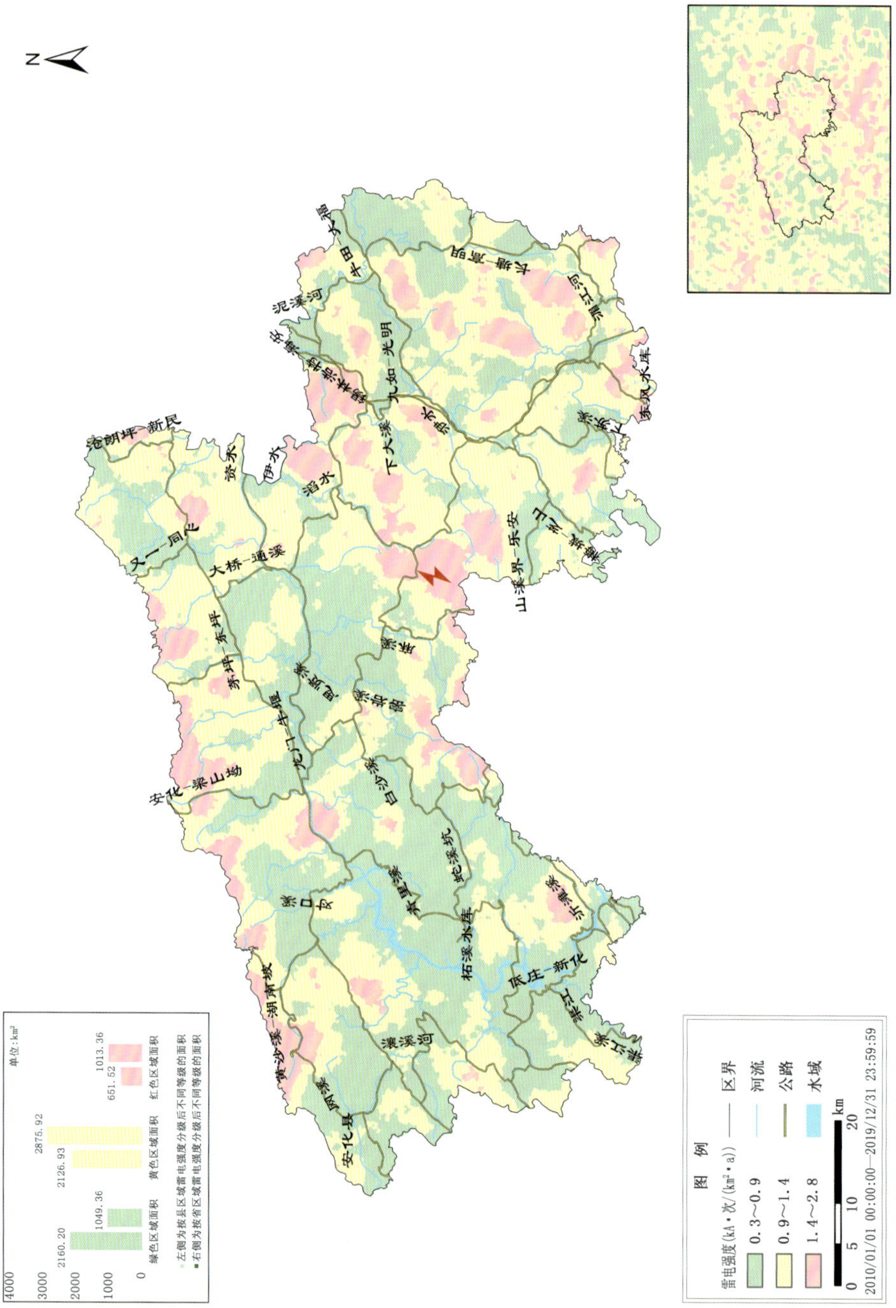

安化县雷电强度分布图

安化县雷电强度平均值为 1.09 kA·次/(km²·a)，高于全省雷电强度平均值，最高雷电强度值为 5.87 kA·次/(km²·a)，位于安化县中南部，经纬度为(111.50°E,28.22°N)。

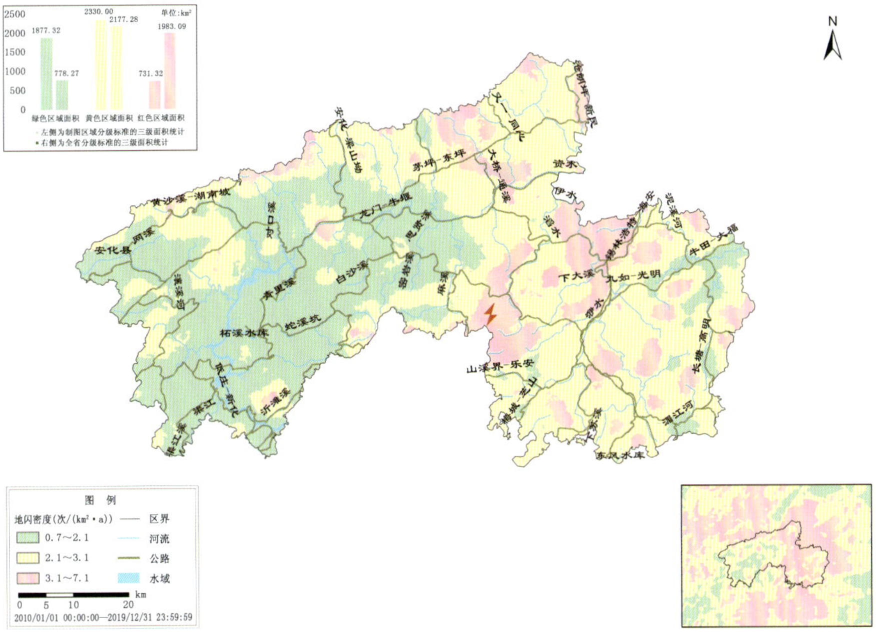

安化县地闪密度分布图

安化县地闪密度平均值为 2.45 次/(km^2·a)，高于全省地闪密度平均值，最高地闪密度值为 11.80 次/(km^2·a)，位于安化县中南部，经纬度为(111.50°E,28.22°N)。

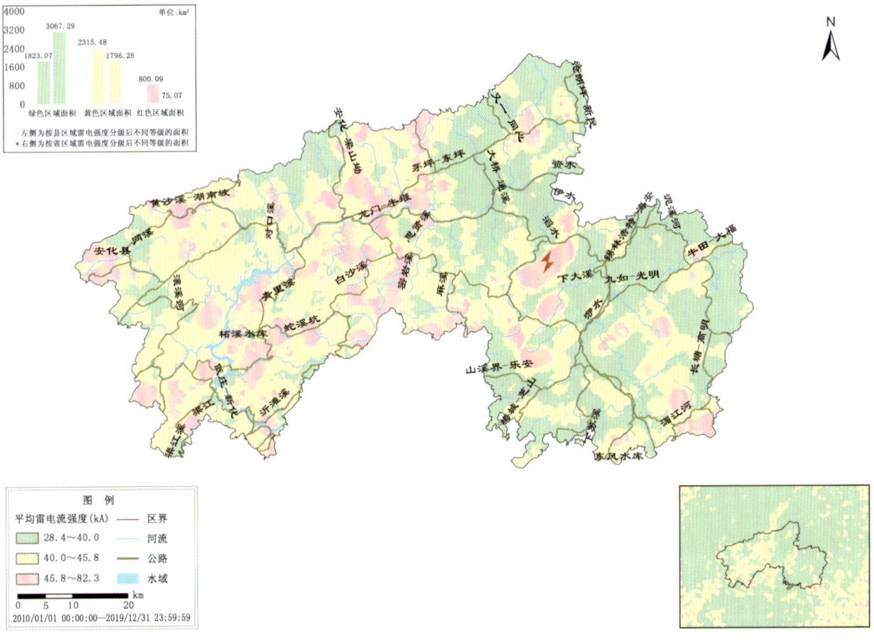

安化县平均雷电流强度分布图

安化县平均雷电流强度平均值为 41.82 kA，低于全省平均雷电流强度平均值，最高平均雷电流强度值为 242.70 kA，位于安化县中东部，经纬度为(111.60°E,28.30°N)。

桃江县

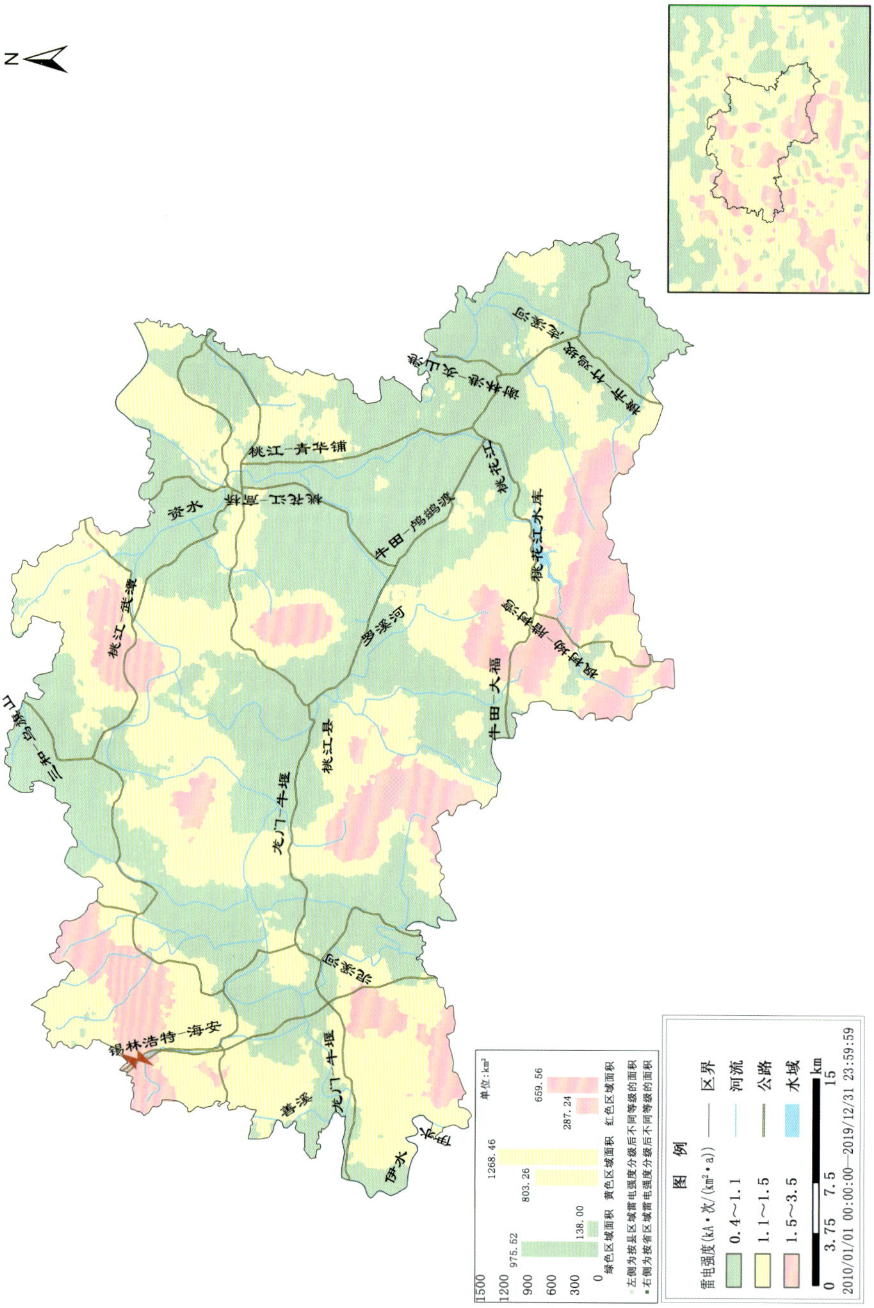

桃江县雷电强度分布图

桃江县雷电强度平均值为 1.22 kA·次/(km²·a)，高于全省雷电强度平均值，最高雷电强度值为 6.20 kA·次/(km²·a)，位于桃江县西北部，经纬度为(112.13°E,28.27°N)。

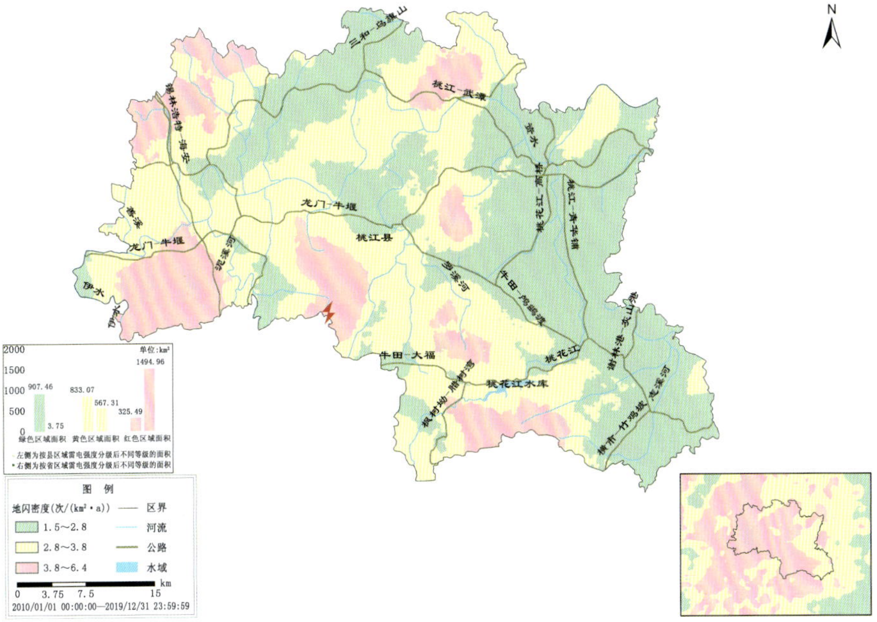

桃江县地闪密度分布图

桃江县地闪密度平均值为 3.13 次/(km^2·a)，高于全省地闪密度平均值，最高地闪密度值为 10.10 次/(km^2·a)，位于桃江县西南部，经纬度为(111.89°E,28.38°N)。

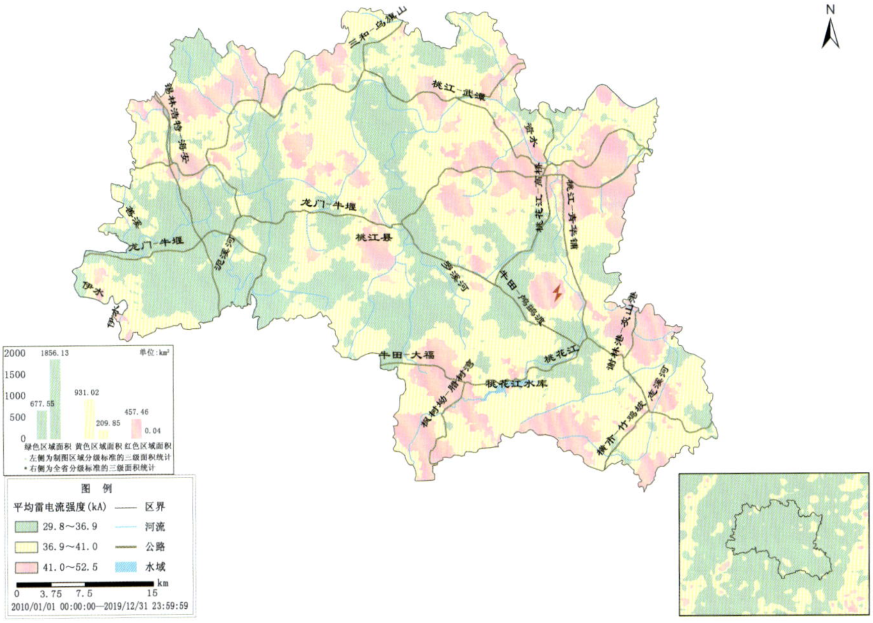

桃江县平均雷电流强度分布图

桃江县平均雷电流强度平均值为 38.59 kA，低于全省平均雷电流强度平均值，最高平均雷电流强度值为 116.47 kA，位于桃江县东南部，经纬度为(112.13°E,28.41°N)。

南县

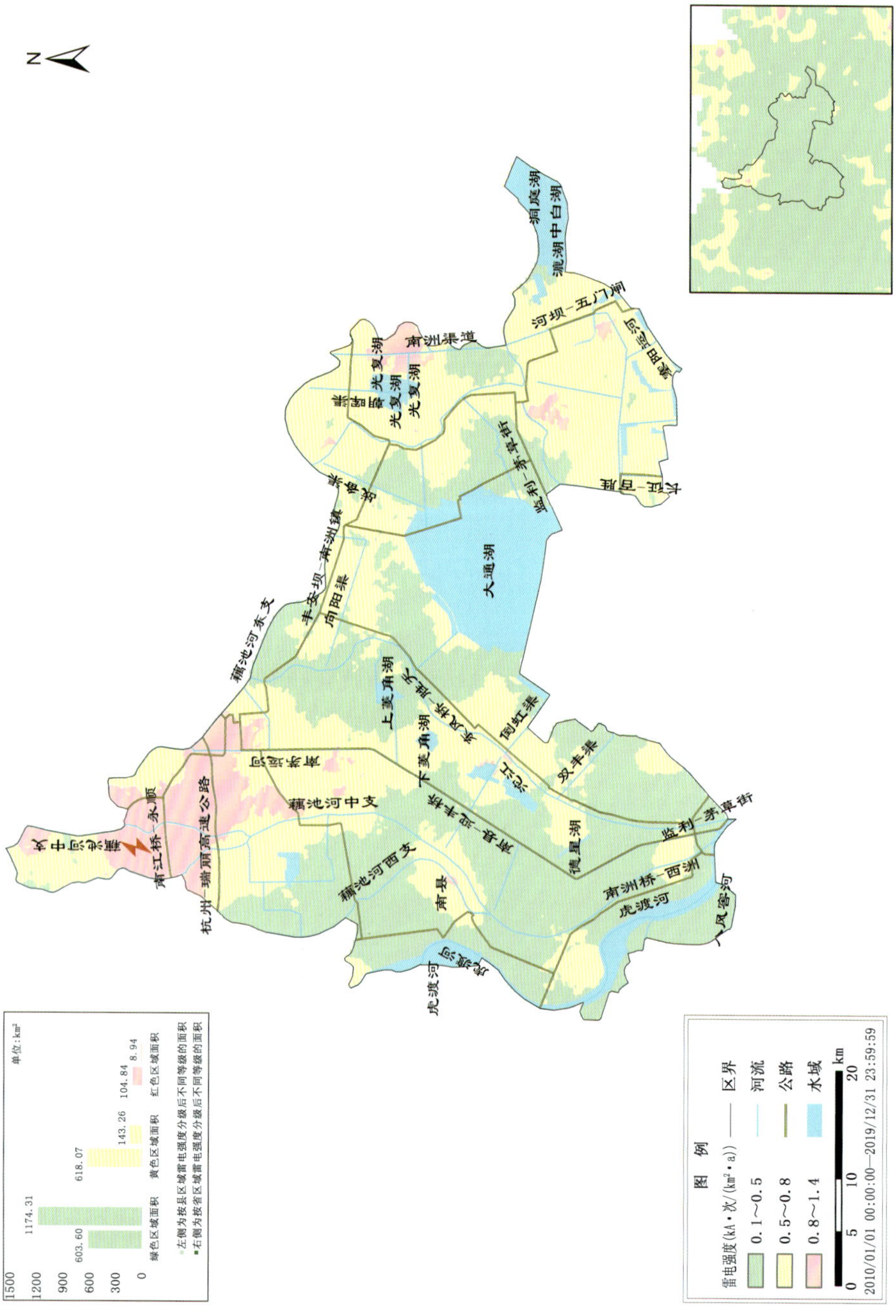

南县雷电强度分布图

南县雷电强度平均值为 0.60 kA·次/(km²·a)，低于全省雷电强度平均值，最高雷电强度值为 2.80 kA·次/(km²·a)，位于南县西北部，经纬度为(112.32°E，29.43°N)。

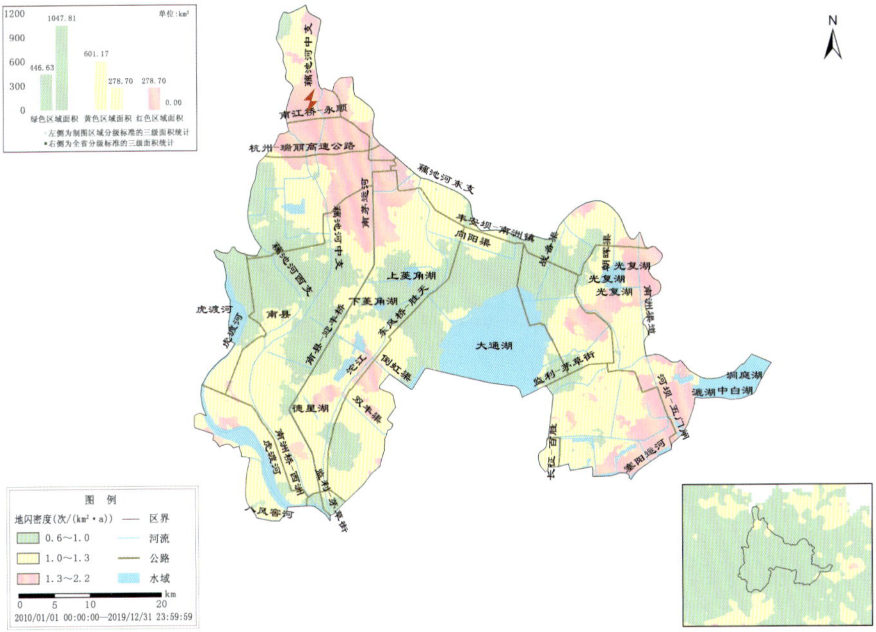

南县地闪密度分布图

南县地闪密度平均值为 1.22 次/(km² · a)，低于全省地闪密度平均值，最高地闪密度值为 3.30 次/(km² · a)，位于南县西北部，经纬度为(112.32°E，29.43°N)。

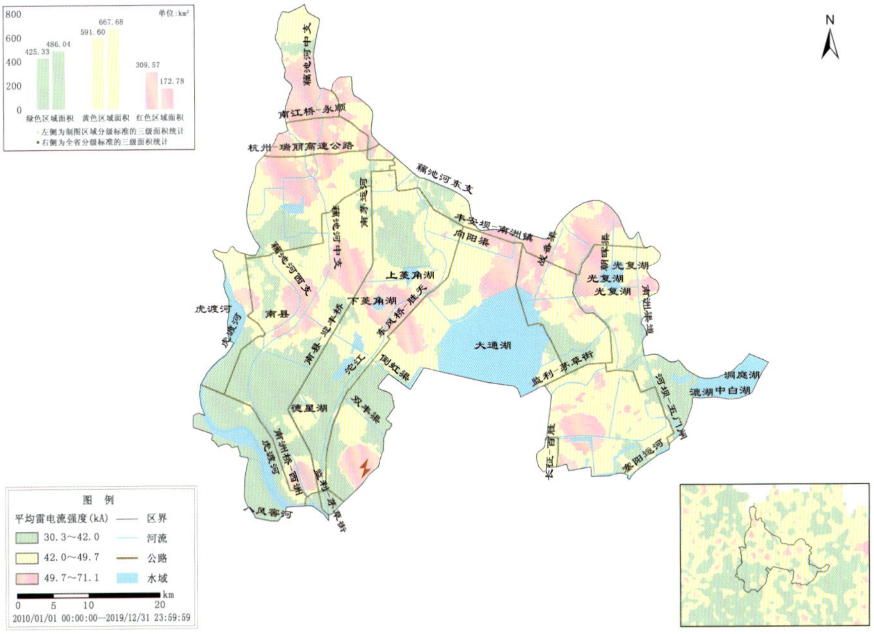

南县平均雷电流强度分布图

南县平均雷电流强度平均值为 45.14 kA，高于全省平均雷电流强度平均值，最高平均雷电流强度值为 179.50 kA，位于南县西南部，经纬度为(112.36°E，29.10°N)。

5.11 郴州地区雷电区划

郴州市

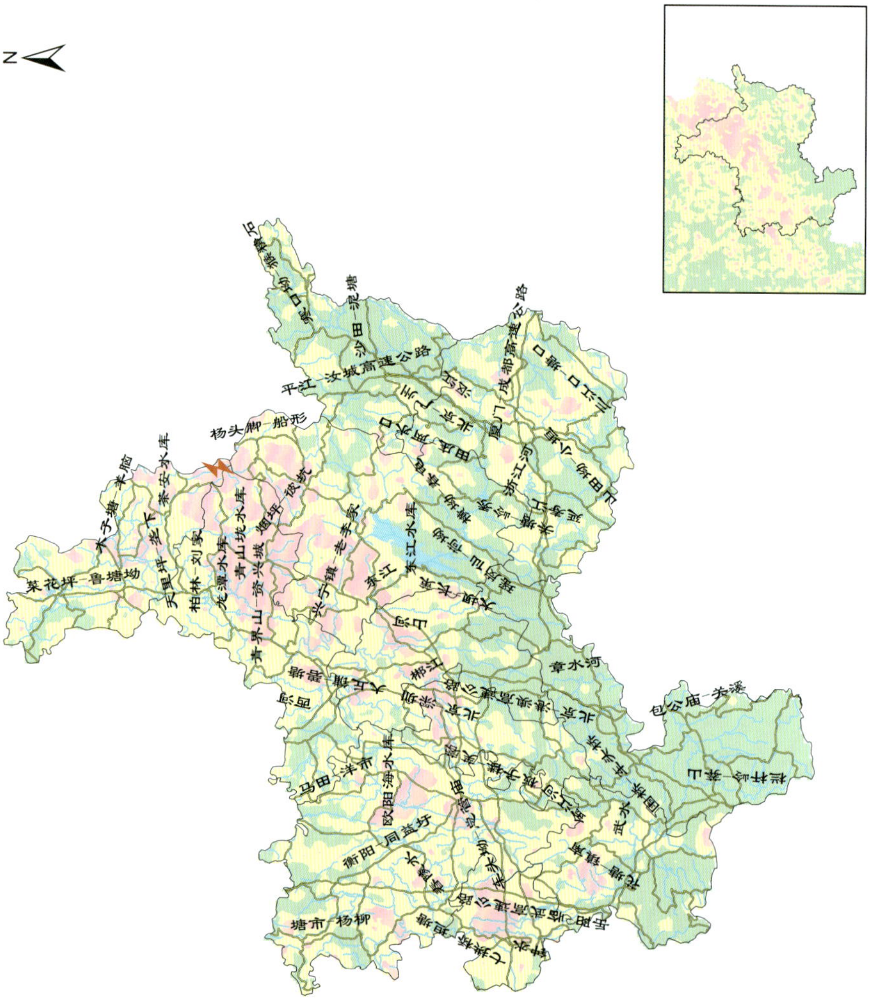

郴州市雷电强度分布图

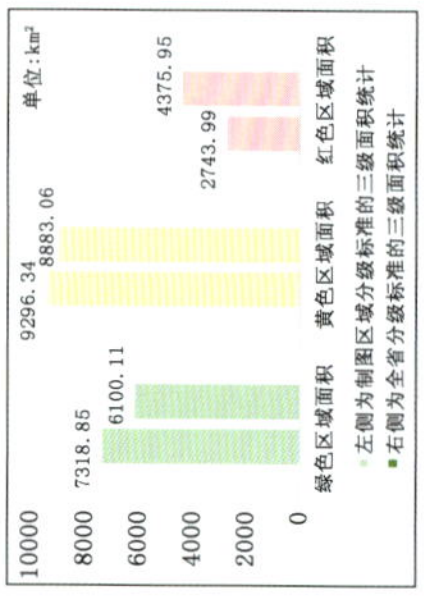

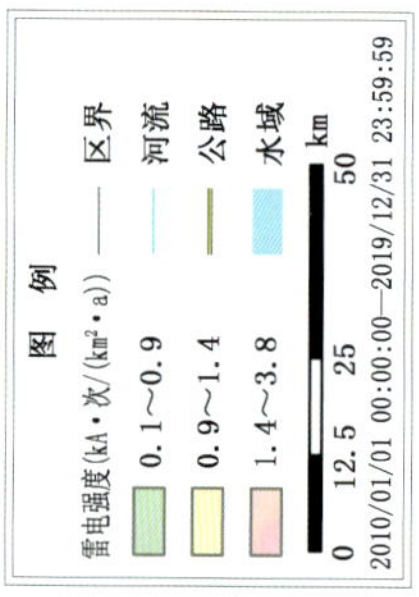

郴州市雷电强度平均值为 1.04 kA·次/(km²·a),高于全省雷电强度平均值,最高雷电强度值为 7.33 kA·次/(km²·a),位于郴州市安仁县,经纬度为(113.61°E,26.31°N)。

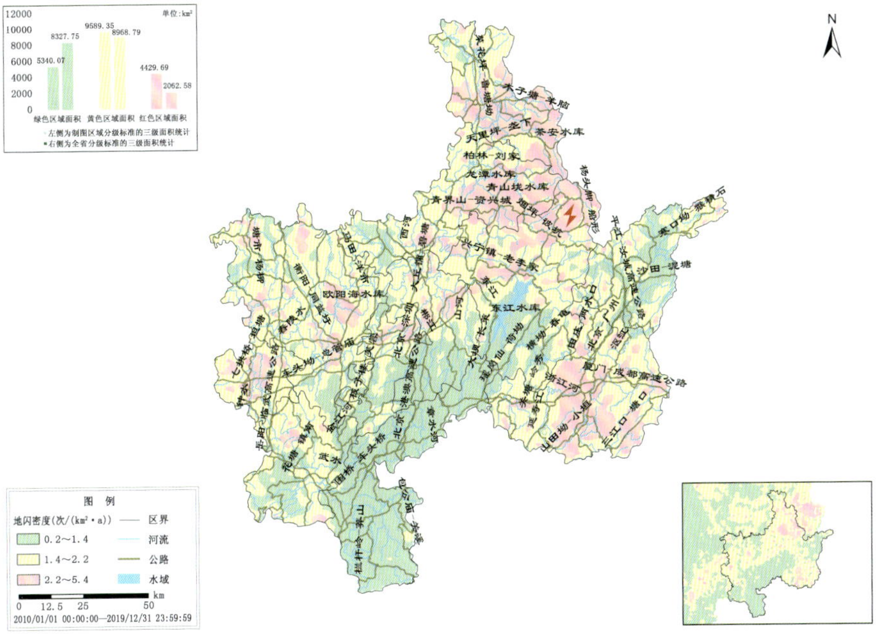

郴州市地闪密度分布图

郴州市地闪密度平均值为 1.79 次/(km^2 · a)，低于全省地闪密度平均值，最高地闪密度值为 9.70 次/(km^2 · a)，位于郴州市资兴市，经纬度为(113.63°E,26.14°N)。

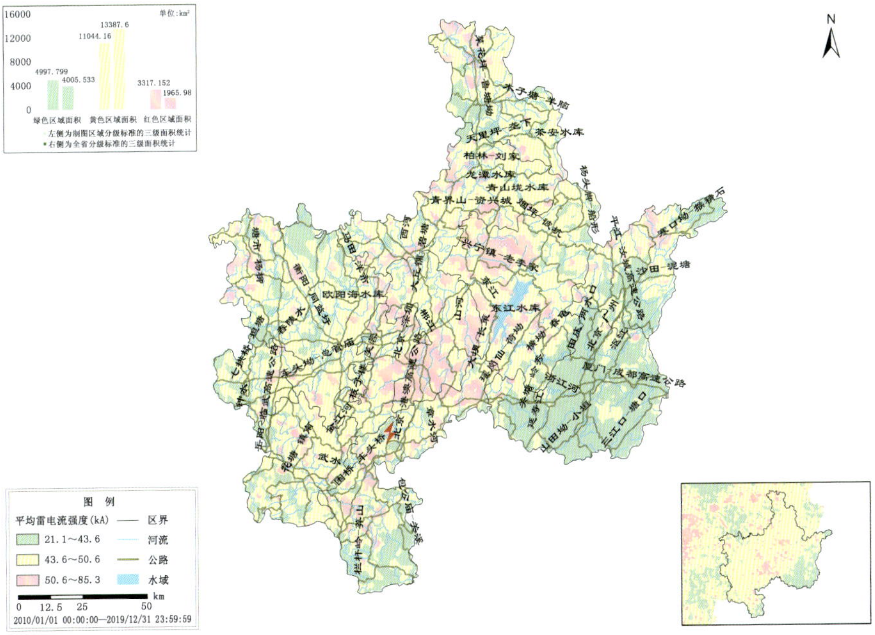

郴州市平均雷电流强度分布图

郴州市平均雷电流强度平均值为 46.40 kA，高于全省平均雷电流强度平均值，最高平均雷电流强度值为 487.63 kA，位于郴州市宜章县，经纬度为(112.92°E,25.44°N)。

北湖区

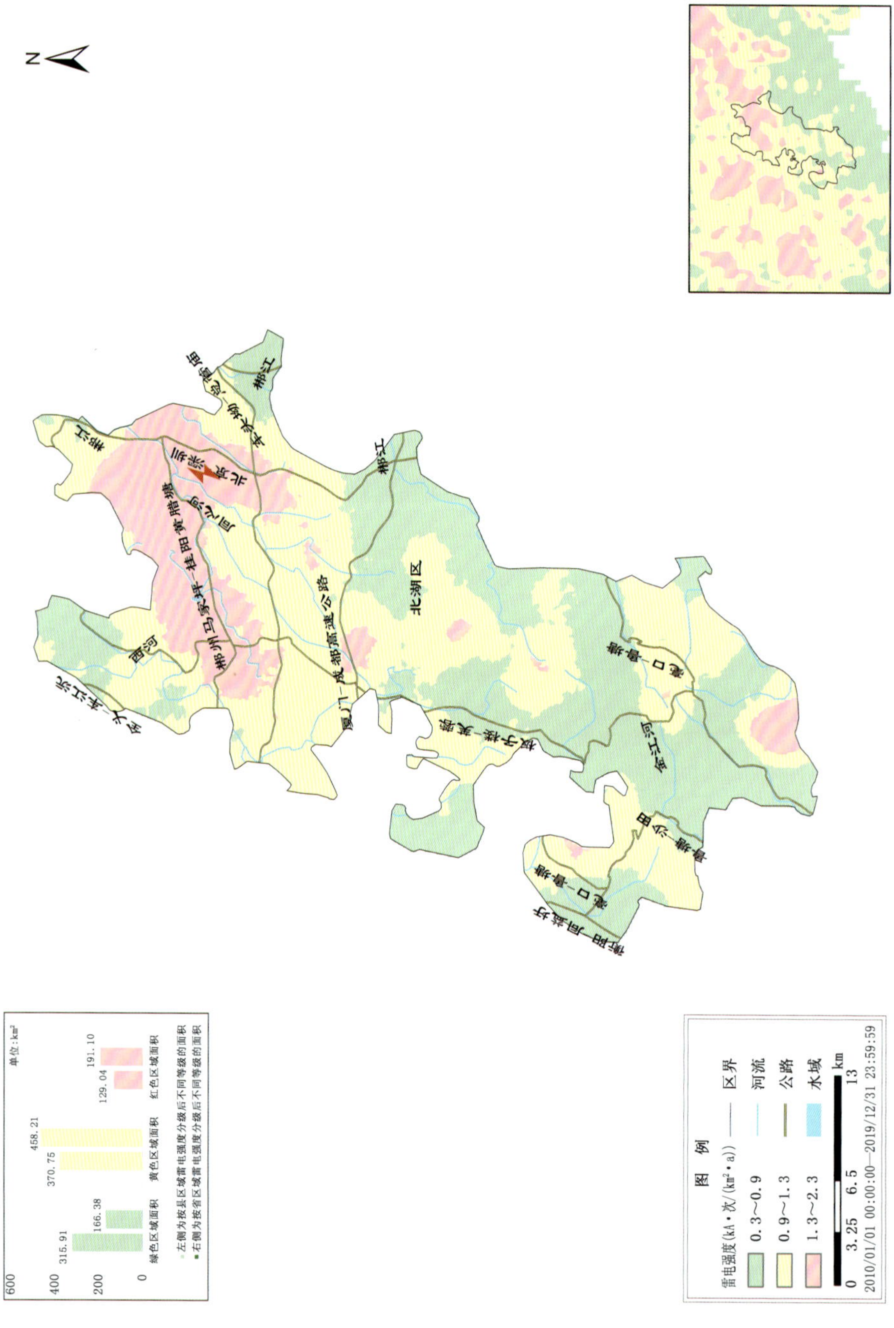

北湖区雷电强度分布图

北湖区雷电强度平均值为 1.08 kA·次/(km^2·a),高于全省雷电强度平均值,最高雷电强度值为 3.67 kA·次/(km^2·a),位于北湖区东北部,经纬度为(113.00°E,25.77°N)。

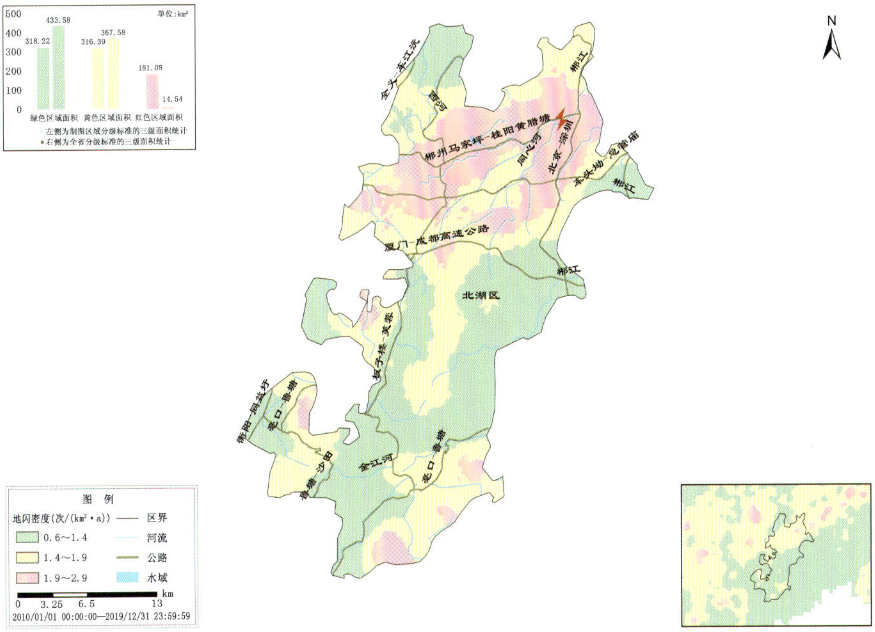

北湖区地闪密度分布图

北湖区地闪密度平均值为 1.61 次/(km^2 · a)，低于全省地闪密度平均值，最高地闪密度值为 4.40 次/(km^2 · a)，位于北湖区东北部，经纬度为(113.00°E，25.79°N)。

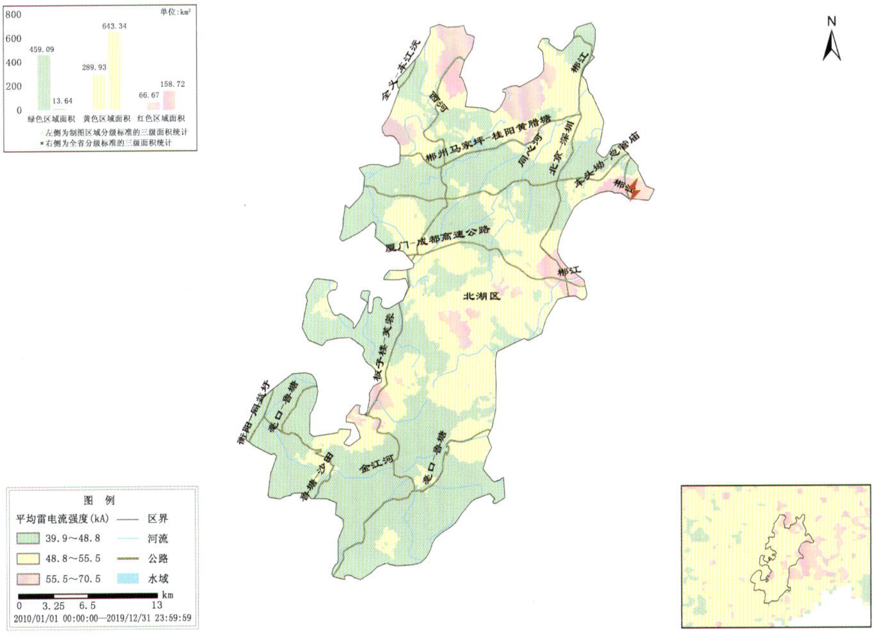

北湖区平均雷电流强度分布图

北湖区平均雷电流强度平均值为 49.35 kA，高于全省平均雷电流强度平均值，最高平均雷电流强度值为 208.89 kA，位于北湖区东北部，经纬度为(113.05°E，25.74°N)。

苏仙区

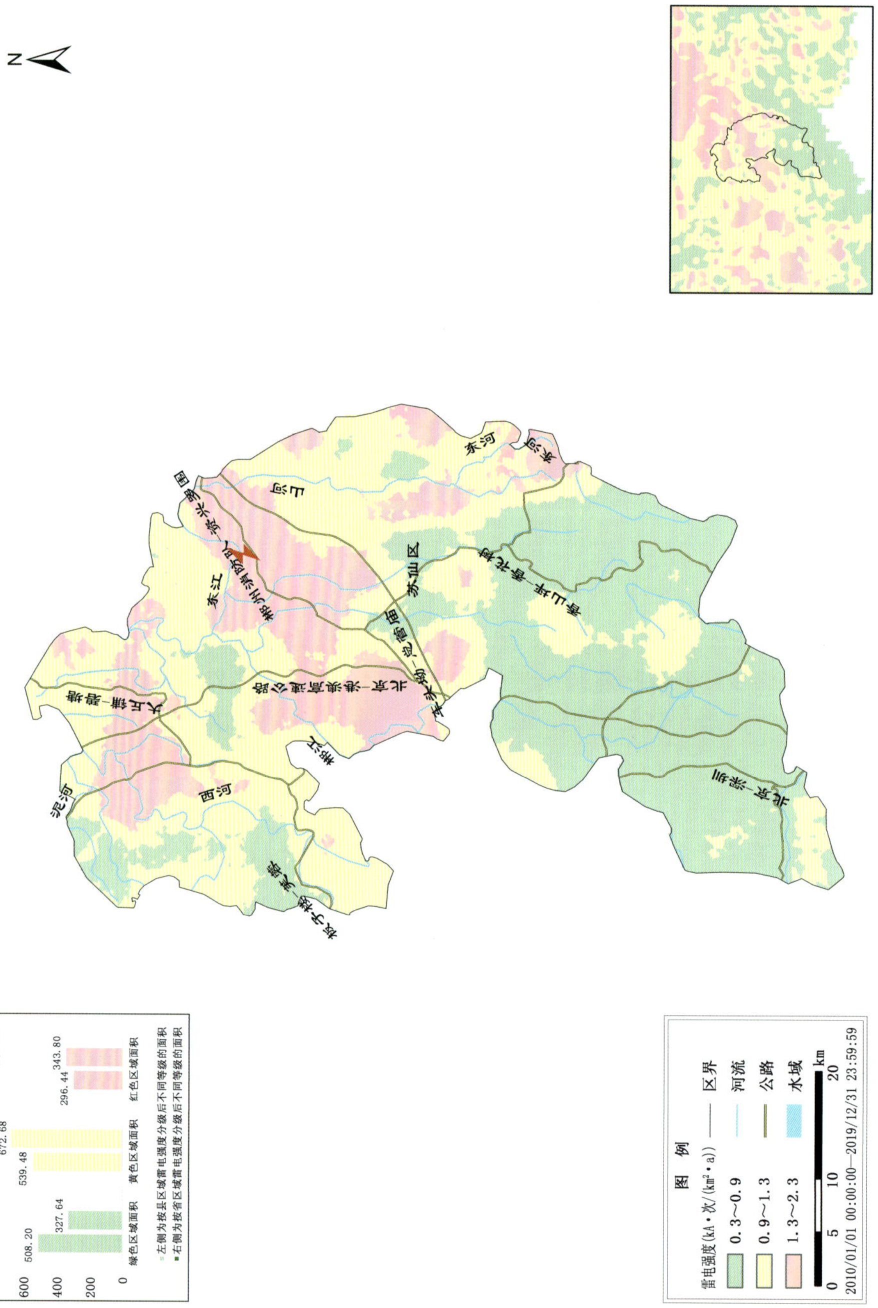

苏仙区雷电强度分布图

苏仙区雷电强度平均值为 1.07 kA·次/(km²·a)，高于全省雷电强度平均值，最高雷电强度值为 3.33 kA·次/(km²·a)，位于苏仙区东北部，经纬度为(113.18°E，25.90°N)。

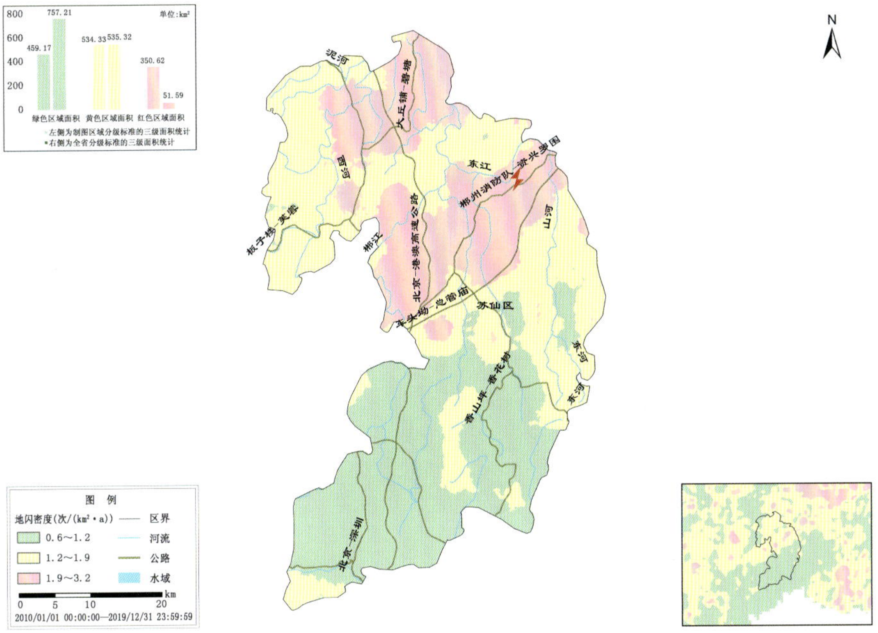

苏仙区地闪密度分布图

苏仙区地闪密度平均值为 1.56 次/(km² · a)，低于全省地闪密度平均值，最高地闪密度值为 5.70 次/(km² · a)，位于苏仙区东北部，经纬度为(113.18°E，25.90°N)。

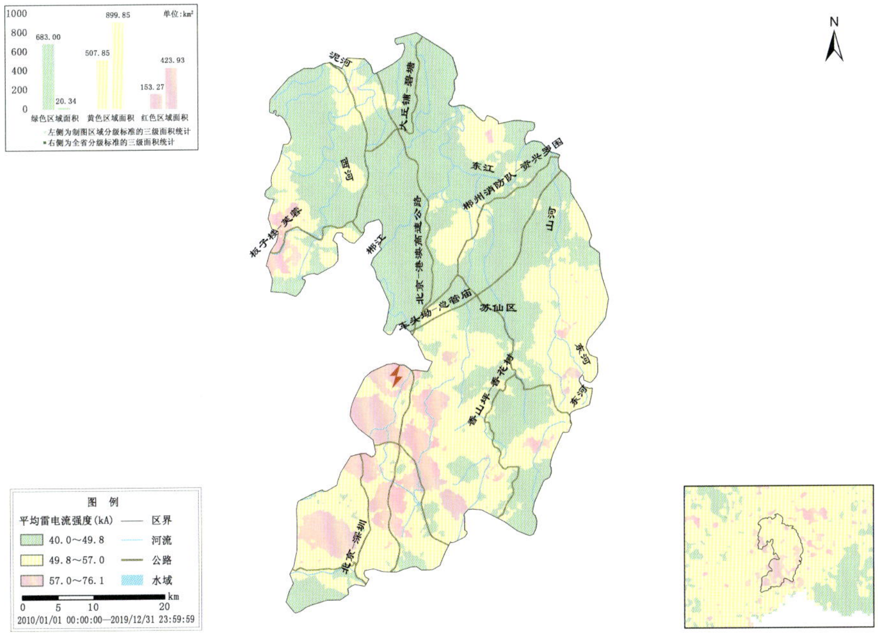

苏仙区平均雷电流强度分布图

苏仙区平均雷电流强度平均值为 50.68 kA，高于全省平均雷电流强度平均值，最高平均雷电流强度值为 208.89 kA，位于苏仙区西南部，经纬度为(113.05°E，25.74°N)。

资兴市

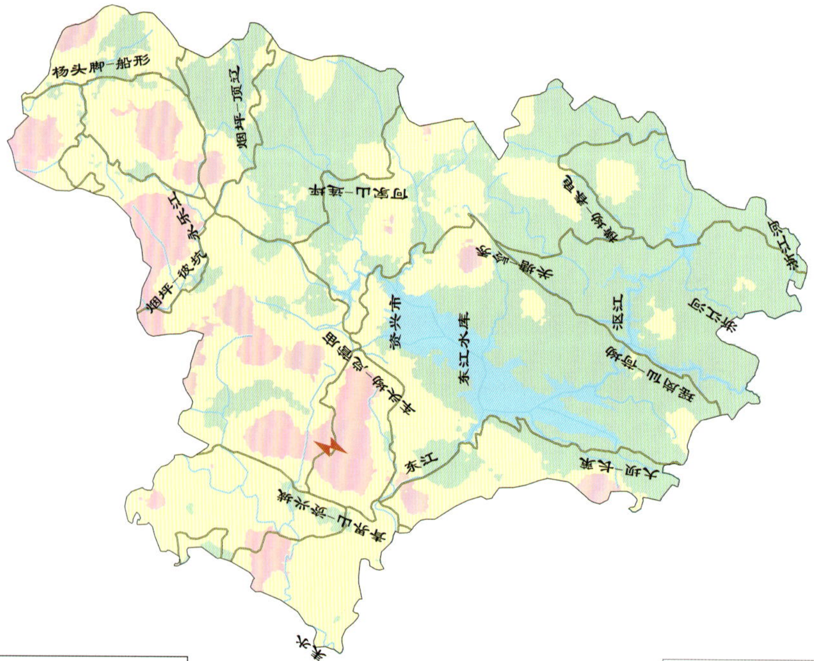
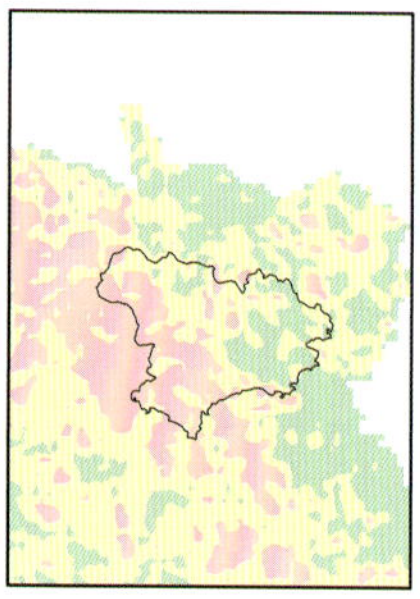

资兴市雷电强度分布图

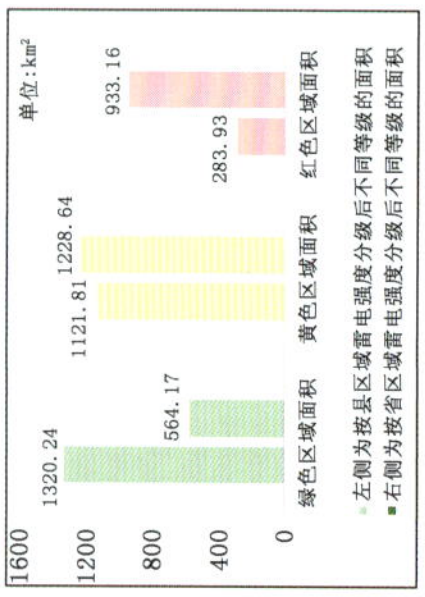

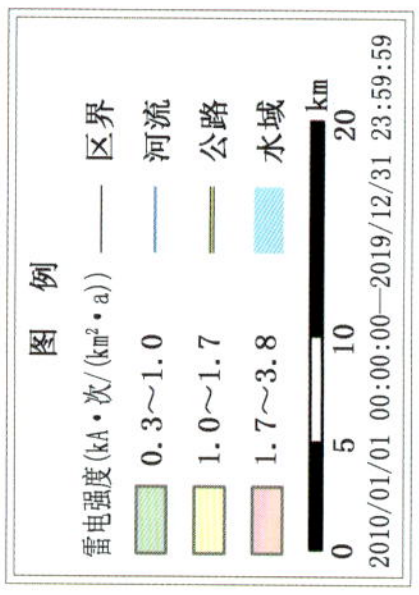

资兴市雷电强度平均值为 1.20 kA·次/(km²·a),高于全省雷电强度平均值,最高雷电强度值为 7.27 kA·次/(km²·a),位于资兴市西北部,经纬度为(113.30°E,25.98°N)。

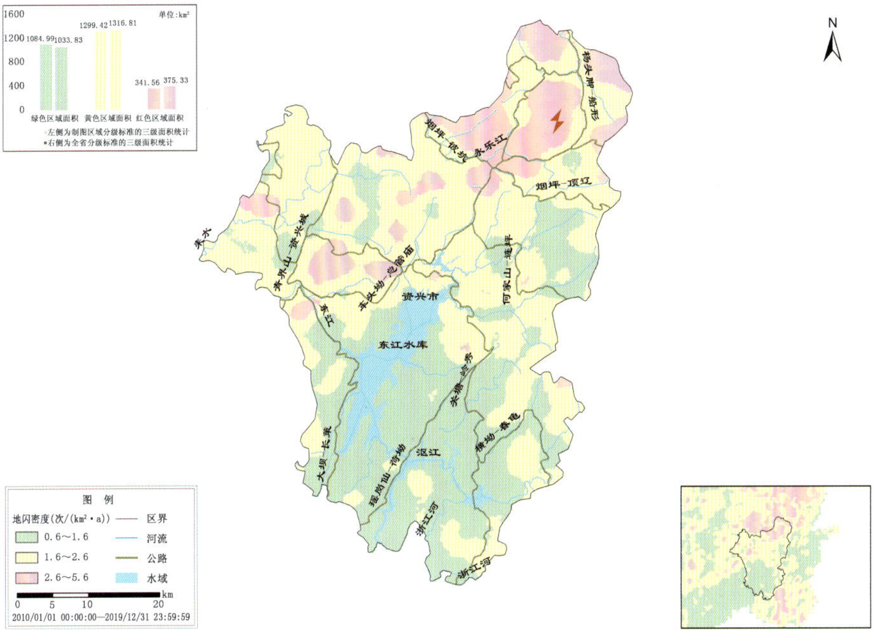

资兴市地闪密度分布图

资兴市地闪密度平均值为1.93次/(km^2·a)，高于全省地闪密度平均值，最高地闪密度值为9.70次/(km^2·a)，位于资兴市东北部，经纬度为(113.63°E,26.14°N)。

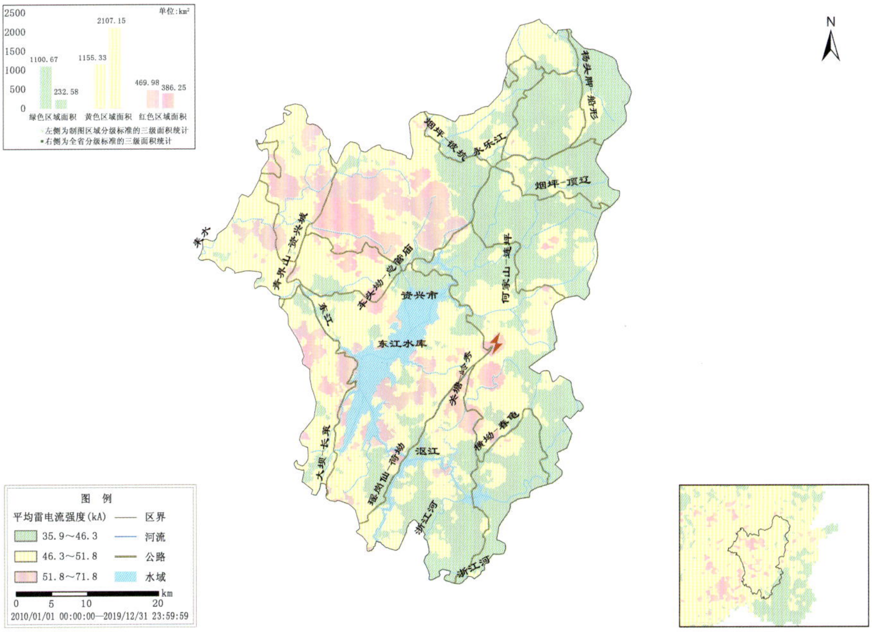

资兴市平均雷电流强度分布图

资兴市平均雷电流强度平均值为47.96 kA，高于全省平均雷电流强度平均值，最高平均雷电流强度值为155.08 kA，位于资兴市中东部，经纬度为(113.42°E,25.90°N)。

安仁县

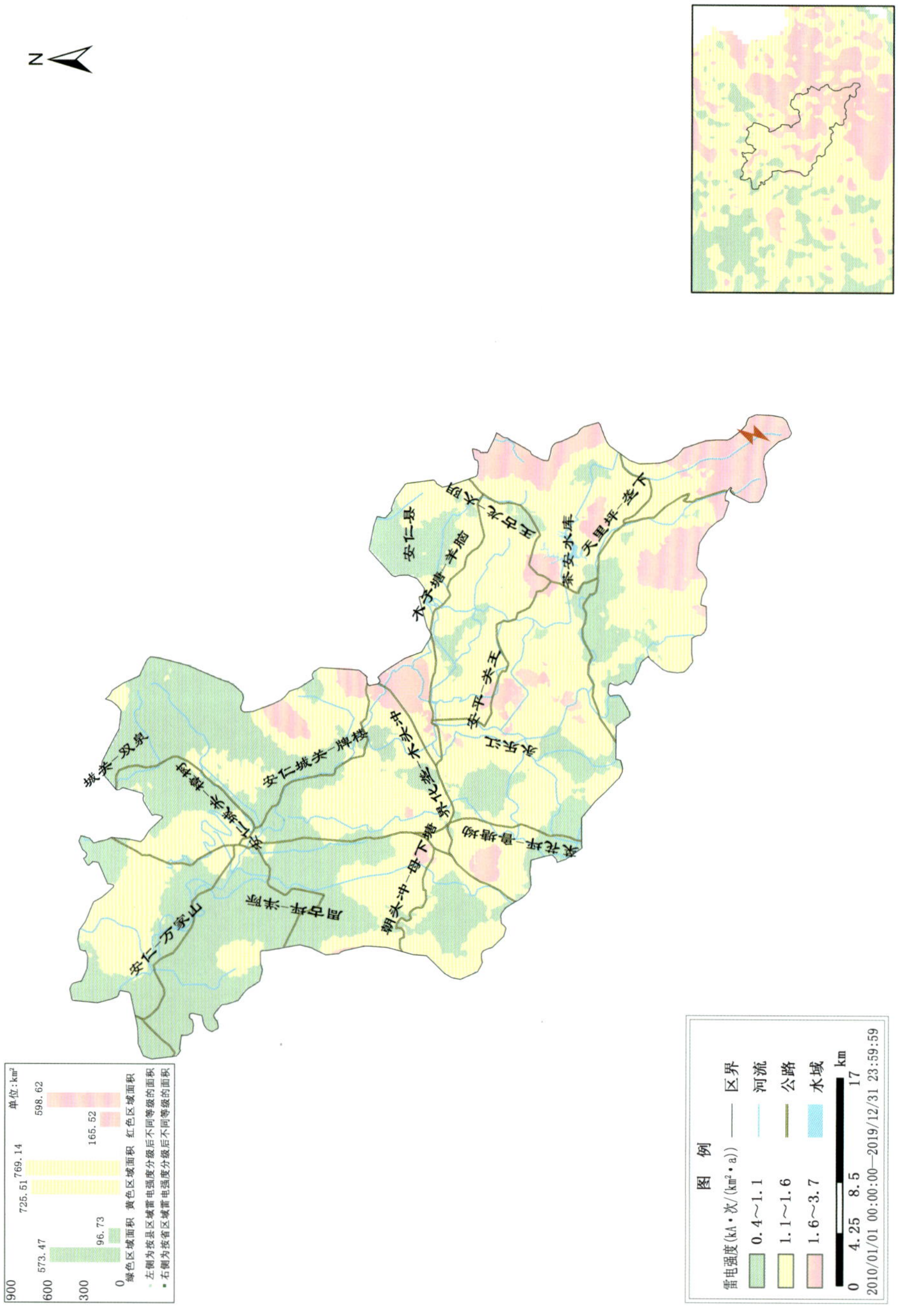

安仁县雷电强度分布图

安仁县雷电强度平均值为 1.27 kA·次/(km² ·a)，高于全省雷电强度平均值，最高雷电强度值为 7.33 kA·次/(km² ·a)，位于安仁县东南部，经纬度为(113.61°E，26.31°N)。

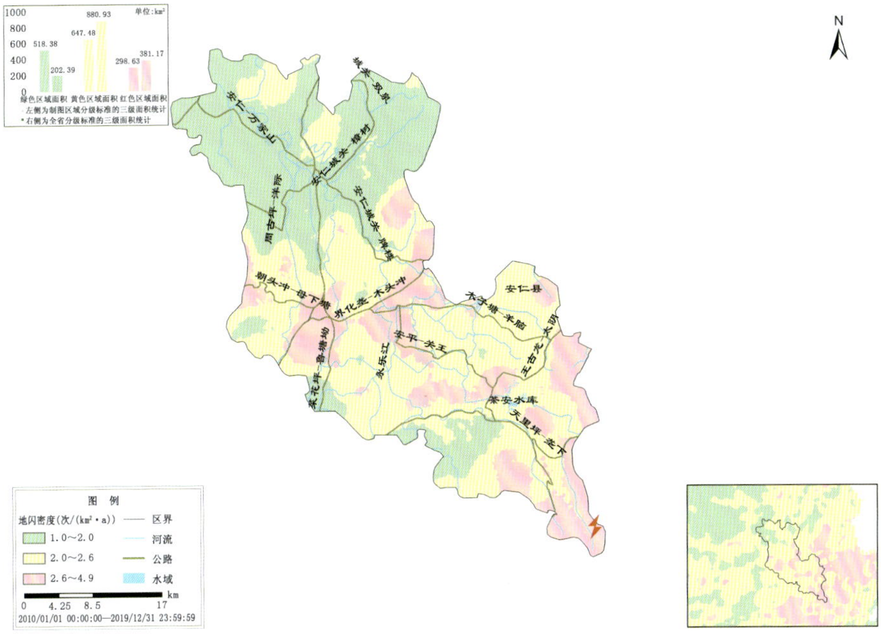

安仁县地闪密度分布图

安仁县地闪密度平均值为 2.27 次/(km^2·a)，高于全省地闪密度平均值，最高地闪密度值为 8.60 次/(km^2·a)，位于安仁县东南部，经纬度为(113.61°E，26.31°N)。

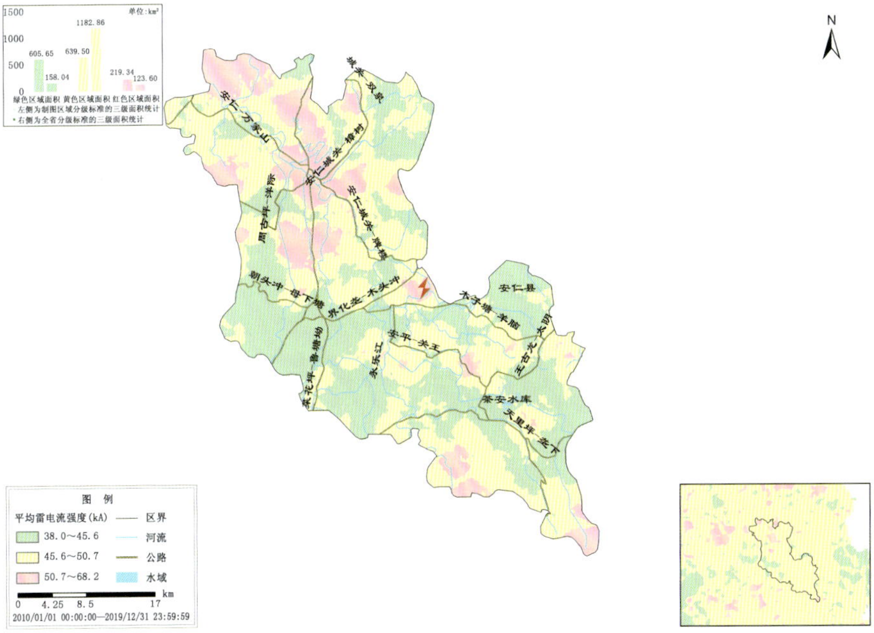

安仁县平均雷电流强度分布图

安仁县平均雷电流强度平均值为 47.09 kA，高于全省平均雷电流强度平均值，最高平均雷电流强度值为 117.43 kA，位于安仁县中东部，经纬度为(113.59°E，26.30°N)。

桂阳县

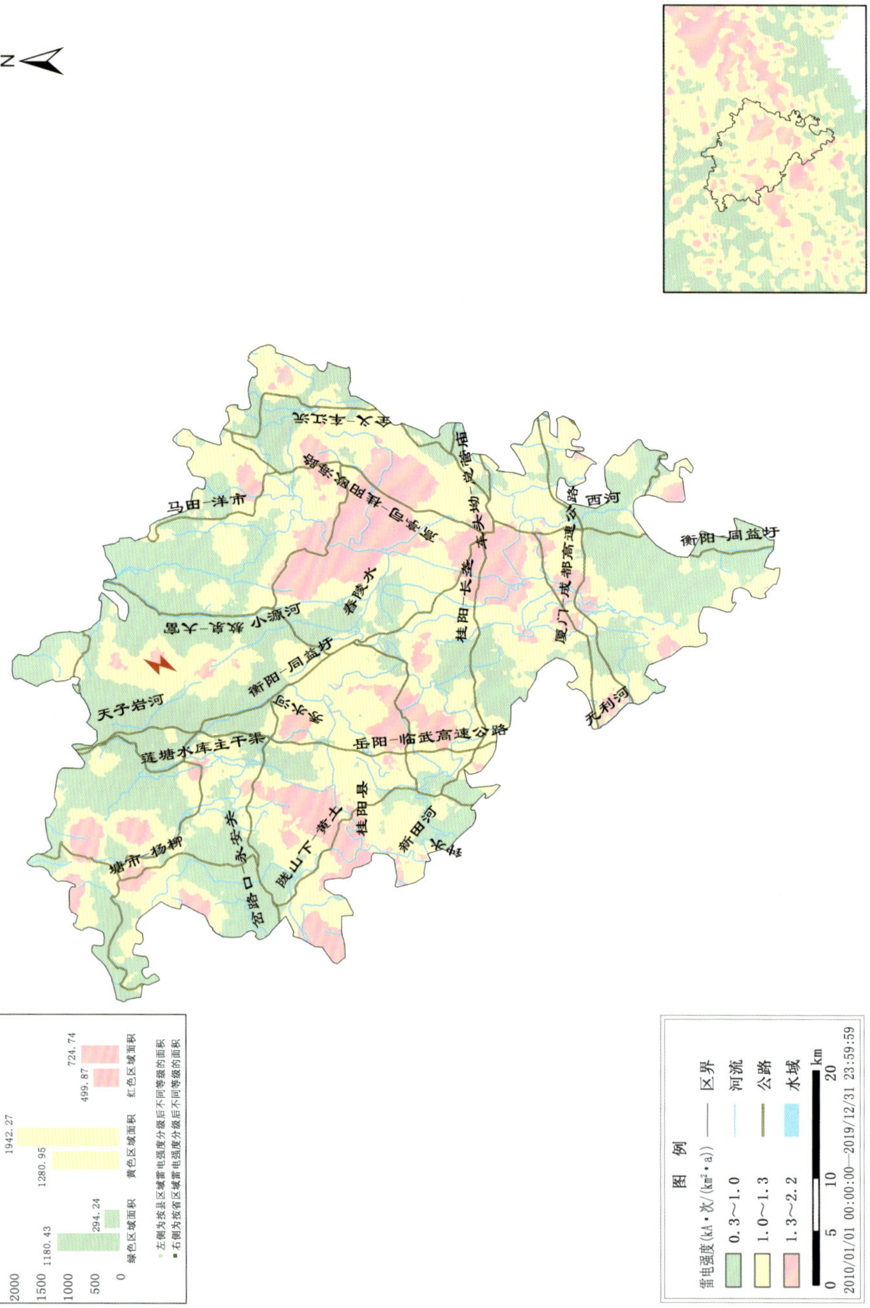

桂阳县雷电强度分布图

桂阳县雷电强度平均值为 1.12 kA·次/(km²·a)，高于全省雷电强度平均值，最高雷电强度值为 3.93 kA·次/(km²·a)，位于桂阳县北部，经纬度为(112.59°E,26.03°N)。

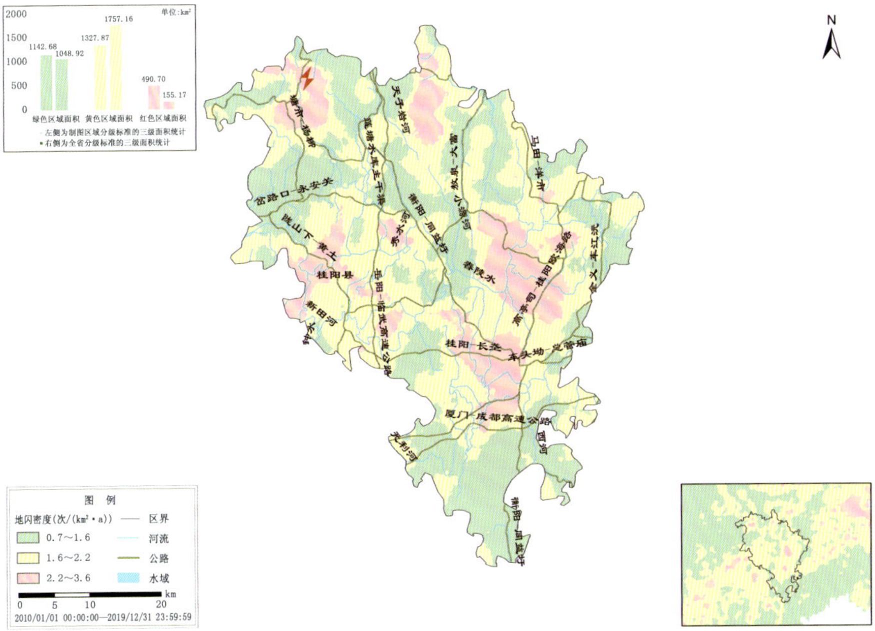

桂阳县地闪密度分布图

桂阳县地闪密度平均值为 1.85 次/(km² · a)，低于全省地闪密度平均值，最高地闪密度值为 6.10 次/(km² · a)，位于桂阳县西北部，经纬度为(112.40°E，26.15°N)。

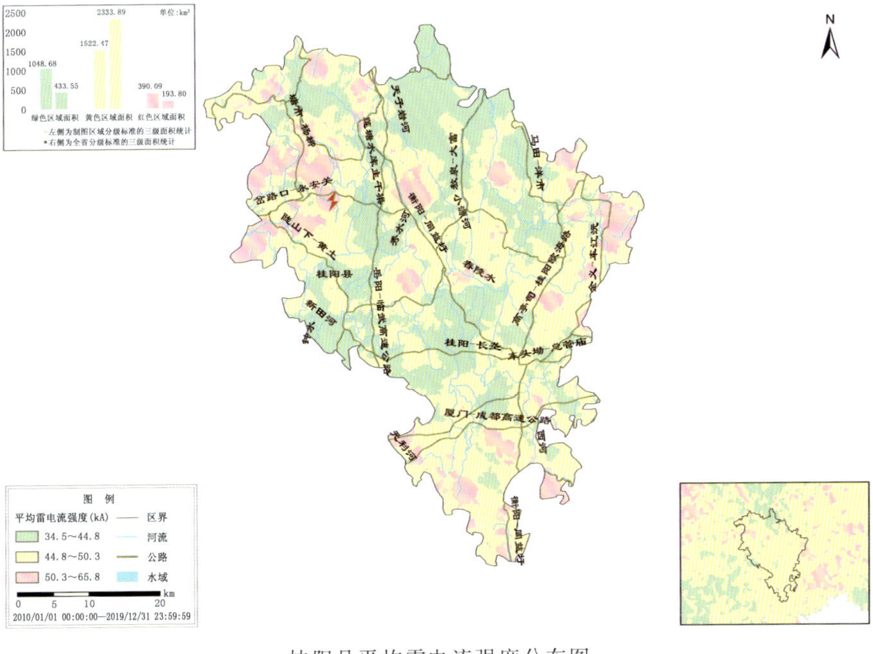

桂阳县平均雷电流强度分布图

桂阳县平均雷电流强度平均值为 46.56 kA，高于全省平均雷电流强度平均值，最高平均雷电流强度值为 173.19 kA，位于桂阳县西北部，经纬度为(112.42°E，25.98°N)。

永兴县

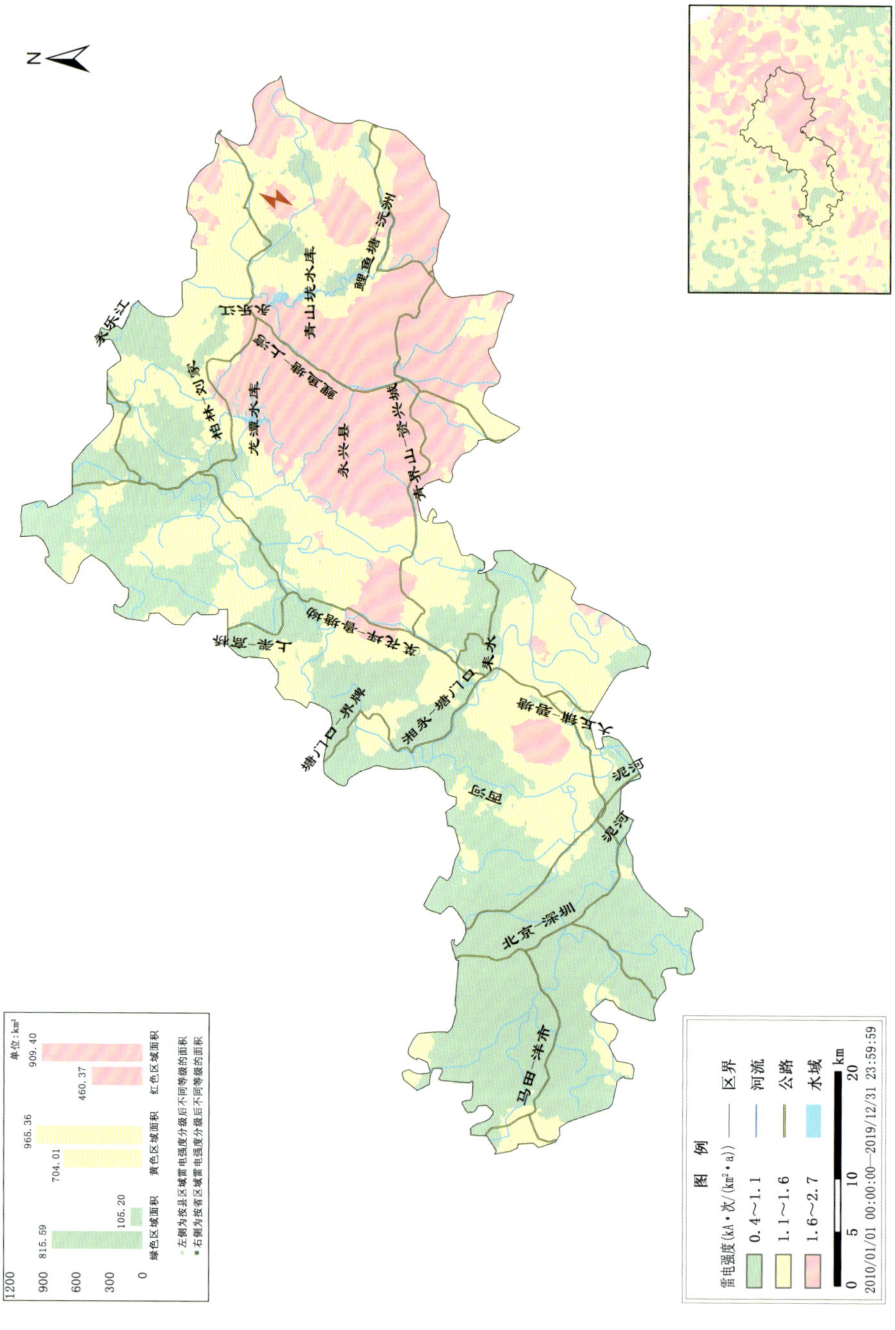

永兴县雷电强度分布图

永兴县雷电强度平均值为 1.36 kA·次/(km^2·a)，高于全省雷电强度平均值，最高雷电强度值为 5.27 kA·次/(km^2·a)，位于永兴县东部，经纬度为(113.50°E，26.28°N)。

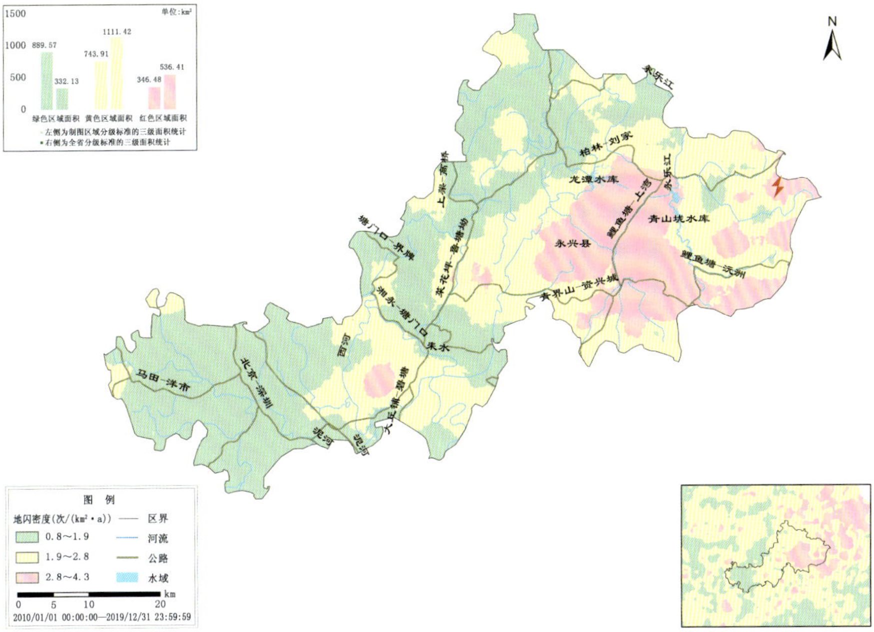

永兴县地闪密度分布图

永兴县地闪密度平均值为 2.19 次/(km^2 · a)，高于全省地闪密度平均值，最高地闪密度值为 6.70 次/(km^2 · a)，位于永兴县东部，经纬度为(113.55°E，26.29°N)。

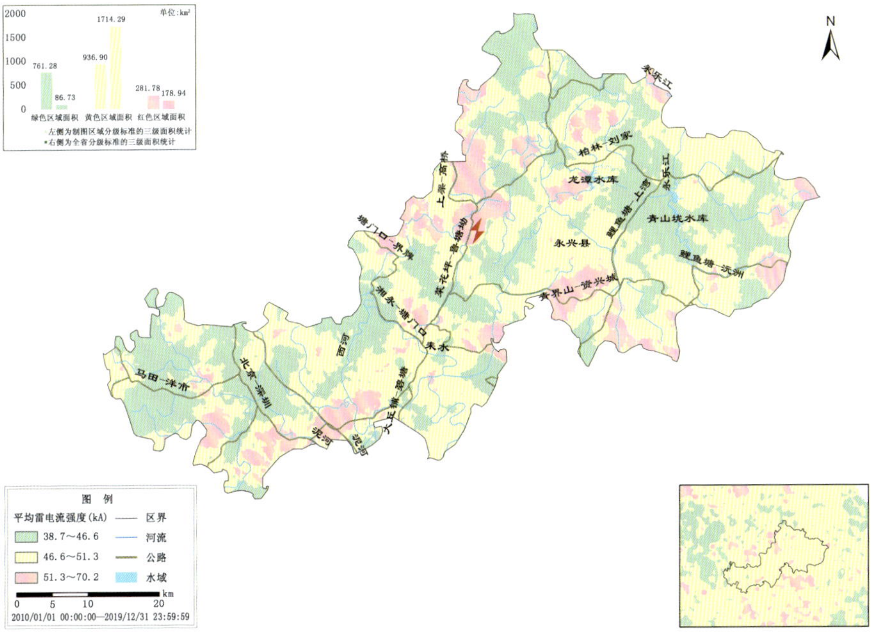

永兴县平均雷电流强度分布图

永兴县平均雷电流强度平均值为 48.00 kA，高于全省平均雷电流强度平均值，最高平均雷电流强度值为 205.09 kA，位于永兴县中部，经纬度为(113.17°E，26.27°N)。

宜章县

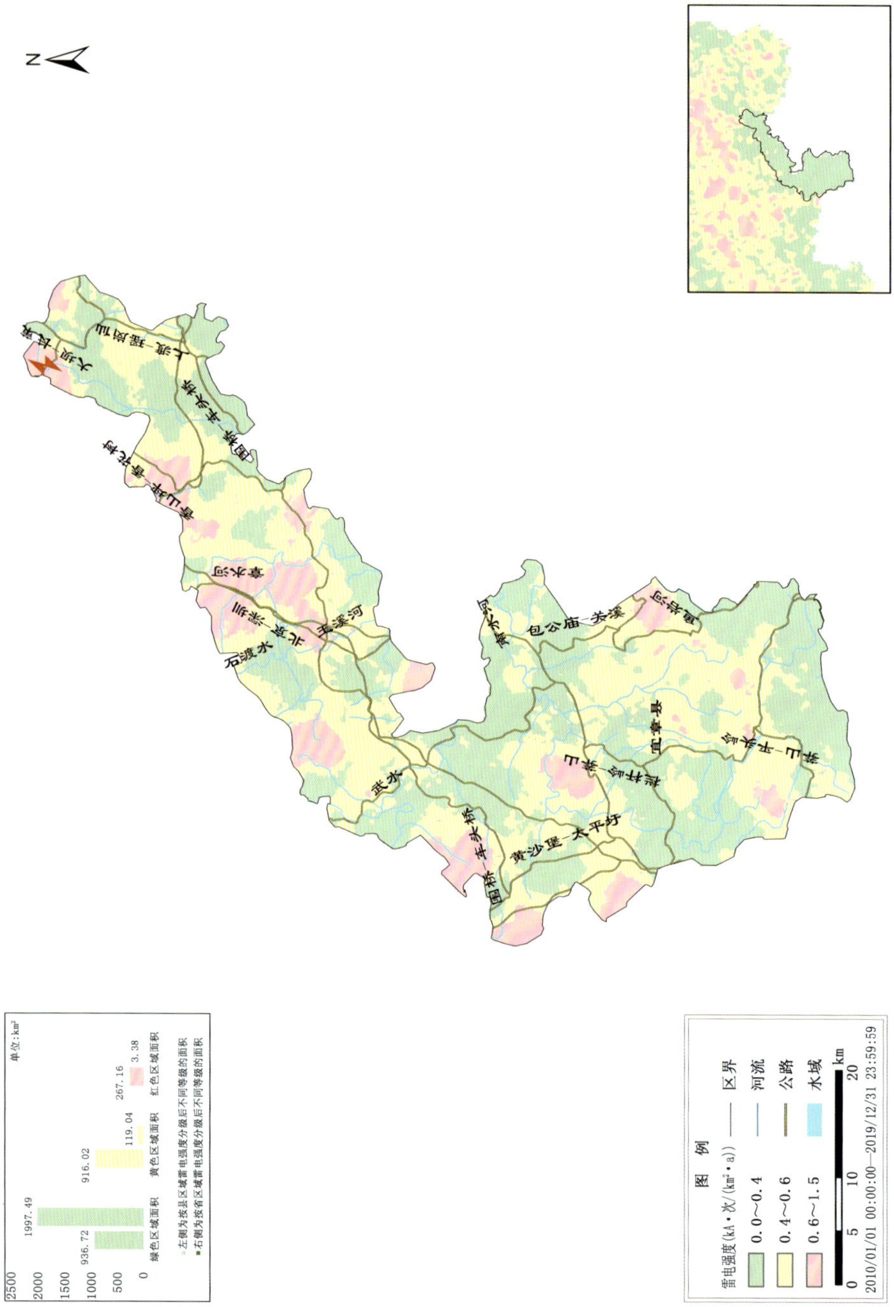

宜章县雷电强度分布图

宜章县雷电强度平均值为 0.49 kA·次/(km²·a)，低于全省雷电强度平均值，最高雷电强度值为 3.07 kA·次/(km²·a)，位于宜章县东北部，经纬度为(113.23°E，25.67°N)。

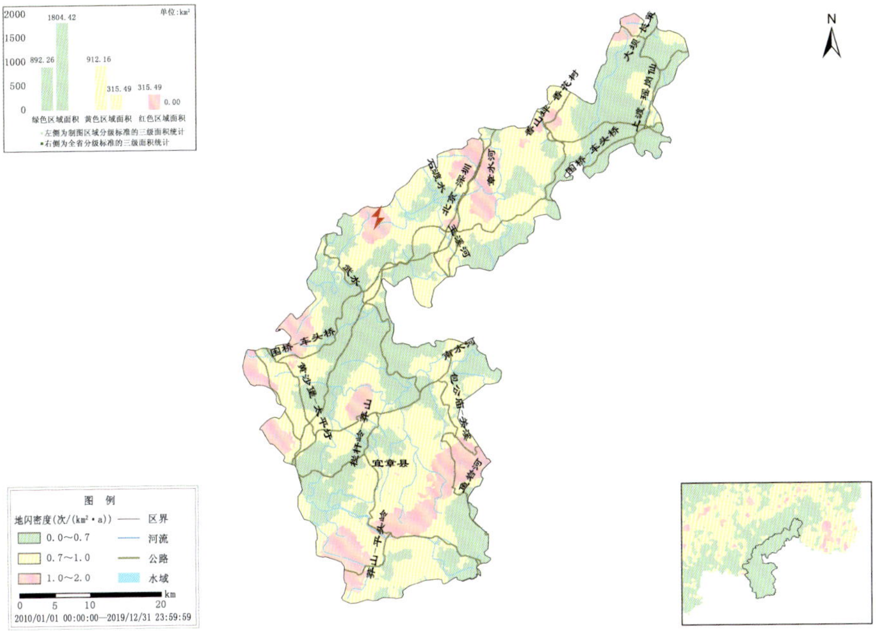

宜章县地闪密度分布图

宜章县地闪密度平均值为 0.81 次/(km^2·a)，低于全省地闪密度平均值，最高地闪密度值为 4.00 次/(km^2·a)，位于宜章县中西部，经纬度为(112.85°E，25.41°N)。

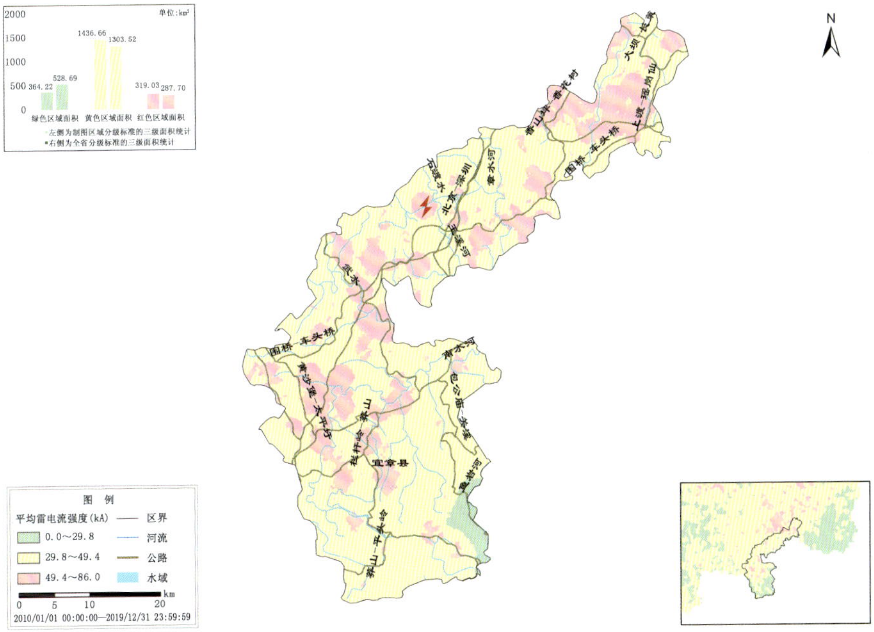

宜章县平均雷电流强度分布图

宜章县平均雷电流强度平均值为 46.11 kA，高于全省平均雷电流强度平均值，最高平均雷电流强度值为 487.63 kA，位于宜章县中部，经纬度为(112.92°E，25.44°N)。

嘉禾县

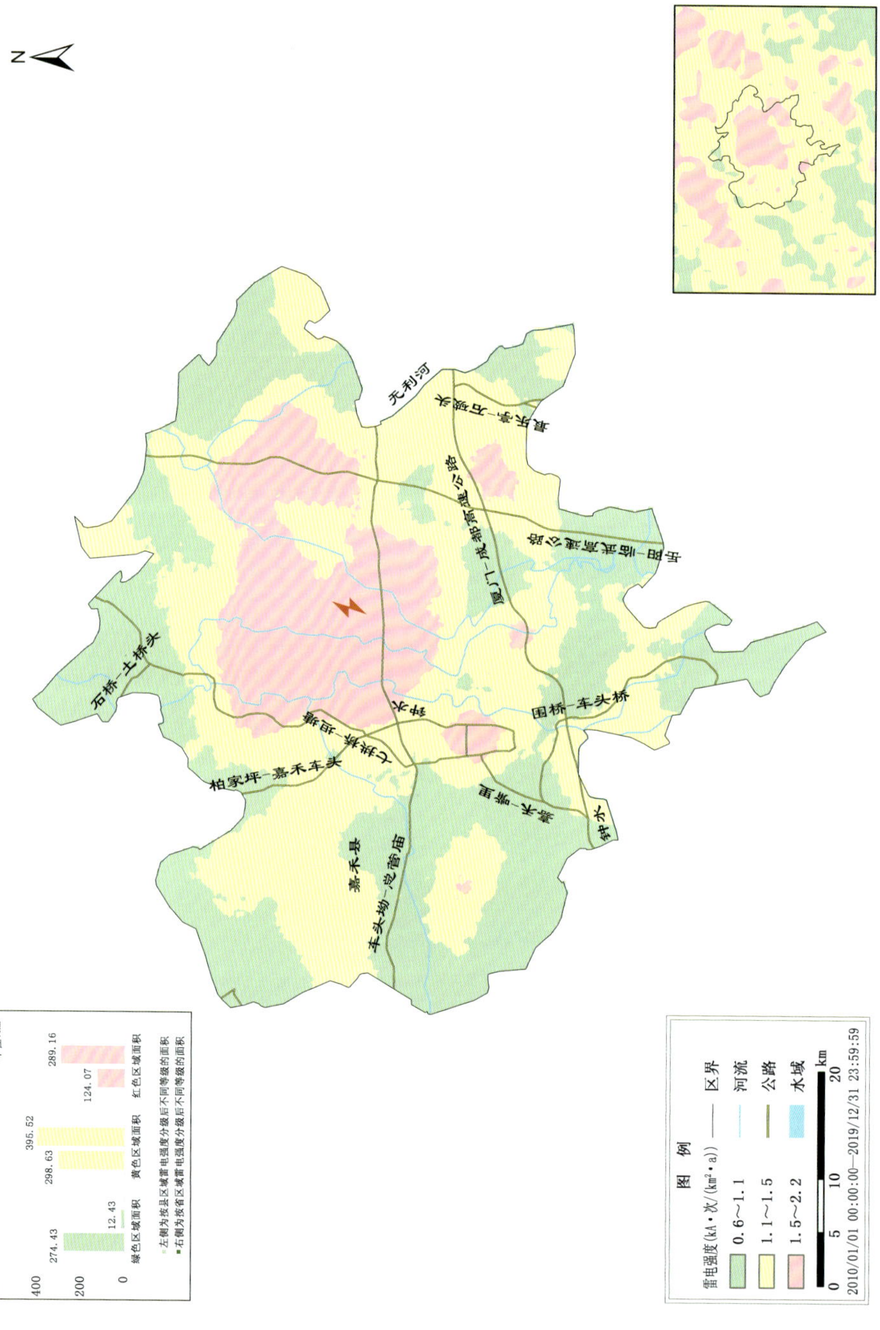

嘉禾县雷电强度分布图

嘉禾县雷电强度平均值为 1.26 kA·次/(km^2·a)，高于全省雷电强度平均值，最高雷电强度值为 3.40 kA·次/(km^2·a)，位于嘉禾县中部，经纬度为(112.45°E，25.63°N)。

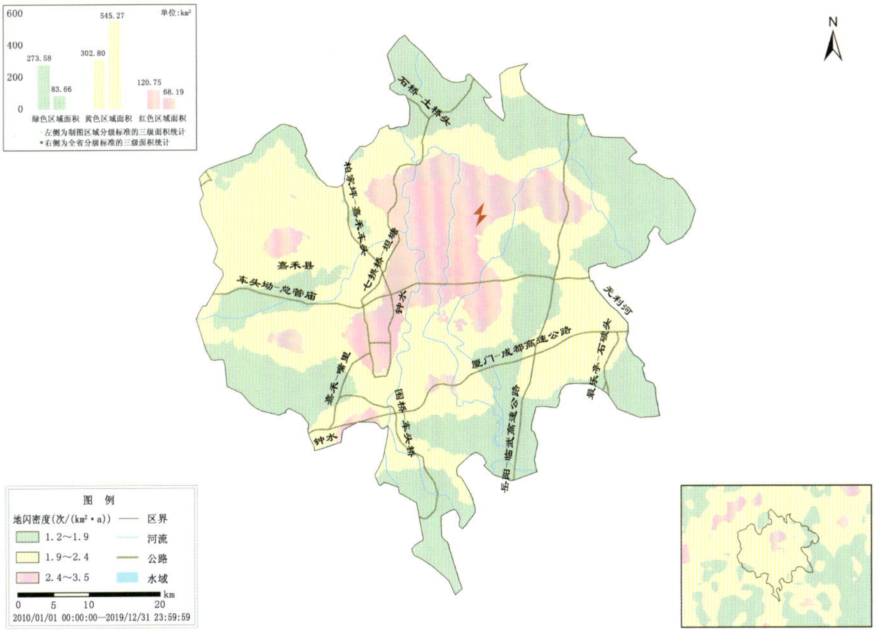

嘉禾县地闪密度分布图

嘉禾县地闪密度平均值为 2.06 次/(km^2·a)，高于全省地闪密度平均值，最高地闪密度值为 4.30 次/(km^2·a)，位于嘉禾县东北部，经纬度为(112.43°E，25.68°N)。

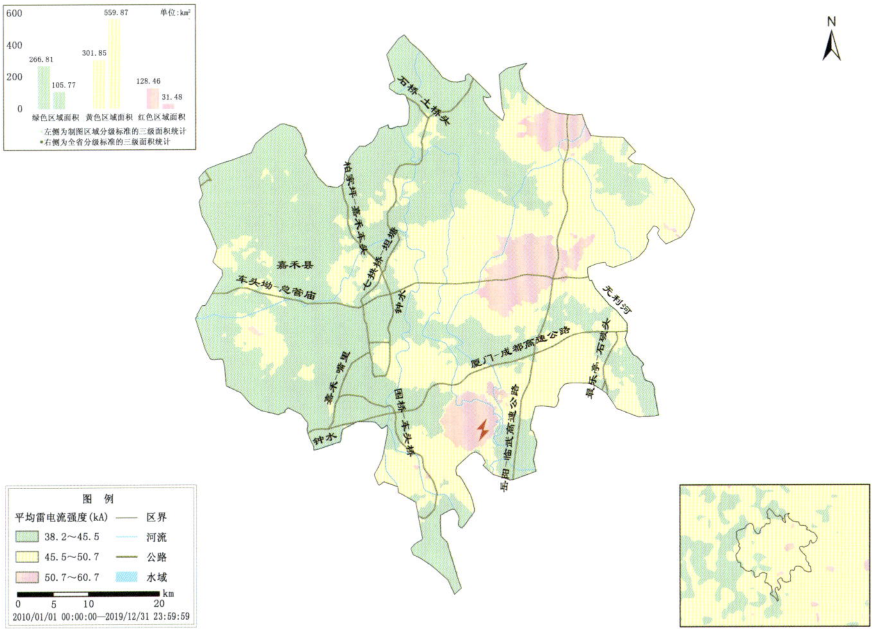

嘉禾县平均雷电流强度分布图

嘉禾县平均雷电流强度平均值为 45.70 kA，高于全省平均雷电流强度平均值，最高平均雷电流强度值为 165.66 kA，位于嘉禾县南部，经纬度为(112.43°E，25.54°N)。

临武县

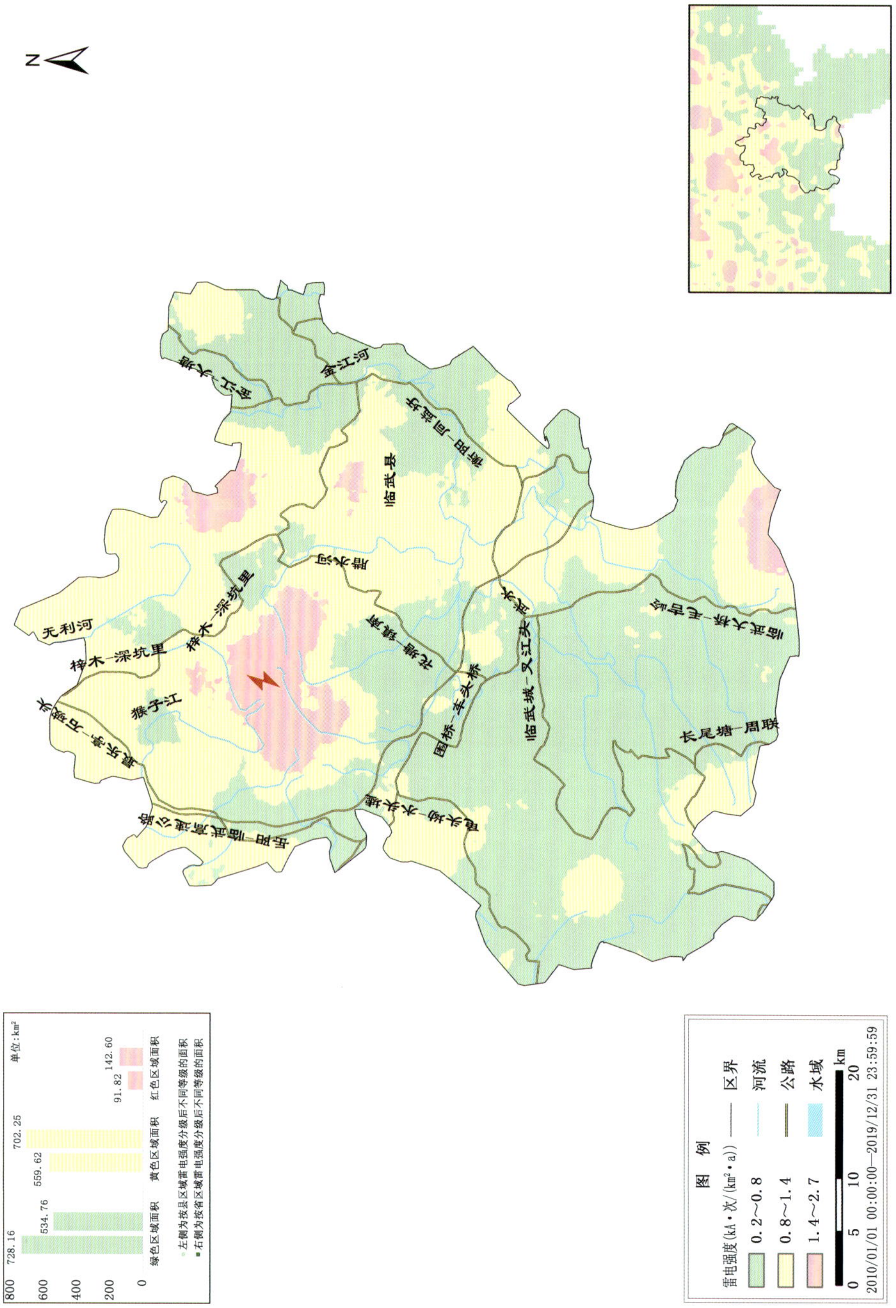

临武县雷电强度分布图

临武县雷电强度平均值为 0.94 kA·次/(km²·a)，低于全省雷电强度平均值，最高雷电强度值为 5.80 kA·次/(km²·a)，位于临武县西北部，经纬度为(112.55°E，25.43°N)。

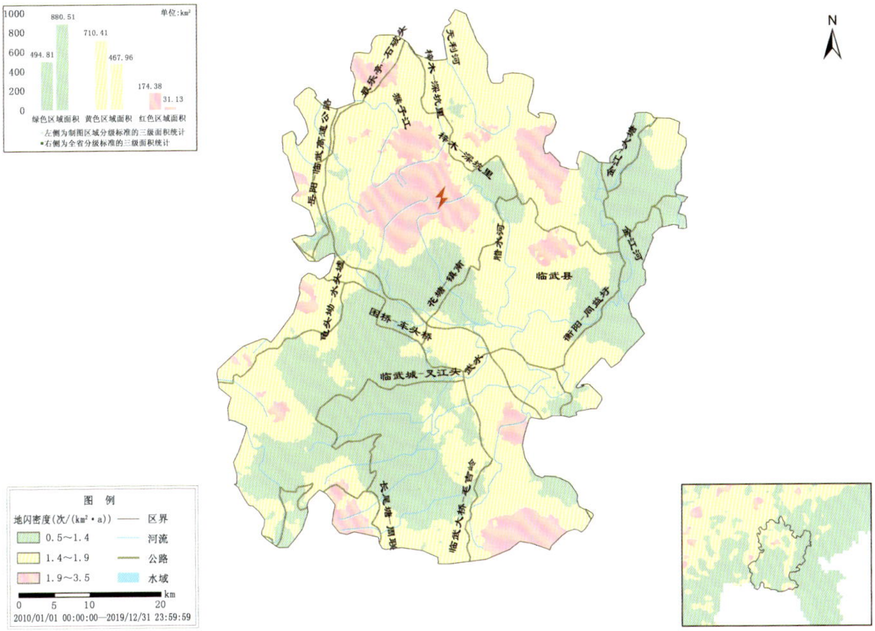

临武县地闪密度分布图

临武县地闪密度平均值为 1.57 次/(km^2·a)，低于全省地闪密度平均值，最高地闪密度值为 7.10 次/(km^2·a)，位于临武县北部，经纬度为(112.55°E，25.43°N)。

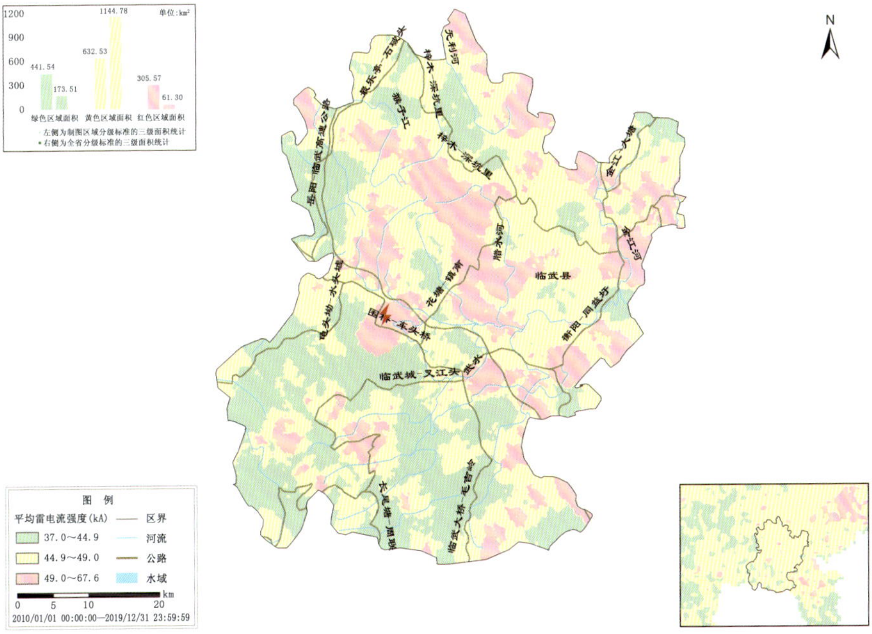

临武县平均雷电流强度分布图

临武县平均雷电流强度平均值为 46.73 kA，高于全省平均雷电流强度平均值，最高平均雷电流强度值为 203.12 kA，位于临武县中西部，经纬度为(112.50°E，25.32°N)。

汝城县

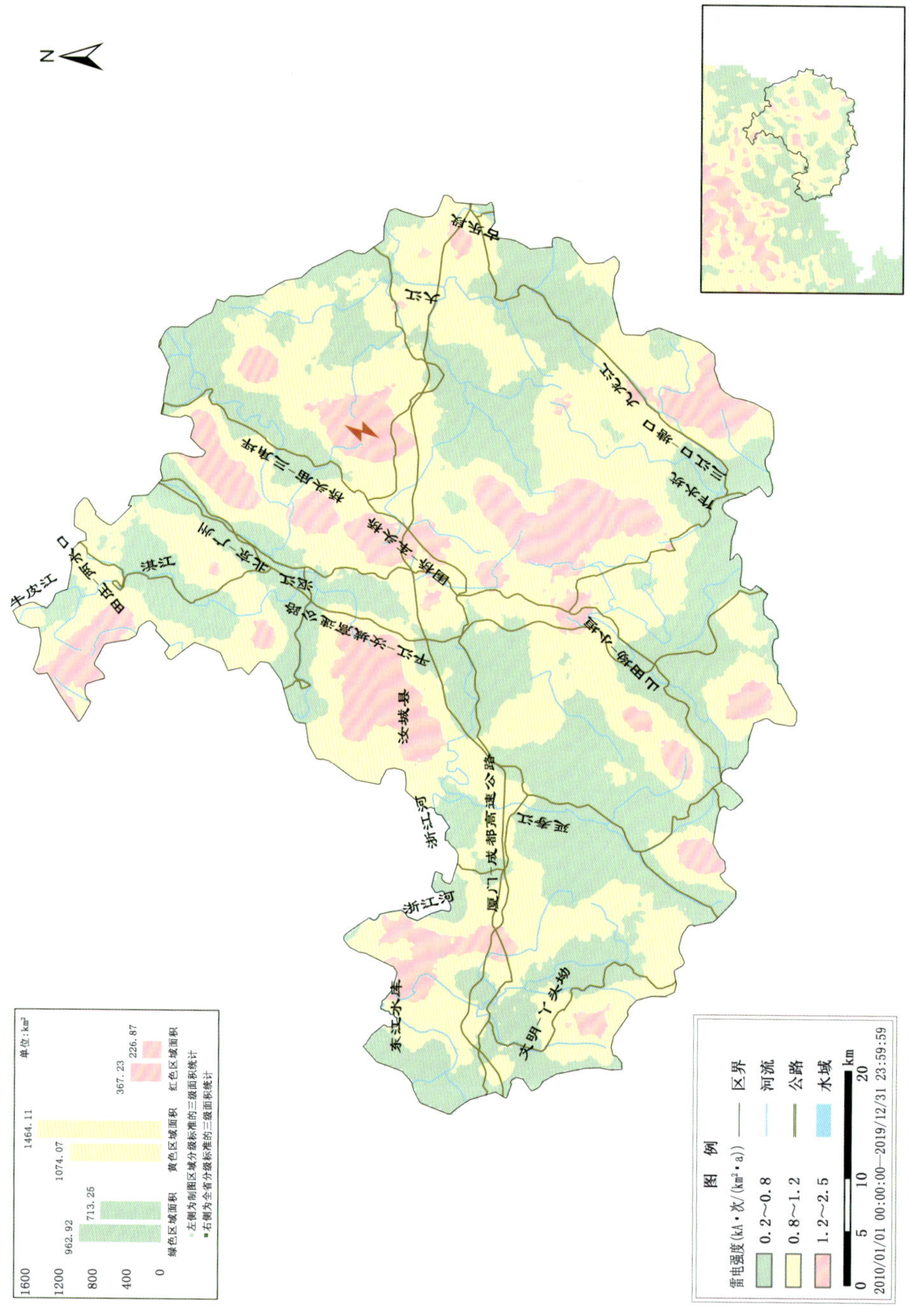

汝城县雷电强度分布图

汝城县雷电强度平均值为 0.95 kA·次/(km²·a)，高于全省雷电强度平均值，最高雷电强度值为 6.07 kA·次/(km²·a)，位于汝城县东北部，经纬度为(113.81°E，25.62°N)。

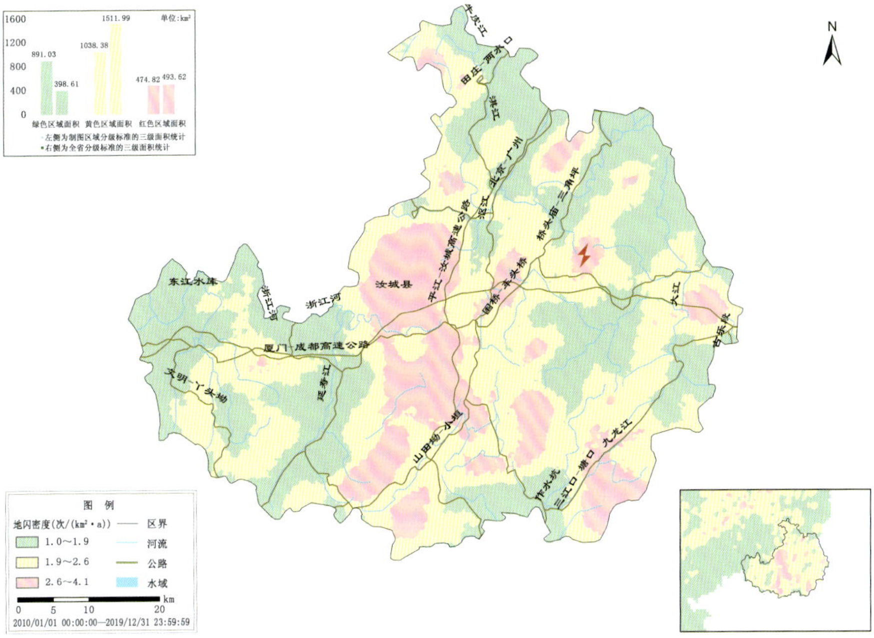

汝城县地闪密度分布图

汝城县地闪密度平均值为 2.15 次/(km^2·a)，高于全省地闪密度平均值，最高地闪密度值为 6.50 次/(km^2·a)，位于汝城县东北部，经纬度为(113.81°E，25.62°N)。

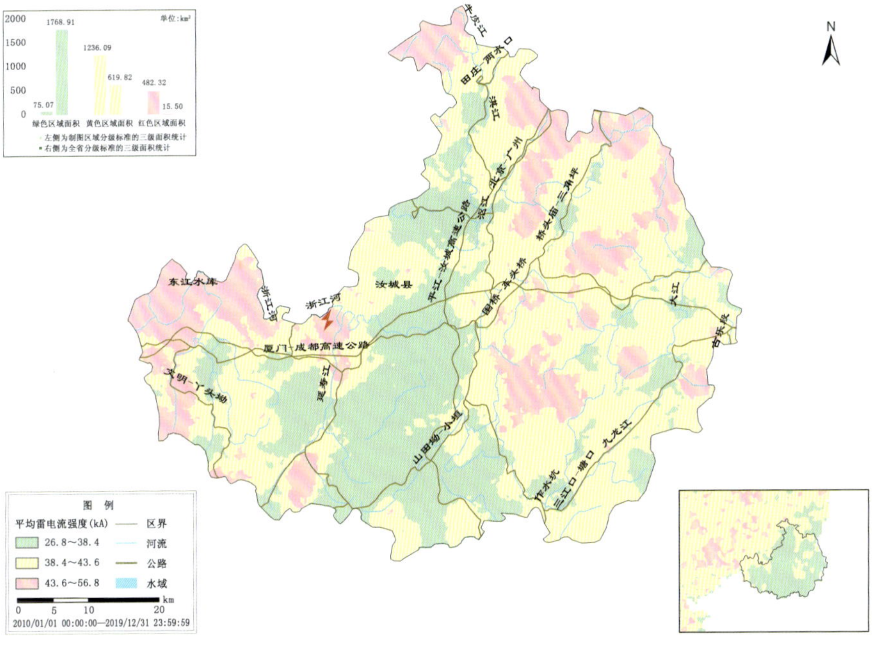

汝城县平均雷电流强度分布图

汝城县平均雷电流强度平均值为 40.72 kA，低于全省平均雷电流强度平均值，最高平均雷电流强度值为 144.88 kA，位于汝城县西部，经纬度为(113.51°E，25.56°N)。

桂东县

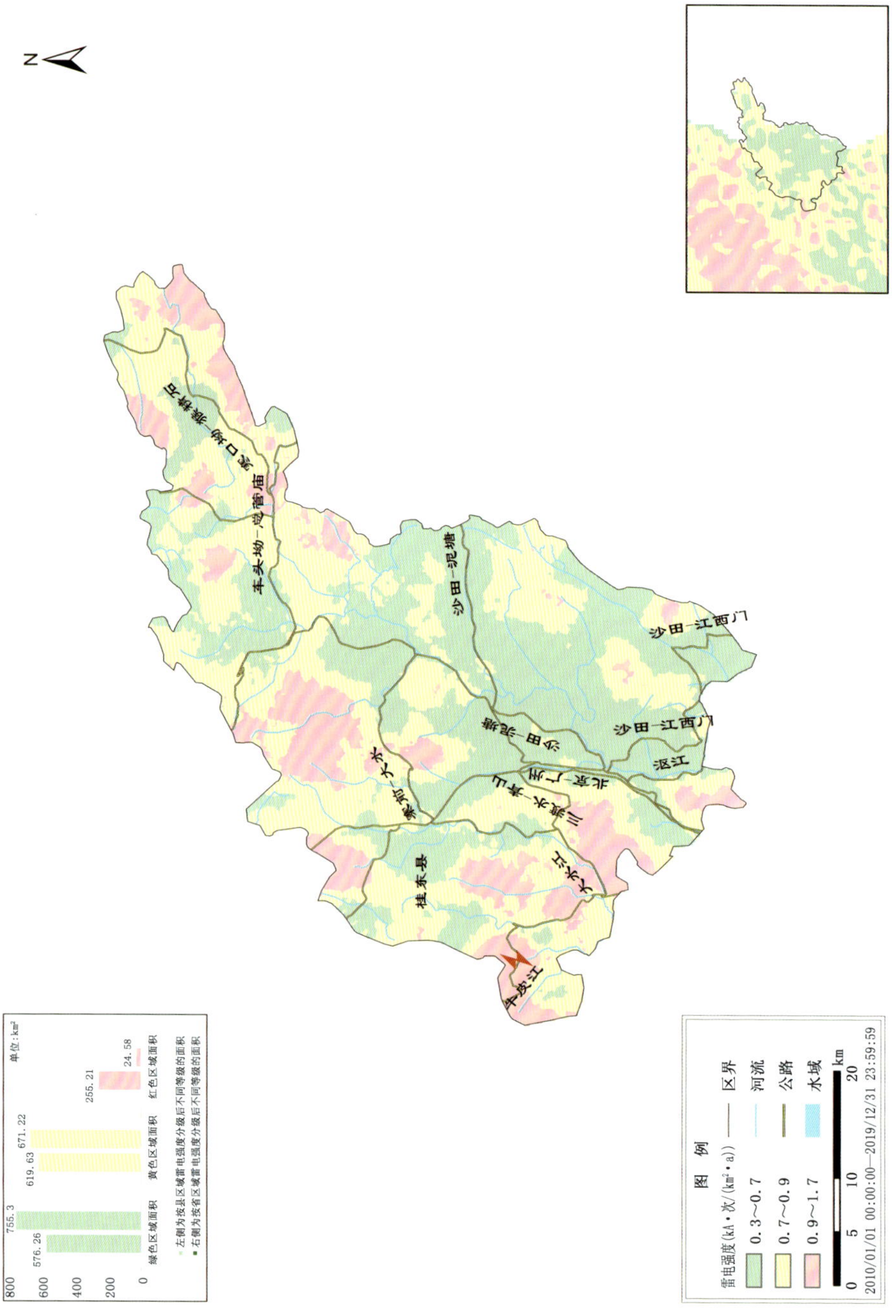

桂东县雷电强度分布图

桂东县雷电强度平均值为 0.81 kA·次/(km²·a),低于全省雷电强度平均值,最高雷电强度值为 3.67 kA·次/(km²·a),位于桂东县西部,经纬度为(113.67°E,25.91°N)。

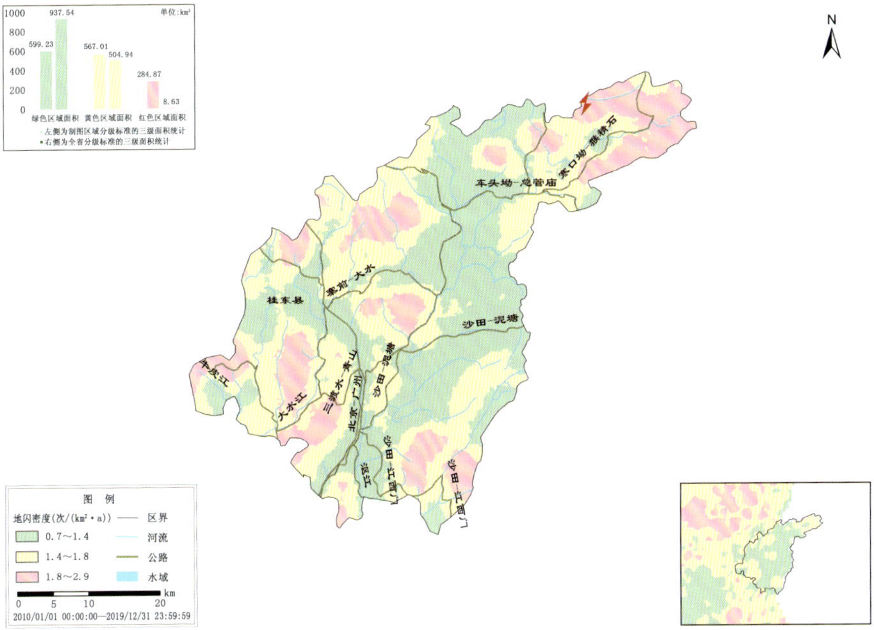

桂东县地闪密度分布图

桂东县地闪密度平均值为 1.56 次/(km² · a),低于全省地闪密度平均值,最高地闪密度值为 5.80 次/(km² · a),位于桂东县东北部,经纬度为(114.10°E,26.19°N)。

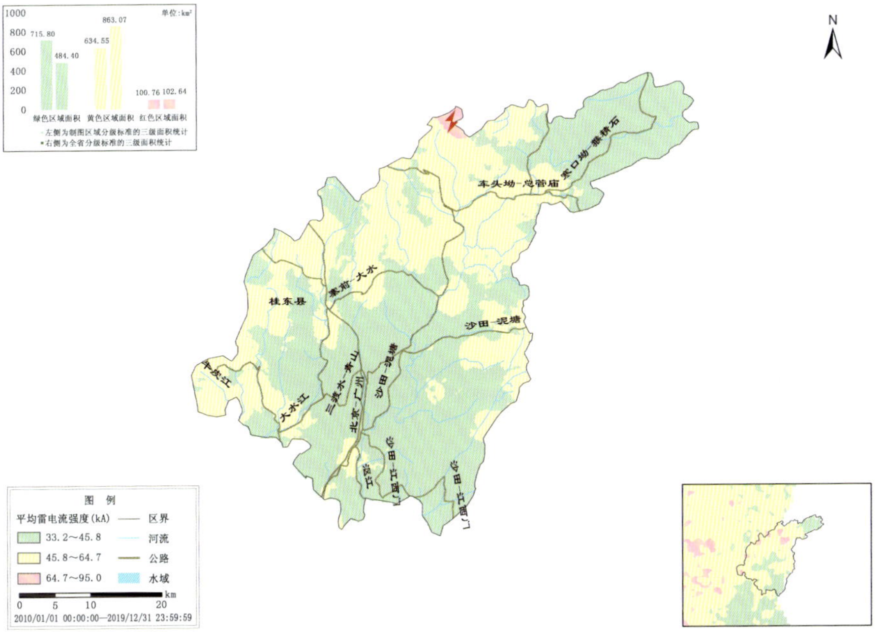

桂东县平均雷电流强度分布图

桂东县平均雷电流强度平均值为 45.43 kA,高于全省平均雷电流强度平均值,最高平均雷电流强度值为 402.74 kA,位于桂东县北部,经纬度为(113.95°E,26.17°N)。

5.12 永州地区雷电区划

永州市

永州市雷电强度分布图

永州市雷电强度平均值为 0.84 kA·次/(km² ·a),低于全省雷电强度平均值,最高雷电强度值为 4.87 kA·次/(km² ·a),位于永州市江华瑶族自治县,经纬度为(111.74°E,25.21°N)。

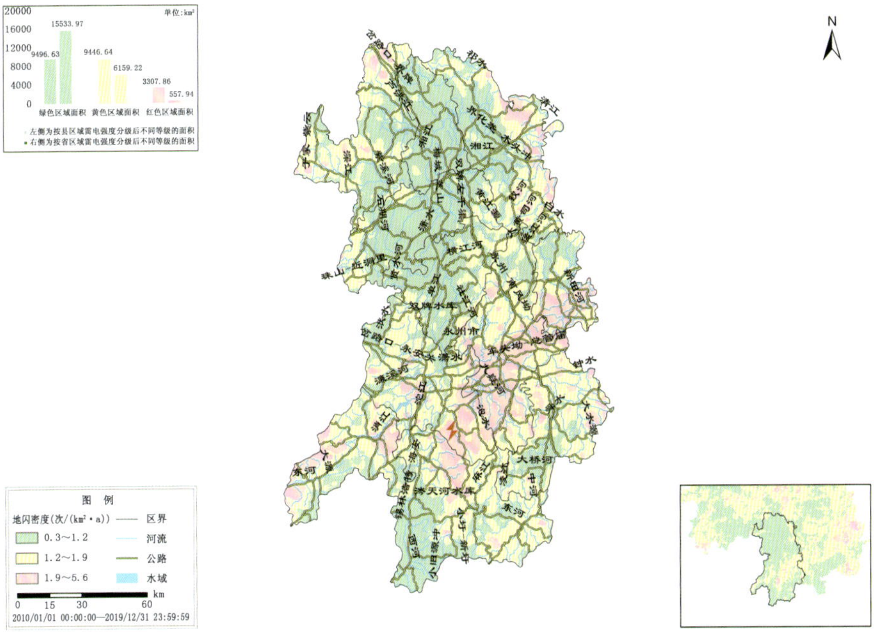

永州市地闪密度分布图

永州市地闪密度平均值为 1.46 次/(km² · a),低于全省地闪密度平均值,最高地闪密度值为 8.00 次/(km² · a),位于永州市道县,经纬度为(111.71°E,25.24°N)。

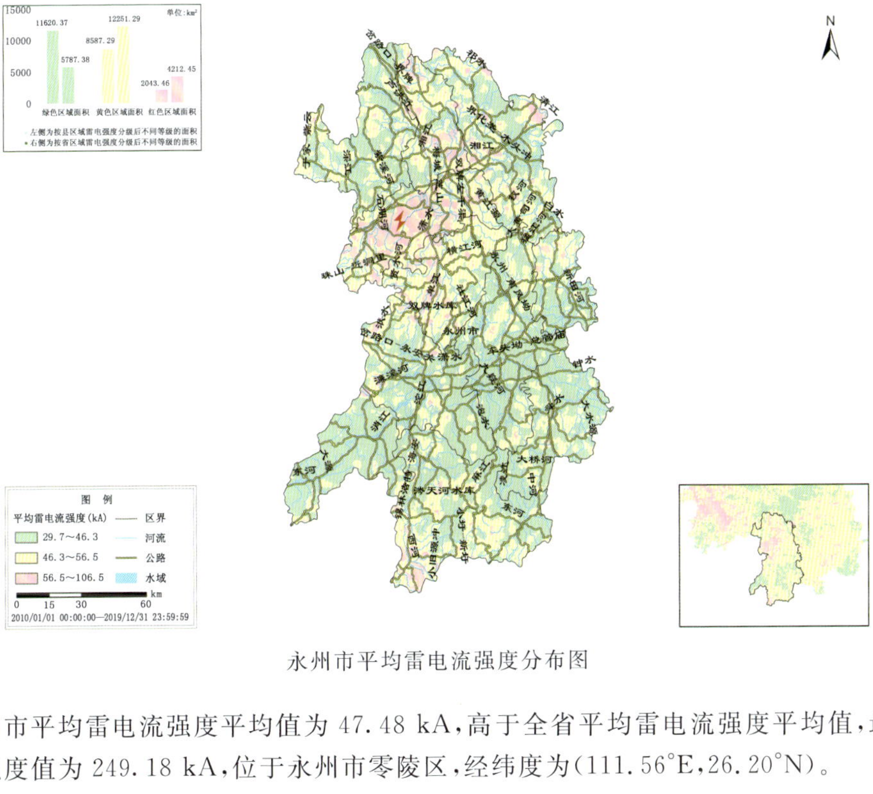

永州市平均雷电流强度分布图

永州市平均雷电流强度平均值为 47.48 kA,高于全省平均雷电流强度平均值,最高平均雷电流强度值为 249.18 kA,位于永州市零陵区,经纬度为(111.56°E,26.20°N)。

零陵区

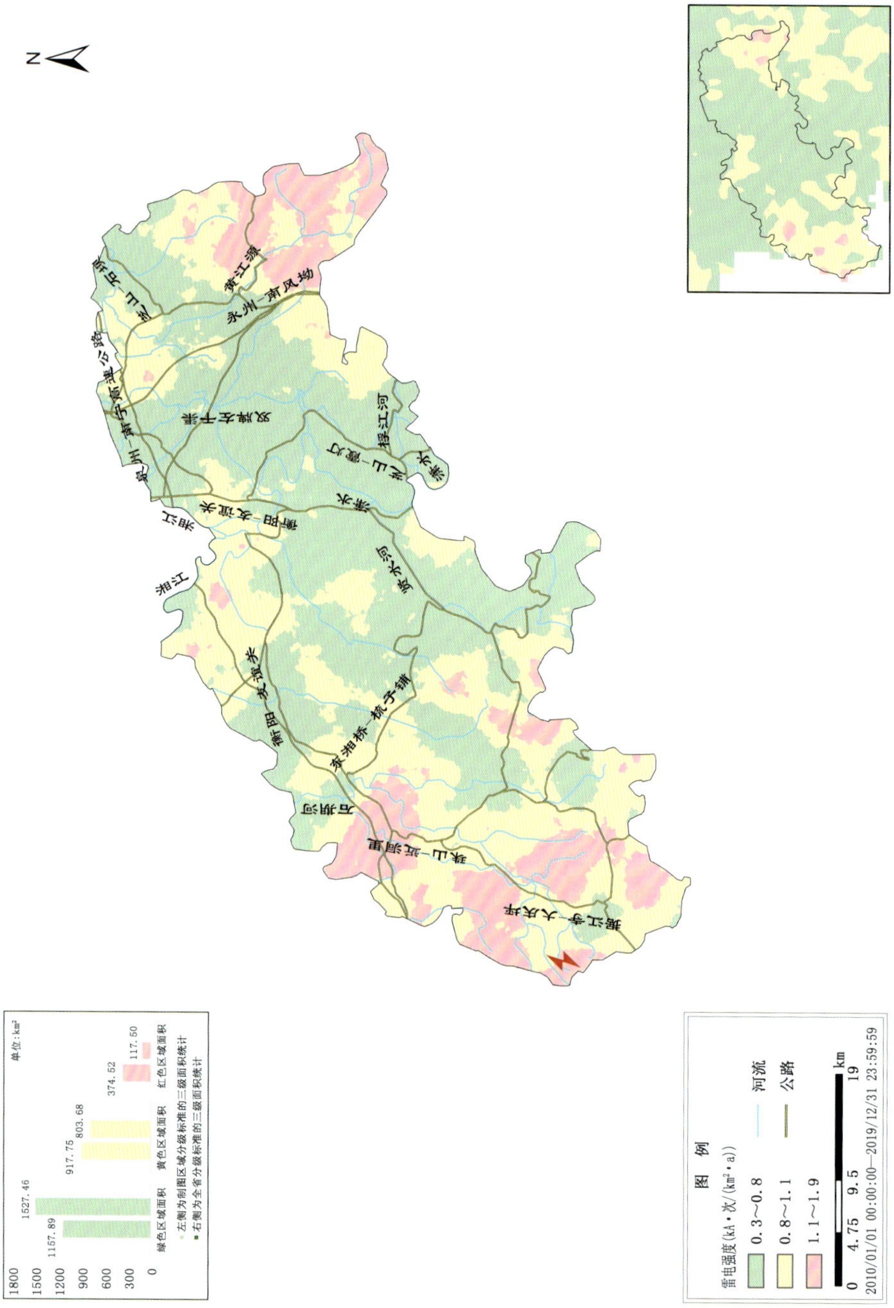

零陵区雷电强度分布图

零陵区雷电强度平均值为 0.83 kA·次/(km² ·a),低于全省雷电强度平均值,最高雷电强度值为 4.60 kA·次/(km² ·a),位于零陵区西南部,经纬度为(111.21°E,25.95°N)。

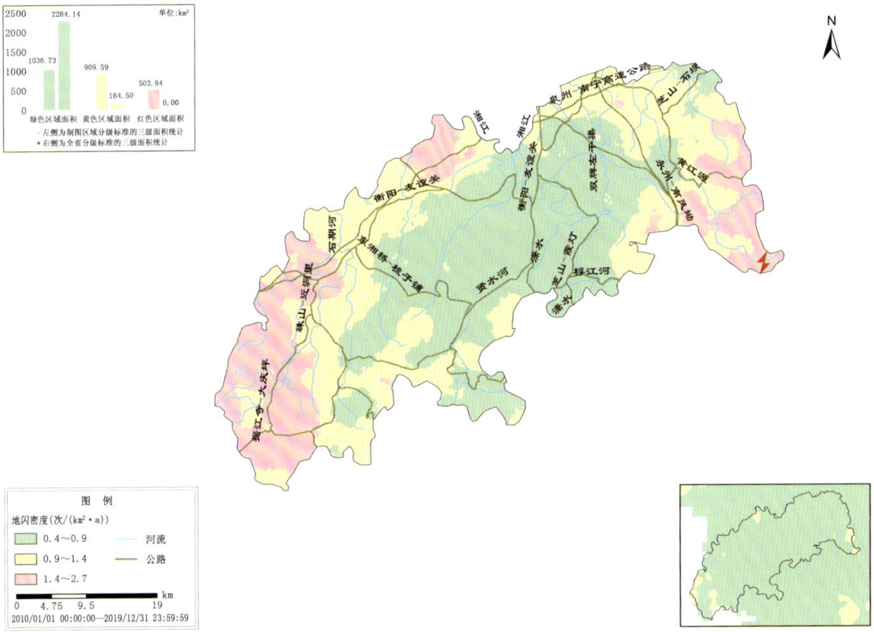

零陵区地闪密度分布图

零陵区地闪密度平均值为 1.07 次/(km² · a)，低于全省地闪密度平均值，最高地闪密度值为 7.70 次/(km² · a)，位于零陵区东部，经纬度为(111.21°E,25.95°N)。

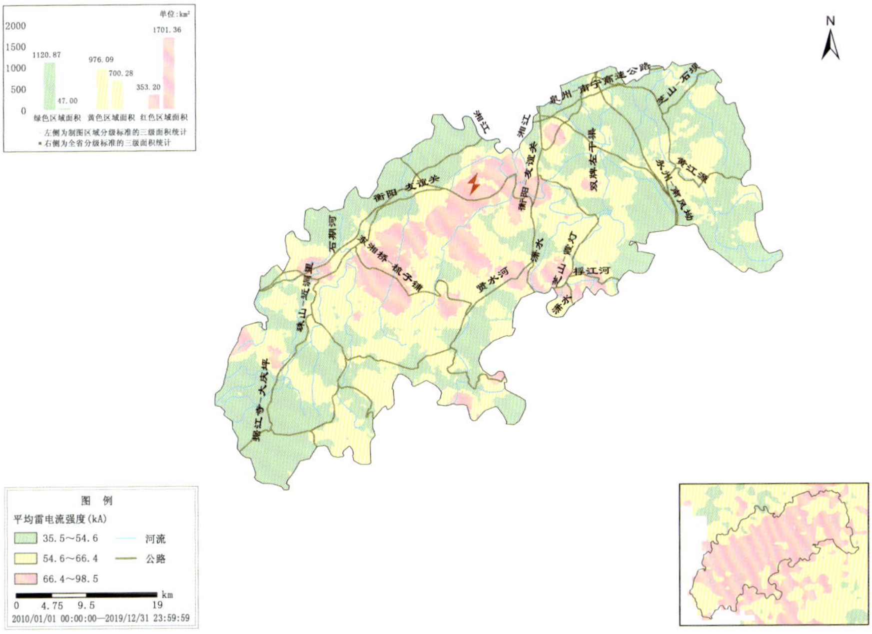

零陵区平均雷电流强度分布图

零陵区平均雷电流强度平均值为 56.76 kA，高于全省平均雷电流强度平均值，最高平均雷电流强度值为 249.18 kA，位于零陵区西北部，经纬度为(111.56°E,26.20°N)。

冷水滩区

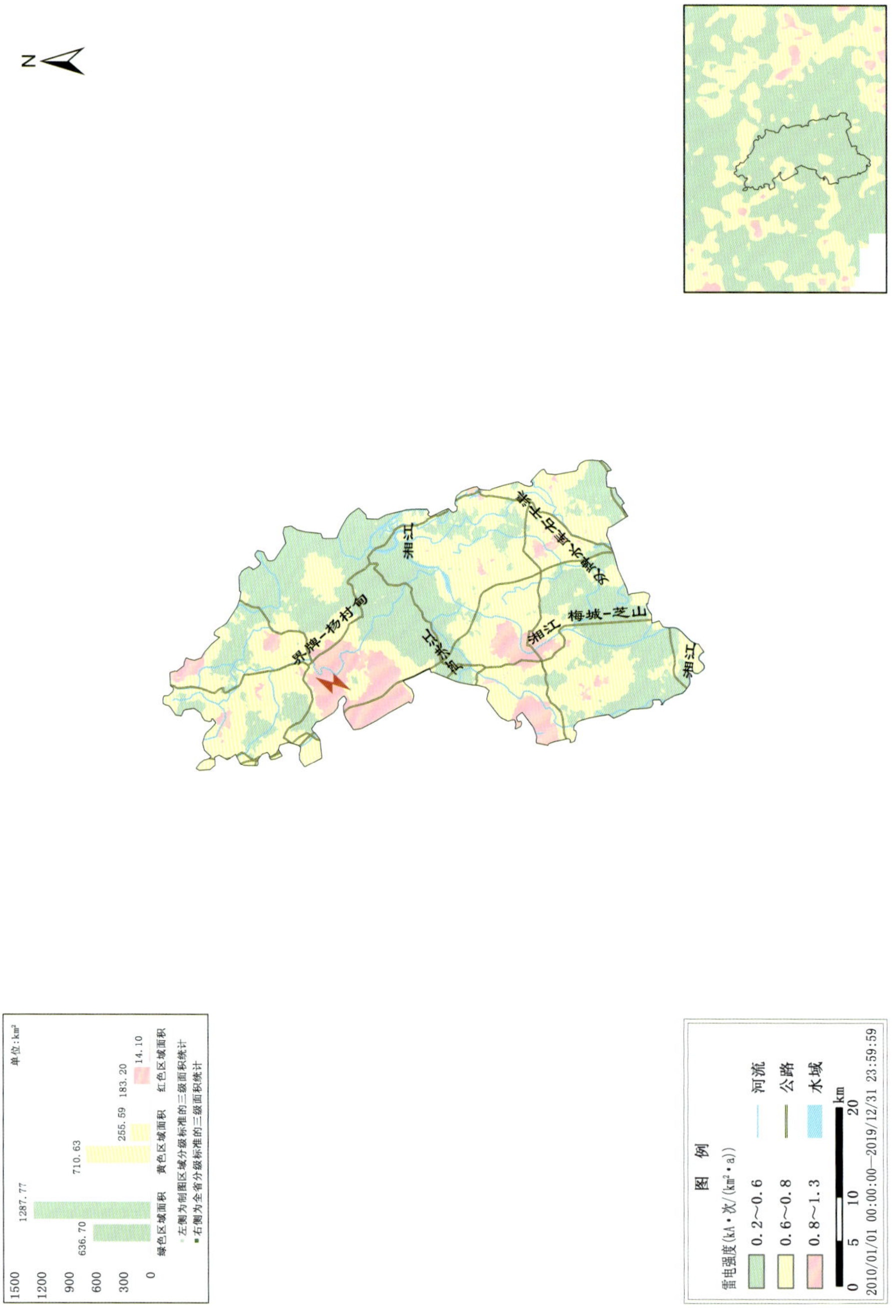

冷水滩区雷电强度分布图

冷水滩区雷电强度平均值为 0.68 kA·次/(km²·a)，低于全省雷电强度平均值，最高雷电强度值为 2.93 kA·次/(km²·a)，位于冷水滩区西北部，经纬度为(111.56°E，26.64°N)。

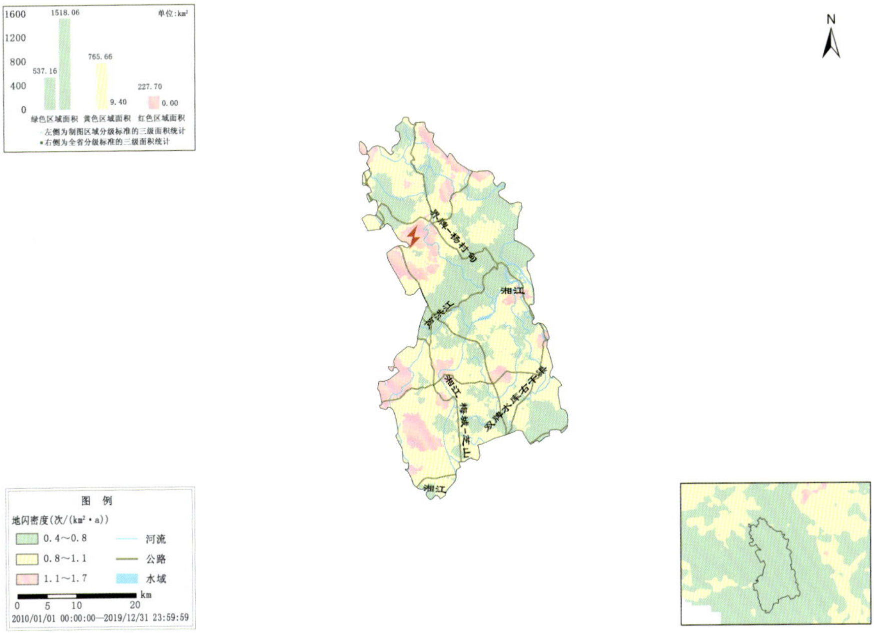

冷水滩区地闪密度分布图

冷水滩区地闪密度平均值为 0.96 次/(km^2·a)，低于全省地闪密度平均值，最高地闪密度值为 3.10 次/(km^2·a)，位于冷水滩区西北部，经纬度为(111.56°E，26.64°N)。

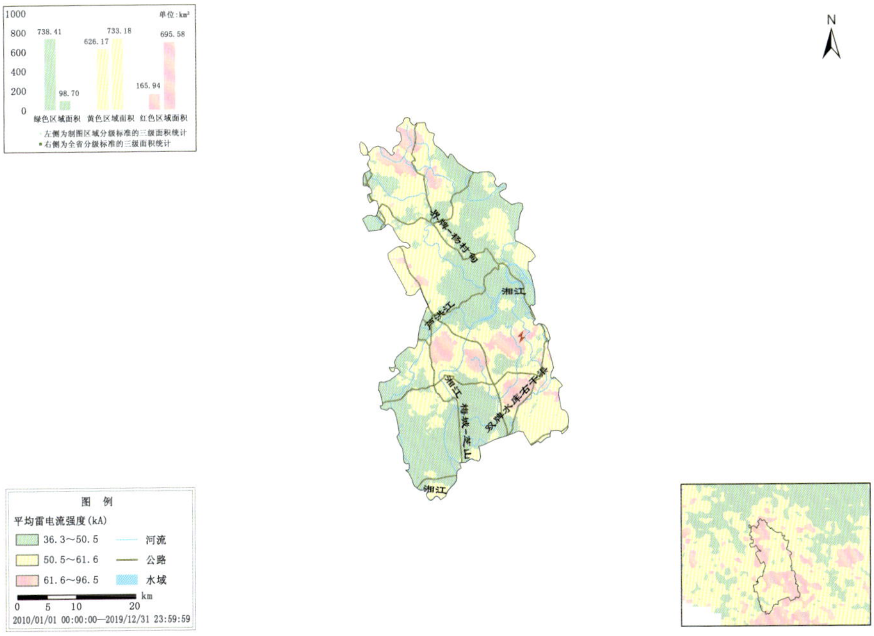

冷水滩区平均雷电流强度分布图

冷水滩区平均雷电流强度平均值为 52.03 kA，高于全省平均雷电流强度平均值，最高平均雷电流强度值为 221.18 kA，位于冷水滩区东部，经纬度为(111.72°E，26.48°N)。

祁阳县

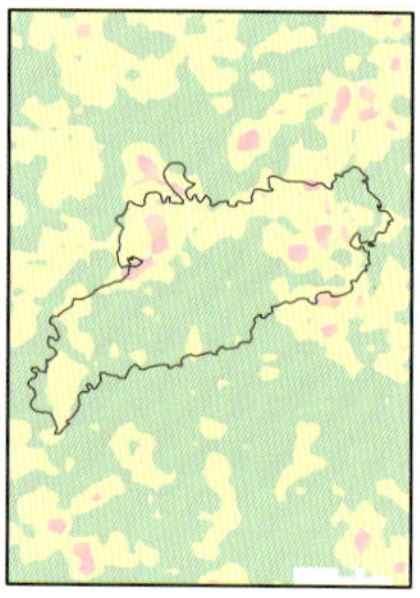

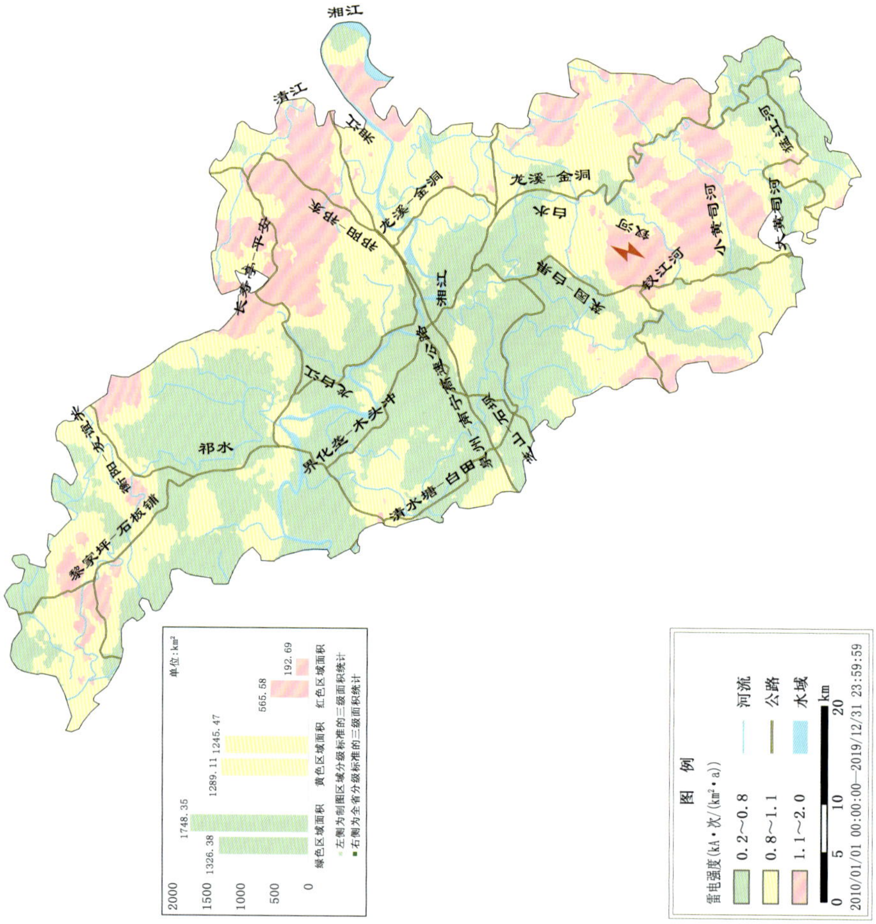

祁阳县雷电强度分布图

祁阳县雷电强度平均值为 0.87 kA·次/(km^2·a)，低于全省雷电强度平均值，最高雷电强度值为 4.00 kA·次/(km^2·a)，位于祁阳县南部，经纬度为(112.04°E,26.24°N)。

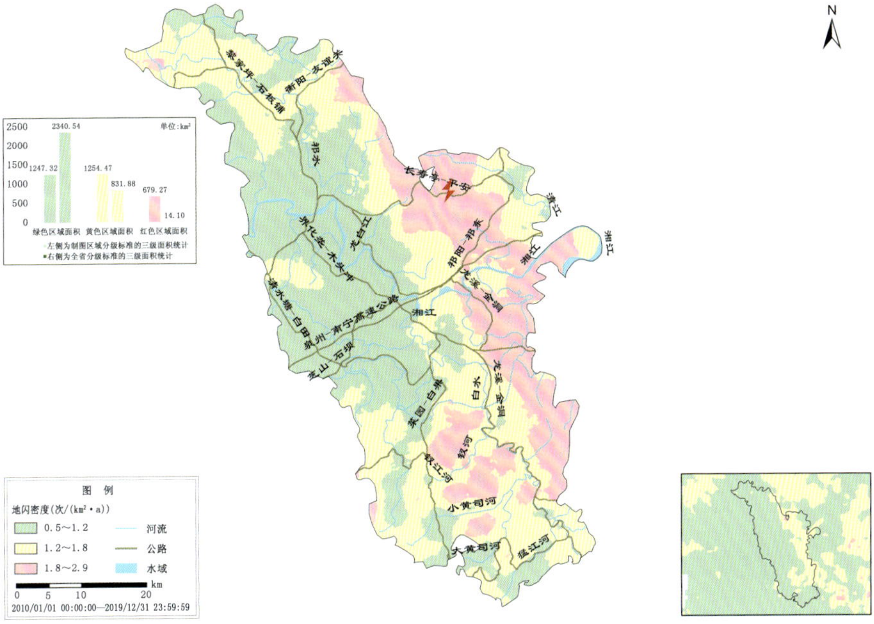

祁阳县地闪密度分布图

祁阳县地闪密度平均值为 1.43 次/(km^2·a)，低于全省地闪密度平均值，最高地闪密度值为 4.00 次/(km^2·a)，位于祁阳县东北部，经纬度为(112.04°E,26.59°N)。

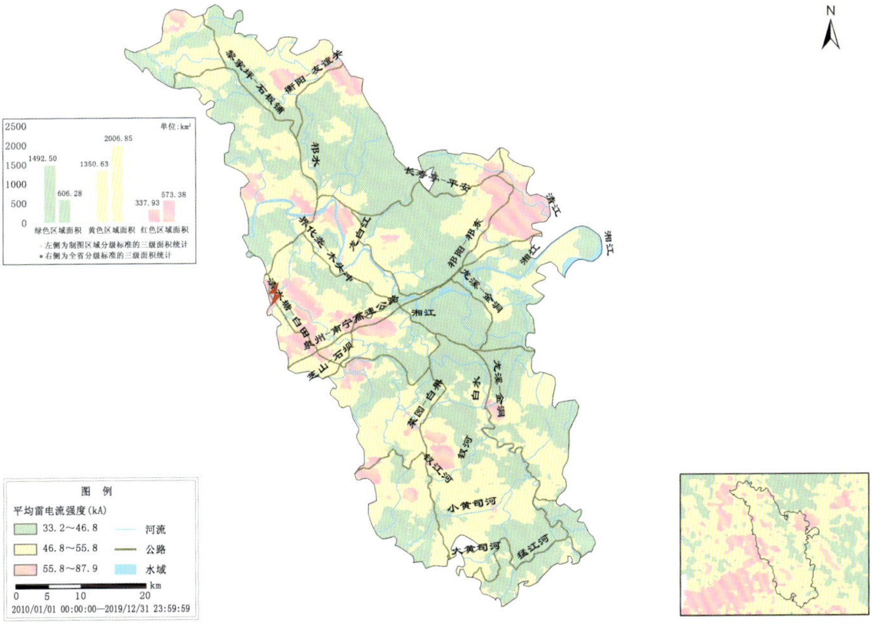

祁阳县平均雷电流强度分布图

祁阳县平均雷电流强度平均值为 48.22 kA，高于全省平均雷电流强度平均值，最高平均雷电流强度值为 203.53 kA，位于祁阳县西部，经纬度为(111.78°E,26.46°N)。

东安县

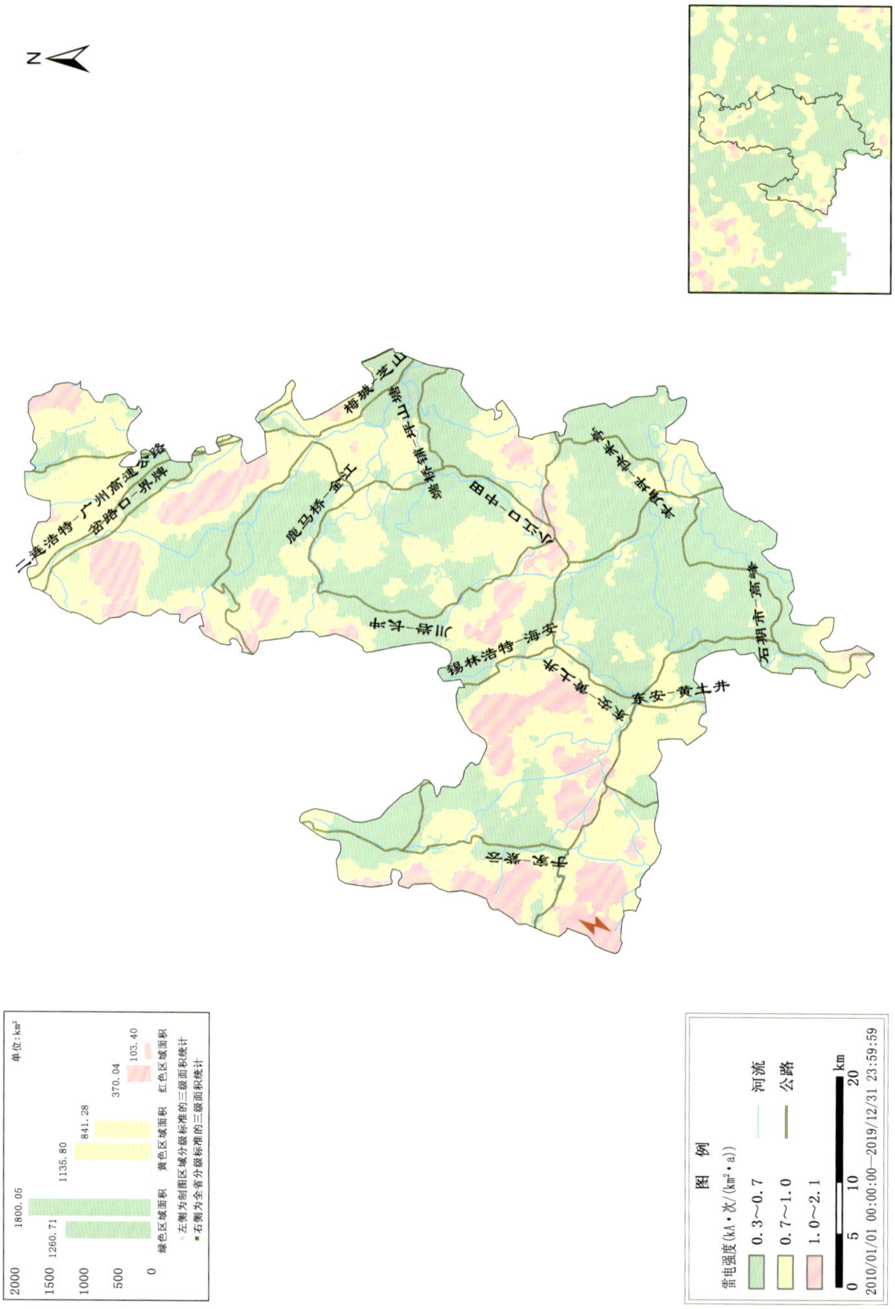

东安县雷电强度分布图

东安县雷电强度平均值为 0.80 kA·次/(km²·a)，低于全省雷电强度平均值，最高雷电强度值为 4.27 kA·次/(km²·a)，位于东安县西南部，经纬度为(111.00°E,26.35°N)。

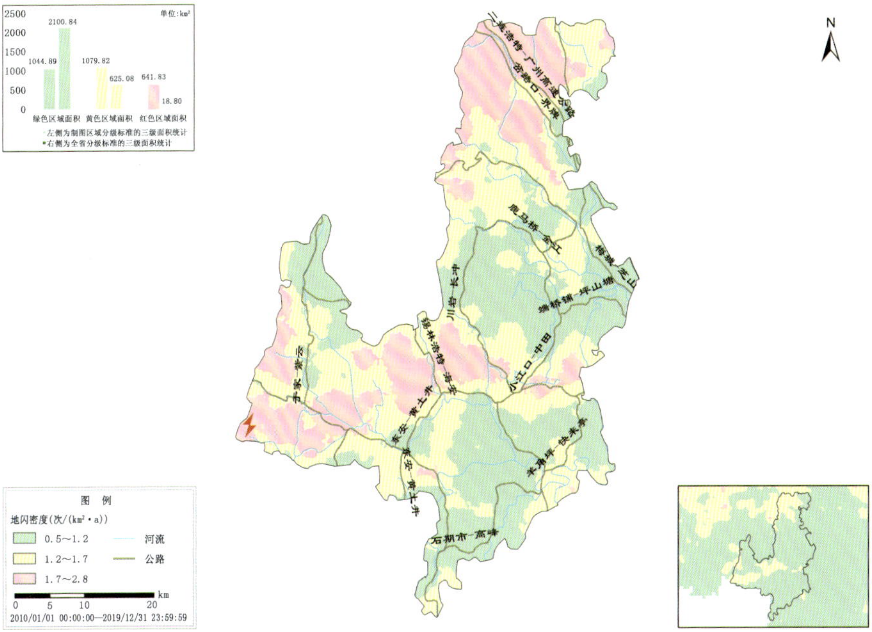

东安县地闪密度分布图

东安县地闪密度平均值为 1.39 次/(km^2·a),低于全省地闪密度平均值,最高地闪密度值为 4.70 次/(km^2·a),位于东安县西部,经纬度为(111.00°E,26.35°N)。

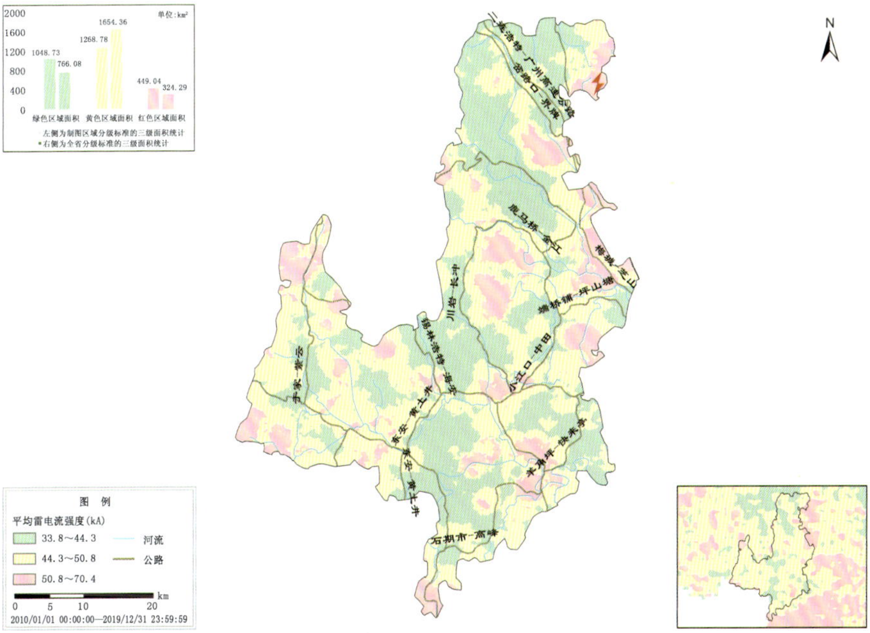

东安县平均雷电流强度分布图

东安县平均雷电流强度平均值为 46.44 kA,高于全省平均雷电流强度平均值,最高平均雷电流强度值为 166.59 kA,位于东安县东北部,经纬度为(111.51°E,26.77°N)。

双牌县

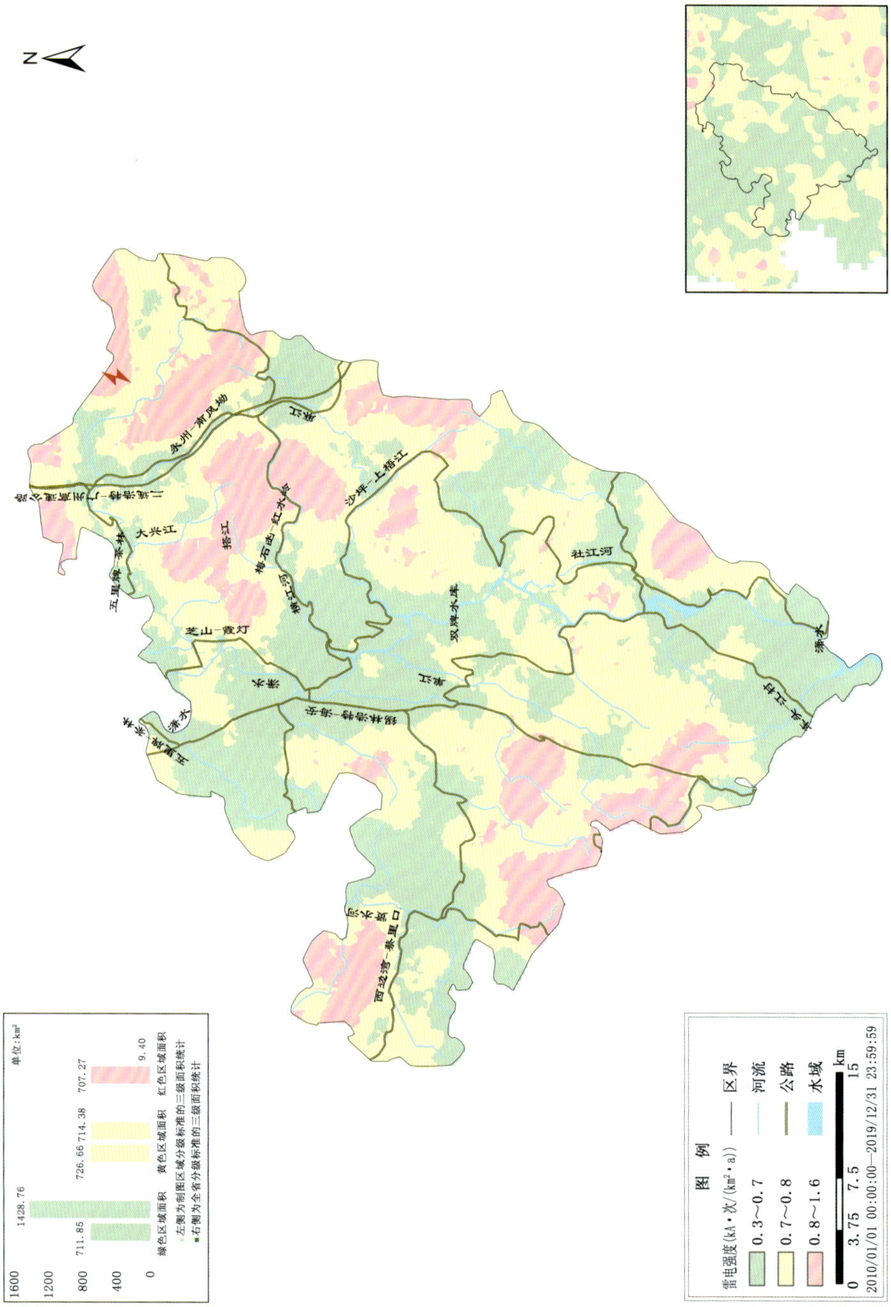

双牌县雷电强度分布图

双牌县雷电强度平均值为 1.04 kA·次/(km²·a)，低于全省雷电强度平均值，最高雷电强度值为 3.47 kA·次/(km²·a)，位于双牌县东北部，经纬度为(112.32°E,25.82°N)。

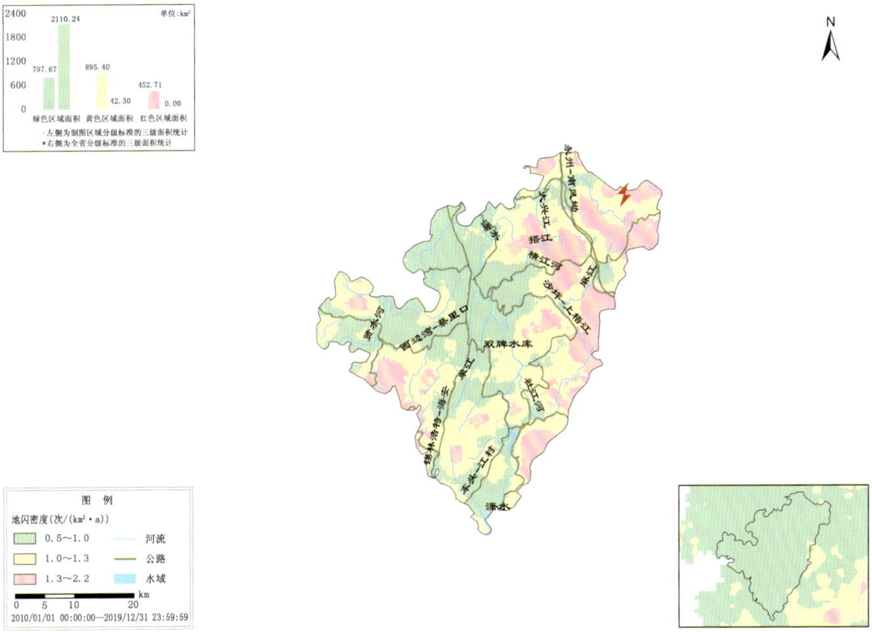

双牌县地闪密度分布图

双牌县地闪密度平均值为 1.78 次/(km²·a)，低于全省地闪密度平均值，最高地闪密度值为 4.80 次/(km²·a)，位于双牌县东北部，经纬度为(112.25°E，25.83°N)。

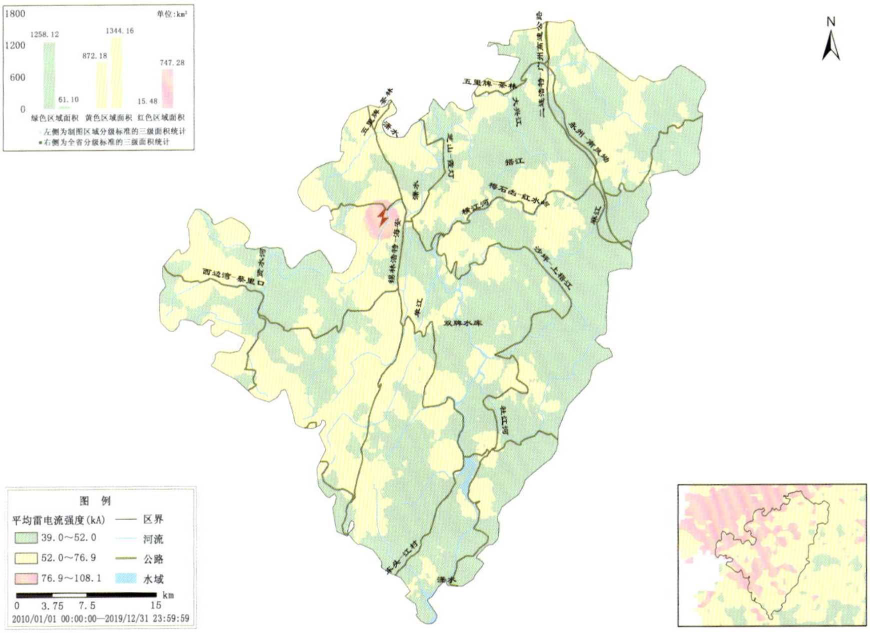

双牌县平均雷电流强度分布图

双牌县平均雷电流强度平均值为 46.17 kA，高于全省平均雷电流强度平均值，最高平均雷电流强度值为 155.68 kA，位于双牌县西部，经纬度为(112.17°E，26.02°N)。

道县

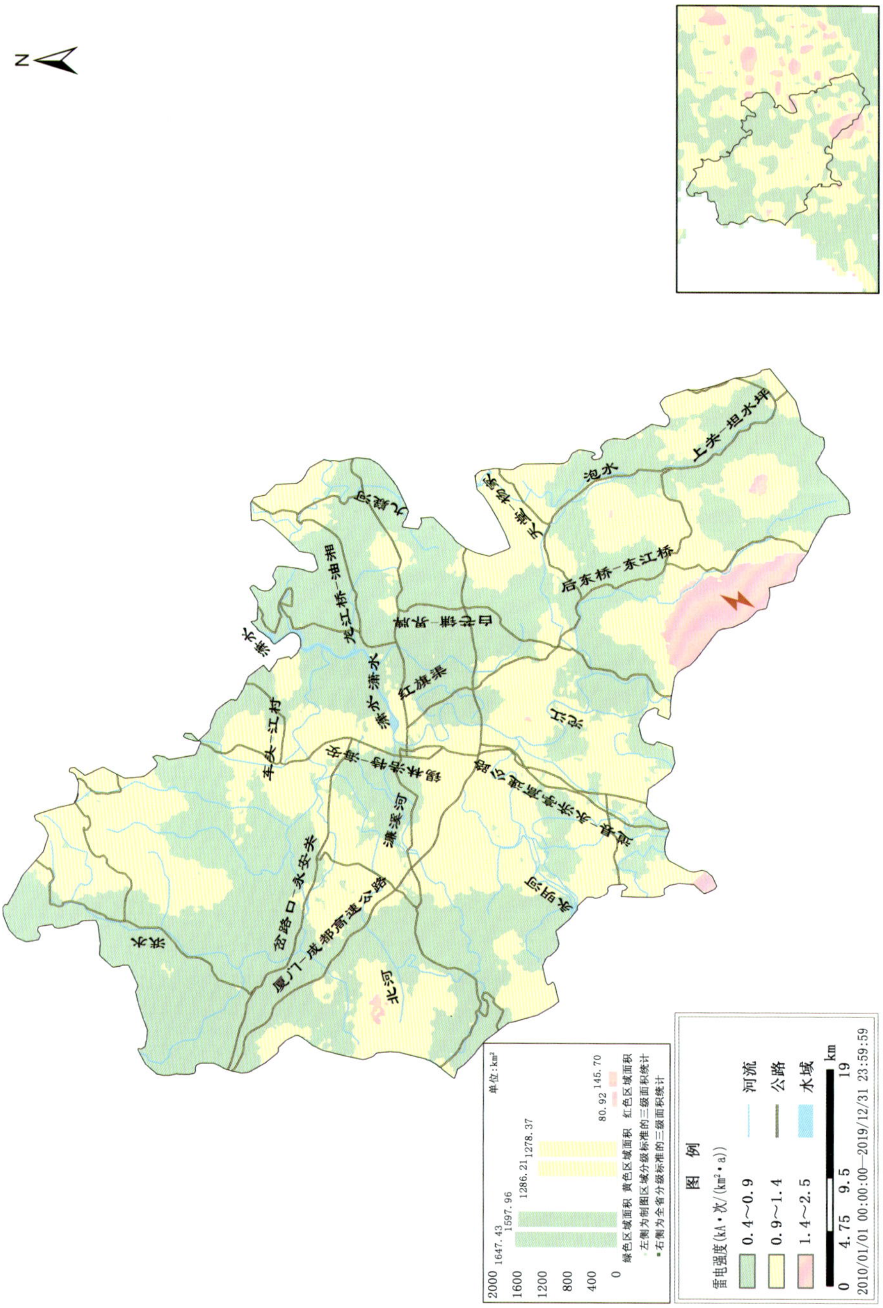

道县雷电强度分布图

道县雷电强度平均值为 0.89 kA·次/(km^2·a)，低于全省雷电强度平均值，最高雷电强度值为 4.87 kA·次/(km^2·a)，位于道县东南部，经纬度为(111.74°E，25.21°N)。

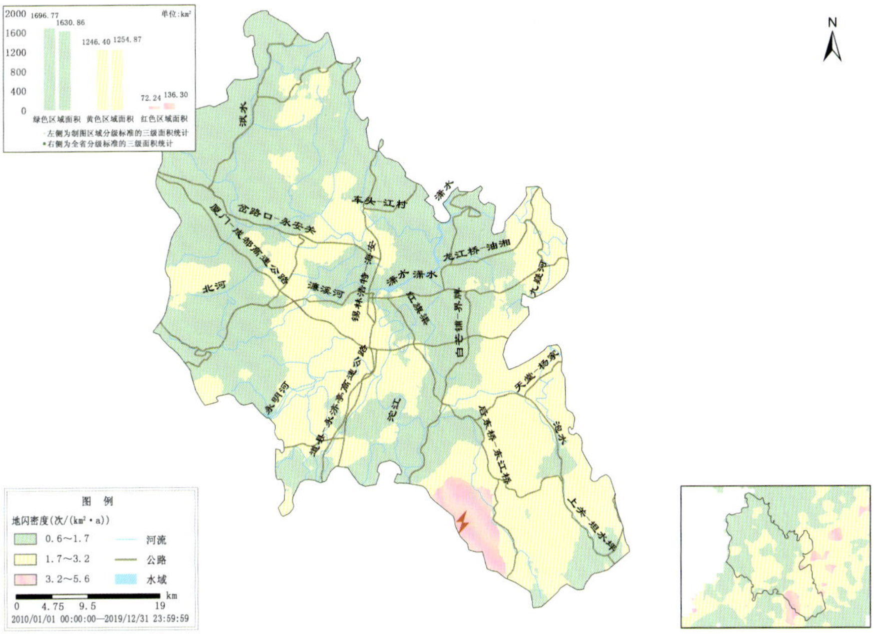

道县地闪密度分布图

道县地闪密度平均值为1.72次/(km²·a)，低于全省地闪密度平均值，最高地闪密度值为8.00次/(km²·a)，位于道县东南部，经纬度为(111.71°E，25.24°N)。

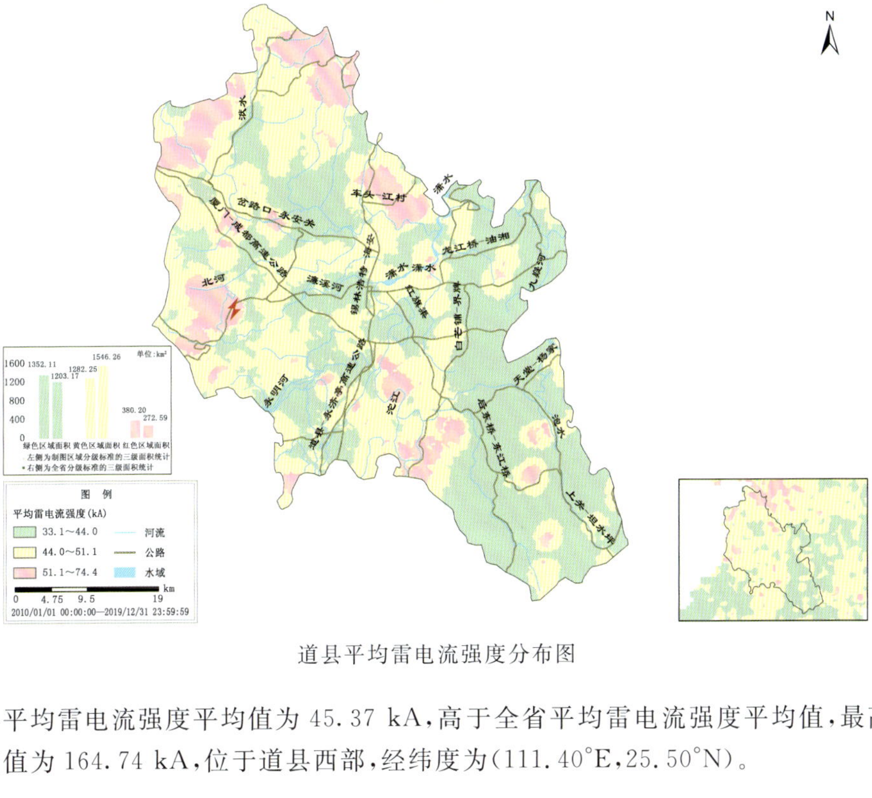

道县平均雷电流强度分布图

道县平均雷电流强度平均值为45.37 kA，高于全省平均雷电流强度平均值，最高平均雷电流强度值为164.74 kA，位于道县西部，经纬度为(111.40°E，25.50°N)。

江永县

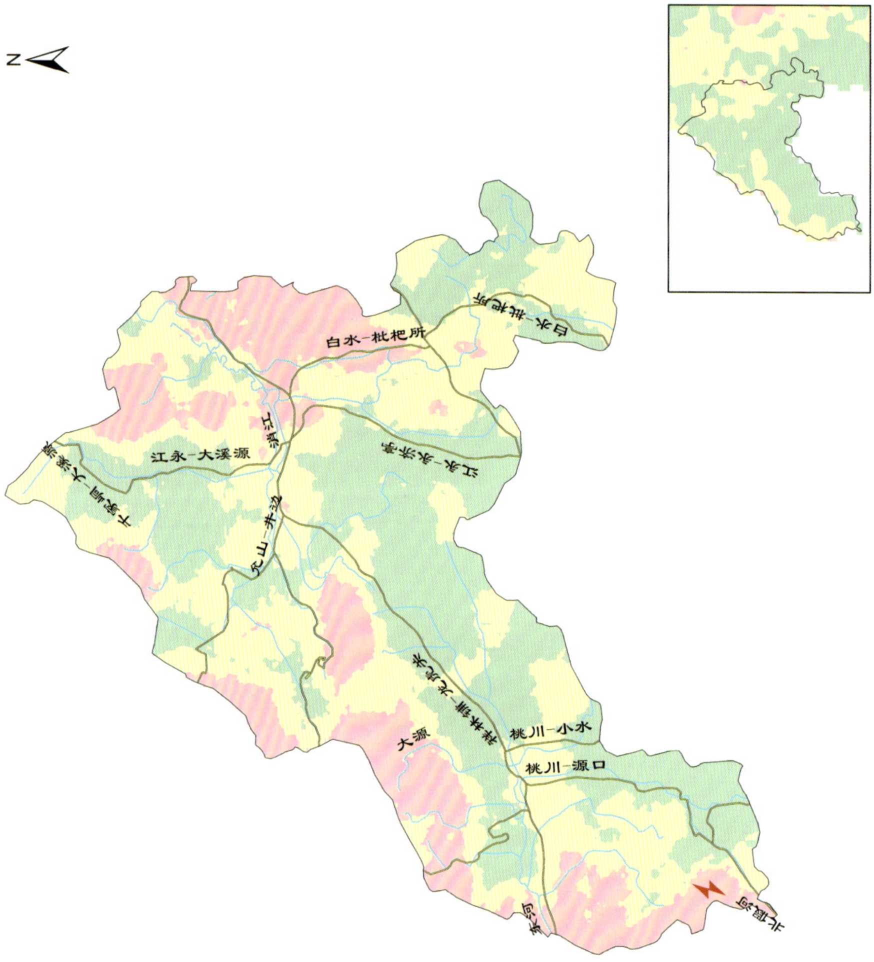

江永县雷电强度分布图

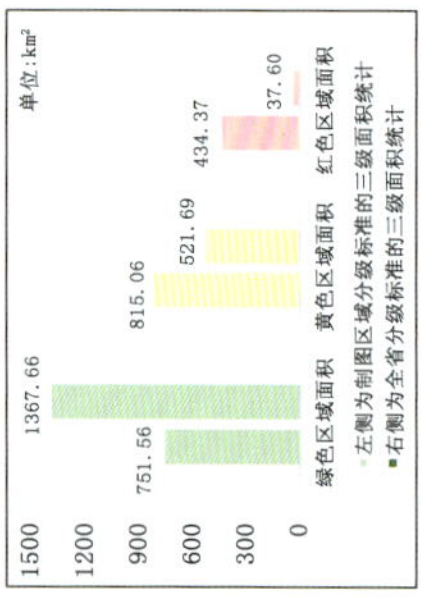

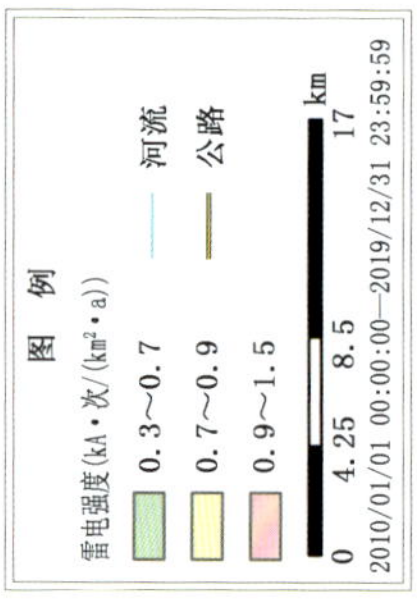

江永县雷电强度平均值为 0.76 kA·次/(km^2·a),低于全省雷电强度平均值,最高雷电强度值为 3.67 kA·次/(km^2·a),位于江永县西南部,经纬度为(111.00°E,24.96°N)。

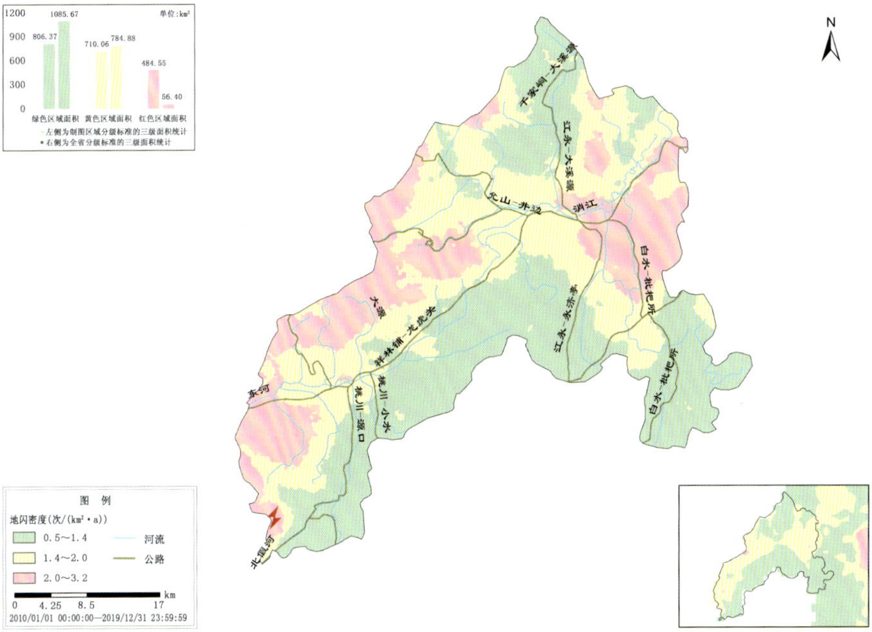

江永县地闪密度分布图

江永县地闪密度平均值为 1.63 次/(km^2·a)，低于全省地闪密度平均值，最高地闪密度值为 6.80 次/(km^2·a)，位于江永县西南部，经纬度为(111.00°E，24.96°N)。

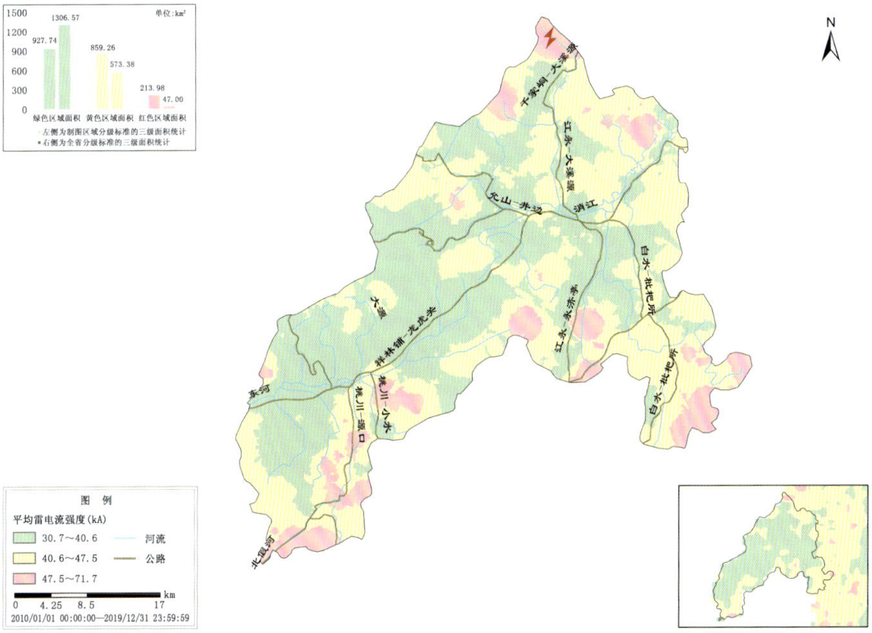

江永县平均雷电流强度分布图

江永县平均雷电流强度平均值为 41.92 kA，低于全省平均雷电流强度平均值，最高平均雷电流强度值为 186.26 kA，位于江永县北部，经纬度为(111.32°E，25.45°N)。

宁远县

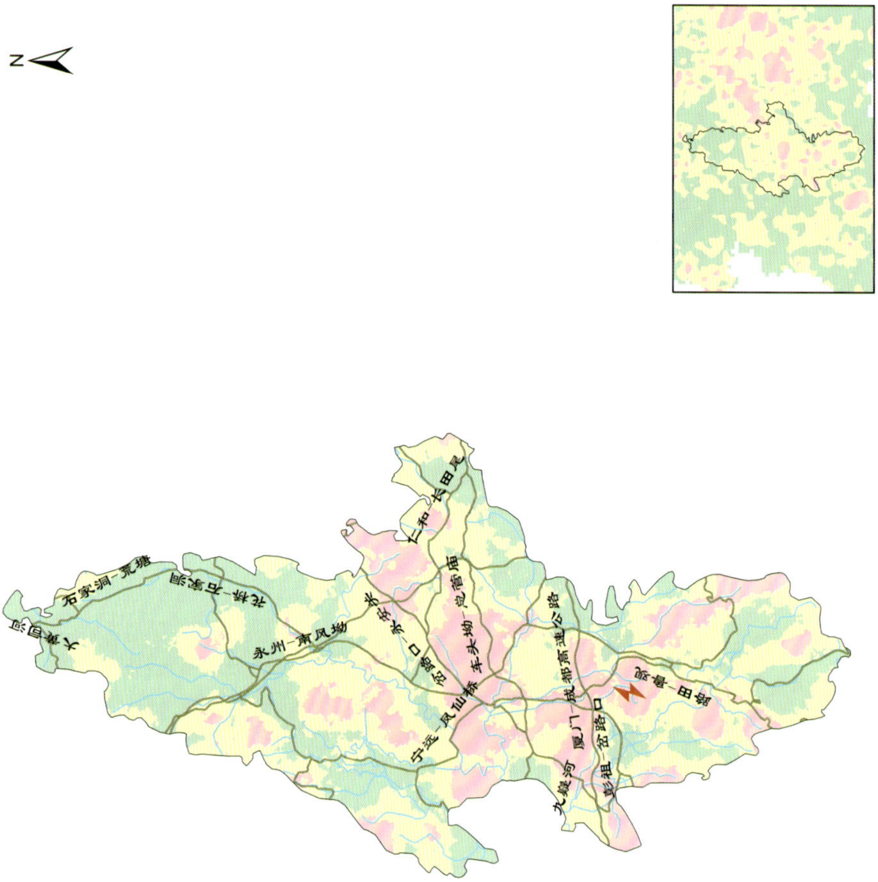

宁远县雷电强度分布图

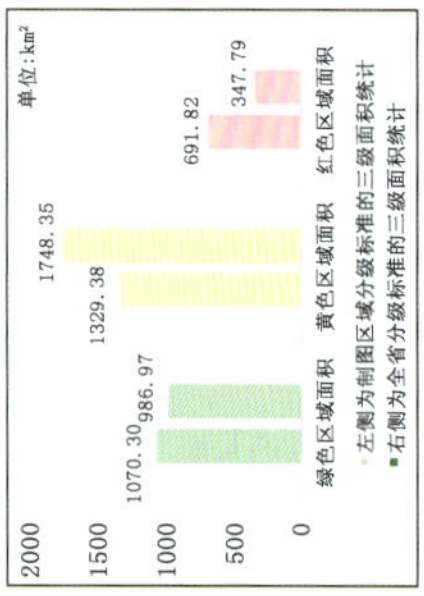

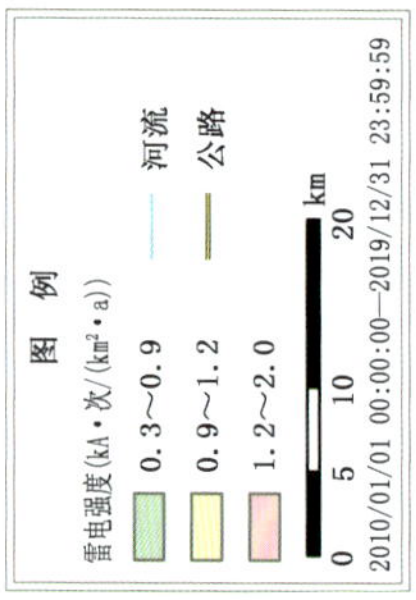

宁远县雷电强度平均值为 1.00 kA·次/(km^2·a),高于全省雷电强度平均值,最高雷电强度值为 3.53 kA·次/(km^2·a),位于宁远县南部,经纬度为(111.97°E,25.44°N)。

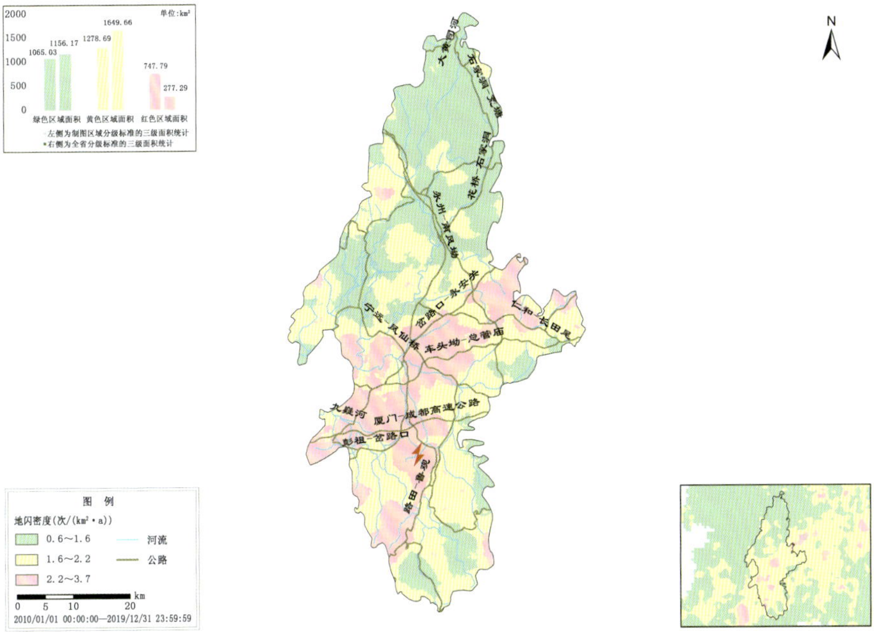

宁远县地闪密度分布图

宁远县地闪密度平均值为 1.89 次/(km^2 · a)，低于全省地闪密度平均值，最高地闪密度值为 5.60 次/(km^2 · a)，位于宁远县南部，经纬度为(111.97°E,25.44°N)。

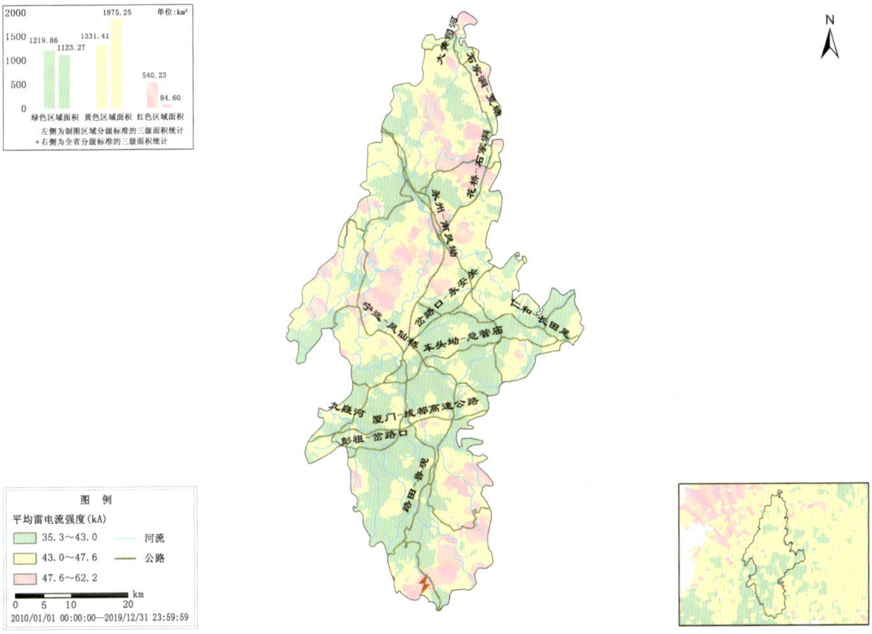

宁远县平均雷电流强度分布图

宁远县平均雷电流强度平均值为 44.38 kA，低于全省平均雷电流强度平均值，最高平均雷电流强度值为 144.62 kA，位于宁远县南部，经纬度为(111.98°E,25.25°N)。

蓝山县

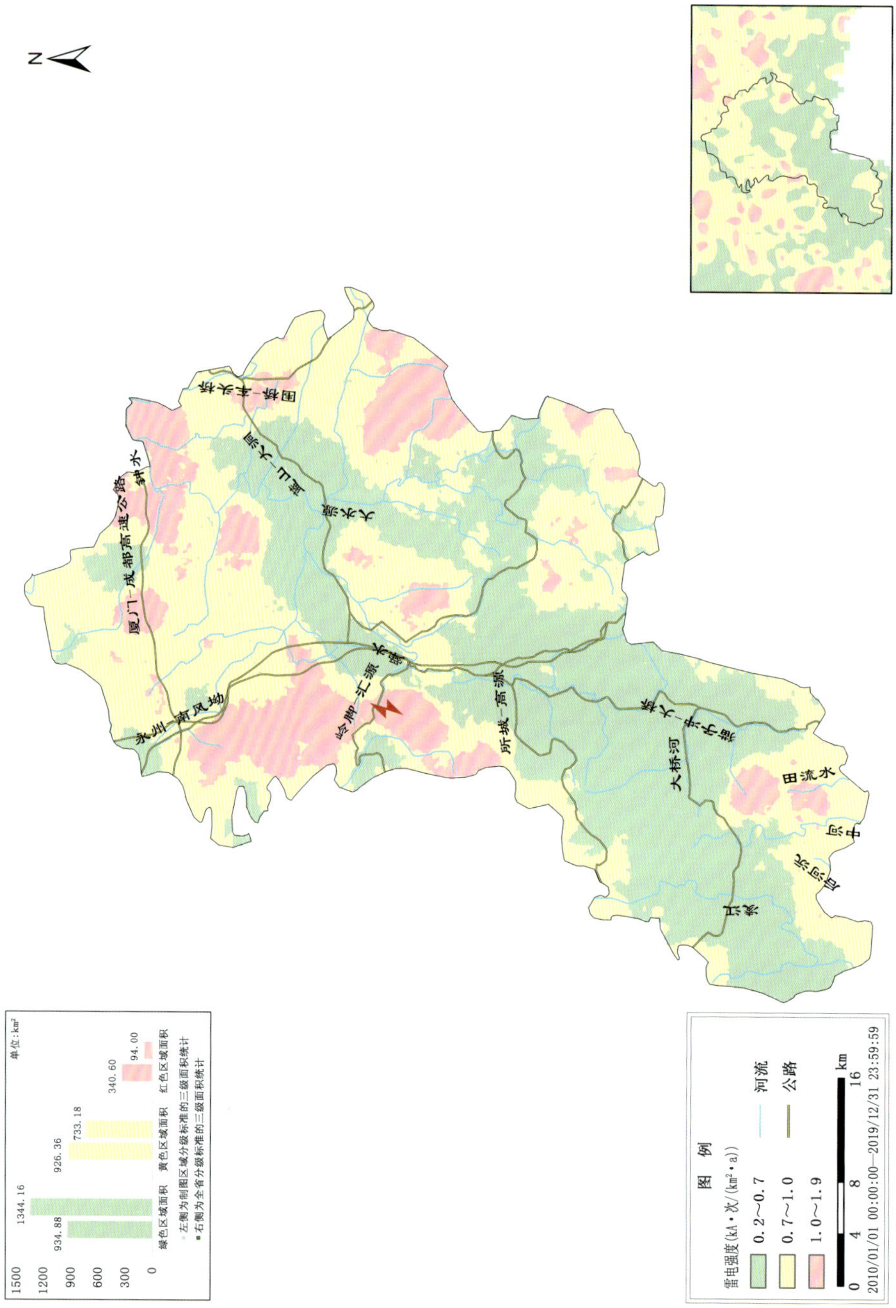

蓝山县雷电强度分布图

蓝山县雷电强度平均值为 0.81 kA·次/(km²·a)，低于全省雷电强度平均值，最高雷电强度值为 4.20 kA·次/(km²·a)，位于蓝山县西部，经纬度为(112.13°E，25.34°N)。

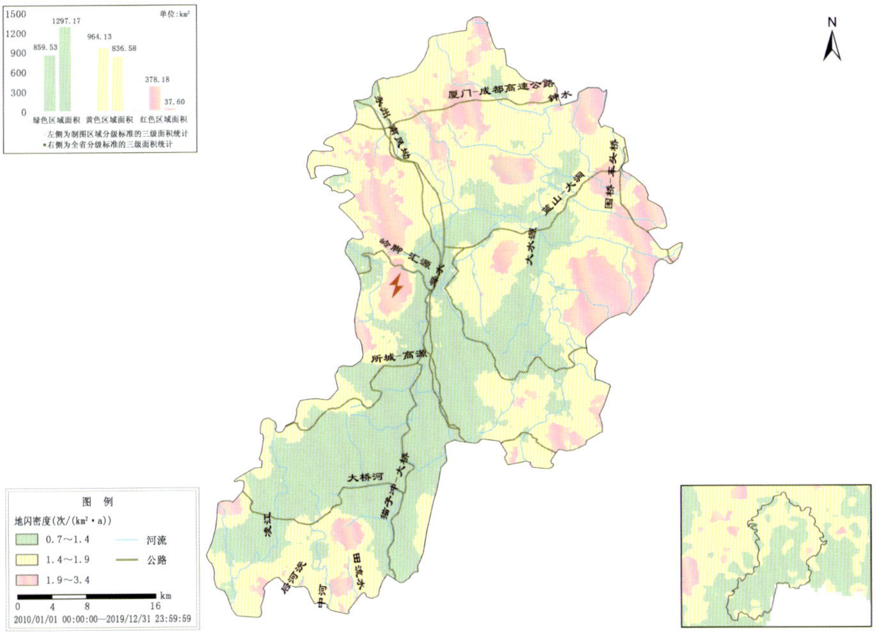

蓝山县地闪密度分布图

蓝山县地闪密度平均值为 1.58 次/(km² · a),低于全省地闪密度平均值,最高地闪密度值为 5.40 次/(km² · a),位于蓝山县西部,经纬度为(112.13°E,25.34°N)。

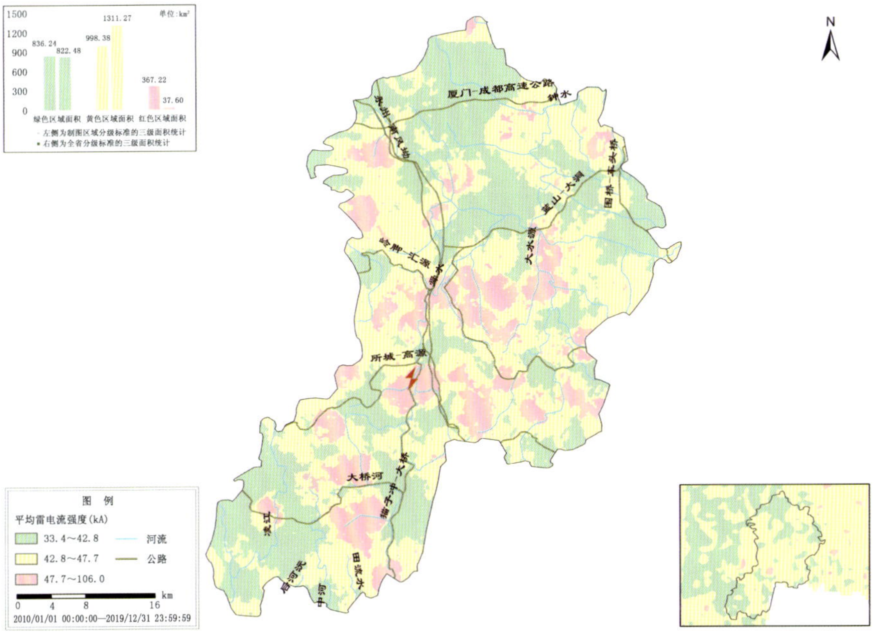

蓝山县平均雷电流强度分布图

蓝山县平均雷电流强度平均值为 44.27 kA,低于全省平均雷电流强度平均值,最高平均雷电流强度值为 210.74 kA,位于蓝山县西部,经纬度为(112.16°E,25.25°N)。

新田县

新田县雷电强度分布图

新田县雷电强度平均值为 1.04 kA·次/(km^2·a),高于全省雷电强度平均值,最高雷电强度值为 3.47 kA·次/(km^2·a),位于新田县东部,经纬度为(112.32°E,25.82°N)。

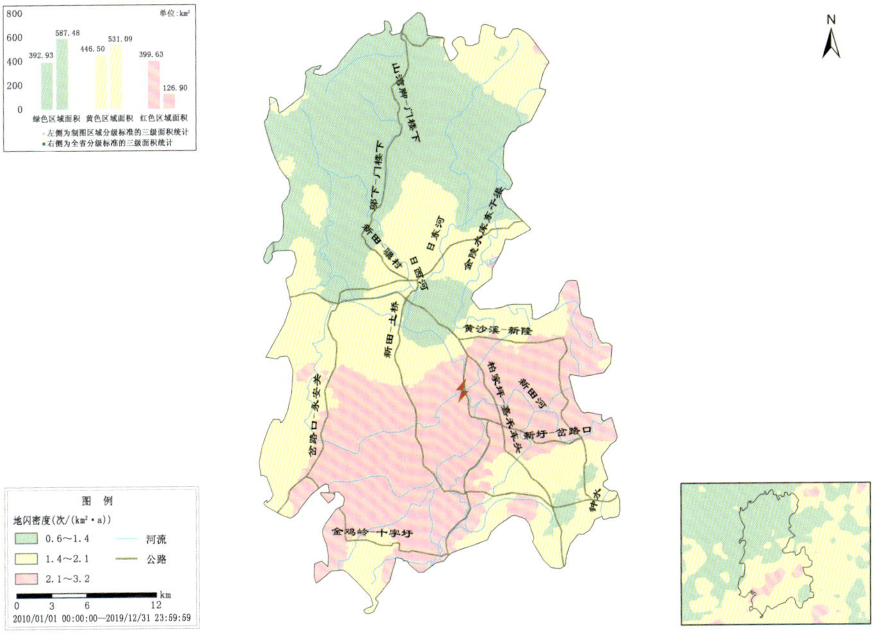

新田县地闪密度分布图

新田县地闪密度平均值为 1.78 次/(km^2 · a)，低于全省地闪密度平均值，最高地闪密度值为 4.80 次/(km^2 · a)，位于新田县东南部，经纬度为(112.25°E，25.83°N)。

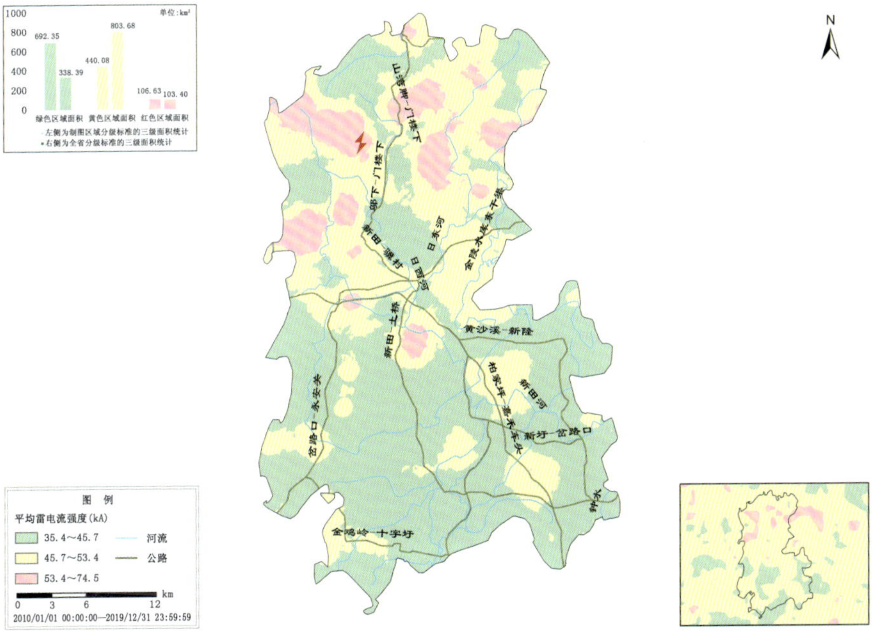

新田县平均雷电流强度分布图

新田县平均雷电流强度平均值为 46.17 kA，高于全省平均雷电流强度平均值，最高平均雷电流强度值为 155.68 kA，位于新田县西北部，经纬度为(112.17°E，26.02°N)。

江华瑶族自治县

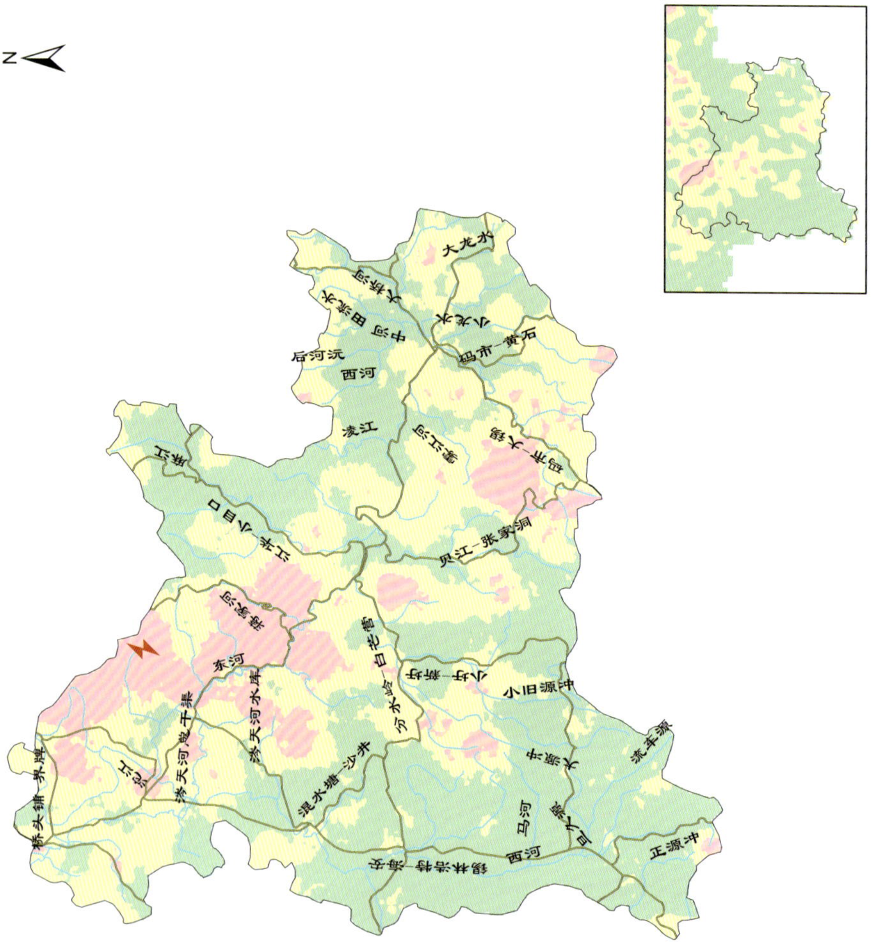

江华瑶族自治县雷电强度分布图

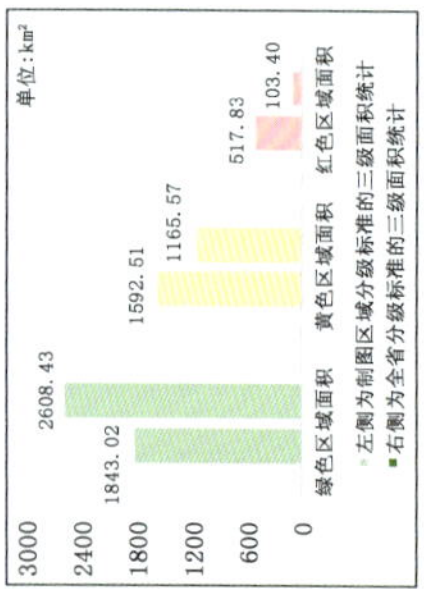

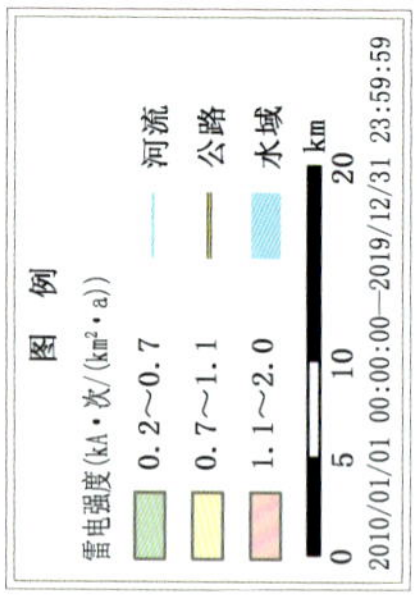

江华瑶族自治县雷电强度平均值为 0.78 kA·次/(km^2·a),低于全省雷电强度平均值,最高雷电强度值为 4.87 kA·次/(km^2·a),位于江华瑶族自治县北部,经纬度为(111.74°E,25.21°N)。

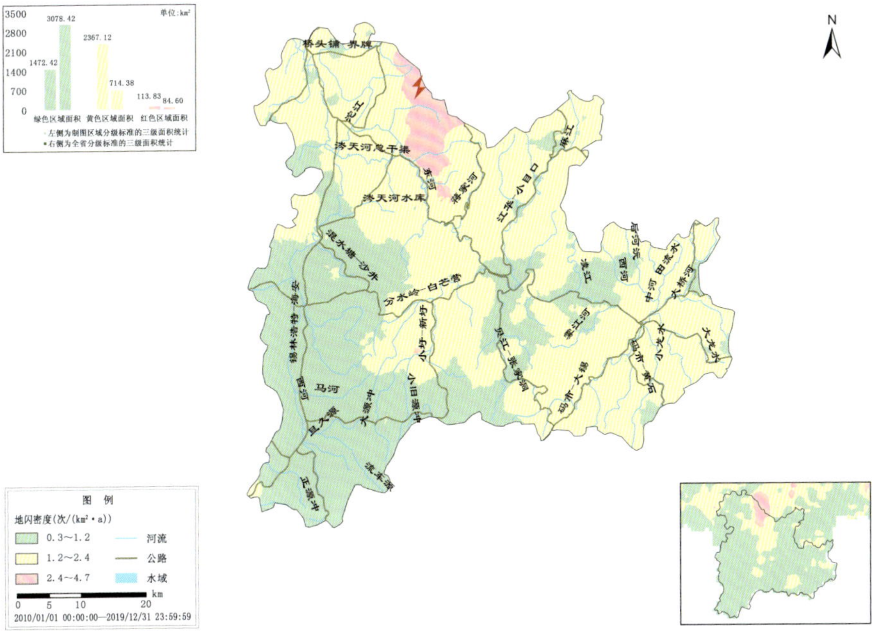

江华瑶族自治县地闪密度分布图

江华瑶族自治县地闪密度平均值为 1.39 次/(km^2·a)，低于全省地闪密度平均值，最高地闪密度值为 7.20 次/(km^2·a)，位于江华瑶族自治县北部，经纬度为(111.69°E，25.27°N)。

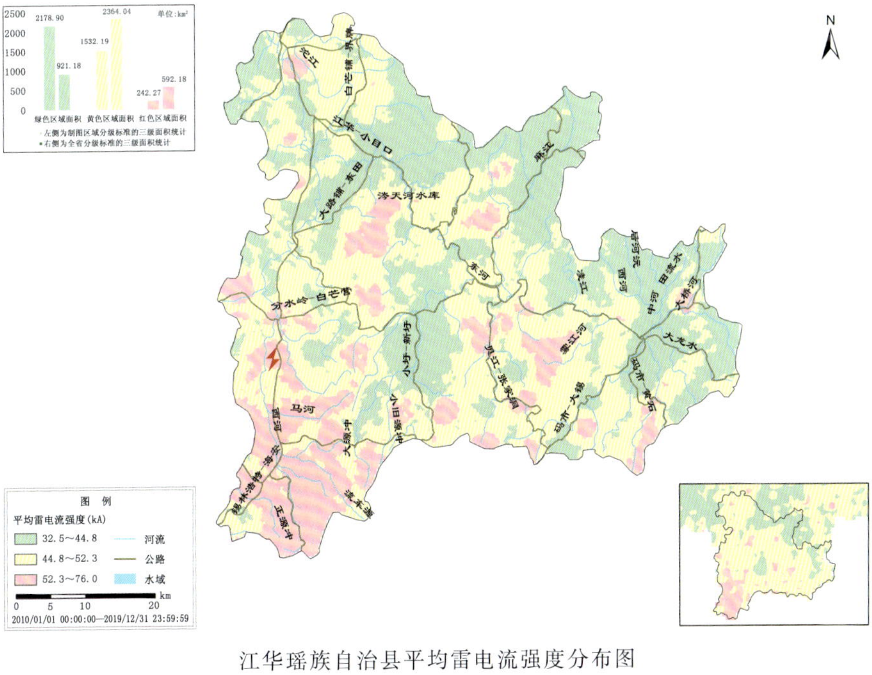

江华瑶族自治县平均雷电流强度分布图

江华瑶族自治县平均雷电流强度平均值为 47.16 kA，高于全省平均雷电流强度平均值，最高平均雷电流强度值为 196.07 kA，位于江华瑶族自治县西南部，经纬度为(111.51°E，24.90°N)。

5.13 怀化地区雷电区划

怀化市

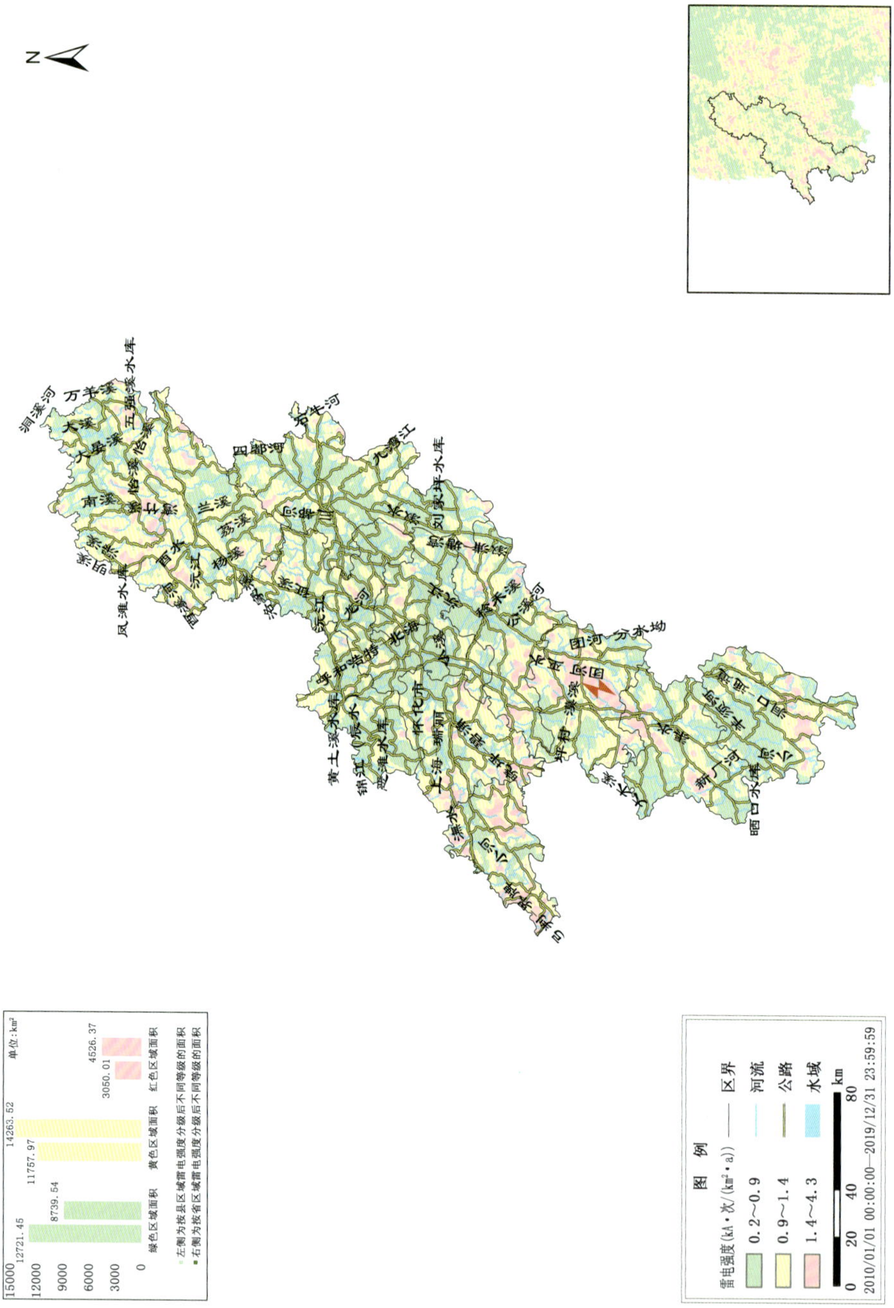

怀化市雷电强度分布图

怀化市雷电强度平均值为 1.02 kA·次/(km^2·a)，高于全省雷电强度平均值，最高雷电强度值为 6.20 kA·次/(km^2·a)，位于怀化市会同县，经纬度为(109.84°E，26.87°N)。

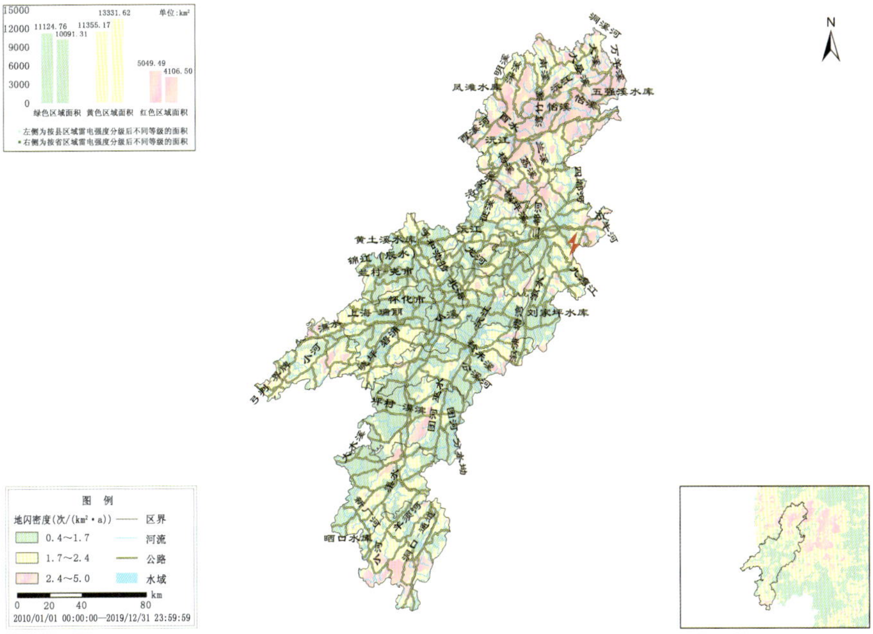

怀化市地闪密度分布图

怀化市地闪密度平均值为 1.94 次/(km^2 · a)，高于全省地闪密度平均值，最高地闪密度值为 10.40 次/(km^2 · a)，位于怀化市溆浦县，经纬度为(110.77°E，27.87°N)。

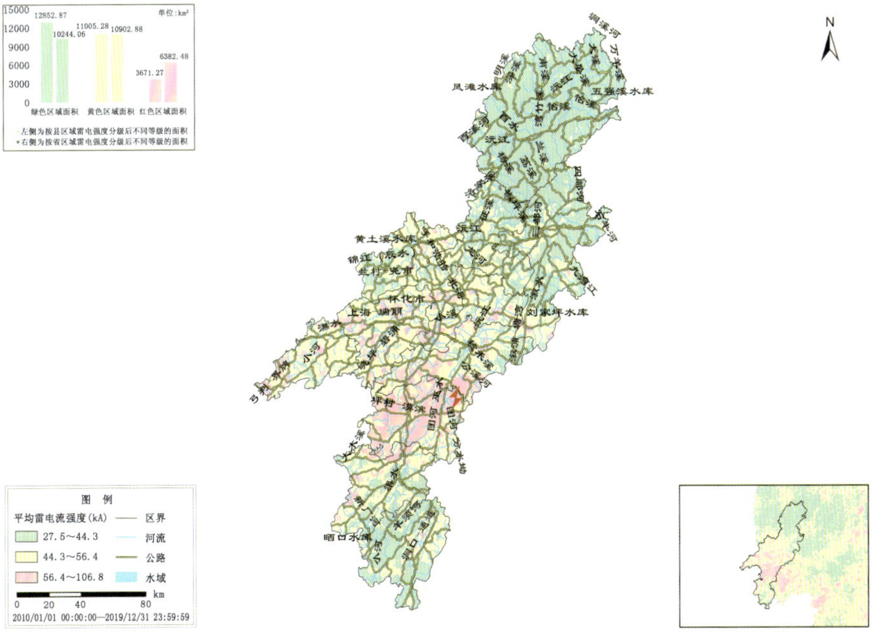

怀化市平均雷电流强度分布图

怀化市平均雷电流强度平均值为 46.93 kA，高于全省平均雷电流强度平均值，最高平均雷电流强度值为 253.02 kA，位于怀化市会同县，经纬度为(110.06°E，27.02°N)。

鹤城区

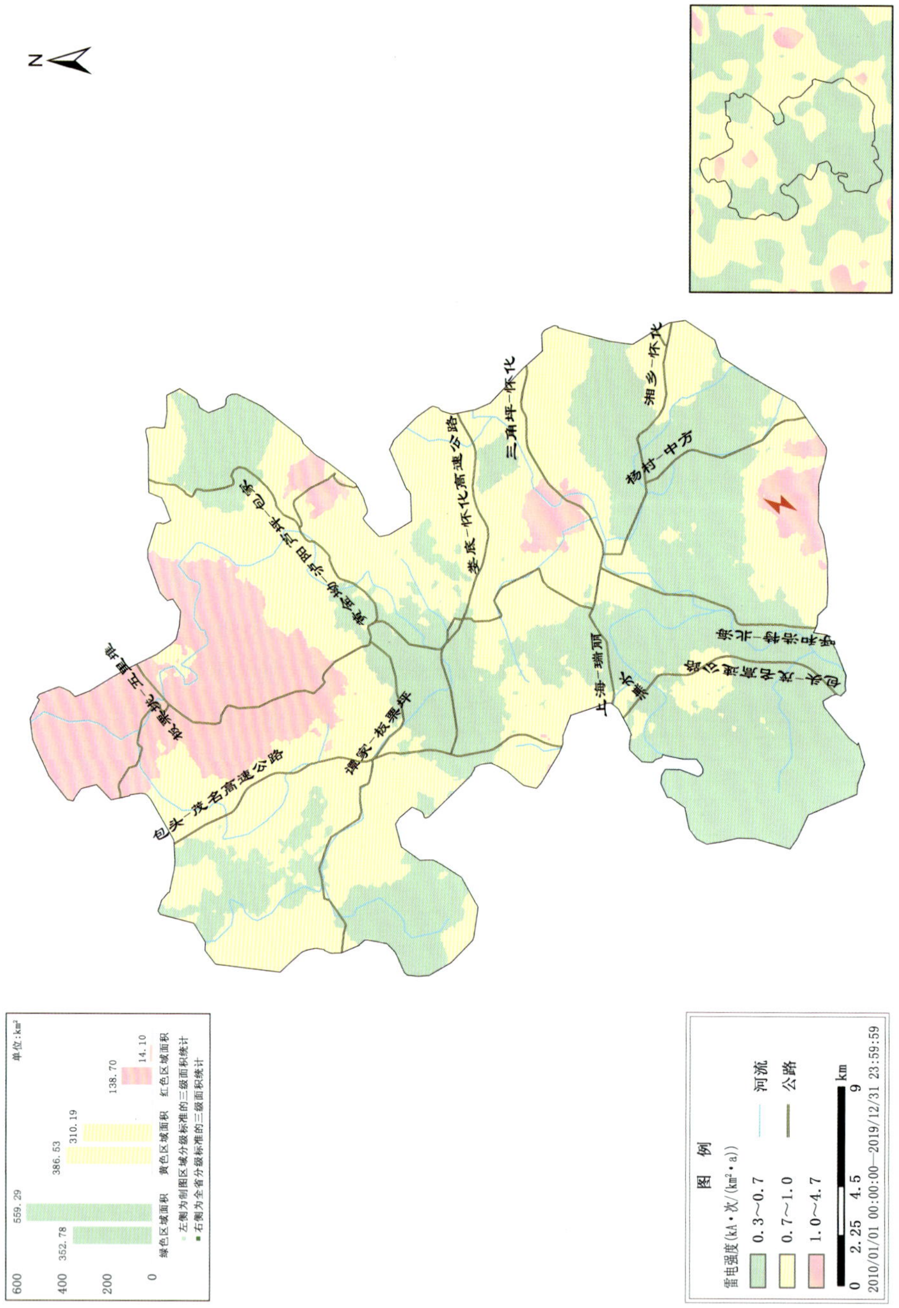

鹤城区雷电强度分布图

鹤城区雷电强度平均值为 0.82 kA·次/(km² ·a),低于全省雷电强度平均值,最高雷电强度值为 3.00 kA·次/(km² ·a),位于鹤城区南部,经纬度为(110.01°E,27.48°N)。

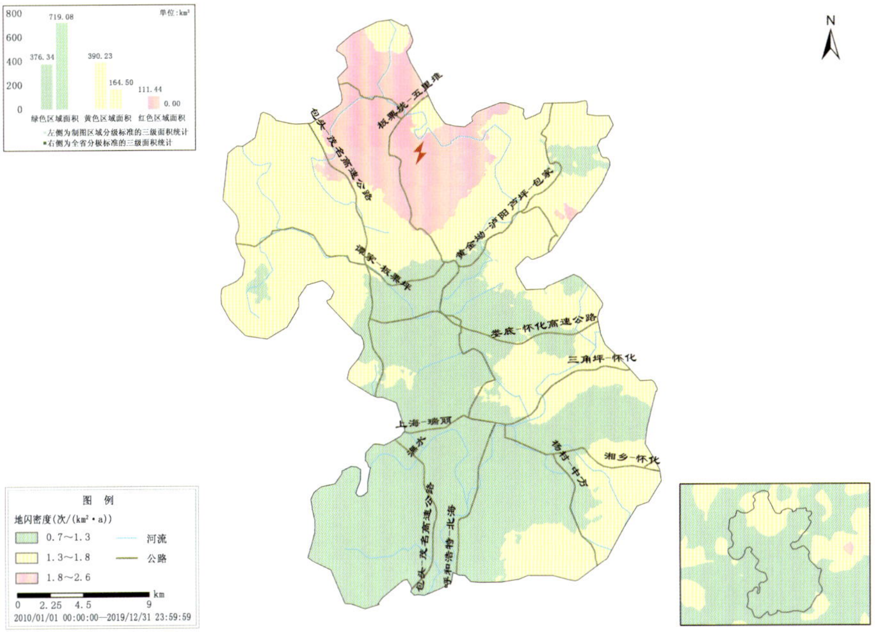

鹤城区地闪密度分布图

鹤城区地闪密度平均值为 1.39 次/(km^2·a)，低于全省地闪密度平均值，最高地闪密度值为 3.50 次/(km^2·a)，位于鹤城区北部，经纬度为(109.92°E，27.70°N)。

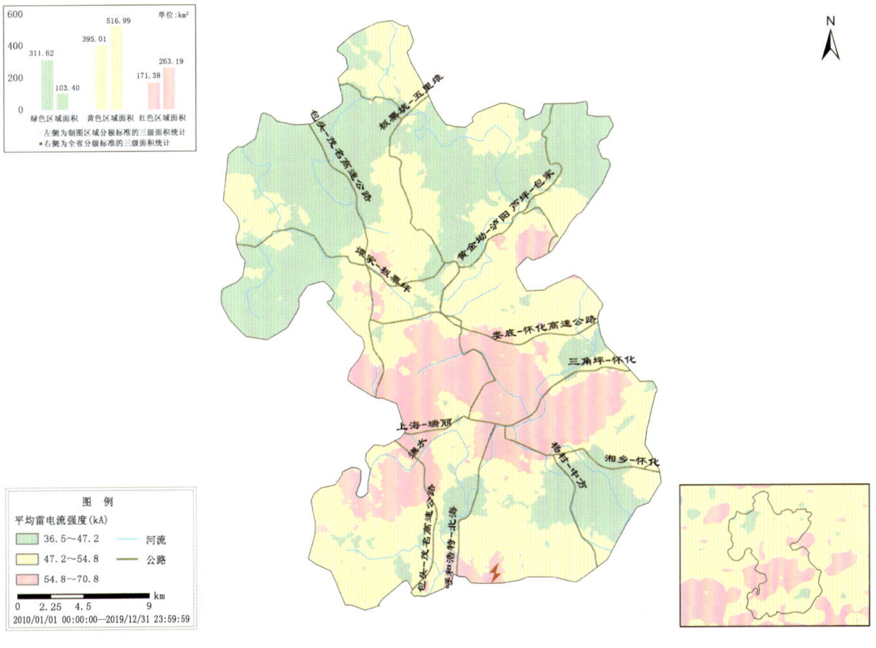

鹤城区平均雷电流强度分布图

鹤城区平均雷电流强度平均值为 49.74 kA，高于全省平均雷电流强度平均值，最高平均雷电流强度值为 121.57 kA，位于鹤城区南部，经纬度为(109.87°E，27.51°N)。

洪江市

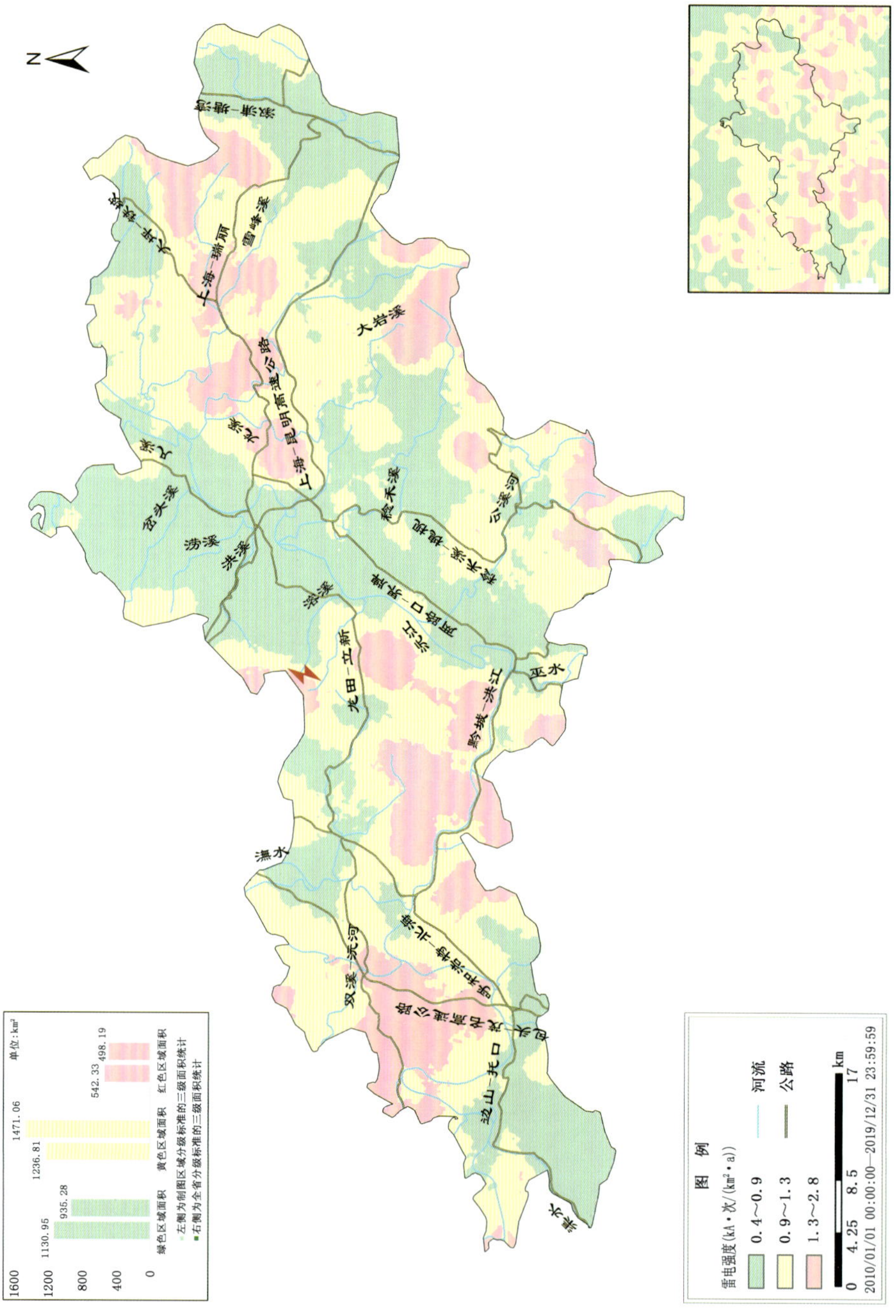

洪江市雷电强度分布图

洪江市雷电强度平均值为 1.04 kA·次/(km² ·a),高于全省雷电强度平均值,最高雷电强度值为 5.40 kA·次/(km² ·a),位于洪江市北部,经纬度为(110.29°E,27.17°N)。

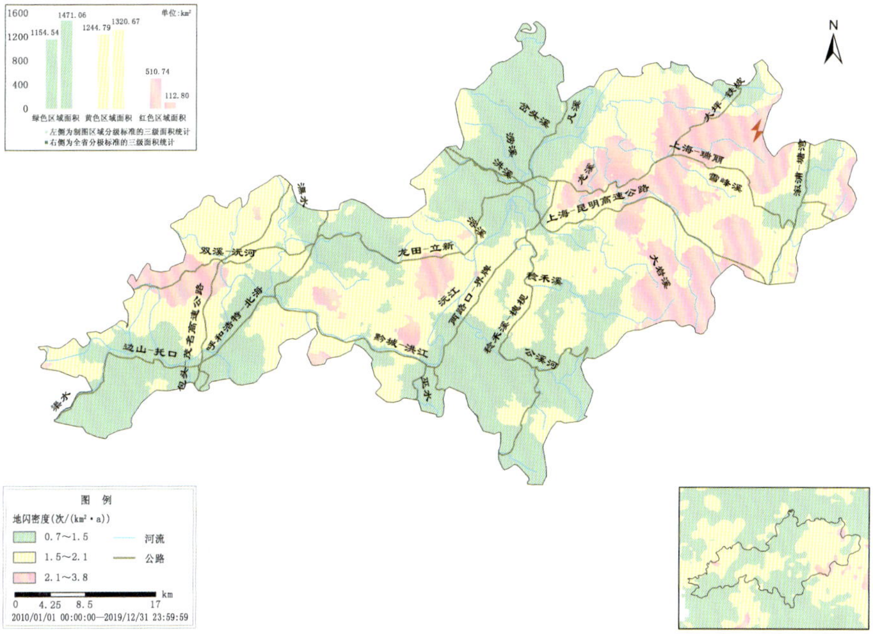

洪江市地闪密度分布图

洪江市地闪密度平均值为 1.72 次/(km²·a),低于全省地闪密度平均值,最高地闪密度值为 7.20 次/(km²·a),位于洪江市东北部,经纬度为(110.41°E,27.37°N)。

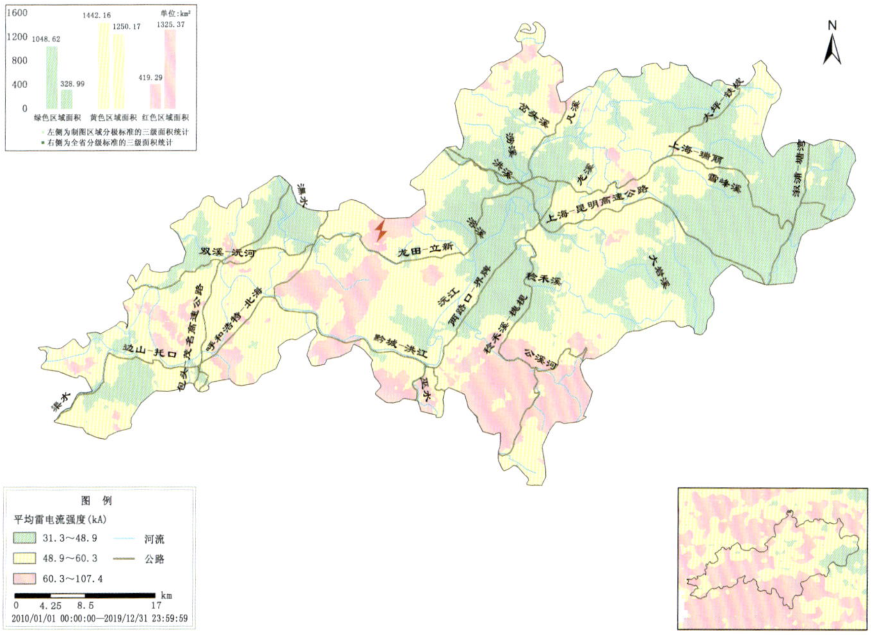

洪江市平均雷电流强度分布图

洪江市平均雷电流强度平均值为 52.43 kA,高于全省平均雷电流强度平均值,最高平均雷电流强度值为 224.16 kA,位于洪江市中北部,经纬度为(110.12°E,27.12°N)。

中方县

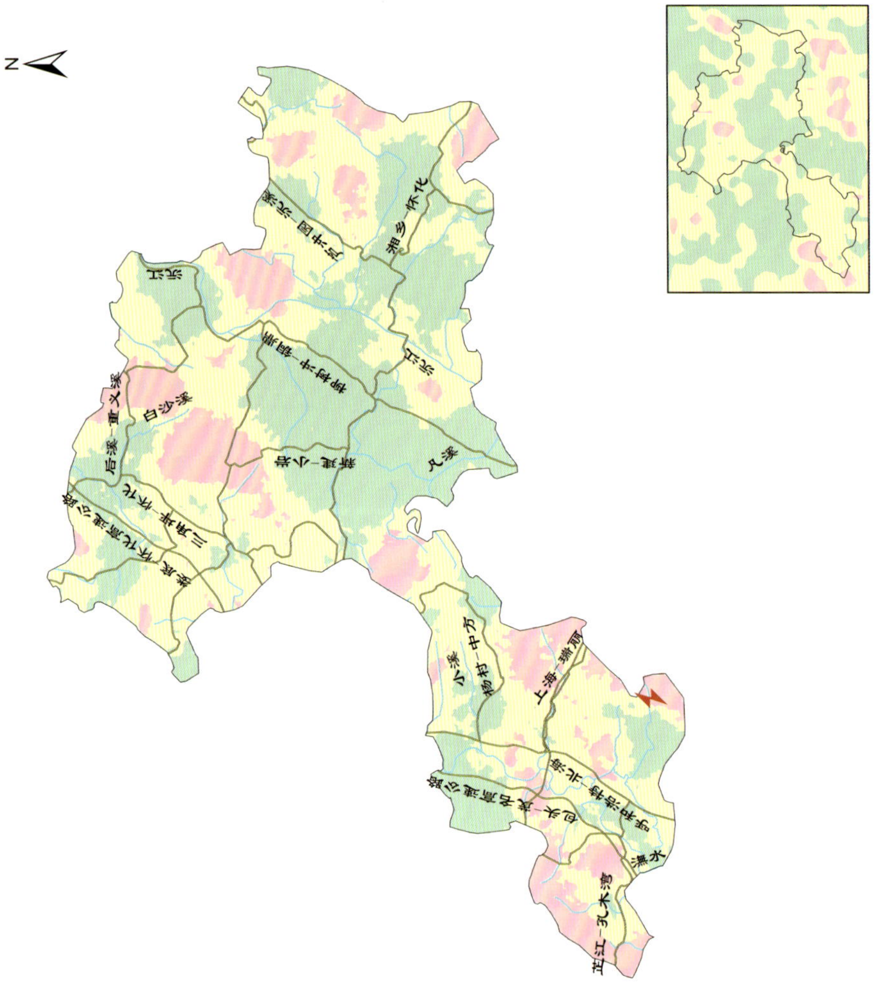

中方县雷电强度分布图

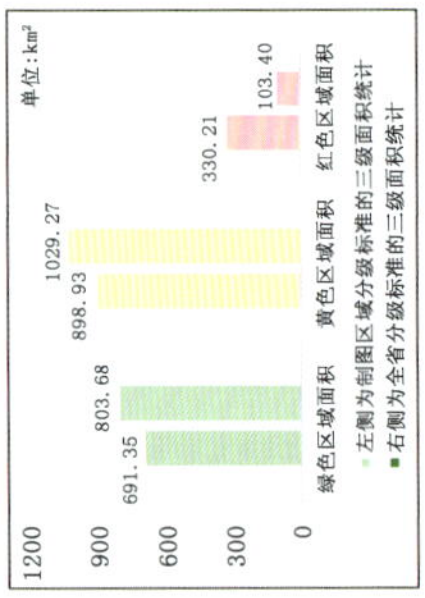

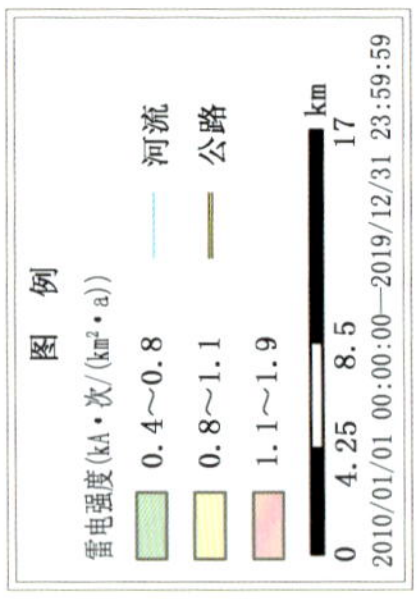

中方县雷电强度平均值为 0.92 kA·次/(km²·a)，低于全省雷电强度平均值，最高雷电强度值为 3.93 kA·次/(km²·a)，位于中方县西南部，经纬度为(110.32°E，27.58°N)。

中方县地闪密度分布图

中方县地闪密度平均值为1.58次/(km²·a),低于全省地闪密度平均值,最高地闪密度值为5.00次/(km²·a),位于中方县北部,经纬度为(110.17°E,27.63°N)。

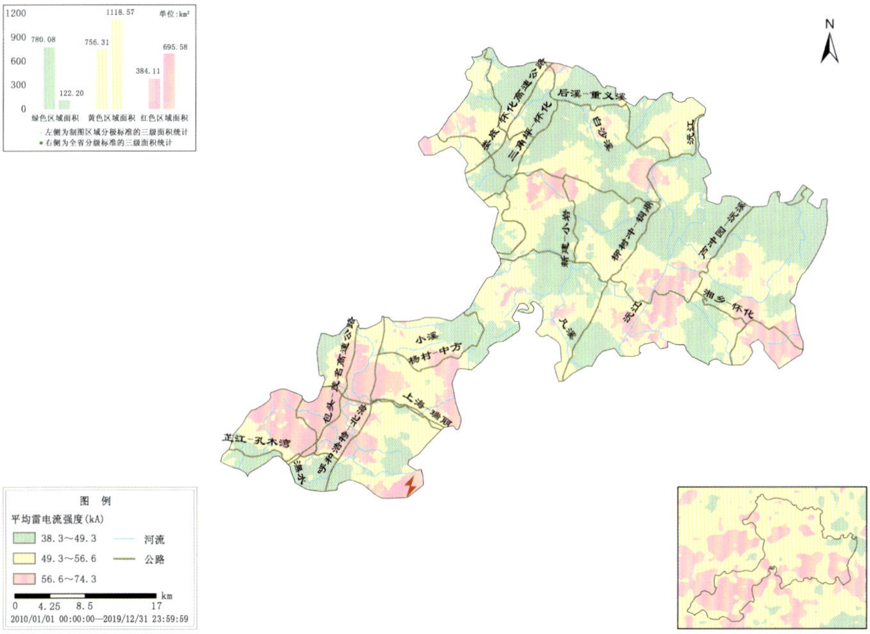

中方县平均雷电流强度分布图

中方县平均雷电流强度平均值为51.49 kA,高于全省平均雷电流强度平均值,最高平均雷电流强度值为163.15 kA,位于中方县西南部,经纬度为(110.27°E,27.62°N)。

沅陵县

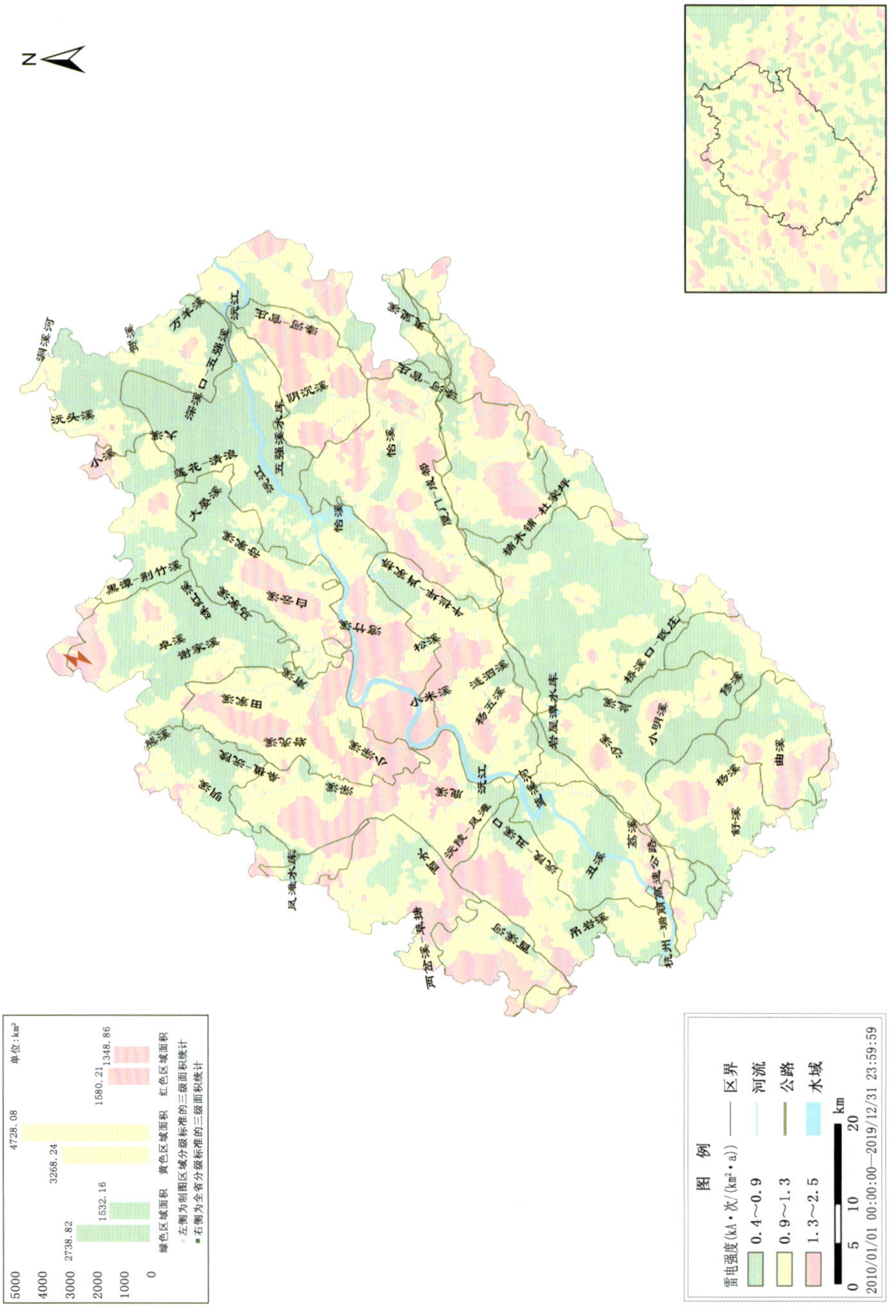

沅陵县雷电强度分布图

沅陵县雷电强度平均值为 1.08 kA·次/(km²·a)，高于全省雷电强度平均值，最高雷电强度值为 4.47 kA·次/(km²·a)，位于沅陵县北部，经纬度为(110.54°E，28.98°N)。

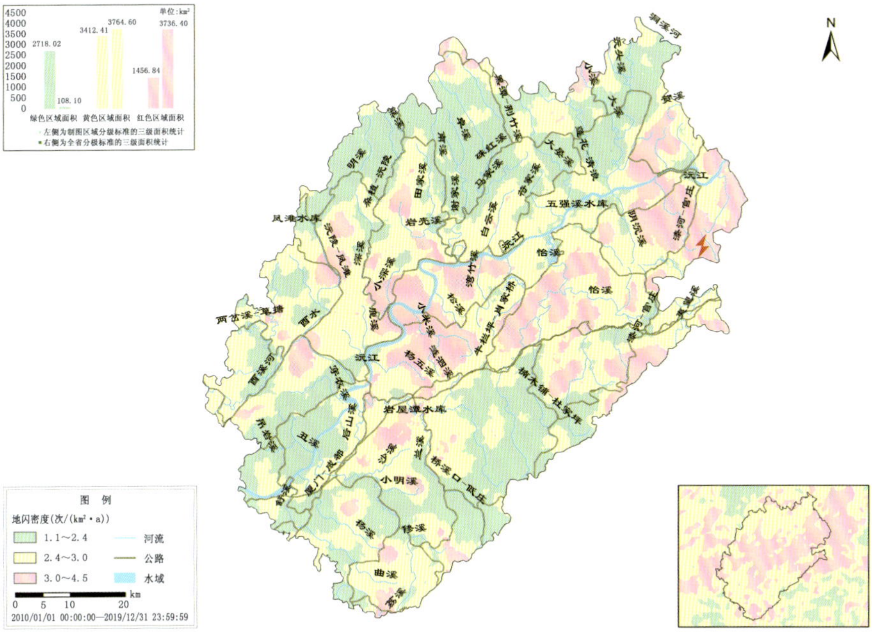

沅陵县地闪密度分布图

沅陵县地闪密度平均值为 2.61 次/(km² · a)，高于全省地闪密度平均值，最高地闪密度值为 7.50 次/(km² · a)，位于沅陵县东部，经纬度为(111.03°E，28.67°N)。

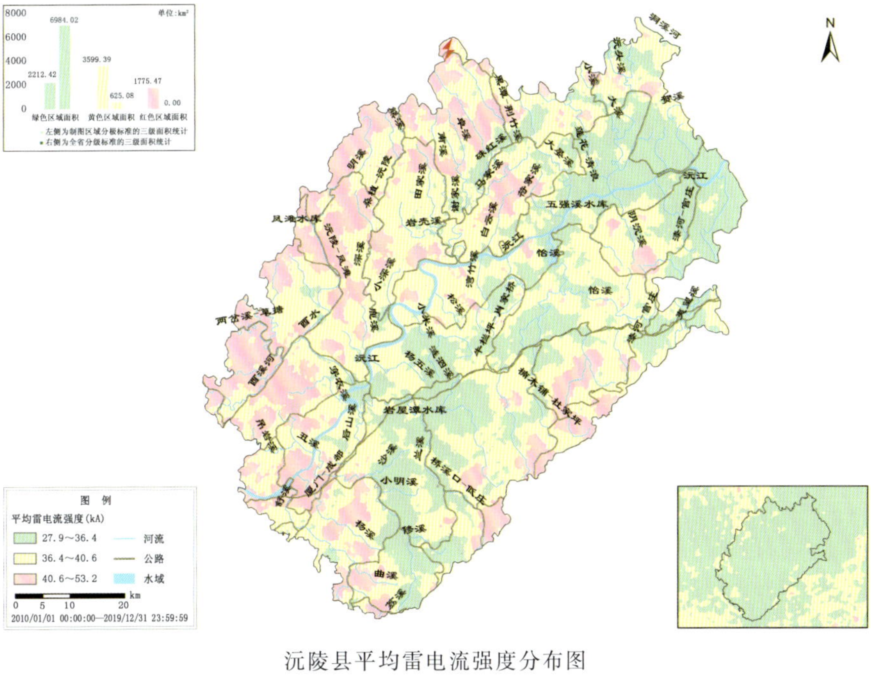

沅陵县平均雷电流强度分布图

沅陵县平均雷电流强度平均值为 38.35 kA，低于全省平均雷电流强度平均值，最高平均雷电流强度值为 113.55 kA，位于沅陵县北部，经纬度为(110.60°E，28.30°N)。

辰溪县

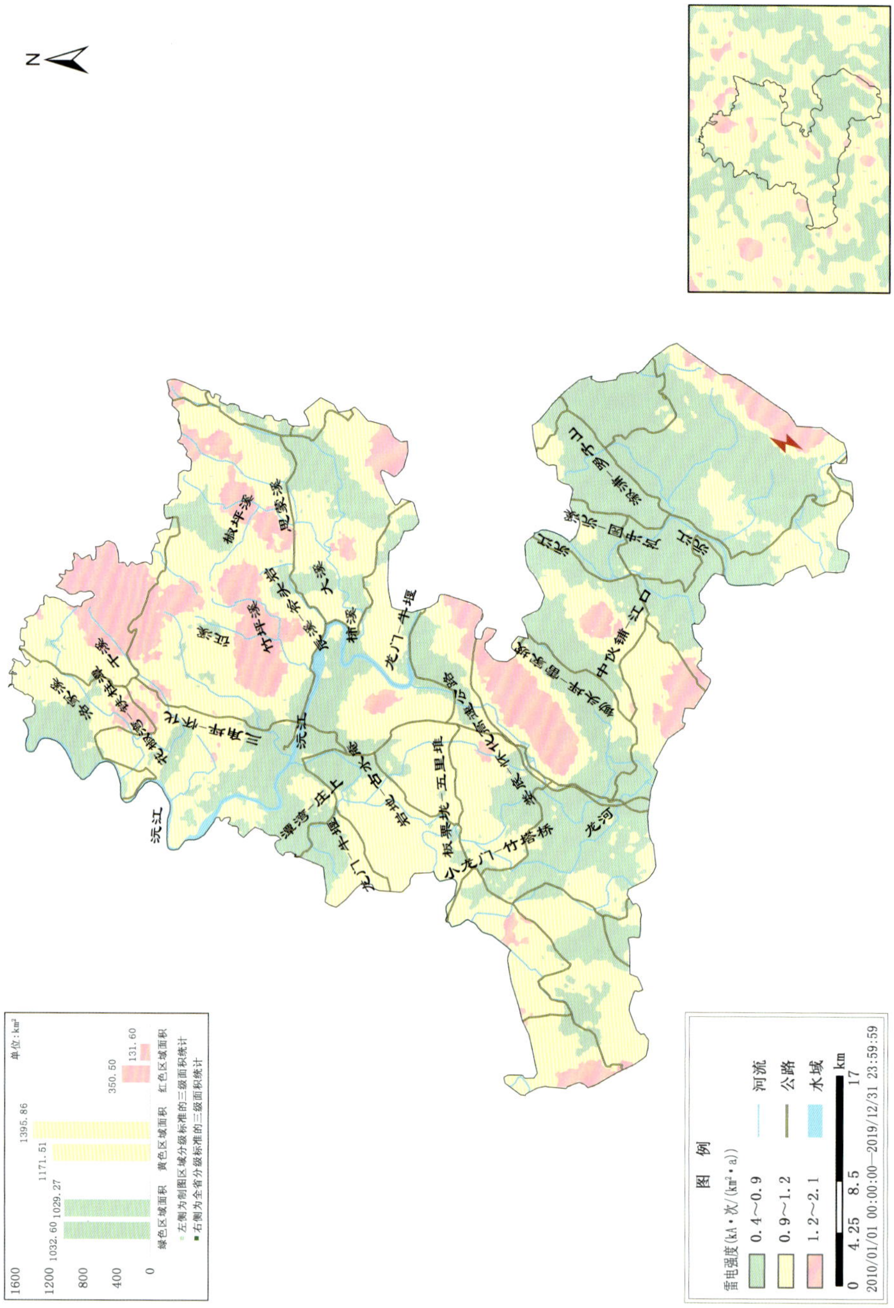

辰溪县雷电强度分布图

辰溪县雷电强度平均值为 0.96 kA·次/(km² ·a)，高于全省雷电强度平均值，最高雷电强度值为 4.00 kA·次/(km² ·a)，位于辰溪县东南部，经纬度为(110.32°E，28.12°N)。

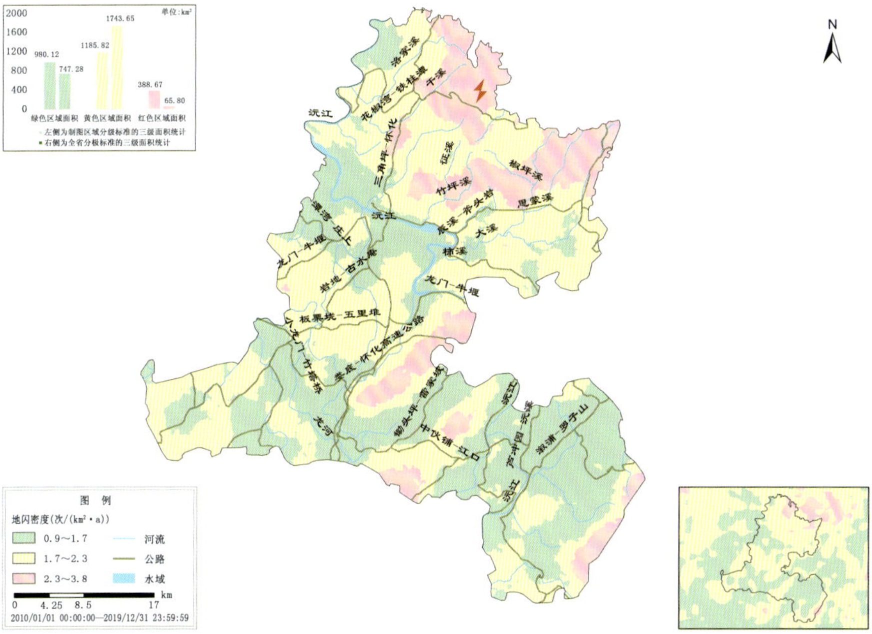

辰溪县地闪密度分布图

辰溪县地闪密度平均值为 1.85 次/(km² · a)，低于全省地闪密度平均值，最高地闪密度值为 5.90 次/(km² · a)，位于辰溪县北部，经纬度为(110.32°E，28.12°N)。

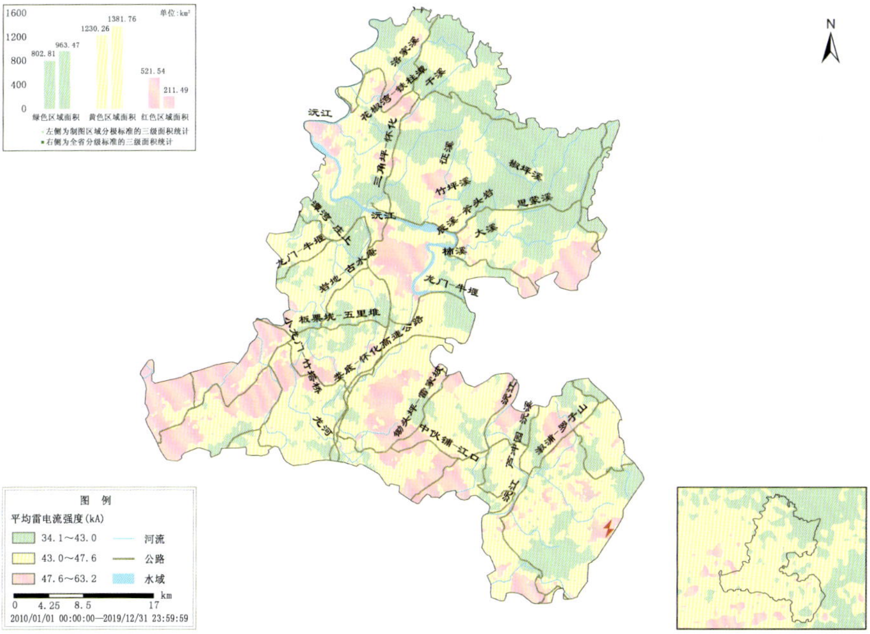

辰溪县平均雷电流强度分布图

辰溪县平均雷电流强度平均值为 44.80 kA，高于全省平均雷电流强度平均值，最高平均雷电流强度值为 157.69 kA，位于辰溪县东南部，经纬度为(110.43°E，27.77°N)。

溆浦县

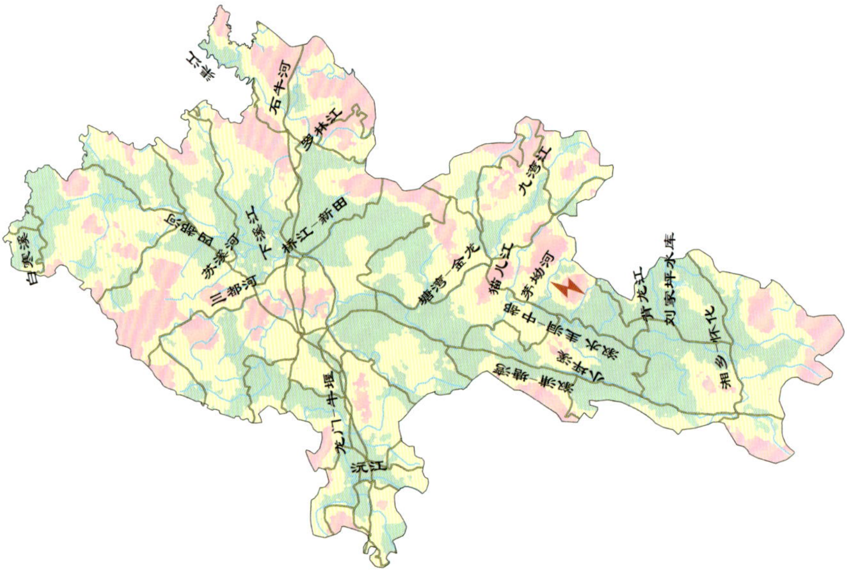

溆浦县雷电强度分布图

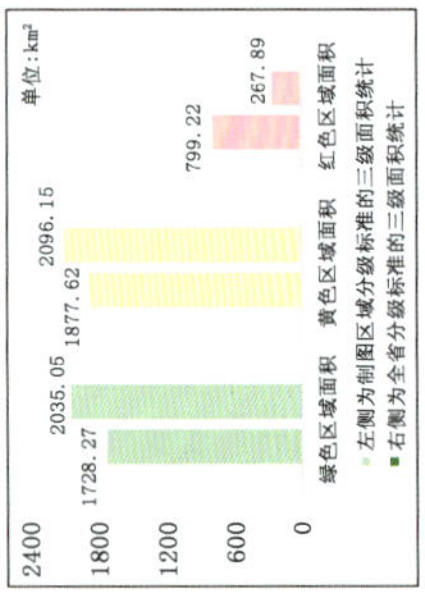

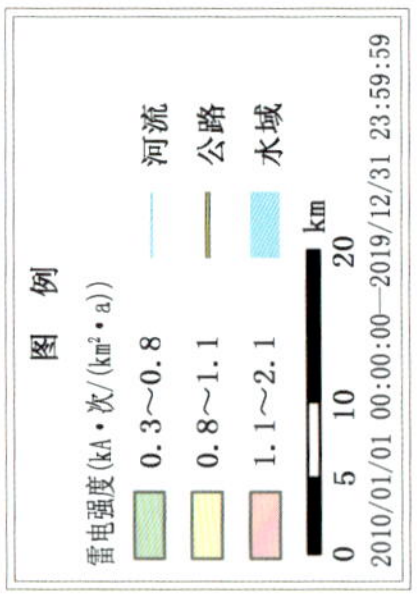

溆浦县雷电强度平均值为 0.91 kA·次/(km²·a)，低于全省雷电强度平均值，最高雷电强度值为 4.67 kA·次/(km²·a)，位于溆浦县南部，经纬度为(110.64°E，27.61°N)。

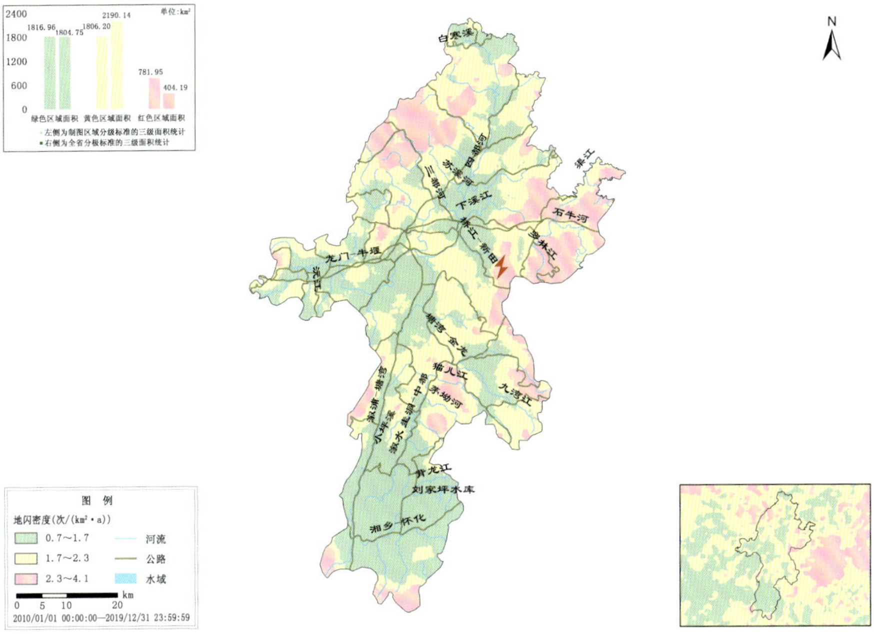

溆浦县地闪密度分布图

溆浦县地闪密度平均值为 1.86 次/(km^2·a)，低于全省地闪密度平均值，最高地闪密度值为 10.40 次/(km^2·a)，位于溆浦县东部，经纬度为(110.77°E，27.87°N)。

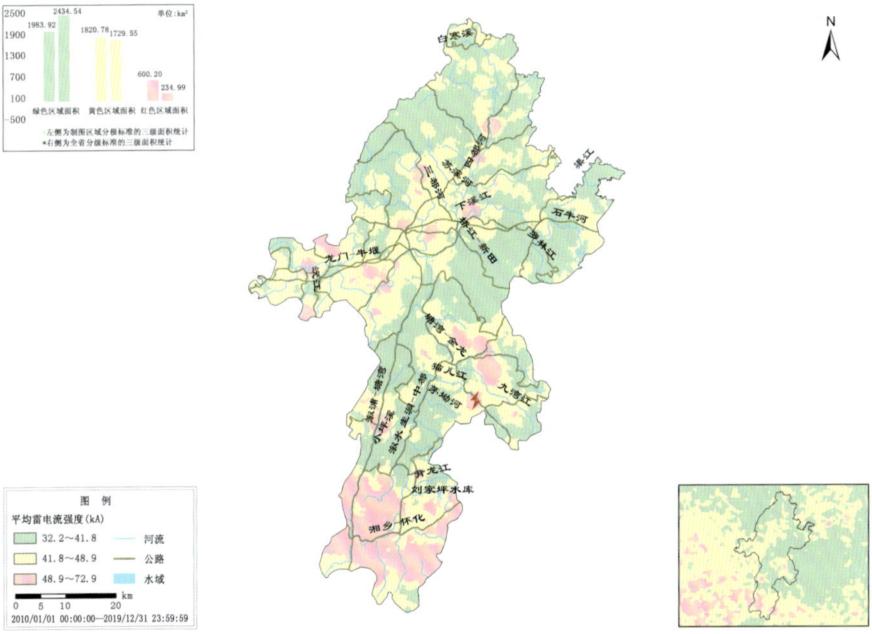

溆浦县平均雷电流强度分布图

溆浦县平均雷电流强度平均值为 43.43 kA，低于全省平均雷电流强度平均值，最高平均雷电流强度值为 252.59 kA，位于溆浦县东南部，经纬度为(110.53°E，27.61°N)。

会同县

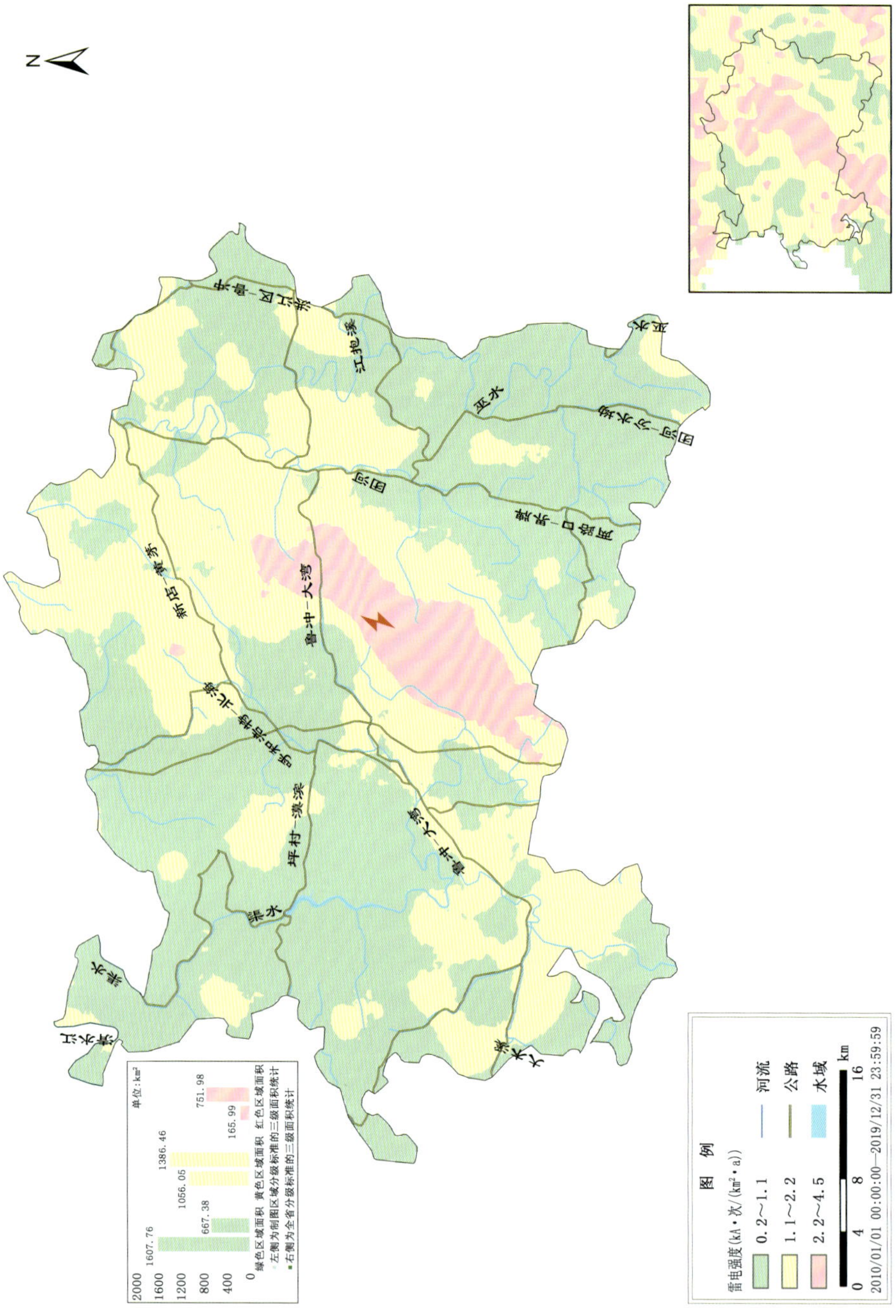

会同县雷电强度分布图

会同县雷电强度平均值为 1.19 kA·次/(km^2·a)，高于全省雷电强度平均值，最高雷电强度值为 6.20 kA·次/(km^2·a)，位于会同县中部，经纬度为(109.84°E，26.87°N)。

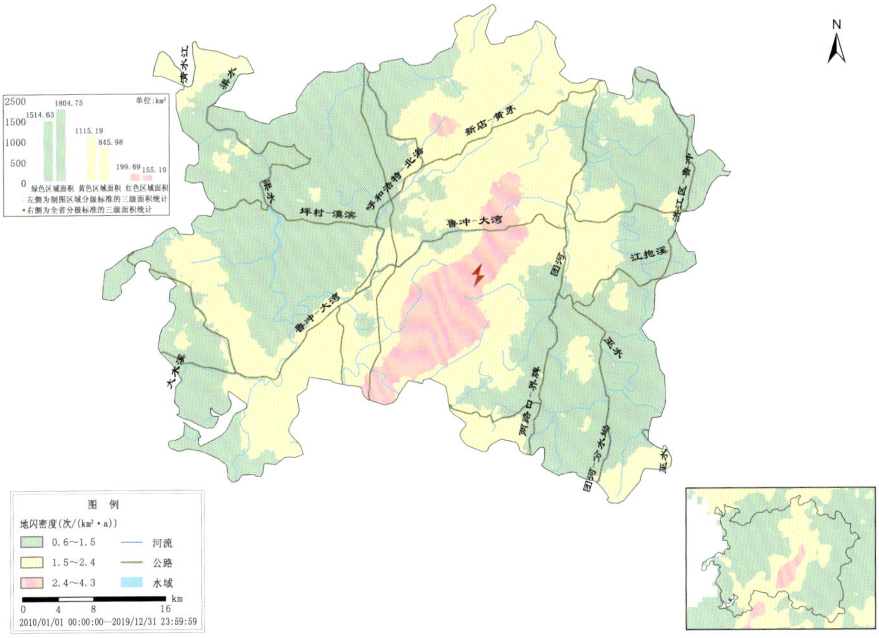

会同县地闪密度分布图

会同县地闪密度平均值为 1.59 次/(km²·a)，低于全省地闪密度平均值，最高地闪密度值为 5.80 次/(km²·a)，位于会同县中部，经纬度为(109.85°E,26.89°N)。

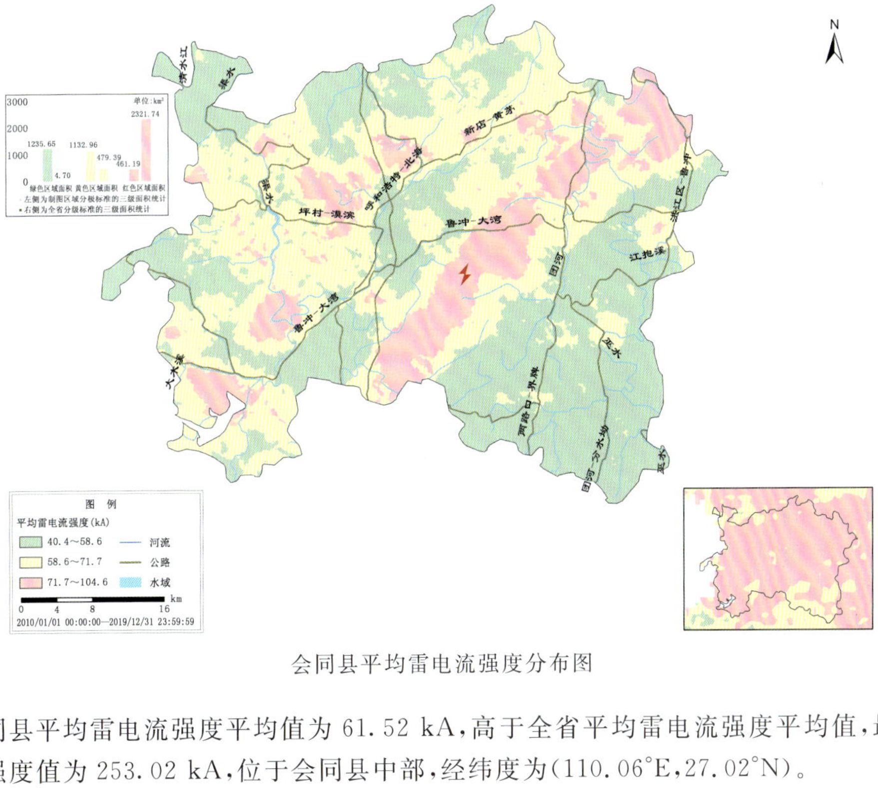

会同县平均雷电流强度分布图

会同县平均雷电流强度平均值为 61.52 kA，高于全省平均雷电流强度平均值，最高平均雷电流强度值为 253.02 kA，位于会同县中部，经纬度为(110.06°E,27.02°N)。

麻阳苗族自治县

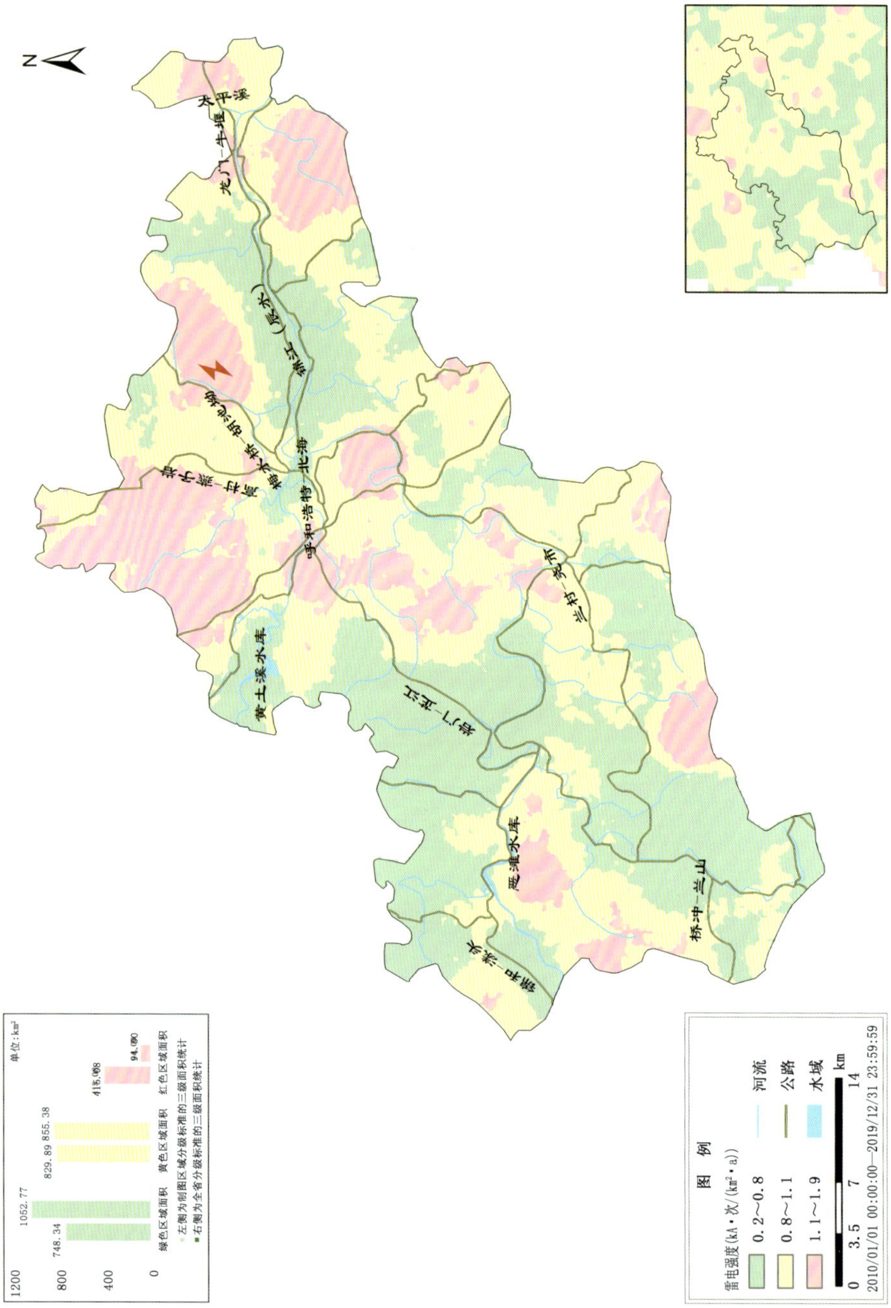

麻阳苗族自治县雷电强度分布图

麻阳苗族自治县雷电强度平均值为 0.88 kA·次/(km^2·a)，低于全省雷电强度平均值，最高雷电强度值为 3.27 kA·次/(km^2·a)，位于麻阳苗族自治县东北部，经纬度为(109.86°E，27.91°N)。

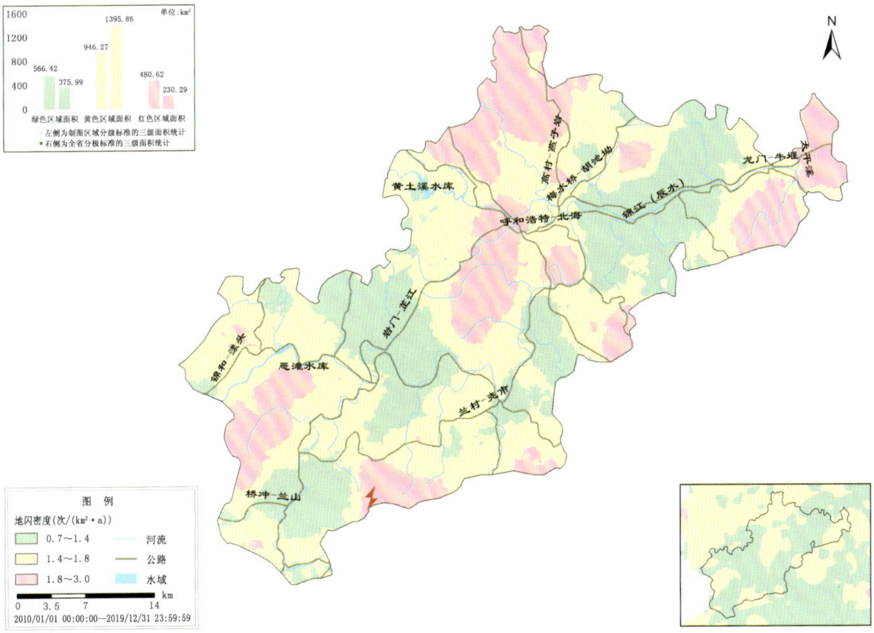

麻阳苗族自治县地闪密度分布图

麻阳苗族自治县地闪密度平均值为 1.61 次/(km^2·a)，低于全省地闪密度平均值，最高地闪密度值为 4.30 次/(km^2·a)，位于麻阳苗族自治县南部，经纬度为(109.61°E，27.63°N)。

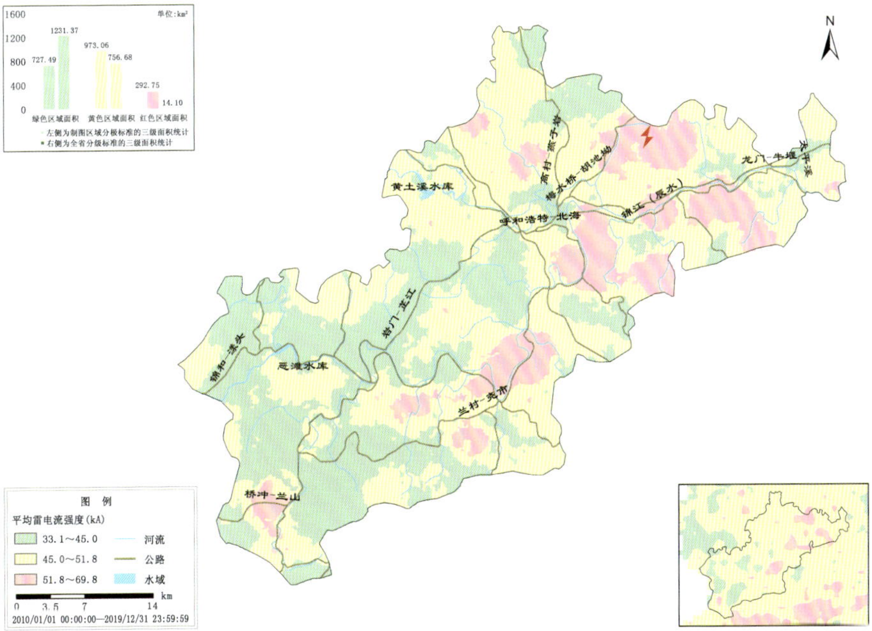

麻阳苗族自治县平均雷电流强度分布图

麻阳苗族自治县平均雷电流强度平均值为 47.00 kA，高于全省平均雷电流强度平均值，最高平均雷电流强度值为 141.78 kA，位于麻阳苗族自治县东北部，经纬度为(109.90°E，27.87°N)。

新晃侗族自治县

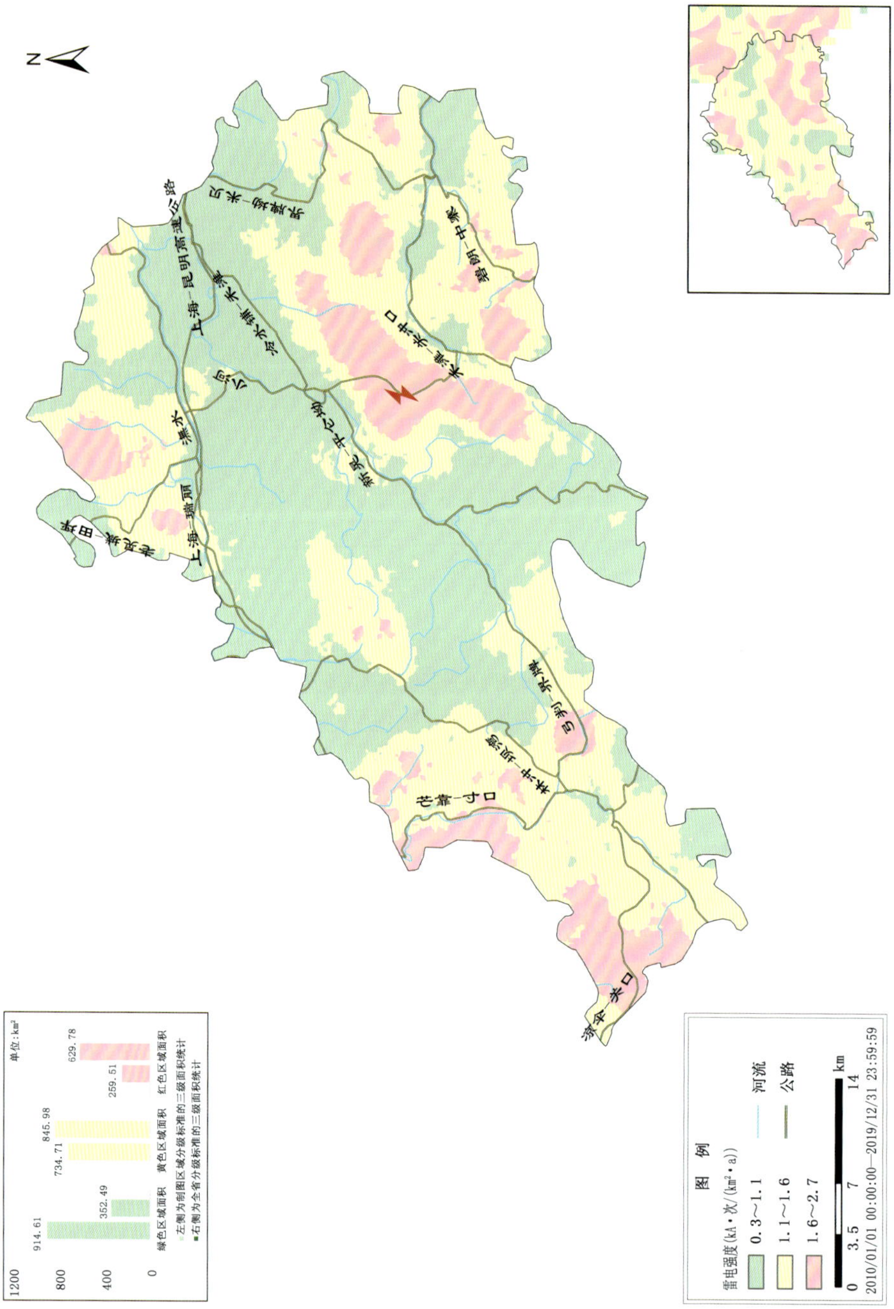

新晃侗族自治县雷电强度分布图

新晃侗族自治县雷电强度平均值为 1.18 kA·次/(km^2·a)，高于全省雷电强度平均值，最高雷电强度值为 5.60 kA·次/(km^2·a)，位于新晃侗族自治县中部，经纬度为(109.22°E，27.23°N)。

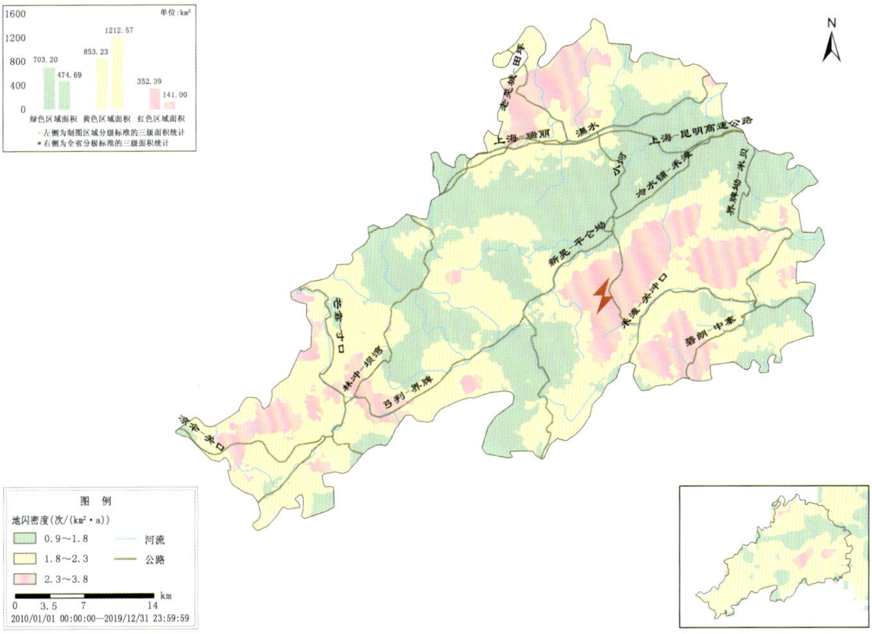

新晃侗族自治县地闪密度分布图

新晃侗族自治县地闪密度平均值为 1.95 次/(km^2·a)，高于全省地闪密度平均值，最高地闪密度值为 6.30 次/(km^2·a)，位于新晃侗族自治县中部，经纬度为(109.23°E，27.24°N)。

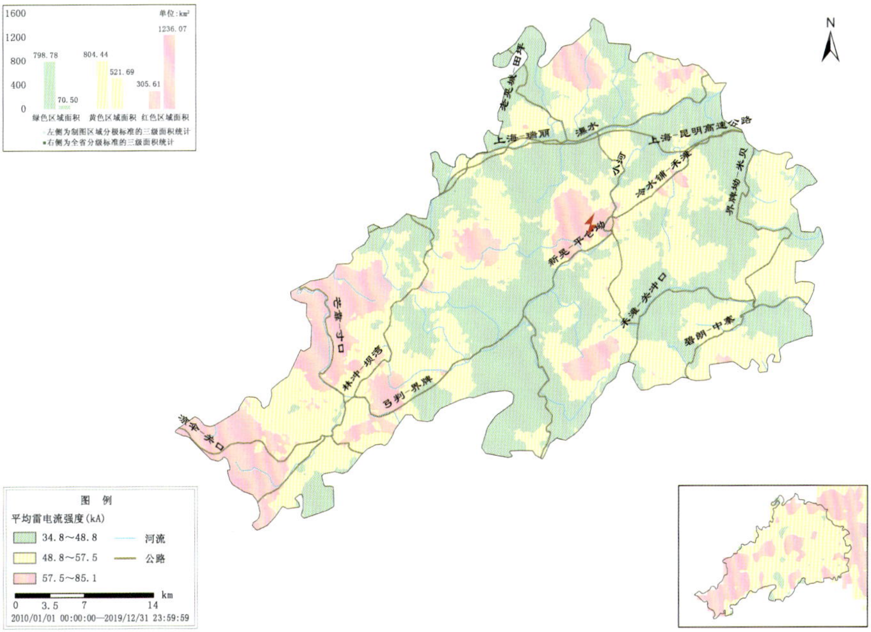

新晃侗族自治县平均雷电流强度分布图

新晃侗族自治县平均雷电流强度平均值为 51.16 kA，高于全省平均雷电流强度平均值，最高平均雷电流强度值为 170.86 kA，位于新晃侗族自治县中部，经纬度为(108.80°E，27.08°N)。

芷江侗族自治县

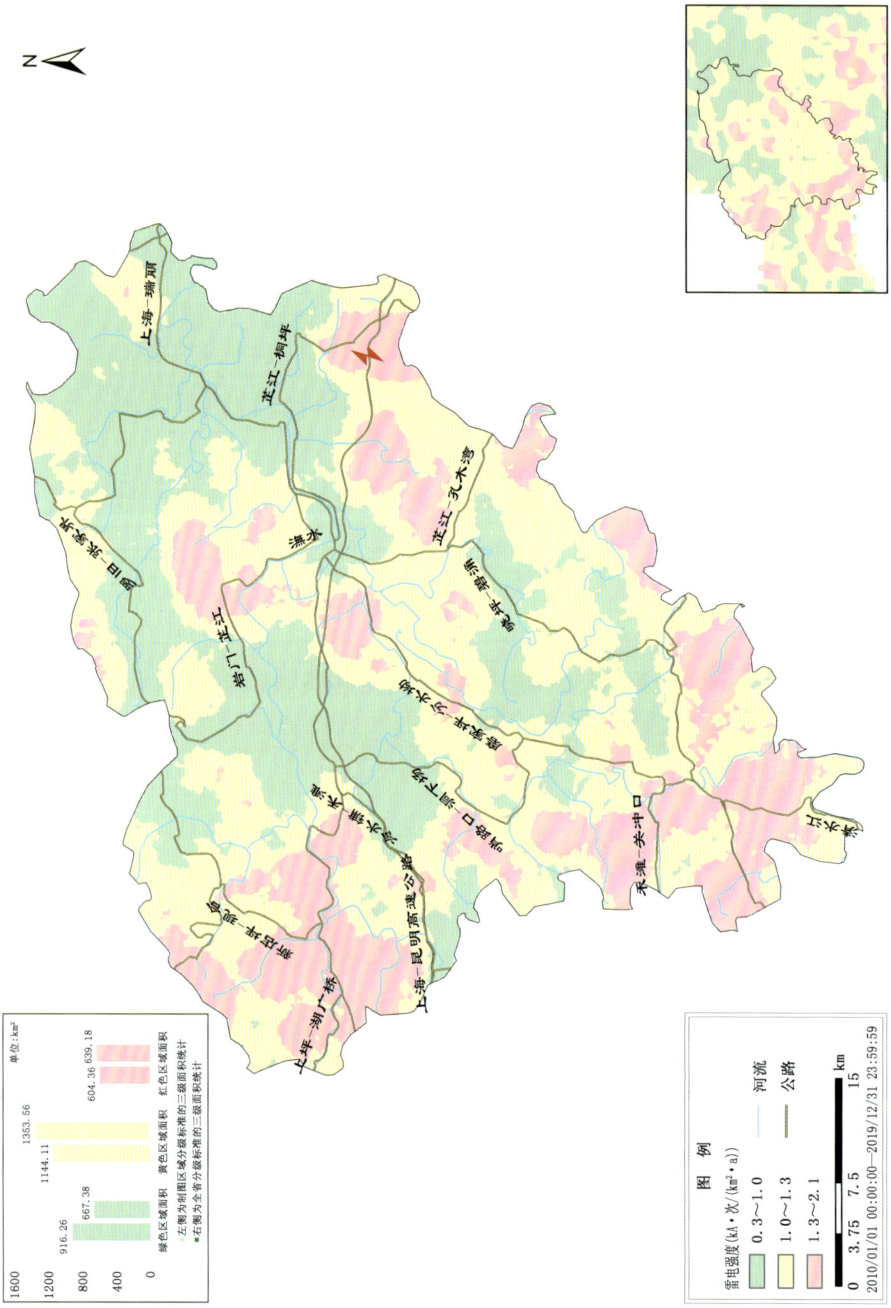

芷江侗族自治县雷电强度分布图

芷江侗族自治县雷电强度平均值为 1.11 kA·次/(km^2·a)，高于全省雷电强度平均值，最高雷电强度值为 4.40 kA·次/(km^2·a)，位于芷江侗族自治县东部，经纬度为(109.83°E，27.42°N)。

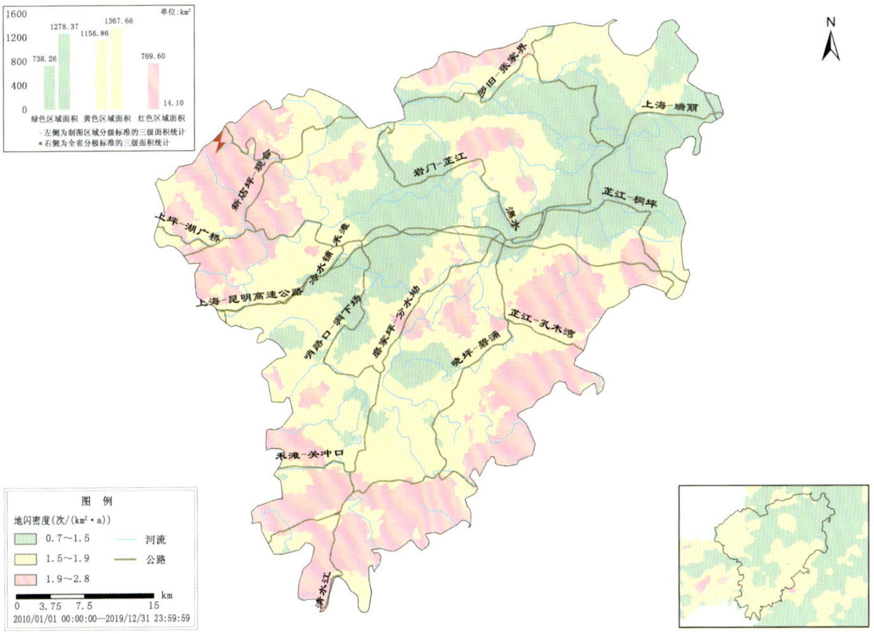

芷江侗族自治县地闪密度分布图

芷江侗族自治县地闪密度平均值为 1.71 次/(km^2 · a)，低于全省地闪密度平均值，最高地闪密度值为 5.10 次/(km^2 · a)，位于芷江侗族自治县西北部，经纬度为(109.36°E,27.52°N)。

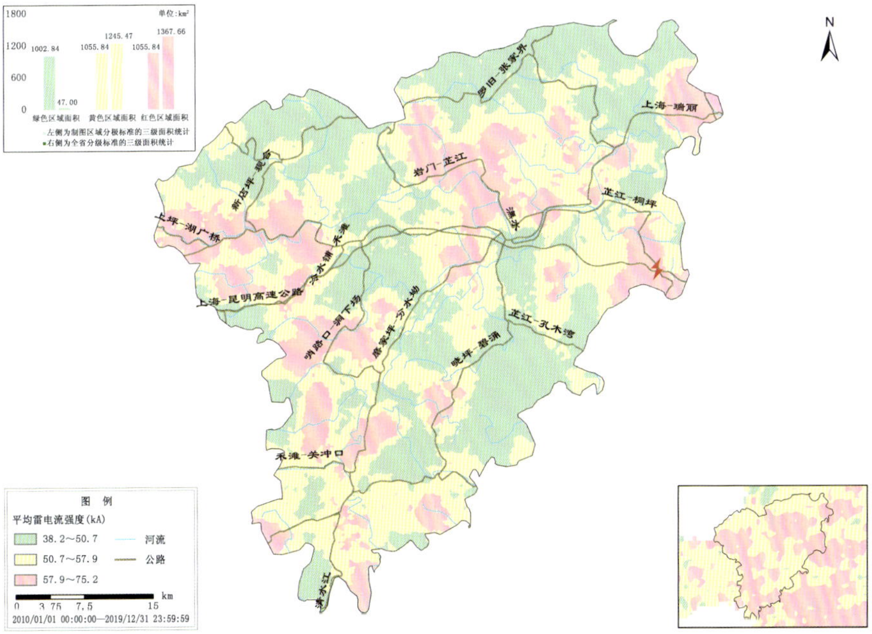

芷江侗族自治县平均雷电流强度分布图

芷江侗族自治县平均雷电流强度平均值为 53.16 kA，高于全省平均雷电流强度平均值，最高平均雷电流强度值为 160.13 kA，位于芷江侗族自治县东部，经纬度为(109.60°E,27.27°N)。

靖州苗族侗族自治县

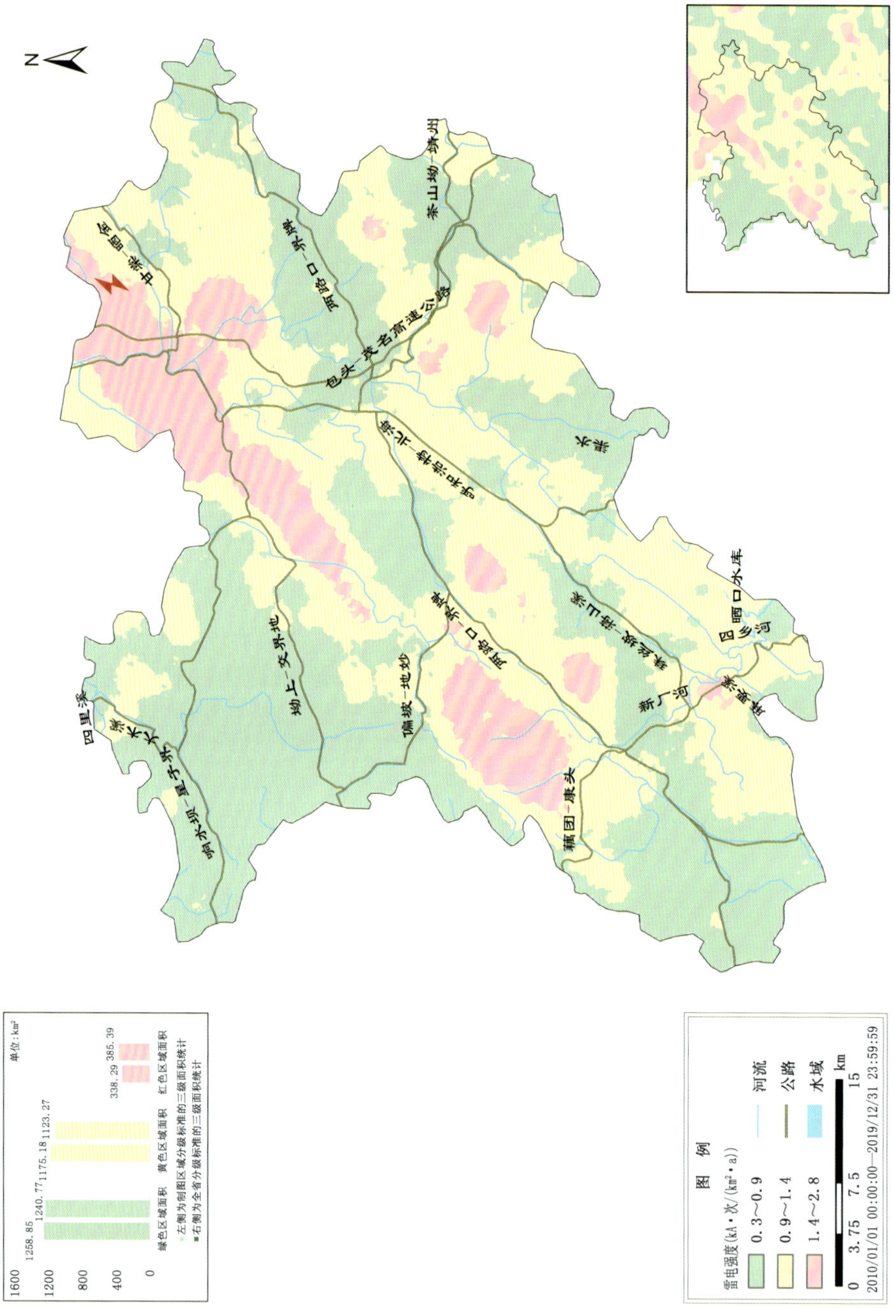

靖州苗族侗族自治县雷电强度分布图

靖州苗族侗族自治县雷电强度平均值为0.95 kA·次/(km^2·a)，高于全省雷电强度平均值，最高雷电强度值为5.07 kA·次/(km^2·a)，位于靖州苗族侗族自治县东北部，经纬度为(109.78°E，26.78°N)。

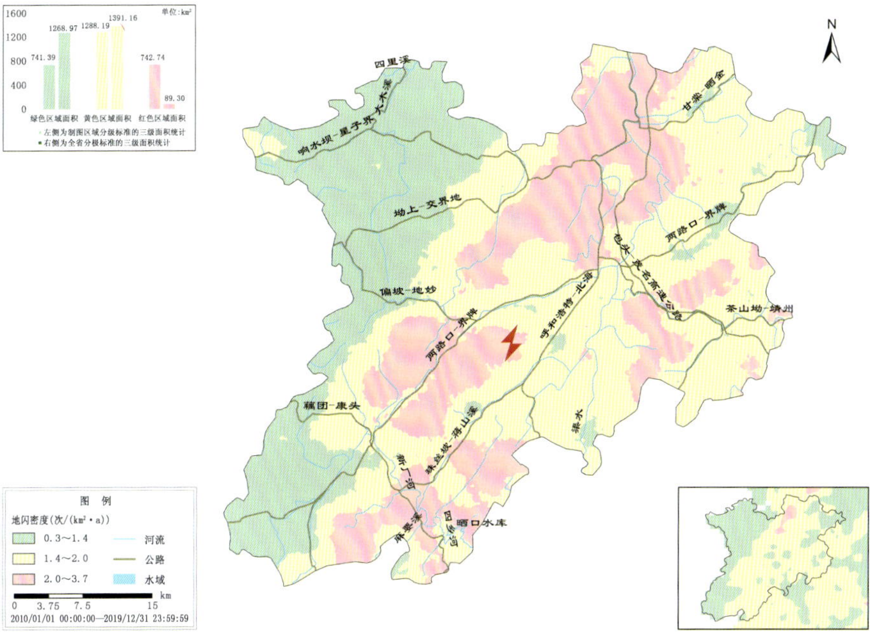

靖州苗族侗族自治县地闪密度分布图

靖州苗族侗族自治县地闪密度平均值为 1.68 次/(km^2·a)，低于全省地闪密度平均值，最高地闪密度值为 5.40 次/(km^2·a)，位于靖州苗族侗族自治县中部，经纬度为(109.56°E,26.50°N)。

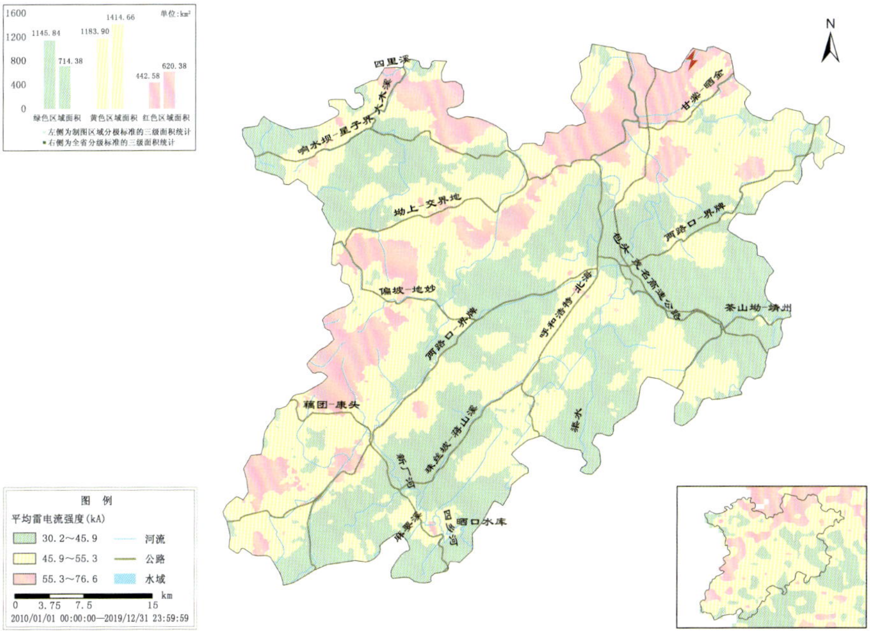

靖州苗族侗族自治县平均雷电流强度分布图

靖州苗族侗族自治县平均雷电流强度平均值为 48.27 kA，高于全省平均雷电流强度平均值，最高平均雷电流强度值为 172.87 kA，位于靖州苗族侗族自治县东北部，经纬度为(109.38°E,26.53°N)。

通道侗族自治县

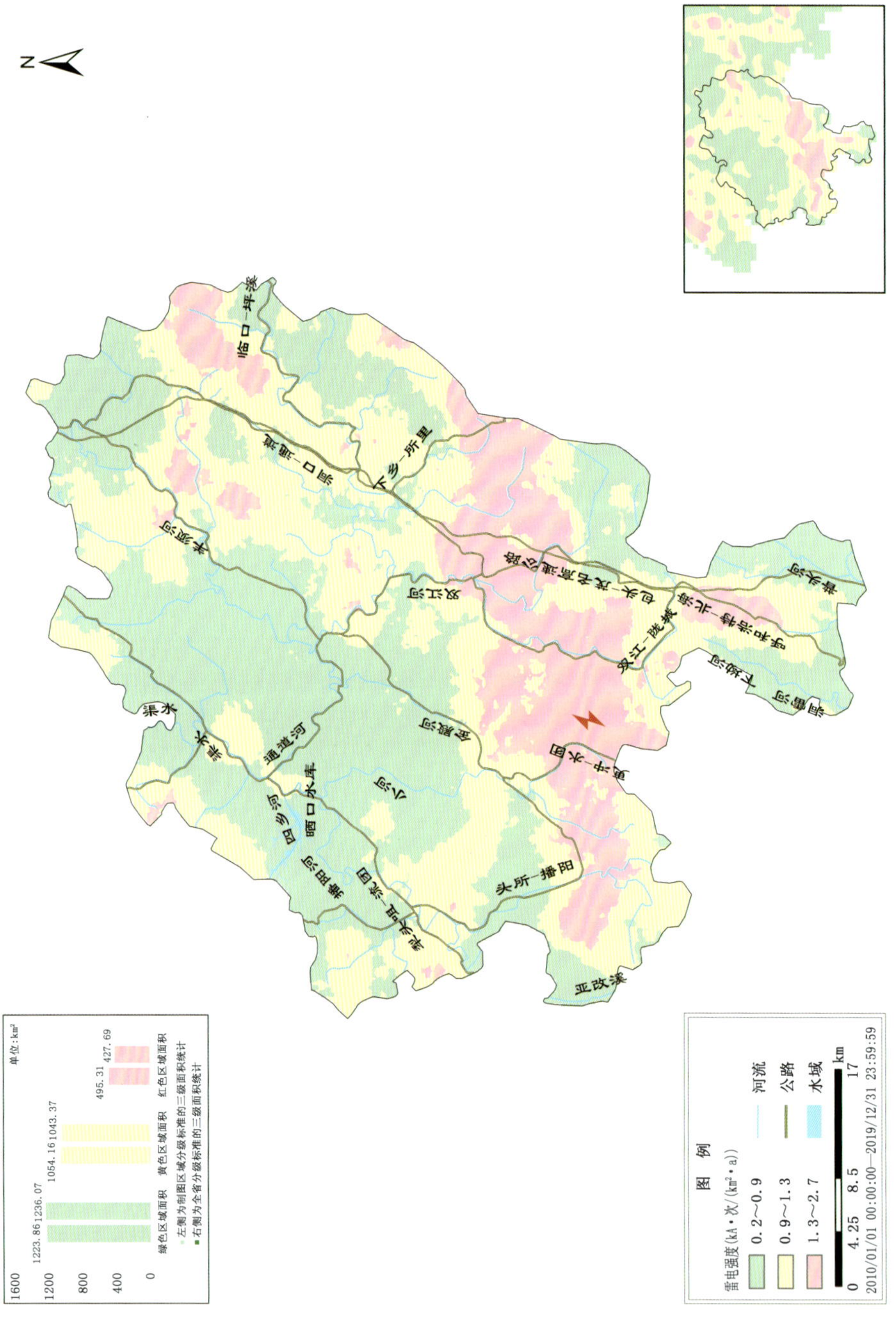

通道侗族自治县雷电强度分布图

通道侗族自治县雷电强度平均值为 0.95 kA·次/(km²·a),高于全省雷电强度平均值,最高雷电强度值为 5.07 kA·次/(km²·a),位于通道侗族自治县南部,经纬度为(109.68°E,26.09°N)。

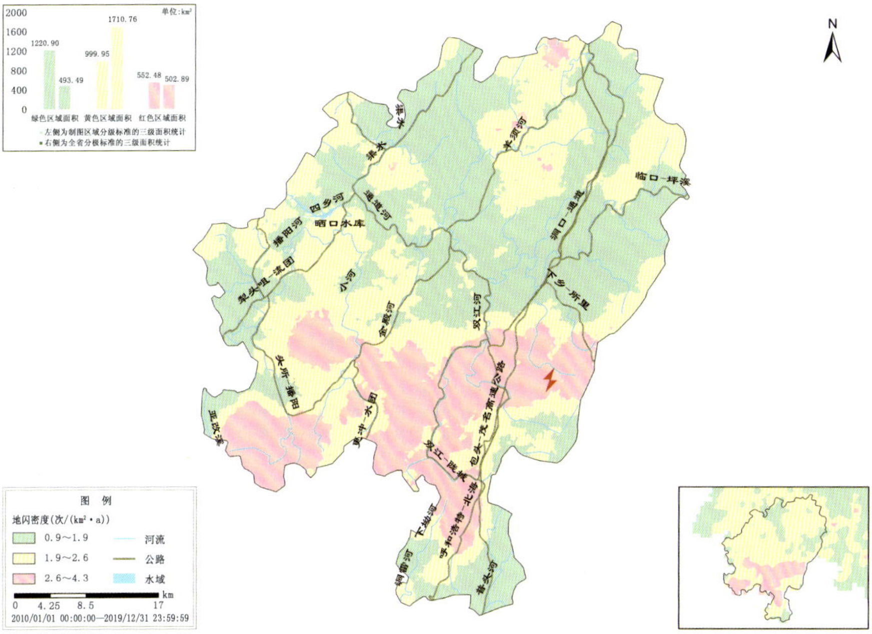

通道侗族自治县地闪密度分布图

通道侗族自治县地闪密度平均值为 2.10 次/(km^2·a),高于全省地闪密度平均值,最高地闪密度值为 6.20 次/(km^2·a),位于通道侗族自治县东南部,经纬度为(109.85°E,26.12°N)。

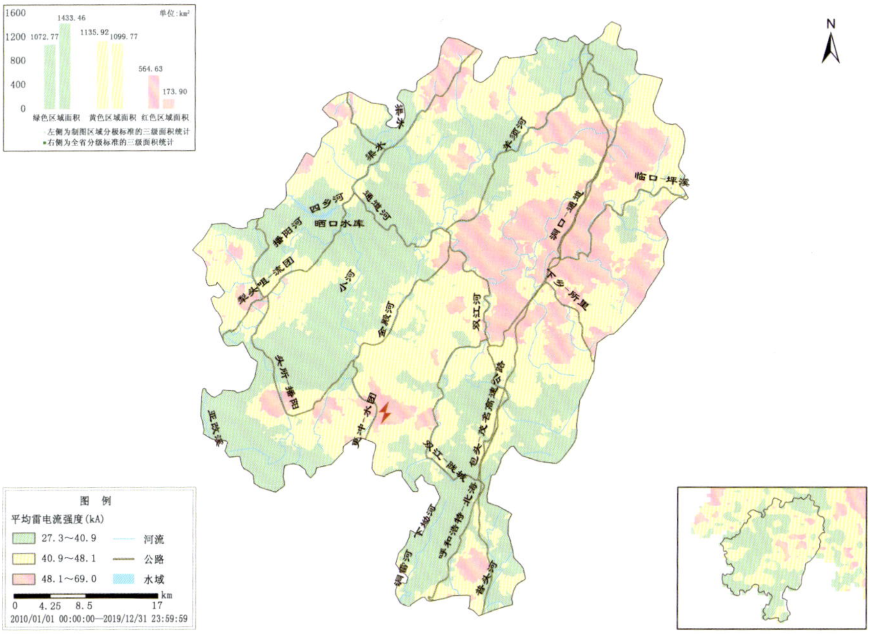

通道侗族自治县平均雷电流强度分布图

通道侗族自治县平均雷电流强度平均值为 43.10 kA,低于全省平均雷电流强度平均值,最高平均雷电流强度值为 135.96 kA,位于通道侗族自治县西南部,经纬度为(109.77°E,25.92°N)。

5.14 娄底地区雷电区划

娄底

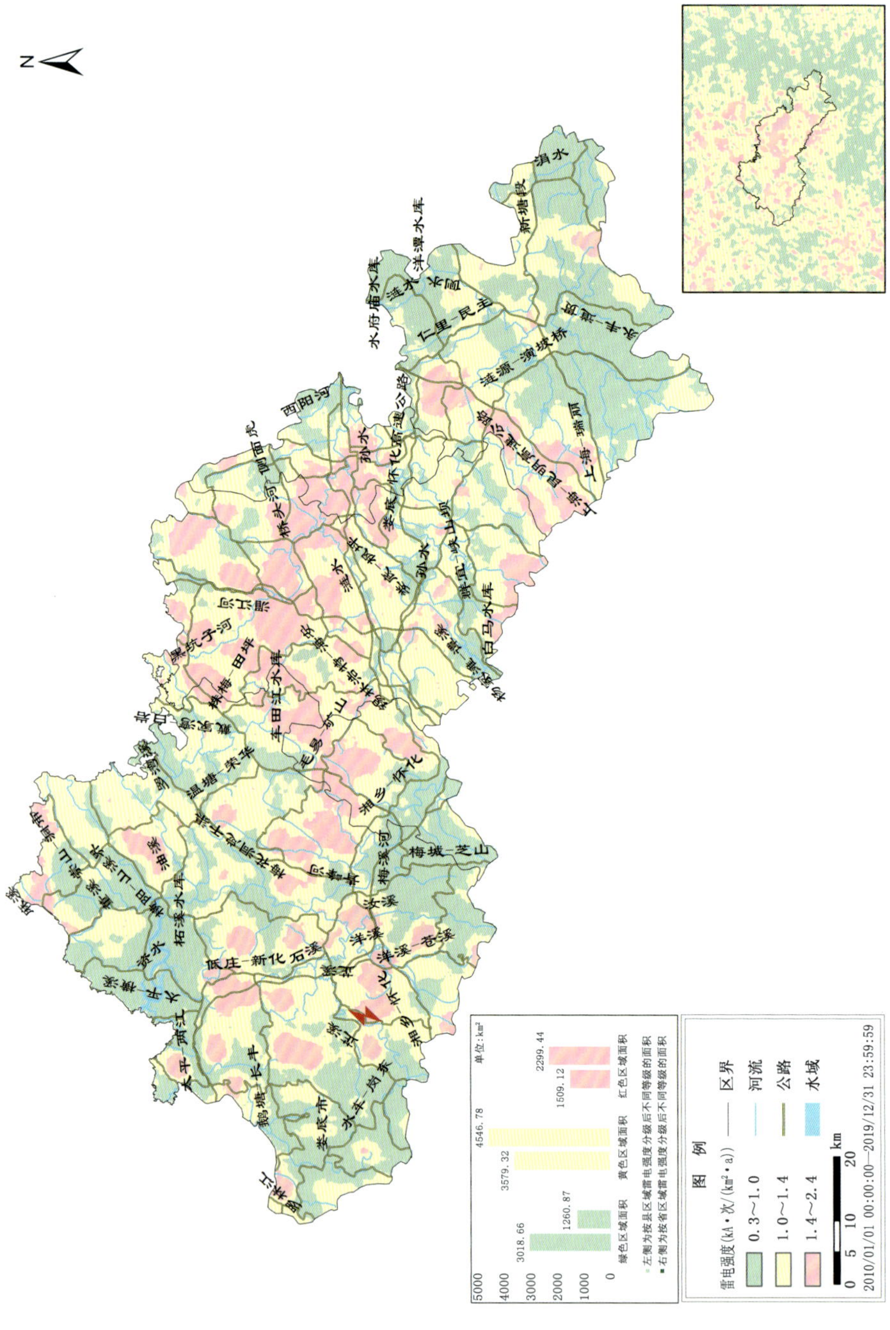

娄底市雷电强度分布图

娄底市雷电强度平均值为 1.15 kA·次/(km²·a),高于全省雷电强度平均值,最高雷电强度值为 5.53 kA·次/(km²·a),位于娄底市新化县,经纬度为(111.11°E,27.72°N)。

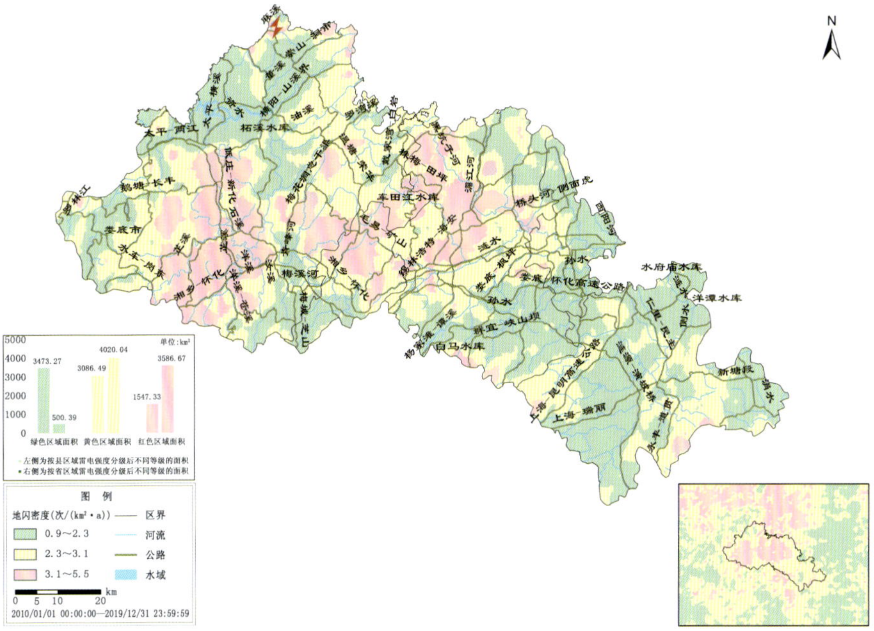

娄底市地闪密度分布图

娄底市地闪密度平均值为 2.59 次/(km² · a)，高于全省地闪密度平均值，最高地闪密度值为 9.10 次/(km² · a)，位于娄底市新化县，经纬度为(111.33°E，28.20°N)。

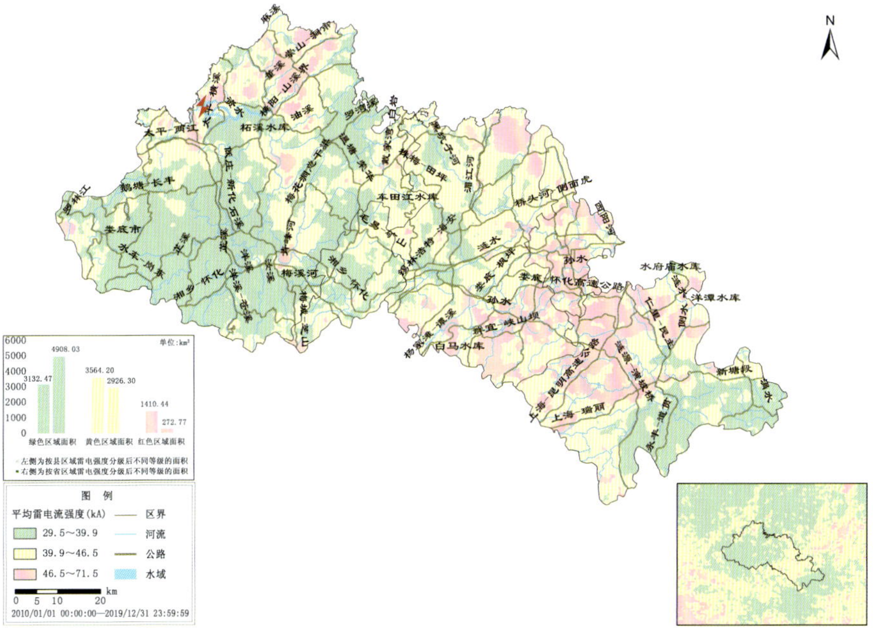

娄底市平均雷电流强度分布图

娄底市平均雷电流强度平均值为 42.04 kA，低于全省平均雷电流强度平均值，最高平均雷电流强度值为 197.60 kA，位于娄底市新化县，经纬度为(111.14°E，28.04°N)。

娄星区

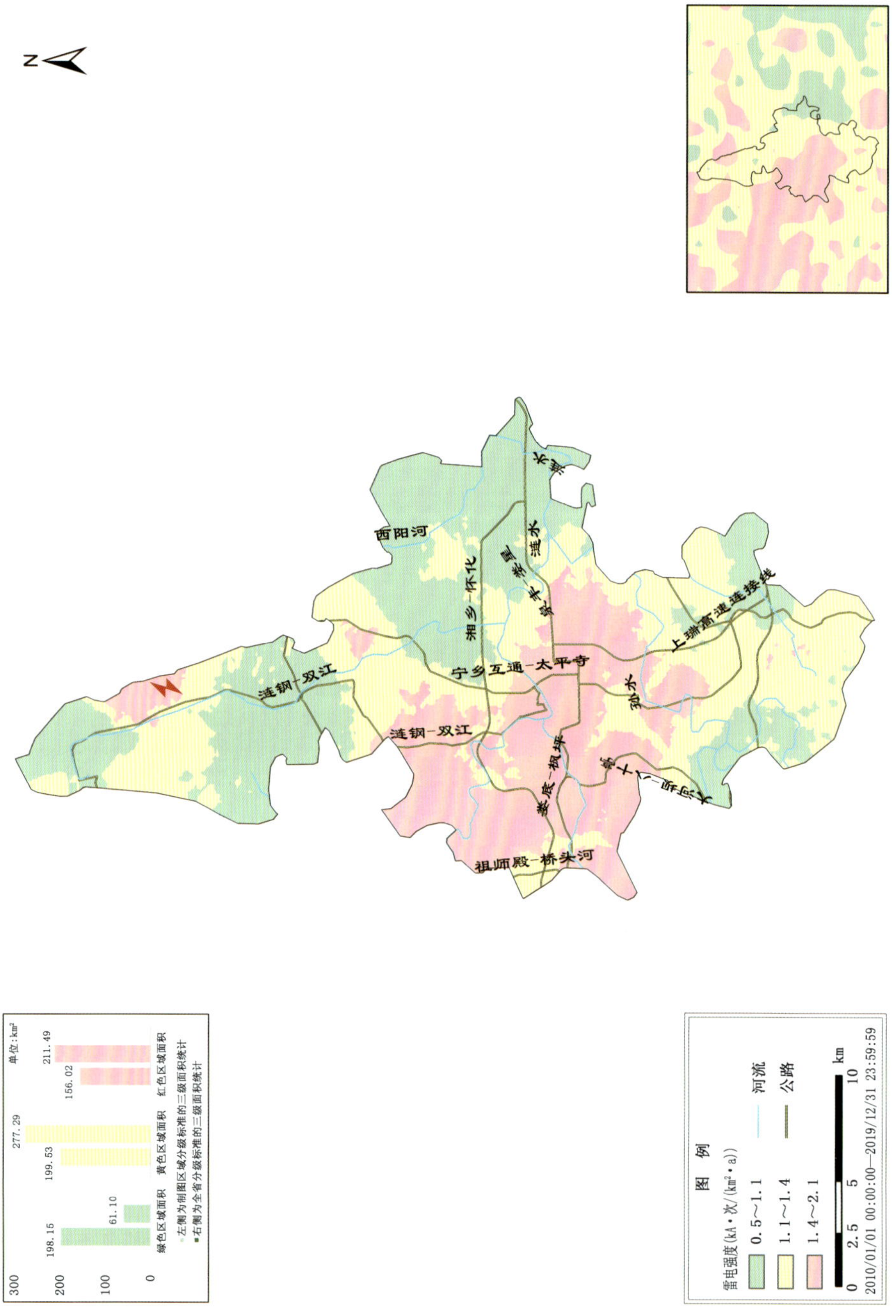

娄星区雷电强度分布图

娄星区雷电强度平均值为 1.23 kA·次/(km^2·a)，高于全省雷电强度平均值，最高雷电强度值为 4.27 kA·次/(km^2·a)，位于娄星区北部，经纬度为(111.99°E，27.92°N)。

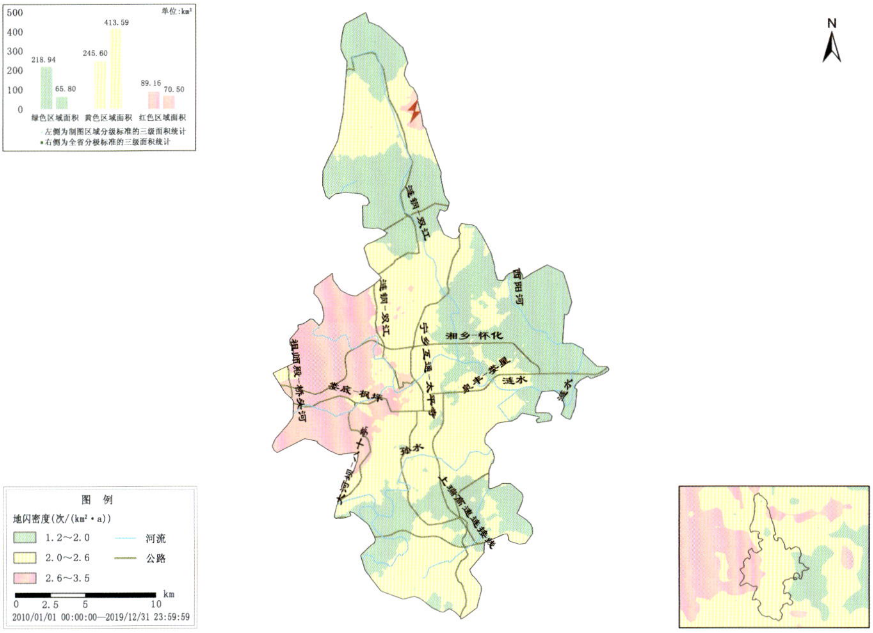

娄星区地闪密度分布图

娄星区地闪密度平均值为 2.20 次/(km^2·a)，高于全省地闪密度平均值，最高地闪密度值为 5.80 次/(km^2·a)，位于娄星区北部，经纬度为(111.99°E，27.92°N)。

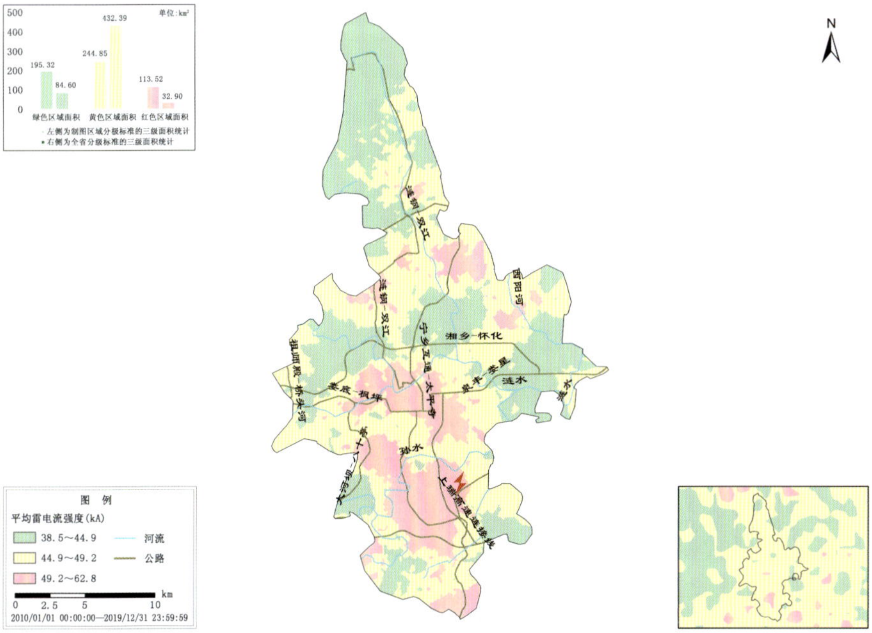

娄星区平均雷电流强度分布图

娄星区平均雷电流强度平均值为 46.32 kA，高于全省平均雷电流强度平均值，最高平均雷电流强度值为 111.94 kA，位于娄星区东南部，经纬度为(112.01°E，27.68°N)。

冷水江市

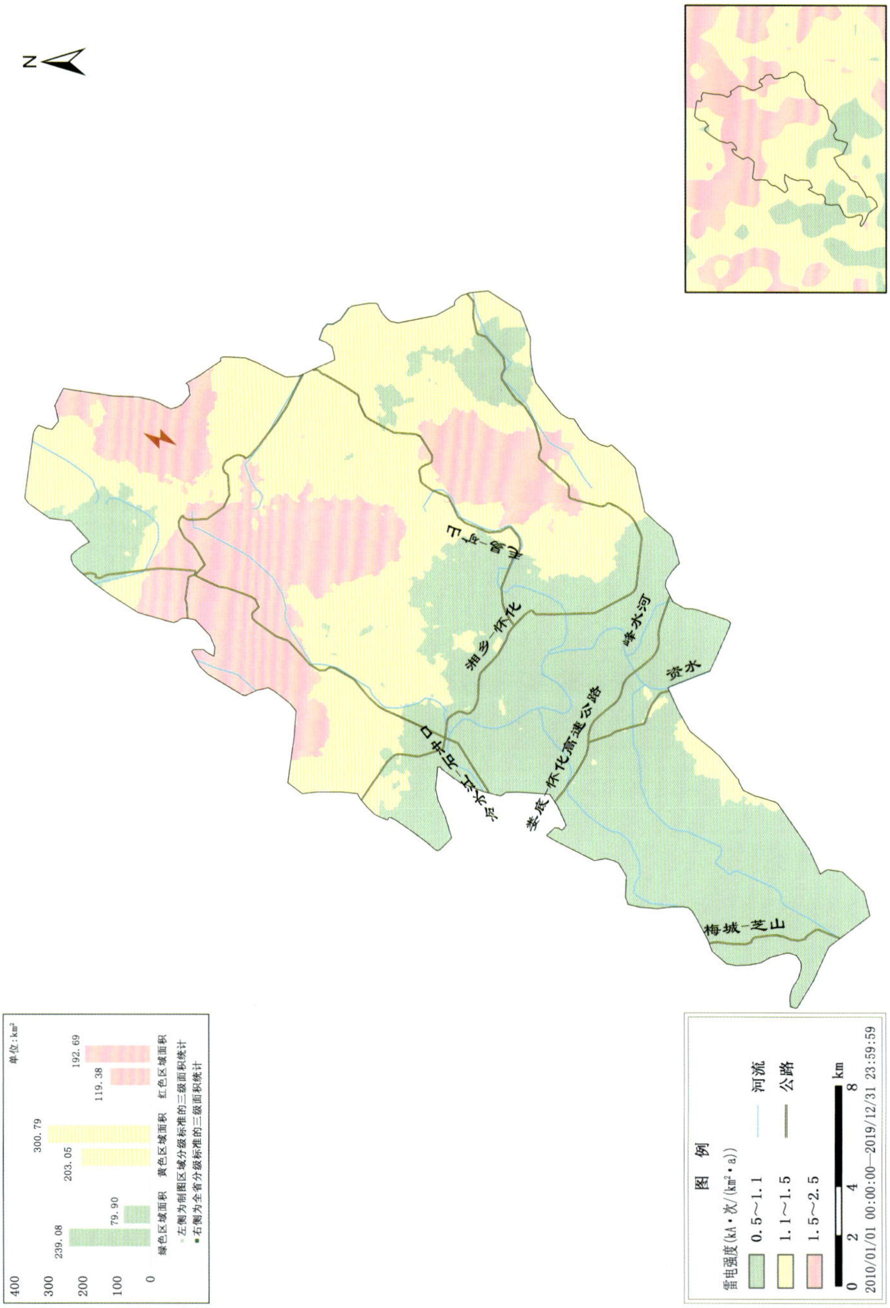

冷水江市雷电强度分布图

冷水江市雷电强度平均值为 1.23 kA·次/(km²·a)，高于全省雷电强度平均值，最高雷电强度值为 5.20 kA·次/(km²·a)，位于冷水江市北部，经纬度为(111.56°E,27.79°N)。

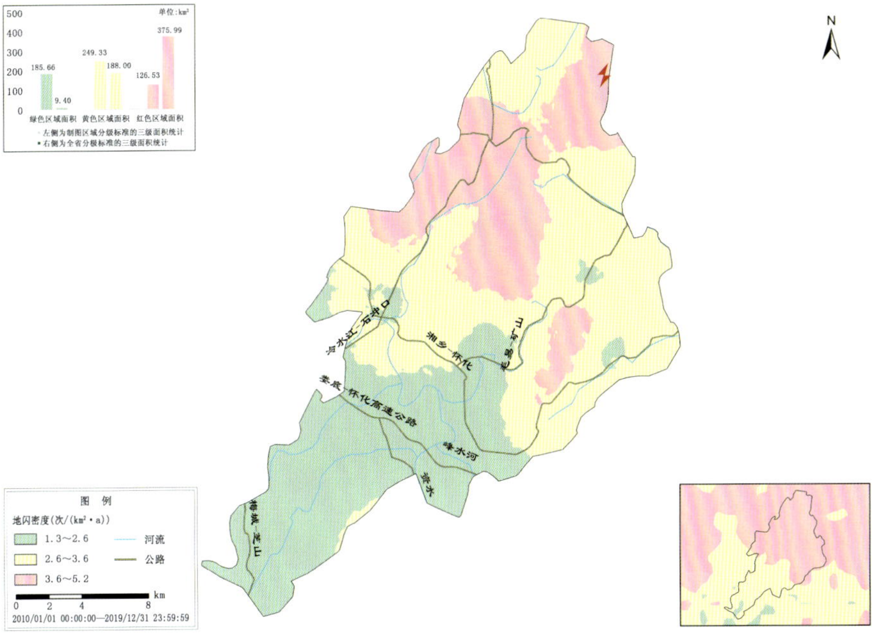

冷水江市地闪密度分布图

冷水江市地闪密度平均值为 2.97 次/(km^2·a),高于全省地闪密度平均值,最高地闪密度值为 7.50 次/(km^2·a),位于冷水江市北部,经纬度为(111.56°E,27.79°N)。

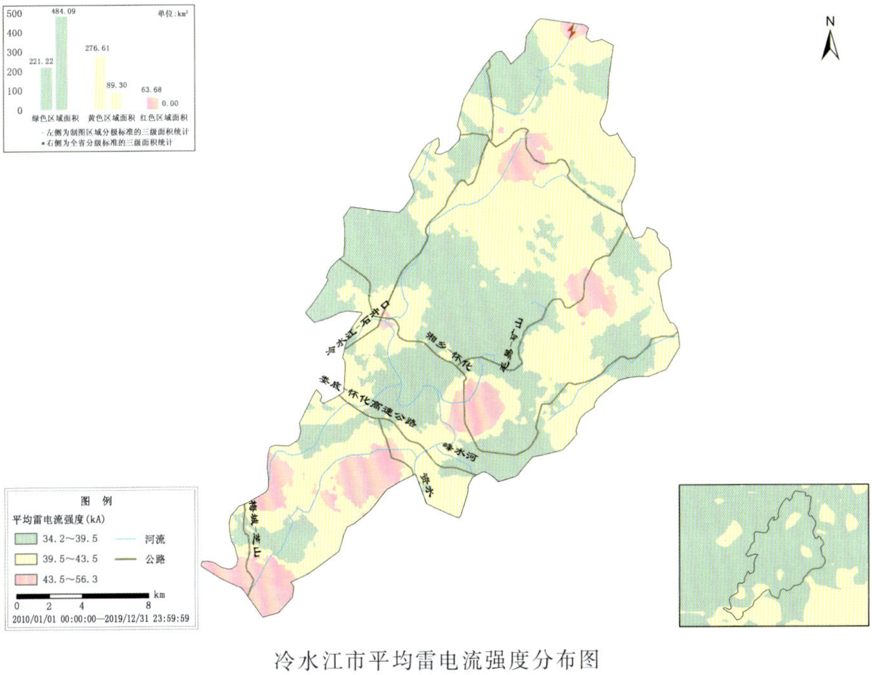

冷水江市平均雷电流强度分布图

冷水江市平均雷电流强度平均值为 40.50 kA,低于全省平均雷电流强度平均值,最高平均雷电流强度值为 109.82 kA,位于冷水江市北部,经纬度为(111.35°E,27.55°N)。

涟源市

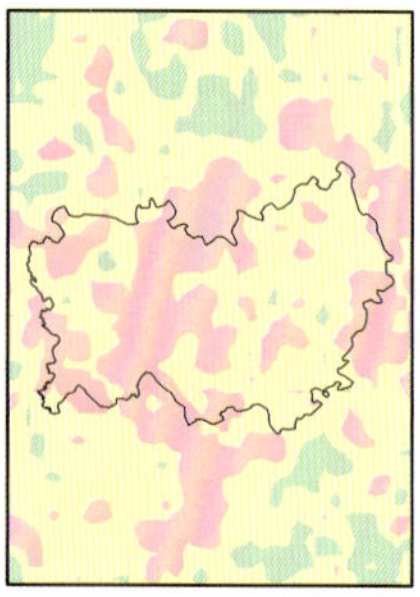

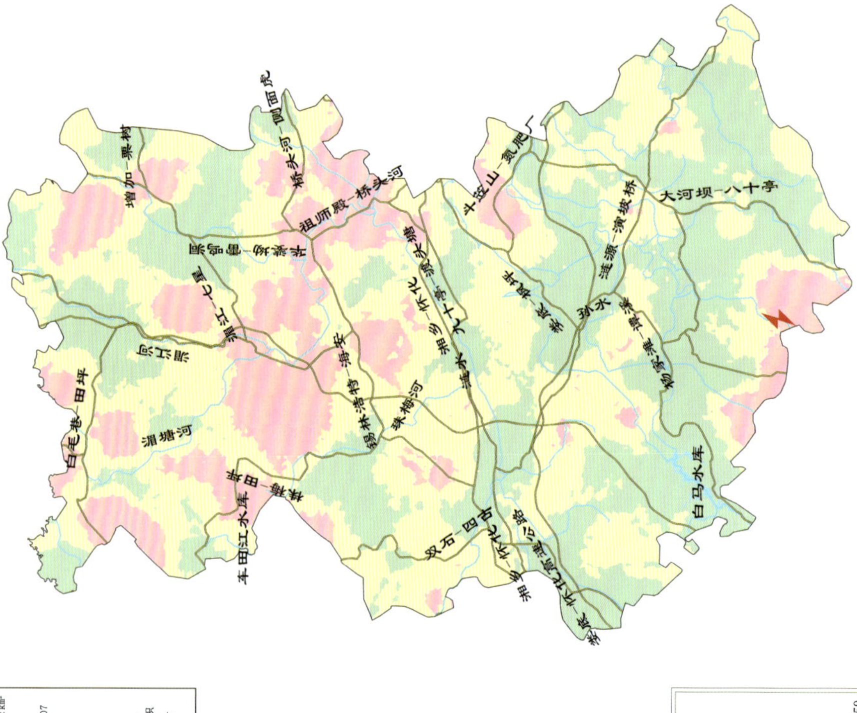

涟源市雷电强度分布图

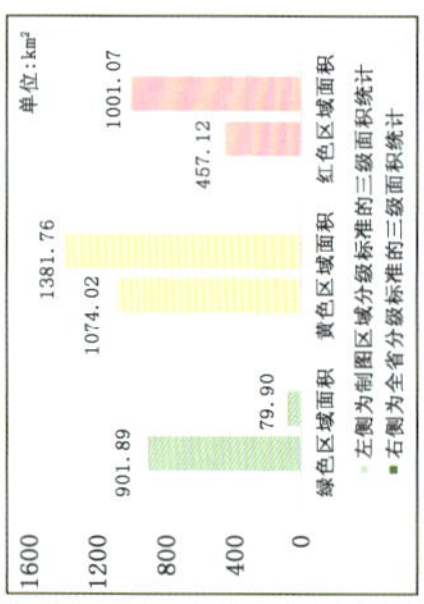

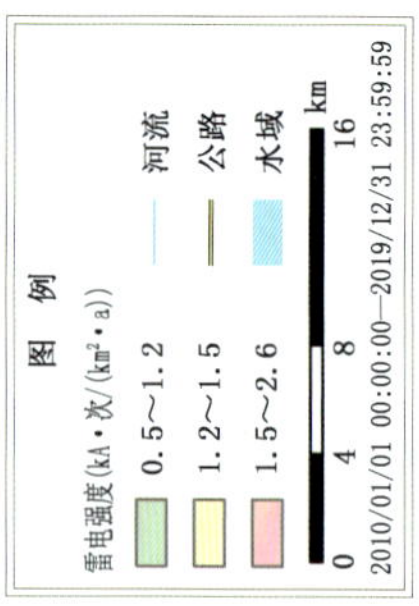

涟源市雷电强度平均值为 1.30 kA·次/(km^2·a)，高于全省雷电强度平均值，最高雷电强度值为 5.27 kA·次/(km^2·a)，位于涟源市南部，经纬度为(111.79°E,27.48°N)。

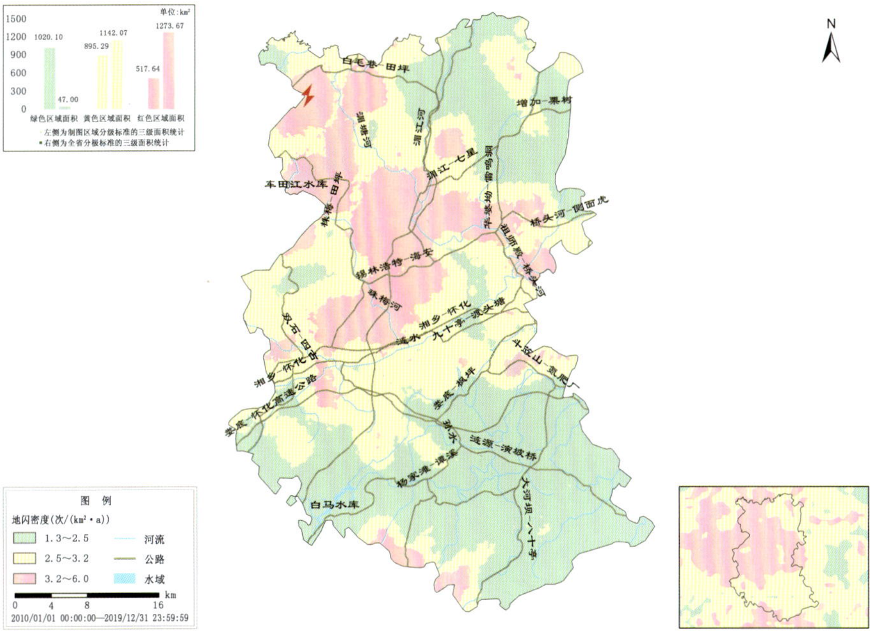

涟源市地闪密度分布图

涟源市地闪密度平均值为 2.71 次/(km² · a)，高于全省地闪密度平均值，最高地闪密度值为 8.70 次/(km² · a)，位于涟源市西北部，经纬度为(111.65°E,27.95°N)。

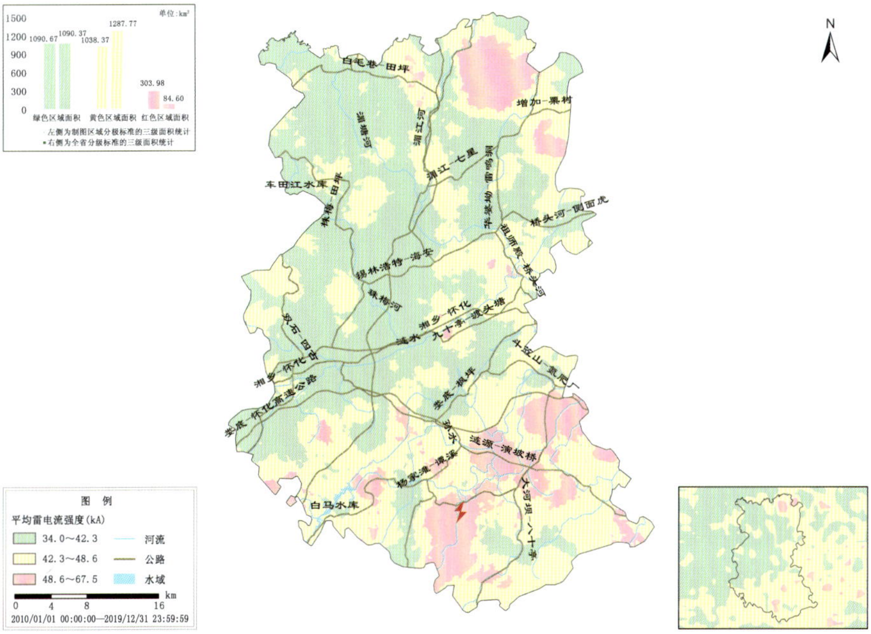

涟源市平均雷电流强度分布图

涟源市平均雷电流强度平均值为 43.84 kA，低于全省平均雷电流强度平均值，最高平均雷电流强度值为 108.29 kA，位于涟源市南部，经纬度为(111.82°E,27.53°N)。

双峰县

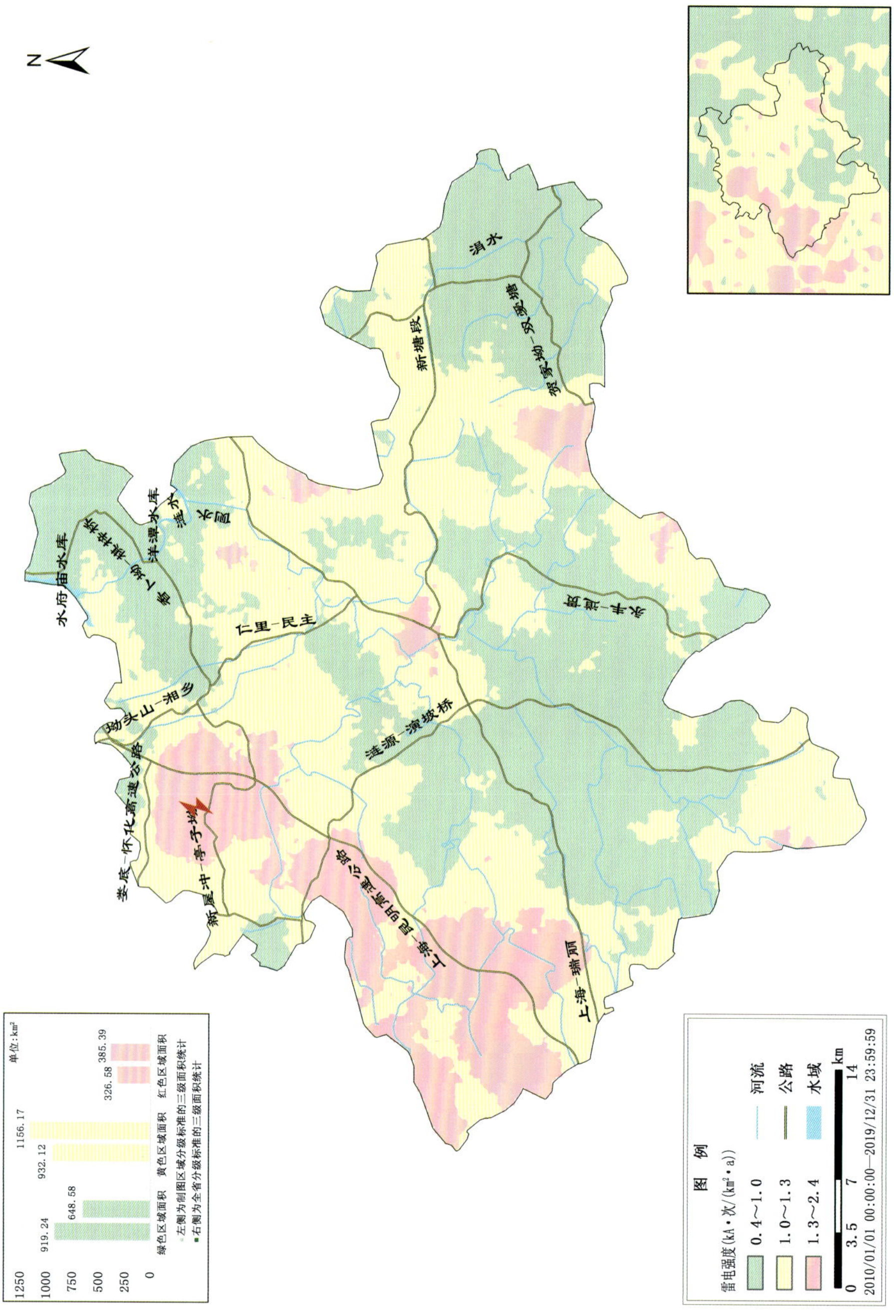

双峰县雷电强度分布图

双峰县雷电强度平均值为 1.04 kA·次/(km² ·a),高于全省雷电强度平均值,最高雷电强度值为 4.20 kA·次/(km² ·a),位于双峰县西北部,经纬度为(112.09°E,27.60°N)。

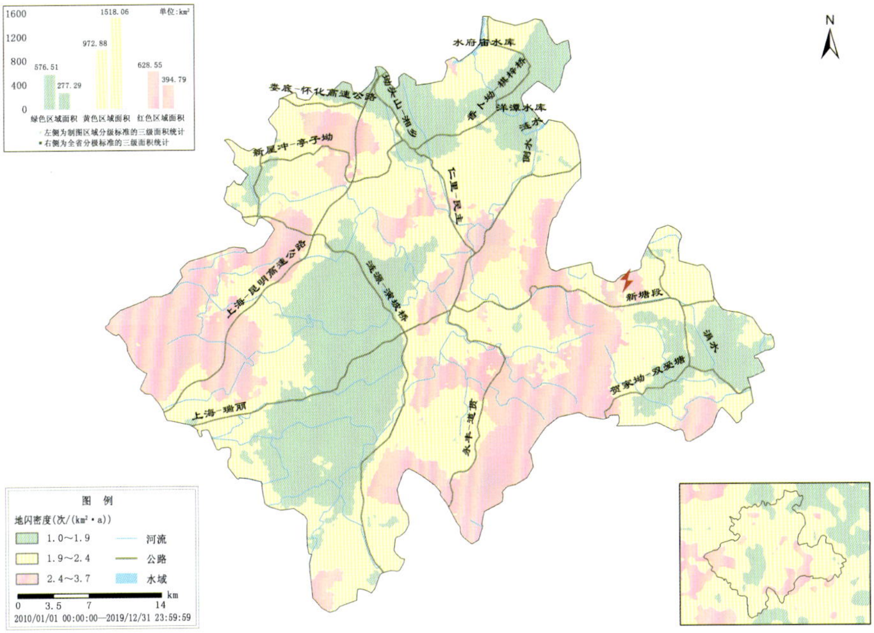

双峰县地闪密度分布图

双峰县地闪密度平均值为 2.19 次/(km^2·a)，高于全省地闪密度平均值，最高地闪密度值为 5.80 次/(km^2·a)，位于双峰县东部，经纬度为(112.37°E,27.48°N)。

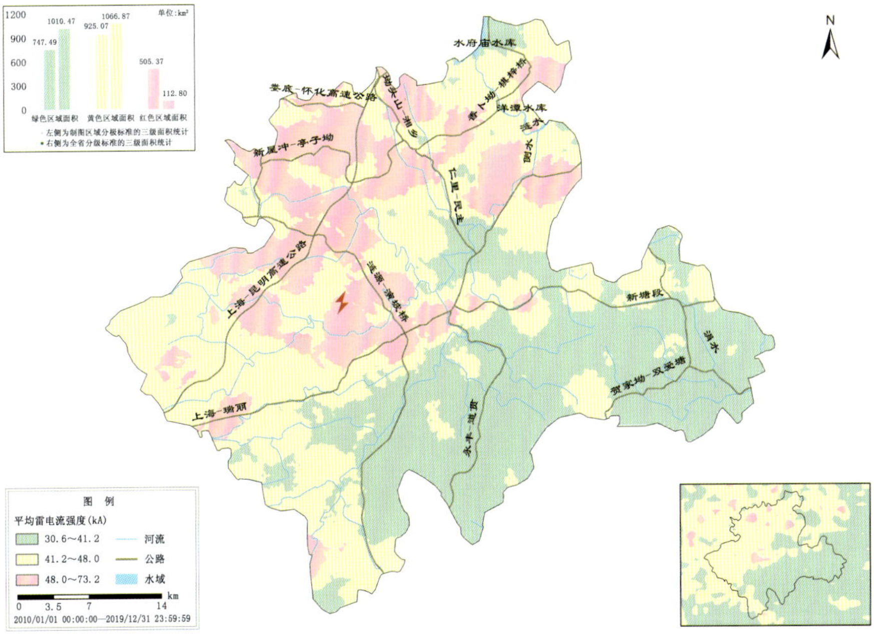

双峰县平均雷电流强度分布图

双峰县平均雷电流强度平均值为 43.86 kA，低于全省平均雷电流强度平均值，最高平均雷电流强度值为 192.66 kA，位于双峰县中部，经纬度为(112.10°E,27.45°N)。

新化县

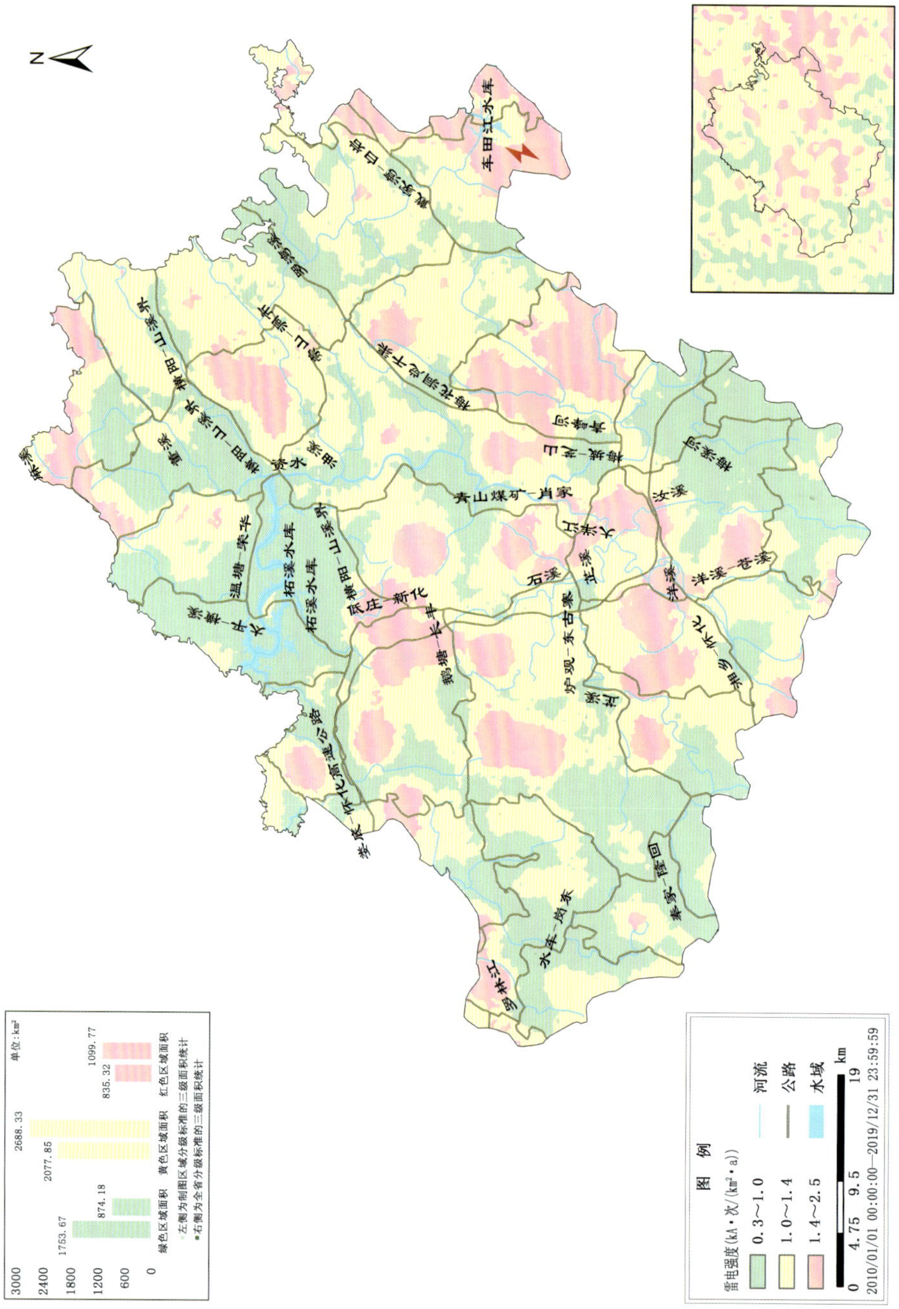

新化县雷电强度分布图

新化县雷电强度平均值为 1.11 kA·次/(km^2·a),高于全省雷电强度平均值,最高雷电强度值为 5.53 kA·次/(km^2·a),位于新化县东部,经纬度为(111.11°E,27.72°N)。

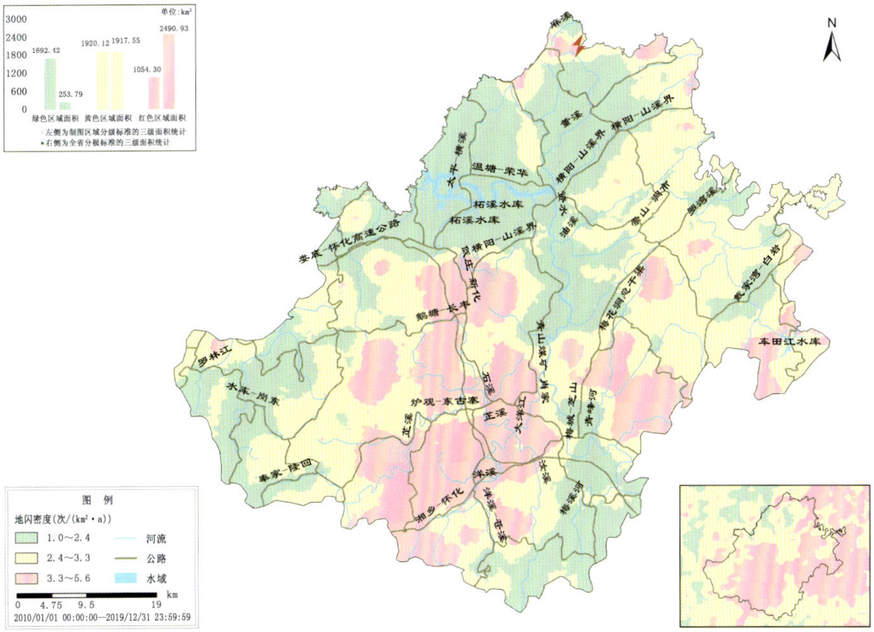

新化县地闪密度分布图

新化县地闪密度平均值为 2.73 次/(km^2·a)，高于全省地闪密度平均值，最高地闪密度值为 9.10 次/(km^2·a)，位于新化县北部，经纬度为(111.33°E，28.20°N)。

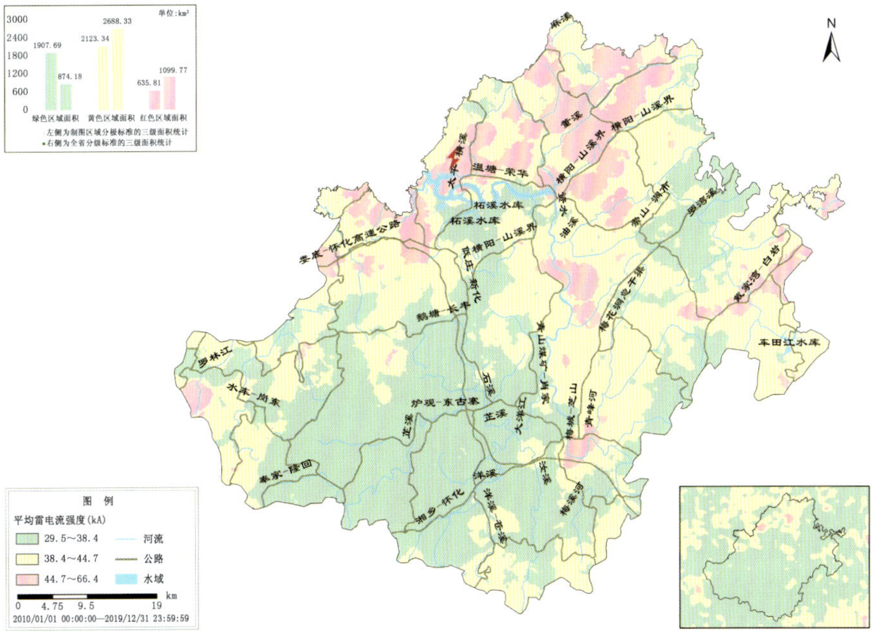

新化县平均雷电流强度分布图

新化县平均雷电流强度平均值为 39.89 kA，低于全省平均雷电流强度平均值，最高平均雷电流强度值为 197.60 kA，位于新化县西北部，经纬度为(111.14°E，28.04°N)。

5.15 湘西州地区雷电区划

湘西土家族苗族自治州

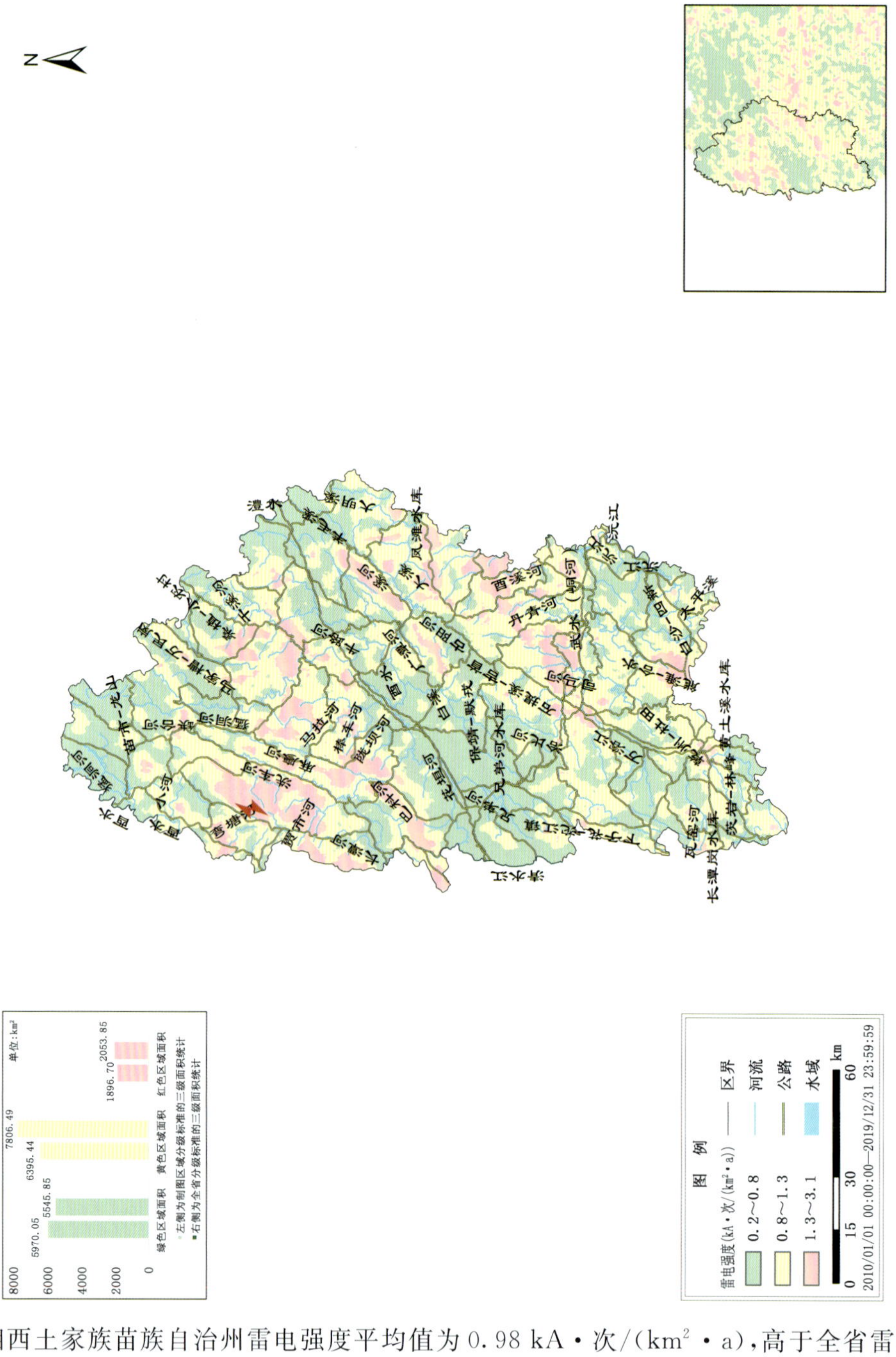

湘西土家族苗族自治州雷电强度分布图

湘西土家族苗族自治州雷电强度平均值为0.98 kA·次/(km²·a)，高于全省雷电强度平均值，最高雷电强度值为5.40 kA·次/(km²·a)，位于湘西土家族苗族自治州龙山县，经纬度为(109.41°E，29.13°N)。

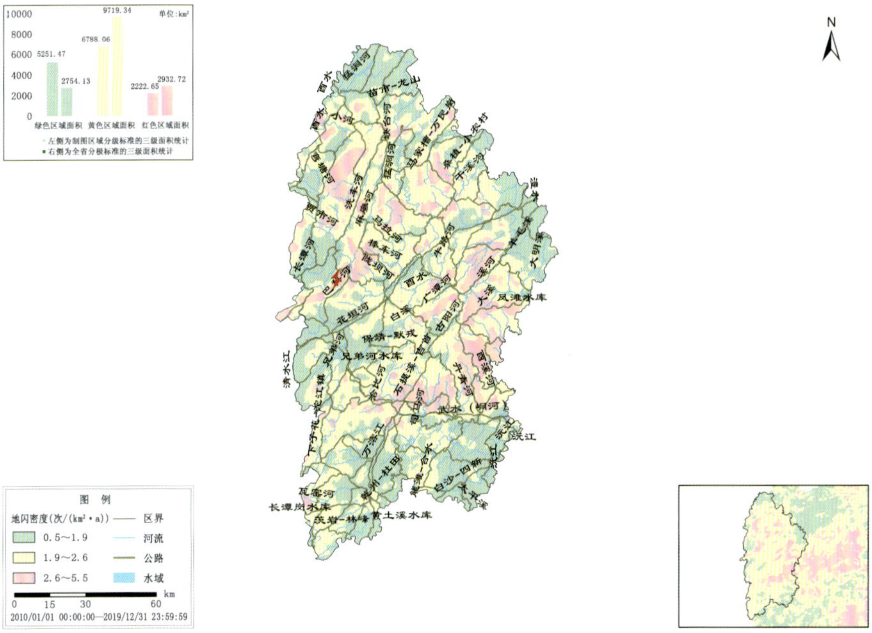

湘西土家族苗族自治州地闪密度分布图

湘西土家族苗族自治州地闪密度平均值为2.15次/(km²·a)，高于全省地闪密度平均值，最高地闪密度值为9.00次/(km²·a)，位于湘西土家族苗族自治州保靖县，经纬度为(109.46°E,28.77°N)。

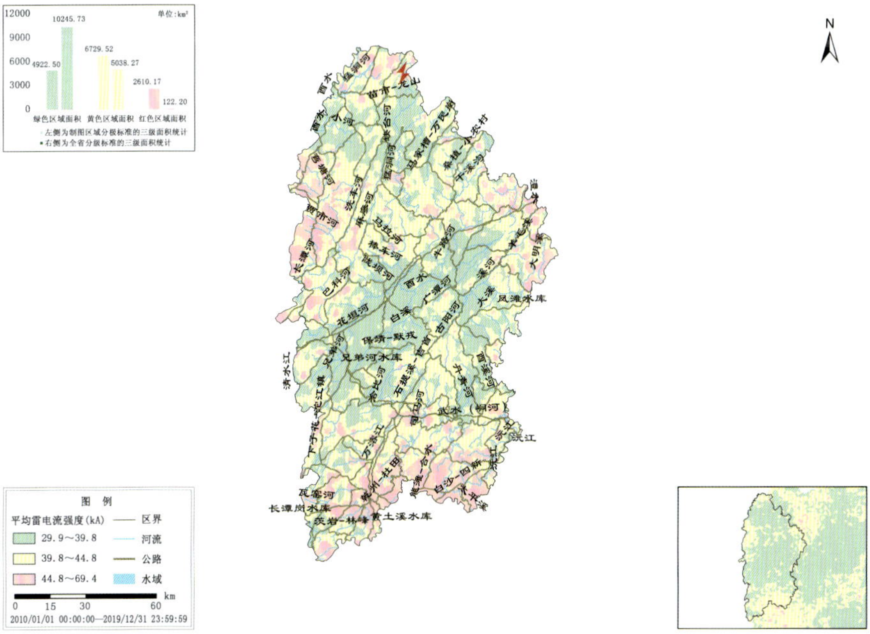

湘西土家族苗族自治州平均雷电流强度分布图

湘西土家族苗族自治州平均雷电流强度平均值为41.66 kA，低于全省平均雷电流强度平均值，最高平均雷电流强度值为250.13 kA，位于湘西土家族苗族自治州龙山县，经纬度为(109.73°E,29.53°N)。

吉首市

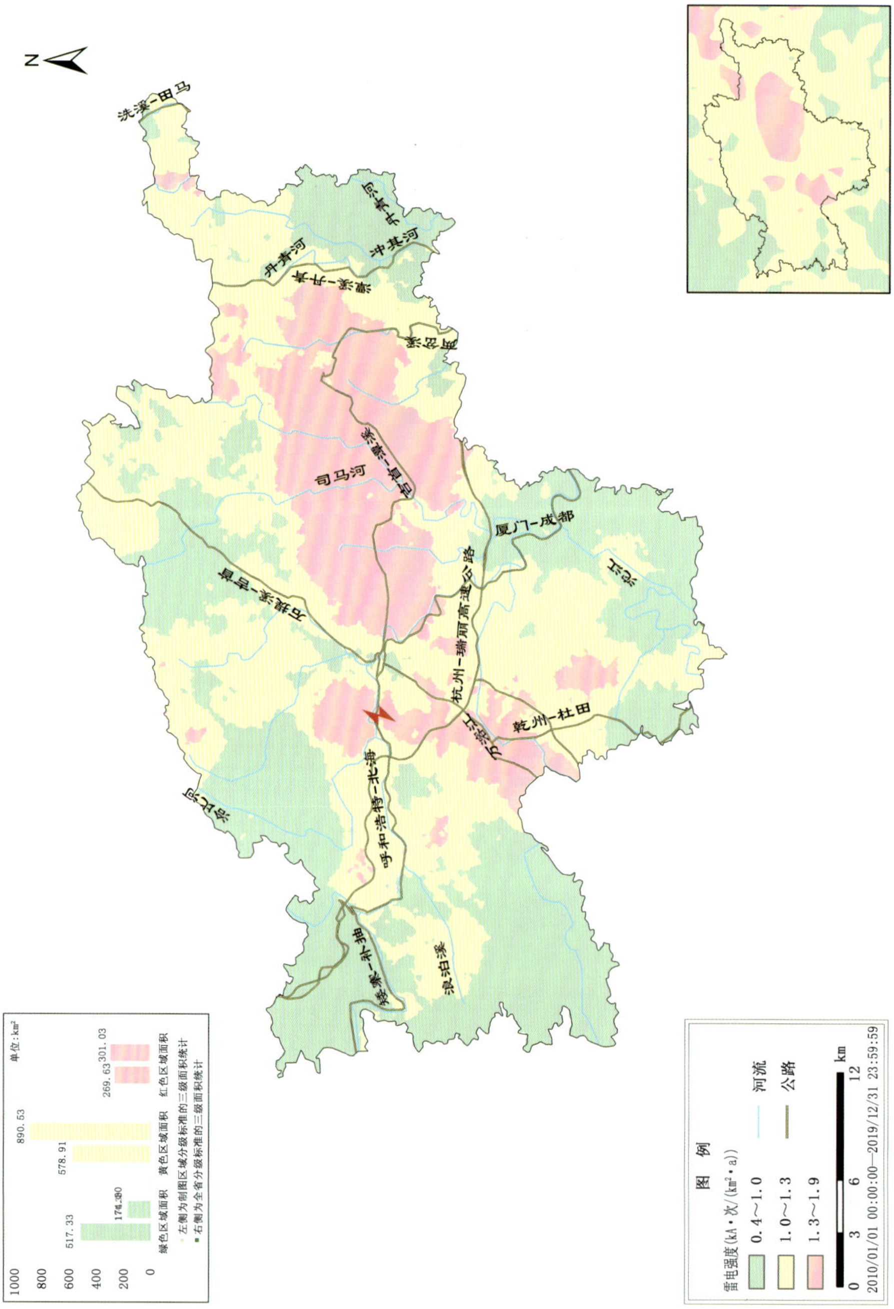

吉首市雷电强度分布图

吉首市雷电强度平均值为 1.10 kA·次/(km^2·a),高于全省雷电强度平均值,最高雷电强度值为 3.53 kA·次/(km^2·a),位于吉首市中部,经纬度为(109.71°E,28.30°N)。

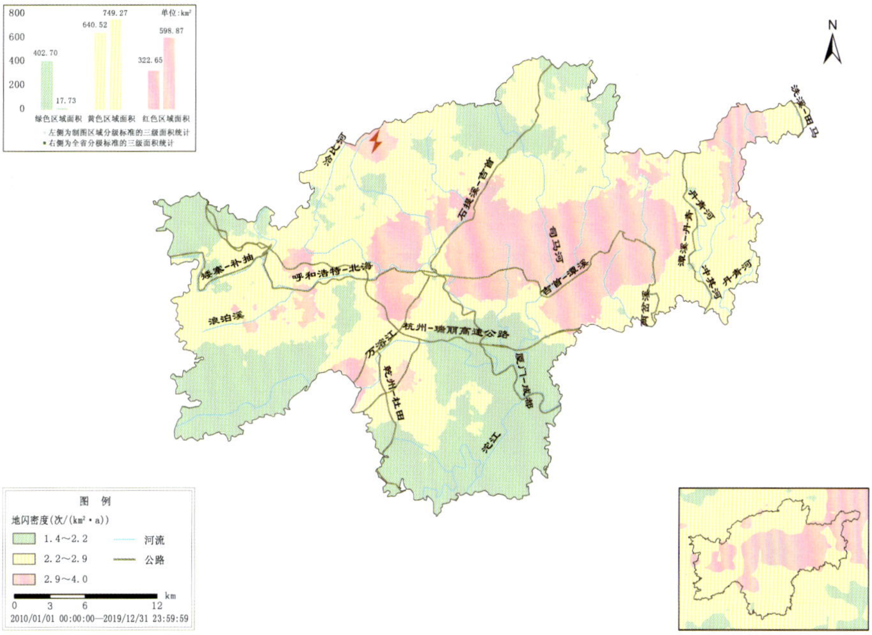

吉首市地闪密度分布图

吉首市地闪密度平均值为2.53次/(km² · a)，高于全省地闪密度平均值，最高地闪密度值为6.00次/(km² · a)，位于吉首市西北部，经纬度为(109.69°E，28.42°N)。

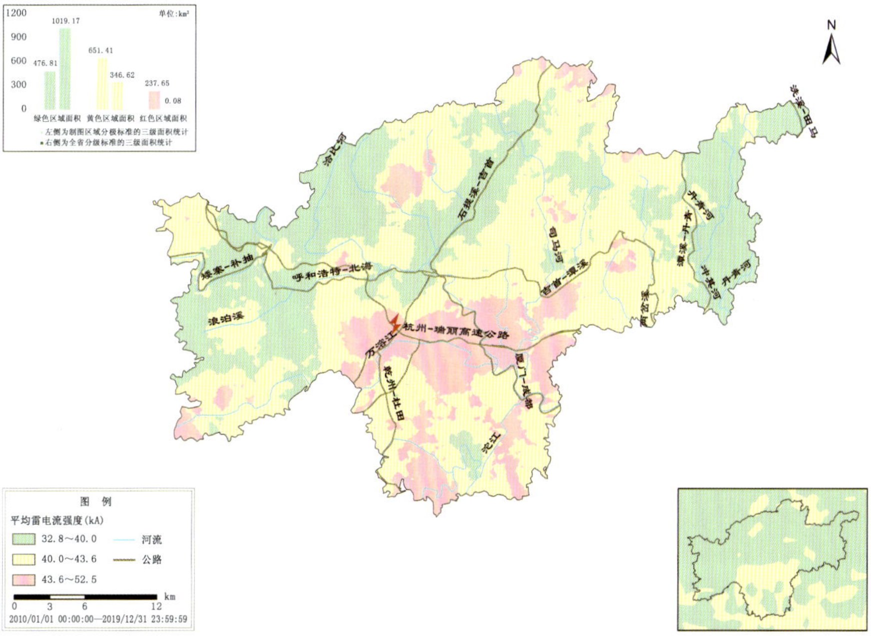

吉首市平均雷电流强度分布图

吉首市平均雷电流强度平均值为41.2 kA，低于全省平均雷电流强度平均值，最高平均雷电流强度值为89.82 kA，位于吉首市中部，经纬度为(109.80°E，28.26°N)。

龙山县

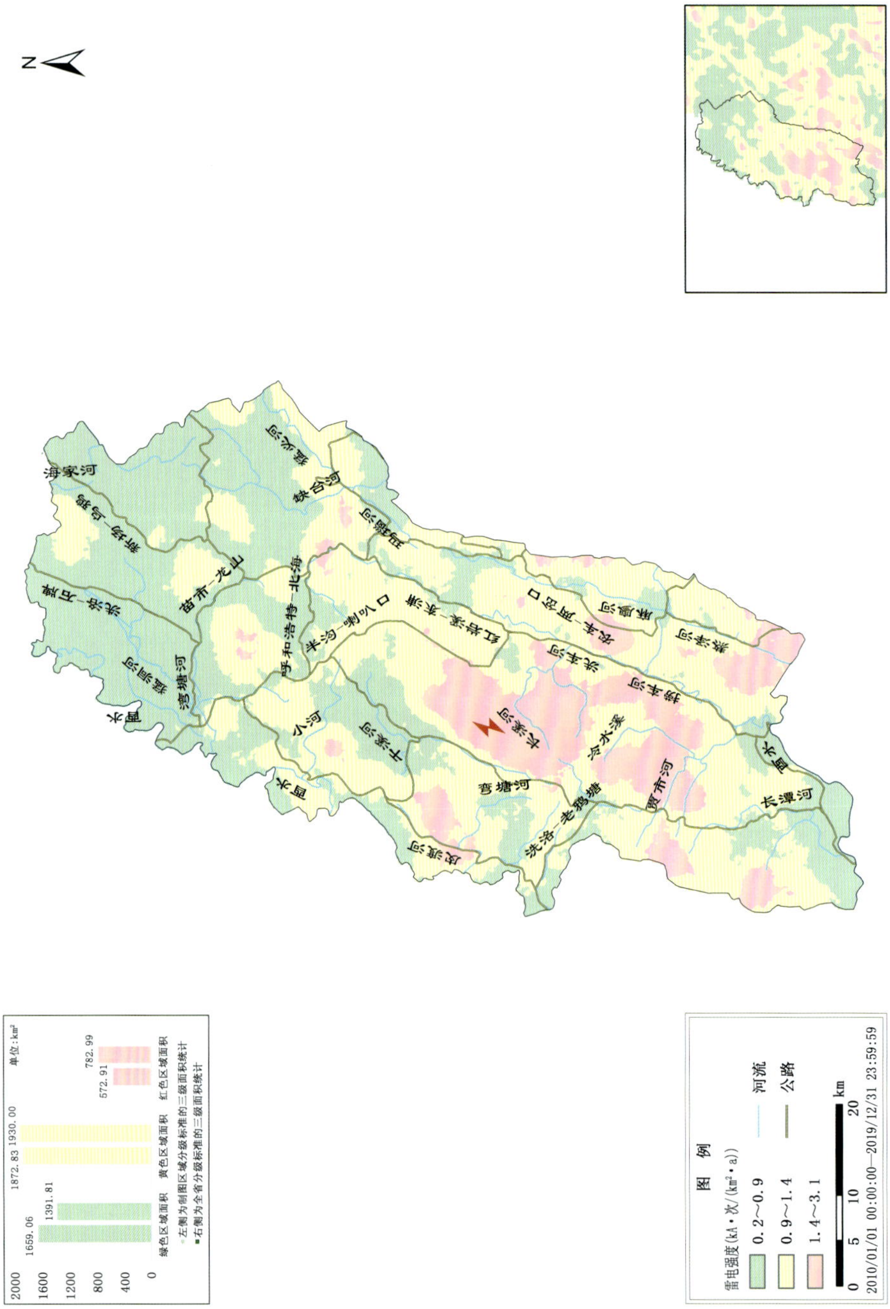

龙山县雷电强度分布图

龙山县雷电强度平均值为 1.01 kA·次/(km²·a)，高于全省雷电强度平均值，最高雷电强度值为 5.40 kA·次/(km²·a)，位于龙山县中部，经纬度为(109.41°E,29.13°N)。

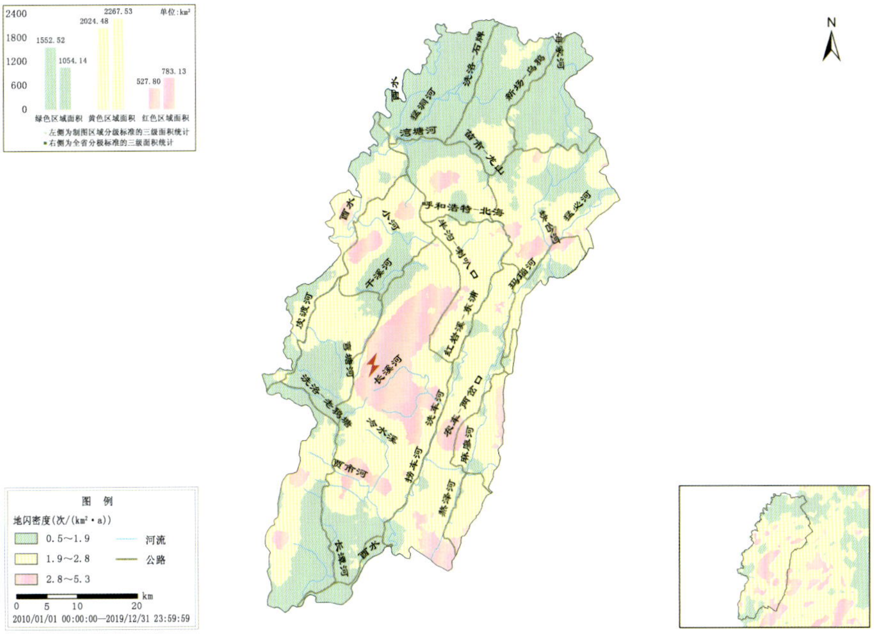

龙山县地闪密度分布图

龙山县地闪密度平均值为 2.06 次/(km² · a)，高于全省地闪密度平均值，最高地闪密度值为 7.90 次/(km² · a)，位于龙山县中部，经纬度为(109.41°E，29.13°N)。

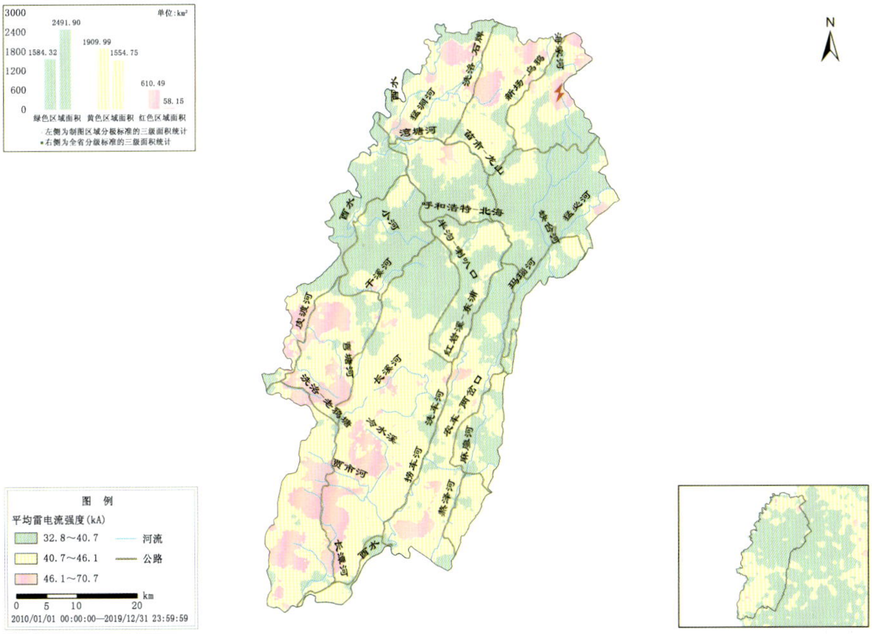

龙山县平均雷电流强度分布图

龙山县平均雷电流强度平均值为 42.11 kA，低于全省平均雷电流强度平均值，最高平均雷电流强度值为 250.13 kA，位于龙山县东北部，经纬度为(109.73°E，29.53°N)。

永顺县

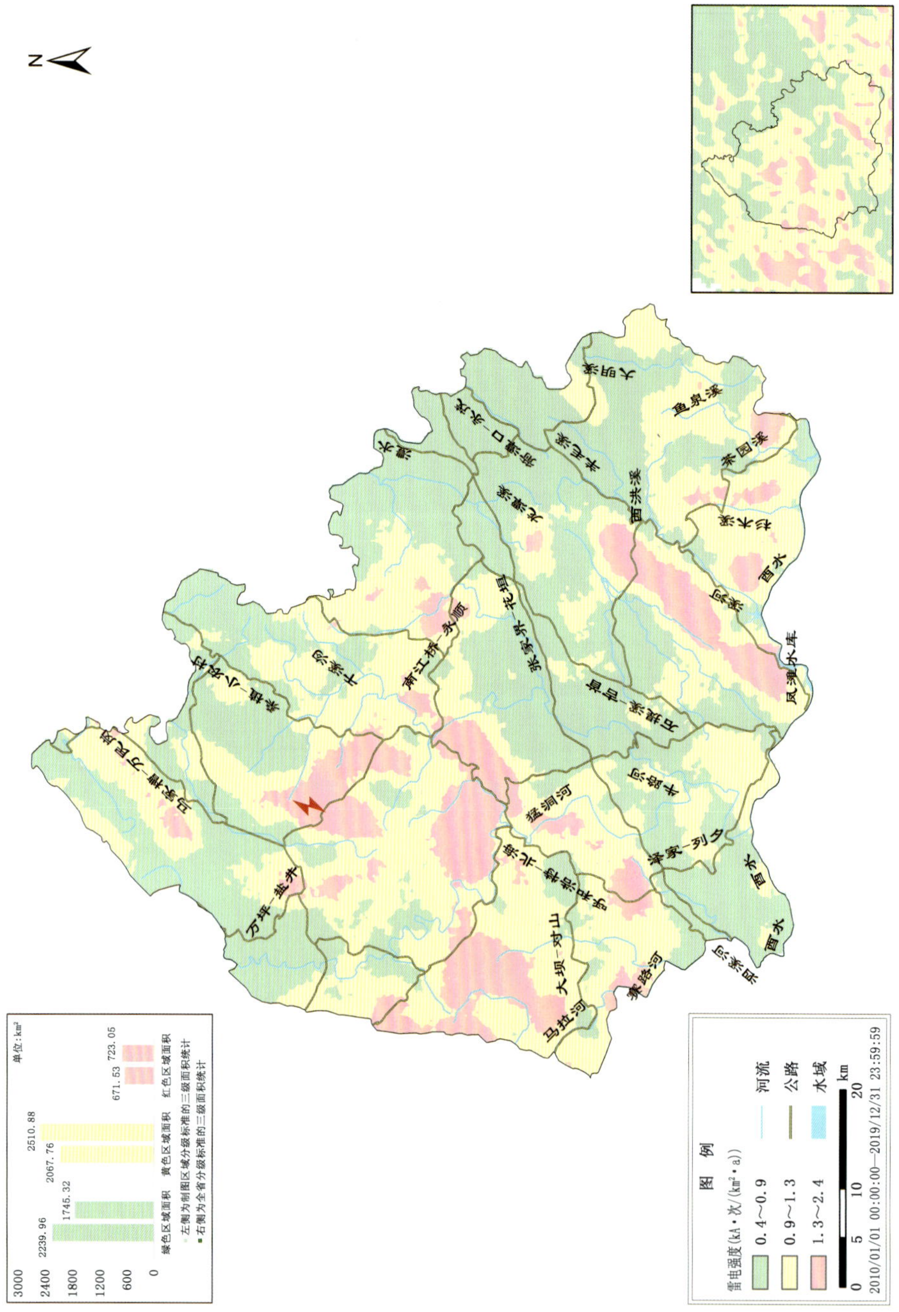

永顺县雷电强度分布图

永顺县雷电强度平均值为 0.99 kA·次/(km²·a)，高于全省雷电强度平均值，最高雷电强度值为 4.27 kA·次/(km²·a)，位于永顺县西北部，经纬度为(109.87°E，29.18°N)。

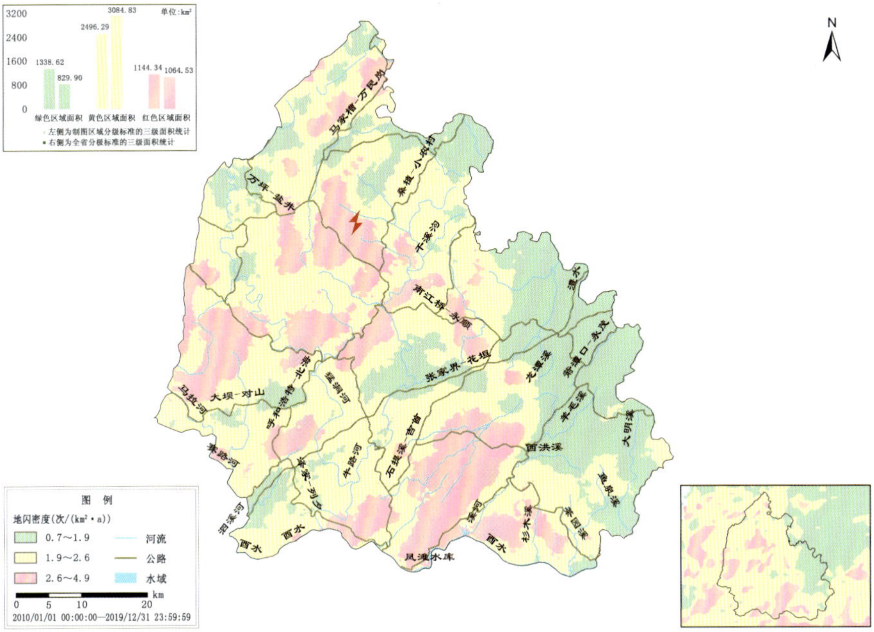

永顺县地闪密度分布图

永顺县地闪密度平均值为 2.18 次/(km^2·a)，高于全省地闪密度平均值，最高地闪密度值为 7.60 次/(km^2·a)，位于永顺县北部，经纬度为(109.87°E，29.18°N)。

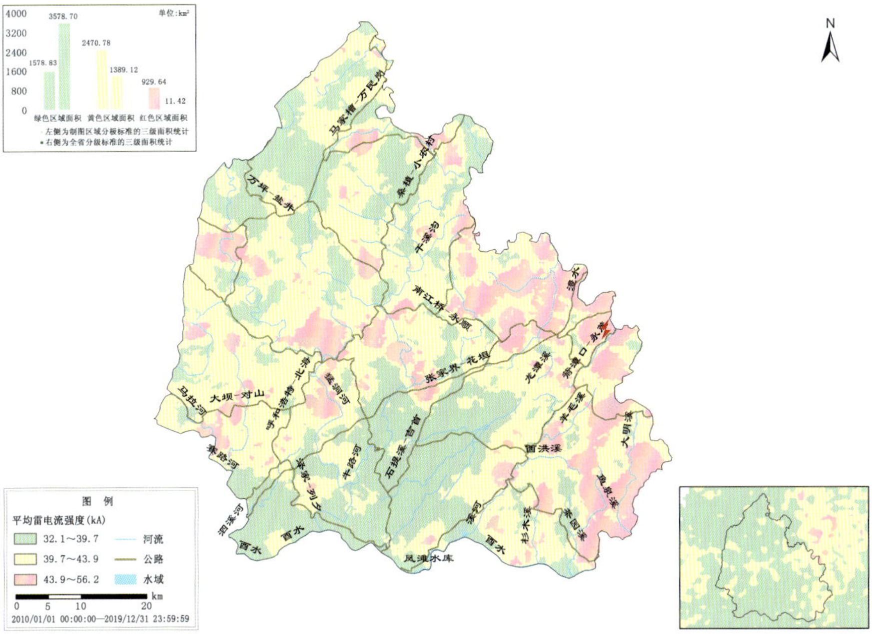

永顺县平均雷电流强度分布图

永顺县平均雷电流强度平均值为 41.23 kA，低于全省平均雷电流强度平均值，最高平均雷电流强度值为 138.65 kA，位于永顺县东部，经纬度为(110.31°E，29.03°N)。

保靖县

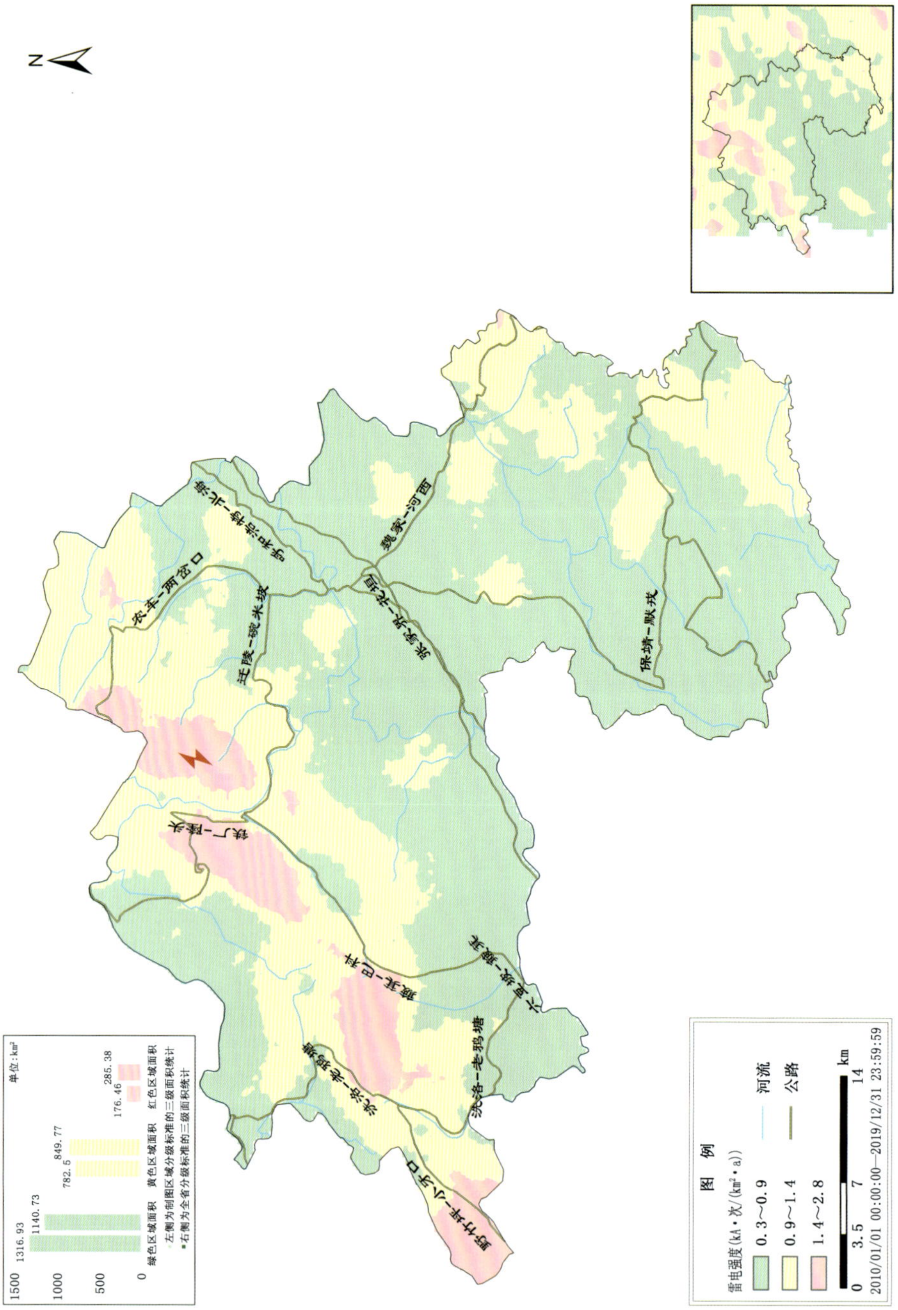

保靖县雷电强度分布图

保靖县雷电强度平均值为 0.91 kA·次/(km² ·a),低于全省雷电强度平均值,最高雷电强度值为 5.00 kA·次/(km² ·a),位于保靖县北部,经纬度为(109.53°E,28.82°N)。

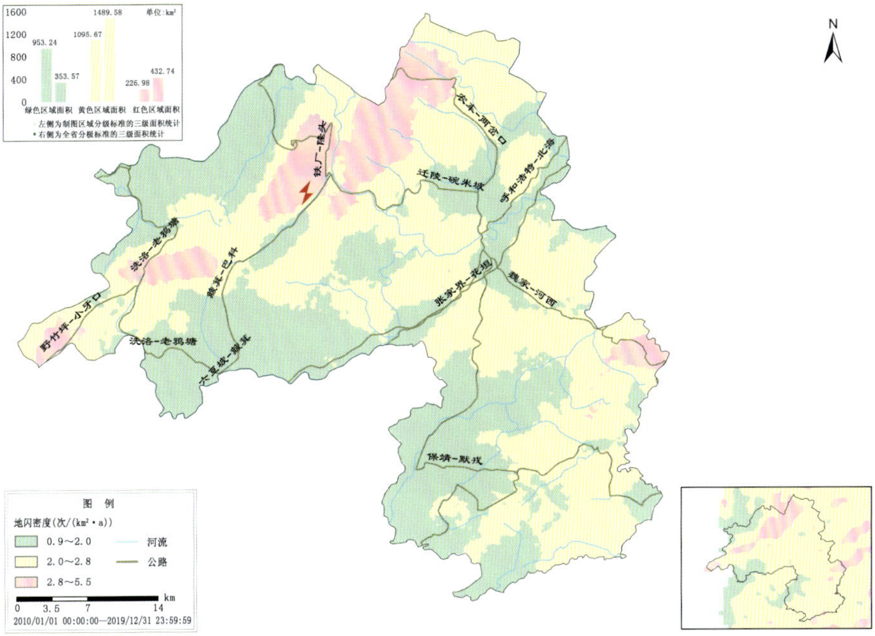

保靖县地闪密度分布图

保靖县地闪密度平均值为 2.18 次/(km^2·a)，高于全省地闪密度平均值，最高地闪密度值为 9.00 次/(km^2·a)，位于保靖县西北部，经纬度为(109.46°E,28.77°N)。

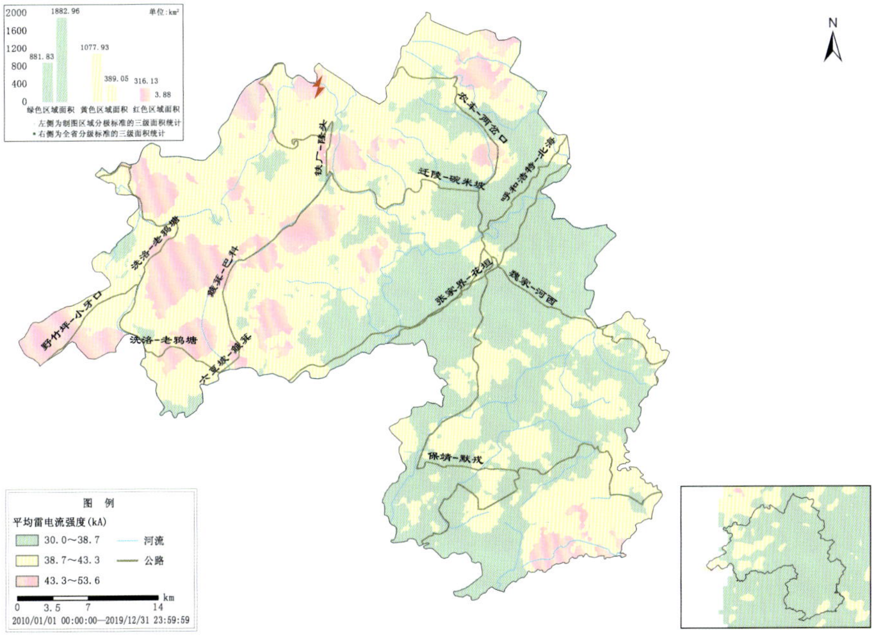

保靖县平均雷电流强度分布图

保靖县平均雷电流强度平均值为 39.94 kA，低于全省平均雷电流强度平均值，最高平均雷电流强度值为 120.55 kA，位于保靖县北部，经纬度为(109.32°E,28.75°N)。

花垣县

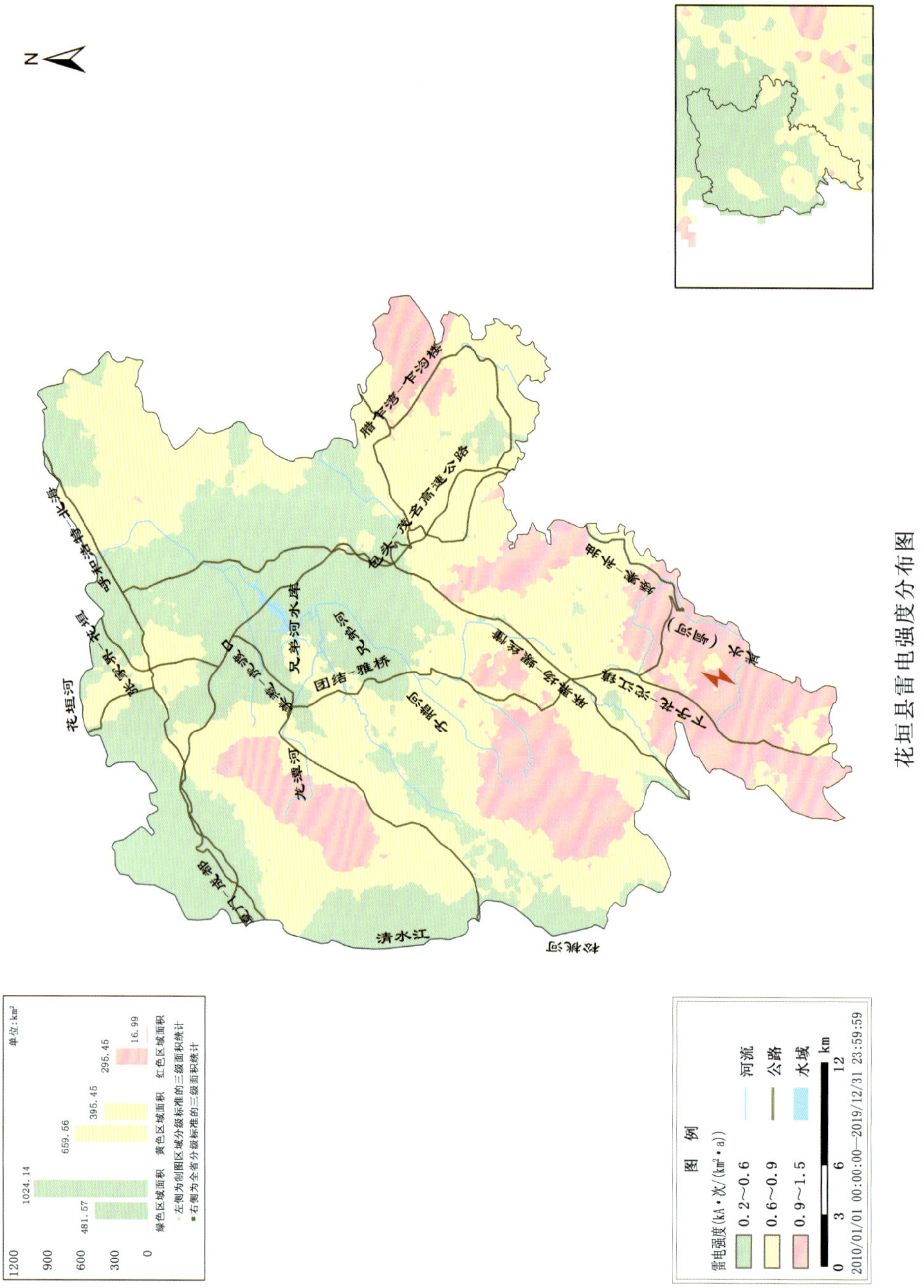

花垣县雷电强度平均值为 0.73 kA·次/(km² ·a),低于全省雷电强度平均值,最高雷电强度值为 2.47 kA·次/(km² ·a),位于花垣县南部,经纬度为(109.44°E,28.26°N)。

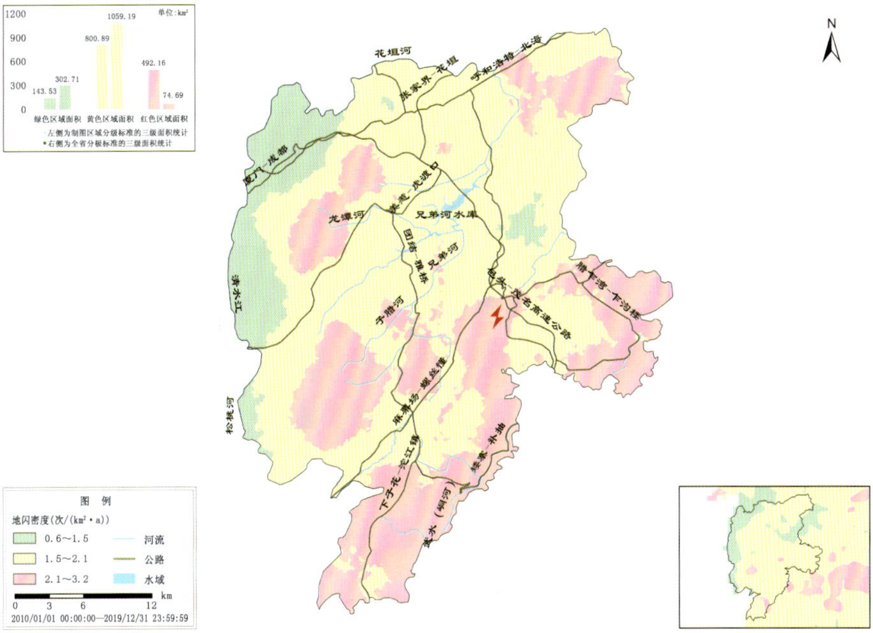

花垣县地闪密度分布图

花垣县地闪密度平均值为 1.92 次/(km² · a),高于全省地闪密度平均值,最高地闪密度值为 4.80 次/(km² · a),位于花垣县中东部,经纬度为(109.49°E,28.40°N)。

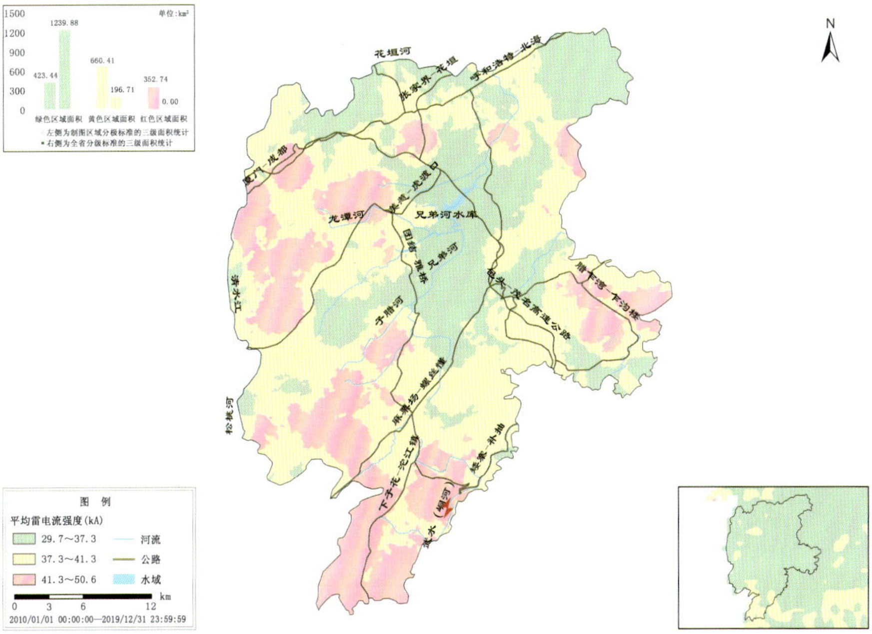

花垣县平均雷电流强度分布图

花垣县平均雷电流强度平均值为 39.16 kA,低于全省平均雷电流强度平均值,最高平均雷电流强度值为 101.38 kA,位于花垣县南部,经纬度为(109.42°E,28.54°N)。

凤凰县

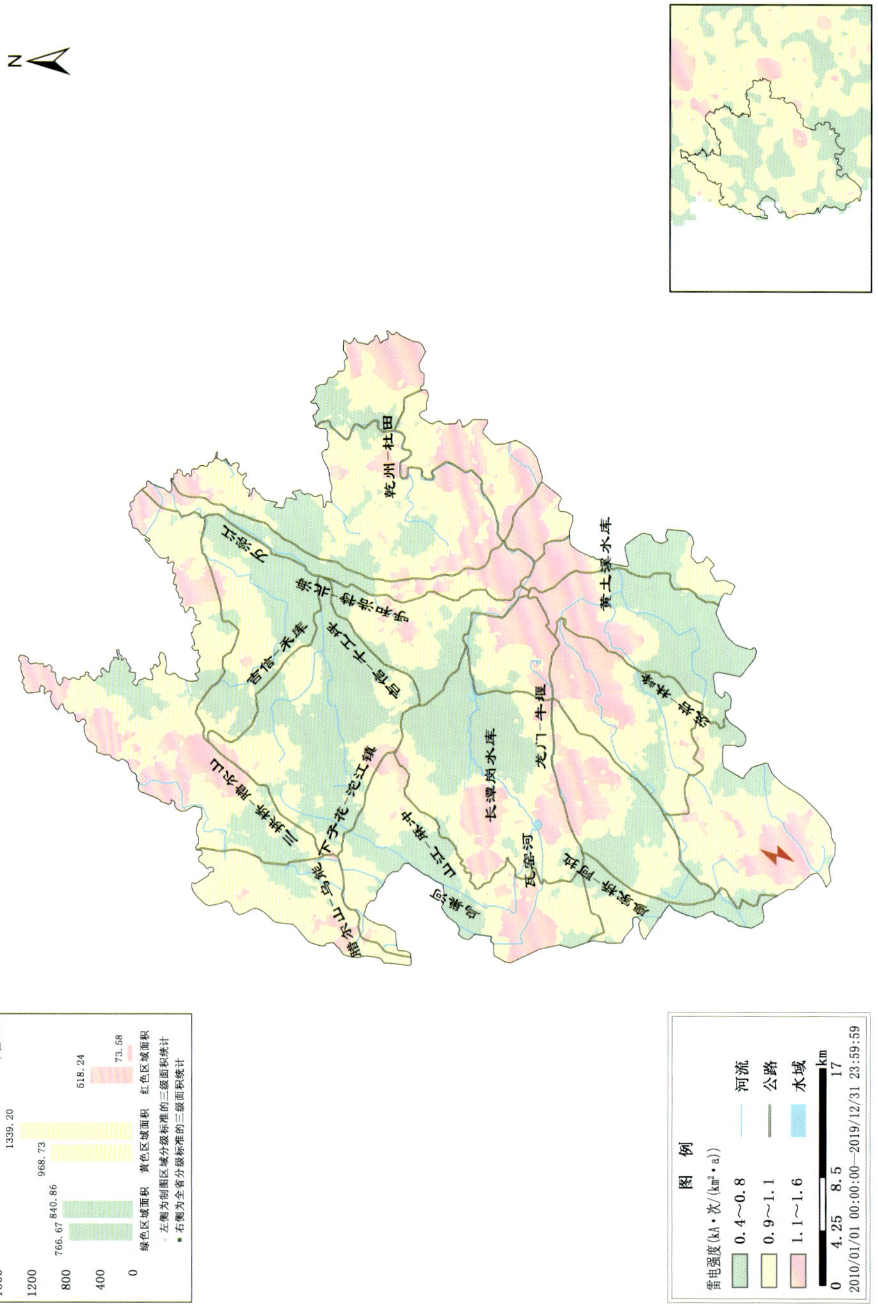

凤凰县雷电强度分布图

凤凰县雷电强度平均值为 0.91 kA·次/(km²·a)，低于全省雷电强度平均值，最高雷电强度值为 3.40 kA·次/(km²·a)，位于凤凰县西南部，经纬度为(109.38°E，27.74°N)。

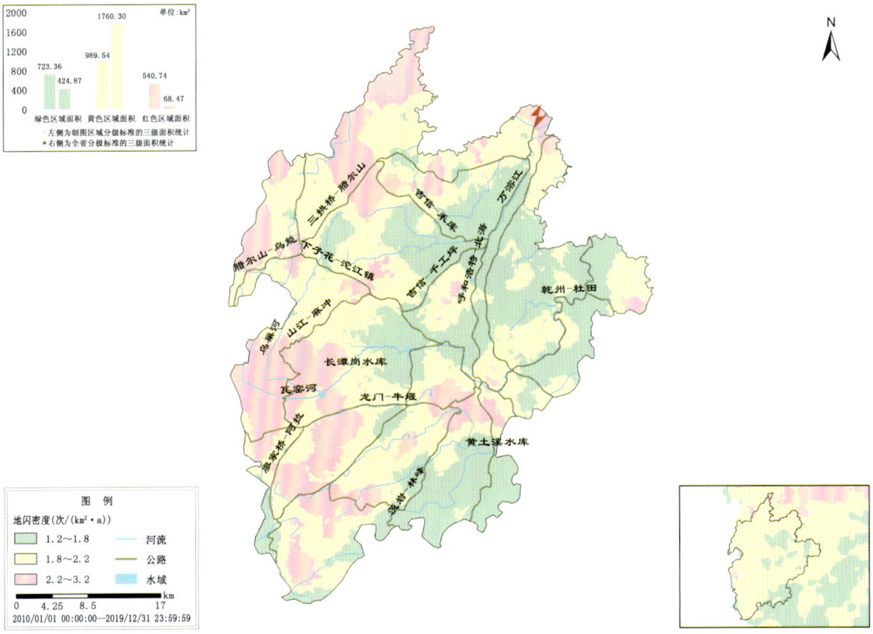

凤凰县地闪密度分布图

凤凰县地闪密度平均值为1.96次/(km²·a)，高于全省地闪密度平均值，最高地闪密度值为5.70次/(km²·a)，位于凤凰县东北部，经纬度为(109.67°E,27.24°N)。

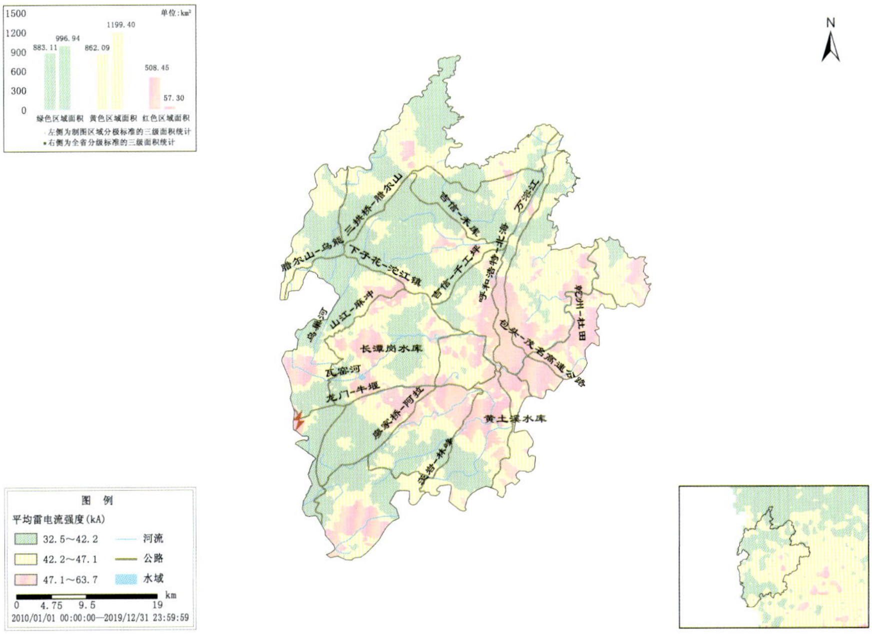

凤凰县平均雷电流强度分布图

凤凰县平均雷电流强度平均值为43.93 kA，低于全省平均雷电流强度平均值，最高平均雷电流强度值为152.41 kA，位于凤凰县西南部，经纬度为(109.31°E,27.89°N)。

泸溪县

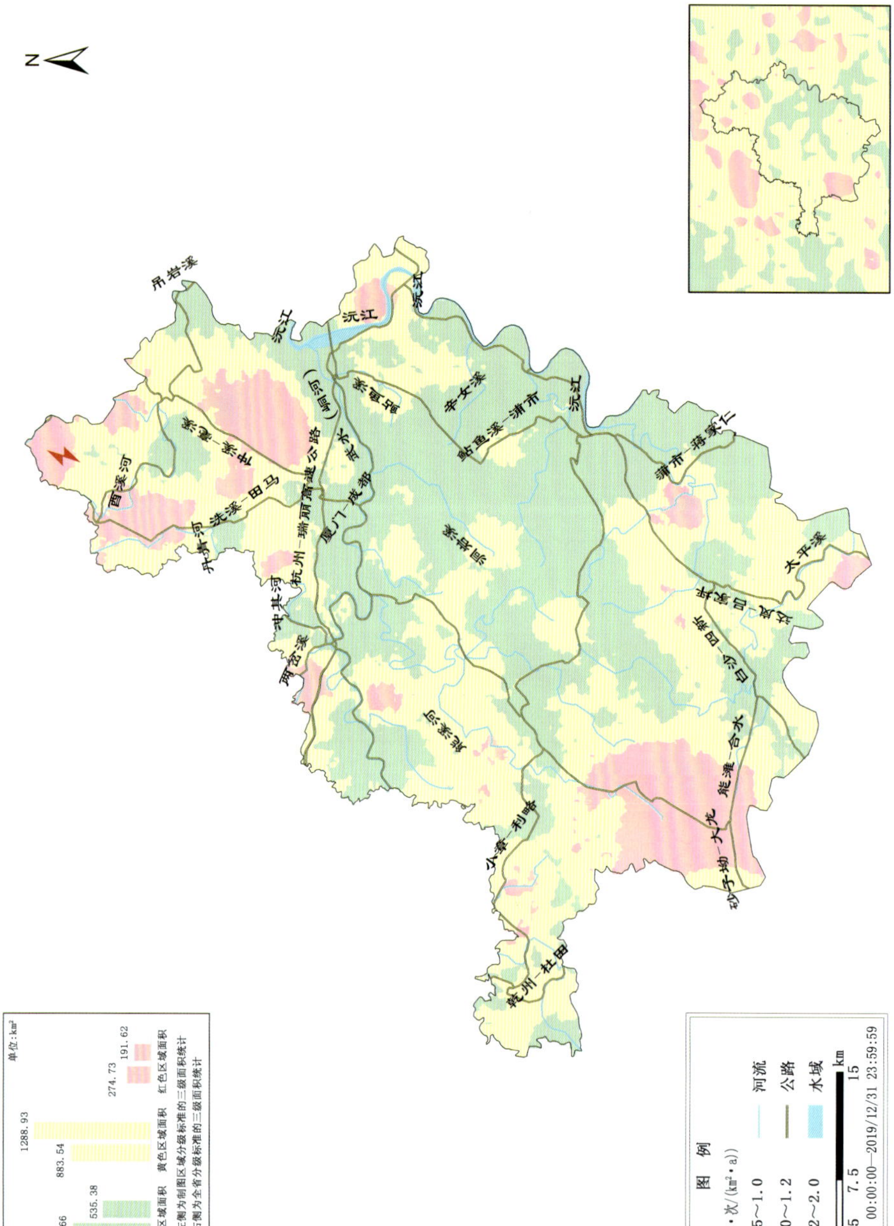

泸溪县雷电强度分布图

泸溪县雷电强度平均值为 0.99 kA·次/(km²·a)，高于全省雷电强度平均值，最高雷电强度值为 3.13 kA·次/(km²·a)，位于泸溪县北部，经纬度为(110.09°E，28.45°N)。

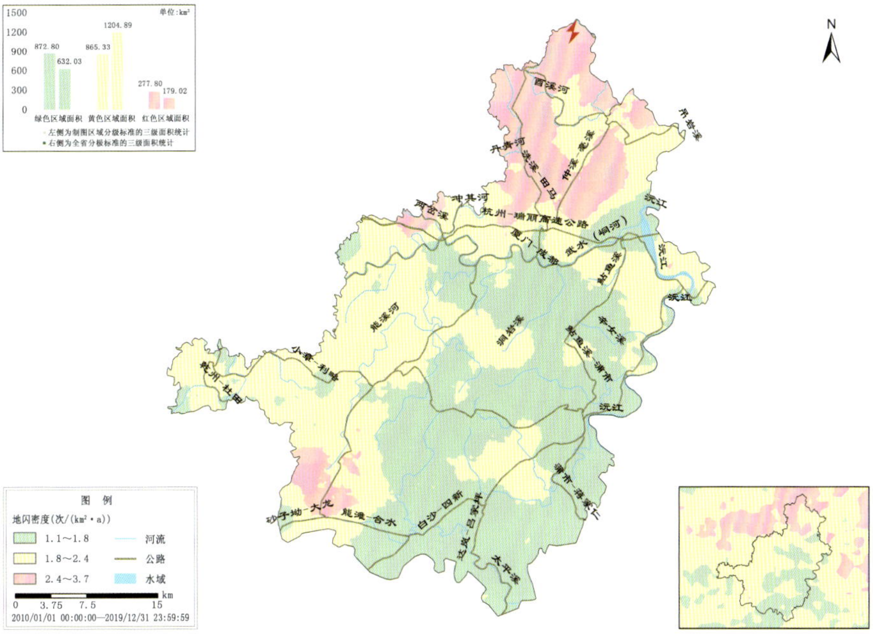

泸溪县地闪密度分布图

泸溪县地闪密度平均值为1.95次/(km^2·a)，高于全省地闪密度平均值，最高地闪密度值为6.20次/(km^2·a)，位于泸溪县北部，经纬度为(110.09°E，28.45°N)。

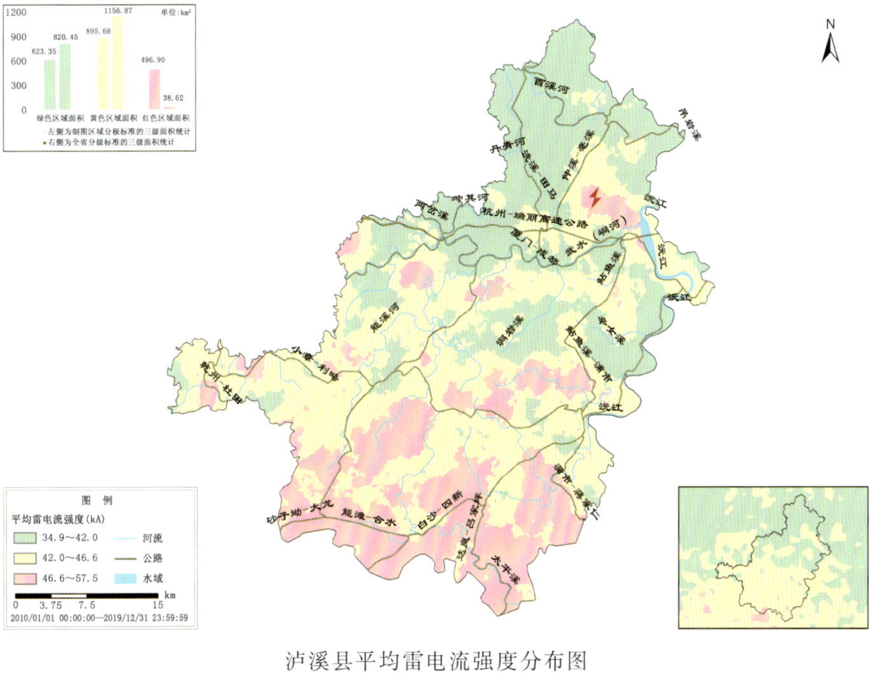

泸溪县平均雷电流强度分布图

泸溪县平均雷电流强度平均值为43.96 kA，低于全省平均雷电流强度平均值，最高平均雷电流强度值为115.54 kA，位于泸溪县东北部，经纬度为(110.03°E，27.96°N)。

古丈县

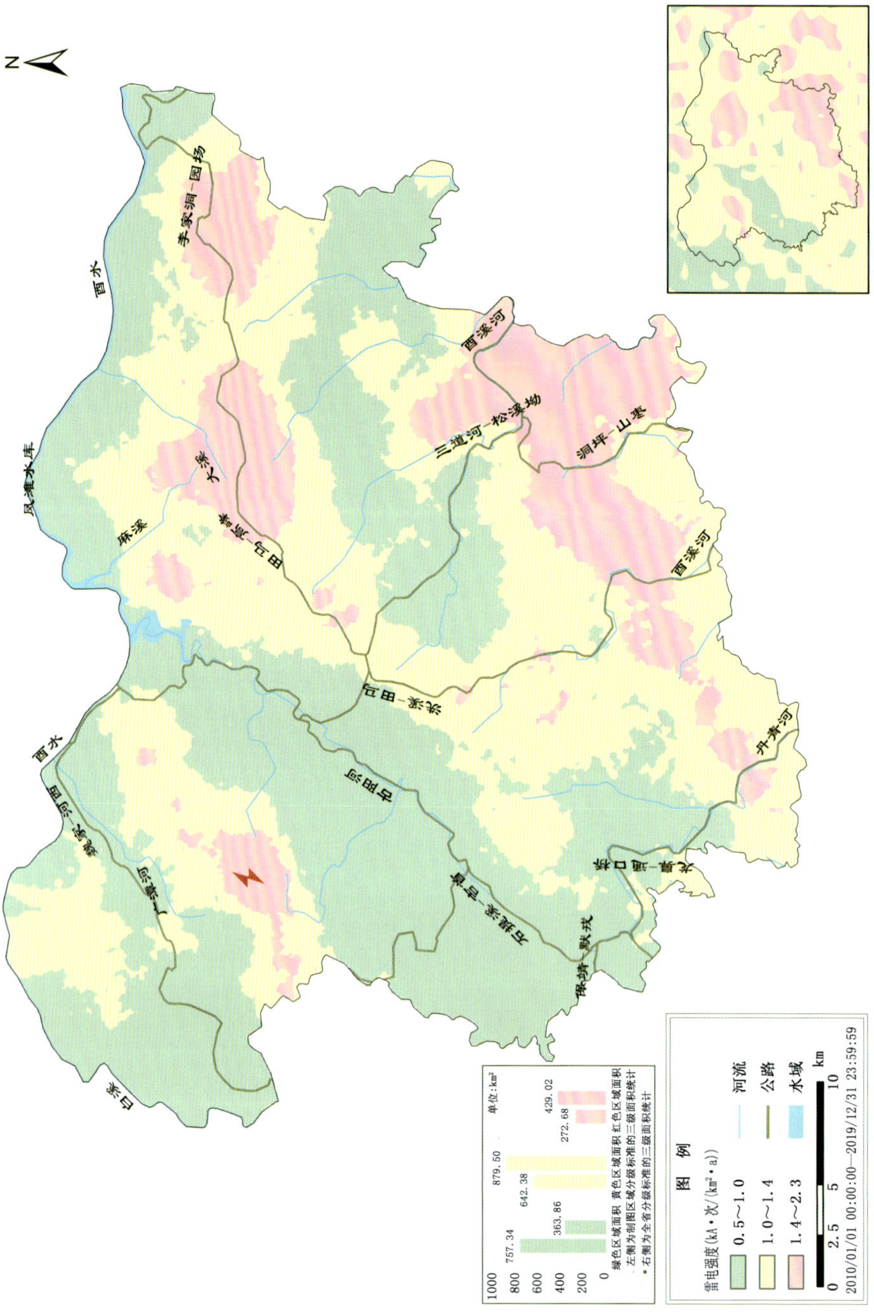

古丈县雷电强度分布图

古丈县雷电强度平均值为 1.10 kA·次/(km²·a)，高于全省雷电强度平均值，最高雷电强度值为 4.13 kA·次/(km²·a)，位于古丈县西北部，经纬度为(109.88°E，28.65°N)。

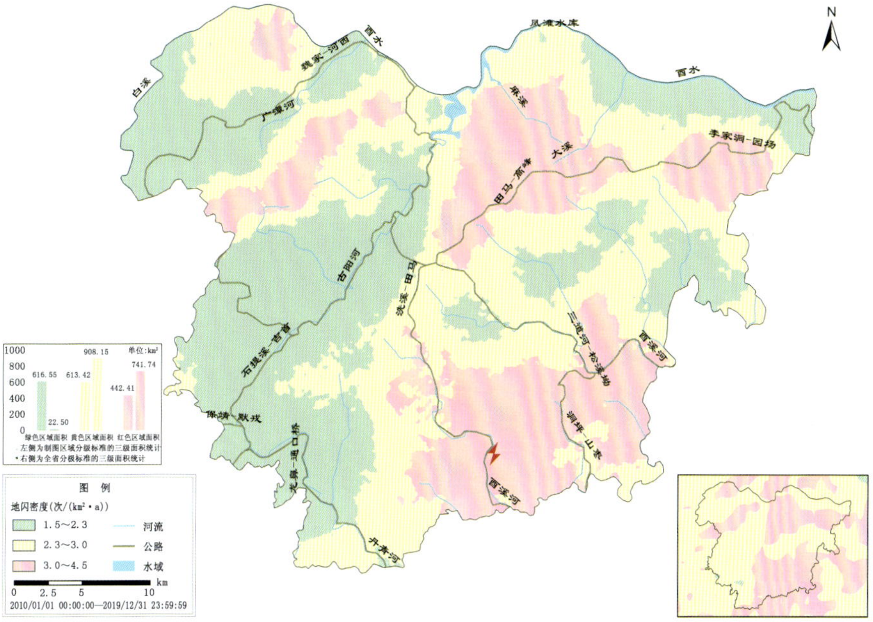

古丈县地闪密度分布图

古丈县地闪密度平均值为 2.56 次/(km^2 · a)，高于全省地闪密度平均值，最高地闪密度值为 6.80 次/(km^2 · a)，位于古丈县南部，经纬度为(110.04°E，28.48°N)。

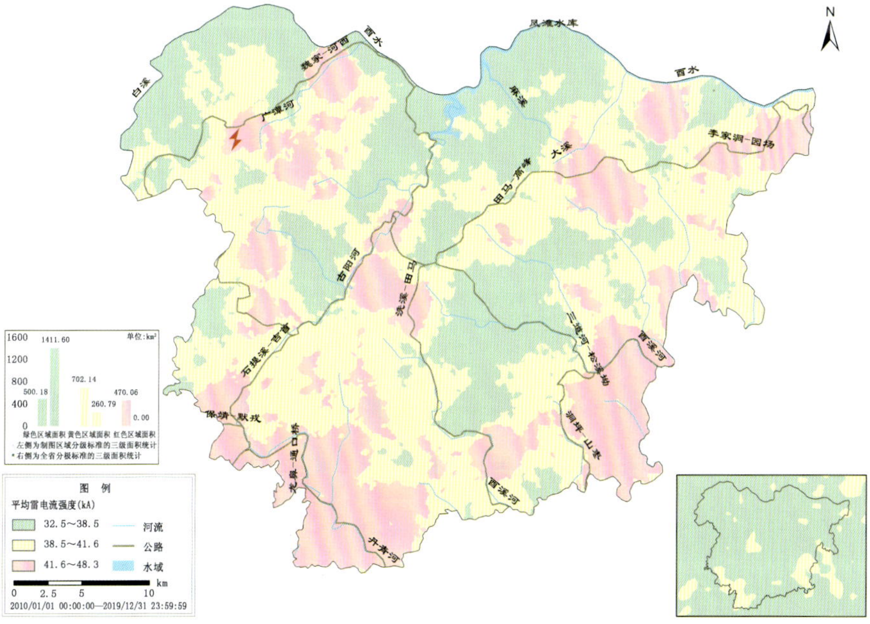

古丈县平均雷电流强度分布图

古丈县平均雷电流强度平均值为 40.00 kA，低于全省平均雷电流强度平均值，最高平均雷电流强度值为 108.75 kA，位于古丈县西北部，经纬度为(109.91°E，28.72°N)。